中国互联网发展报告
2021

中国互联网协会　编

电子工业出版社

Publishing House of Electronics Industry

北京·BEIJING

内 容 简 介

《中国互联网发展报告》是由中国互联网协会组织编撰的大型编年体研究报告,自 2003 年以来,每年出版一卷。

《中国互联网发展报告 2021》忠实地记录和描绘了 2020 年中国互联网行业的发展轨迹,总结和归纳了互联网行业细分领域的发展态势、前沿技术及创新成果。本书内容丰富、数据翔实、图文并茂、重点突出,旨在为互联网从业者提供参考和借鉴,为政府的决策和产业的发展服务。

图书在版编目(CIP)数据

中国互联网发展报告. 2021 / 中国互联网协会编. —北京:电子工业出版社,2021.9

ISBN 978-7-121-41912-6

Ⅰ. ①中… Ⅱ. ①中… Ⅲ. ①互联网络-研究报告-中国-2021 Ⅳ. ①TP393.4

中国版本图书馆 CIP 数据核字(2021)第 177786 号

责任编辑:徐蔷薇 文字编辑:赵 娜

印   刷:天津画中画印刷有限公司
装   订:天津画中画印刷有限公司
出版发行:电子工业出版社
        北京市海淀区万寿路 173 信箱   邮编:100036
开   本:787×1092 1/16 印张:28   字数:717 千字
版   次:2021 年 9 月第 1 版
印   次:2021 年 9 月第 1 次印刷
定   价:1280.00 元

凡所购买电子工业出版社图书有缺损问题,请向购买书店调换。若书店售缺,请与本社发行部联系,联系及邮购电话:(010)88254888,88258888。

质量投诉请发邮件至 zlts@phei.com.cn,盗版侵权举报请发邮件至 dbqq@phei.com.cn。

本书咨询联系方式:xuqw@phei.com.cn。

前　　言

《中国互联网发展报告 2021》（以下简称《报告》）是一部记录中国互联网行业发展轨迹，分析互联网行业前沿热点的编年体综合性大型研究报告。《报告》由中国互联网协会理事长尚冰担任编委会主任委员；中国工程院院士胡启恒、中国工程院院士邬贺铨担任编委会顾问。

《中国互联网发展报告》自 2003 年以来，每年出版一卷，已经持续 19 年，为互联网管理部门、从业企业、研究机构及专家学者提供翔实的数据、专业的参考和借鉴，是一本对互联网从业者具有重要参考价值的工具书。

结构上，《报告》分为综述篇、基础资源与基础应用篇、领域应用与服务篇、治理与发展环境篇、附录篇 5 篇，共 34 章，力求保持《报告》整体结构的延续性。

《报告》通过翔实客观的数据分析及大量典型案例剖析，全面梳理了 2020 年我国互联网行业发展状况，展现了基础资源、基础设施、云计算、大数据等基础网络服务的建设进展；展现了农业互联网、智慧城市、电子政务、电子商务等领域应用的发展成果；展现了互联网政策法规、知识产权保护、互联网治理等方面所面临的新形势、新问题、新挑战。

《报告》的编撰工作得到了政府、科研机构、互联网企业等社会各界的支持和帮助，来自中国信息通信研究院、北京易观智库网络科技有限公司、艾瑞咨询集团等诸多单位的专家和研究人员共 118 人参与了《报告》的编撰工作，编委会委员对《报告》内容进行了认真和严格的审核，保障了《报告》的质量和水平。

历年《中国互联网发展报告》的积累积极促进着行业研究与咨询服务。协会在研究领域不断加大力度，聚焦互联网前沿技术、产品和应用以及行业创新成果，为政府的决策服务，为行业的发展服务，为产业的繁荣服务。

《中国互联网发展报告》以其权威性和全面性得到政府、业界的持续关注及高度评价，为互联网管理部门、从业企业及业界专家提供了翔实的数据、专业的参考和借鉴，成为带动互联网行业研究、产业发展和政府决策的重要支撑。

目　录

第一篇　综述篇

第二篇　基础资源与基础应用篇

第三篇　领域应用与服务篇

第五篇　附录篇

第四篇　治理与发展环境篇

总　　论

2020年是"十三五"收官之年，也是全面建成小康社会和全面打赢脱贫攻坚战的决胜之年。面对严峻复杂的国际形势，面对来势汹汹的新冠肺炎疫情，面对人民群众的殷切期待，我国互联网渡过了不平凡的一年。这一年，5G、工业互联网、数据中心等新型基础设施建设迈出大步；这一年，人工智能、区块链、量子科技等前沿技术取得突破；这一年，消费互联网和产业互联网同频共振进发新的增长动力；这一年，各方齐抓共管切实维护网络安全打造互联网治理新生态；这一年，我国推动构建网络空间命运共同体驱散全球保护主义、单边主义的阴霾。总体来看，互联网行业展现出巨大的活力和韧性，辐射带动作用不断凸显，正成为我国经济社会持续健康发展的引擎动力和重要支撑。

以建设支撑发展。当前，快速部署的网络设施已成为我国布局新型基础设施建设的先锋军。**一是5G实现地市覆盖。**截至2020年年底，全国新建5G基站超过60万个，已开通5G基站超过71.8万个，覆盖国内地级以上城市及重点县市，建成全球规模最大的5G独立组网网络。5G手机终端连接数达3.35亿户，占全球的80%以上。**二是IPv6迈出坚实步伐。**我国IPv6发展从网络基础设施、应用基础设施、终端、基础资源、用户数及流量等方面取得了卓越成效，活跃用户数持续上升，国内IPv6地址资源量位居世界第二位。**三是工业互联网建设稳步推进。**截至目前，国家工业互联网大数据中心共连接41家工业互联网平台、703万家企业，数据条目达到3.43亿条，云化部署工业App 1130个。全国范围内建设了重庆、武汉、青岛、杭州、沈阳、江苏、广东等7个区域分中心。

以创新驱动发展。近年来，我国互联网的发展驱动力正由模式创新转向技术创新，基础性、通用性技术正受到越来越多的重视，部分技术研发已取得重要进展。**一是人工智能技术成熟应用深化。**我国人工智能算法研究及应用不断进步，总体处于第二梯队领先位置，随着人工智能理论和技术日益成熟，人工智能正加速与实体经济深度融合。截至2020年年底，我国人工智能企业共计1454家，居全球第二位，产业规模为3031亿元，同比增长15%，增速略高于全球增速。**二是区块链融合创新应用加速。**区块链政策环境积极向好，垂直行业加速部署应用，各领域与区块链技术迅速融合，加快推动技术创新。截至2020年年底，已有超过80家上市公司涉足区块链领域，积极部署供应链金融、资产管理、跨境支付、跨境贸易等领域的应用。**三是量子科技持续追赶。**2020年，我国量子科技总体发展态势良好，政策布局和配套扶持力度不断加强，技术标准化研究快速发展，研发与应用不断深入，已经迈入第一梯队。

以融合赋能发展。我国互联网业务持续快速增长，2020 年实现收入 12838 亿元，同比增长 12.5%，对经济增长拉动明显。同时，互联网正快速向各领域渗透，成为带动经济高质量发展的重要力量。**一是消费互联网发展深化。**互联网已广泛渗透到老百姓衣食住行娱等全过程，线上消费需求的增长加速了一批新模式新业态的蓬勃兴起。以直播电商、社交短视频、手机游戏等为代表移动互联网新业务快速崛起。网上零售、移动支付规模引领全球，2020 年我国网上零售额达 11.8 万亿元，移动支付交易规模达 432.2 万亿元。特别是疫情期间，远程医疗、在线教育、共享制造、协同办公等得到广泛应用，互联网对推动疫情防控、促进经济复苏、保障社会运行发挥了重要作用。**二是工业互联网持续铺开。**工业互联网网络、平台、安全三大体系加速形成，高质量企业外网覆盖 300 多个地级行政区，工业互联网标识解析二级节点超过 130 个，具备一定行业、区域影响力的平台数量超过 100 个，连接设备数超过 7000 万台（套）。"5G+工业互联网"全国在建项目超过 1500 个，成为工业互联网创新最为活跃的领域之一。

以安全保障发展。近年来，在政策扶持、需求扩张、应用升级等多方面因素的驱动下，我国网络安全产业得到快速发展。**一是网络安全产业发展态势良好。**2020 年产业规模约为 1702 亿元，增速约为 8.85%，近 5 年的复合年均增长率达到 14.5%，产业呈稳定增长态势。**二是网络安全体系日益完善。**随着网络安全产业的迅猛发展，现有网络安全产品和服务从传统网络安全领域延伸到了云计算、大数据、物联网、工业控制系统、5G 和移动互联网等不同的应用场景。网络安全产品体系已覆盖基础安全、基础技术、安全系统、安全服务等多个维度，体系配套日益完备，产业活力日益增强。**三是网络安全企业向高质量发展迈进。**在企业整体发展方面，行业内企业营收规模稳定增长，研发投入强大持续加大。在研发方向方面，企业紧跟网络安全行业的创新趋势，将研发重点投入云安全、数据安全、移动安全和工控安全、物联网安全等产品领域。

以治理规范发展。习近平总书记多次强调，要依法加强网络空间治理，要营造一个风清气正的网络空间。**一方面，**行业监管体系不断完善。"放管服"改革纵深推进，电信业务经营许可持证企业超过 10 万家。事中事后监管不断强化，以信用管理为基础的新型监管机制逐步建立。服务质量优化提升，"携号转网"全国实行。骚扰电话、电信网络诈骗、App 侵害用户权益等群众关心的热点难点问题得到有效治理。《网络安全法》《电子商务法》《网络安全审查办法》《数据安全法》等陆续出台，国家安全、社会公共利益和消费者权益得到有效维护。**另一方面，**互联网综合管理不断深化。我国互联网已经初步形成了网上网下齐抓共管，政府、企业、协会协同配合的网络综合治理工作格局。越来越多的部门参与互联网管理，管理机制越发清晰和完善，法律法规加强顶层设计、针对性更强，社会监督和企业自律并举，综合治理不断深化。

以合作促进发展。建设网络空间命运共同体，是新时期国家利益重大需求，是造福全人类、为世界各国谋福祉的历史使命，是实现互联网健康、安全、可持续发展的必然选择。**一方面，**积极倡导数字领域国际规则制定。我国积极参与联合国、G20、金砖国家、APEC、WTO 等多边机制数字领域国际规则制定，倡导发起《二十国集团数字经济发展与合作倡议》《"一带一路"数字经济国际合作倡议》等，为全球数字经济发展贡献中国方案。**另一方面，**双边合作机制深入推进。截至 2020 年年底，我国已与 16 个国家签署"数字丝绸之路"合作谅解备忘录，与 22 个国家建立"丝路电商"双边合作机制。网络互联互通深入推进，我国与"一带一路"沿线十几个国家建成有关陆缆海缆，系统容量超过 100Tbps，直接连通亚洲、非洲、欧洲等世界各地。

回首过去，成就令人鼓舞；展望未来，使命催人奋进。2021 年是中国共产党百年华诞，也是全面建设社会主义现代化国家新征程的开局之年。新发展格局加快构建，高质量发展深入实施，新型网络建设加速推进，基础能力创新得到空前重视，数据要素价值将充分发挥作用，数字技术加速赋能生产制造，行业监管持续完善。站在中国"第二个一百年"奋斗目标起点年上，互联网行业将肩负新的历史使命，迎来新的发展机遇。我们将顺应行业变革和创新趋势，进一步发挥行业平台的重要作用，聚焦互联网，推动行业再上新台阶，为网络强国建设贡献力量。

2021 年 8 月 5 日

第一篇

综述篇

 2020 年中国互联网发展综述

 2020 年国际互联网发展综述

第1章 2020年中国互联网发展综述

1.1 中国互联网总体发展情况

2020 年，在网络强国和科技强国战略的指引下，我国互联网行业紧抓历史机遇，积极推进互联网建设与发展，特别在抗击新冠肺炎疫情、疫情常态化防控和全面复工复产等方面发挥了重要作用。总体来看，互联网行业实现快速发展，网民规模稳定增长，网络基础设施全面覆盖，产业数字化转型效果明显，创新能力不断提升，信息化发展环境持续优化，数字经济蓬勃发展，网络治理逐步完善，为网络强国建设提供了有力支撑。截至 2020 年年底，中国网民规模为 9.89 亿人，互联网普及率达 70.4%，特别是移动互联网用户数超过 16 亿人，5G 网络用户数超过 1.6 亿人，约占全球 5G 总用户数的 89%。

在新一轮信息科技革命风起云涌、数字经济高速发展的时代，伴随技术的迭代、演进和渗透，云计算、物联网、人工智能等技术蓬勃发展，人类生产生活、社会交往方式在改变，政府管理、国际竞争模式也在发生深刻变化。21 世纪，互联网是最具发展活力的领域。"互联网+"持续推动产业转型升级，互联网新产品、新业态不断显现，服务模式不断演进，将进一步推动行业向高质量发展迈进。

1.2 中国互联网发展能力建设概况

1.2.1 云计算

国务院发布的《关于促进云计算创新发展培育信息产业新业态的意见》指出，到 2020 年，云计算应用基本普及，云计算服务能力达到国际先进水平，掌握云计算关键技术，形成若干具有较强国际竞争力的云计算骨干企业。云计算信息安全监管体系和法规体系健全。大数据挖掘分析能力显著提升。云计算成为我国信息化重要形态和建设网络强国的重要支撑，推动经济社会各领域信息化水平大幅提高。2020 年，我国云计算整体市场规模达 1781.8 亿元，同比增长 33.6%。其中，公有云市场规模达 990.6 亿元，同比增长 43.7%，私有云市场规模达 791.2 亿元，同比增长 22.6%[1]。

---

[1] 国务院发布的《关于促进云计算创新发展培育信息产业新业态的意见》。

云计算是新型基础设施的重要组成部分。近年来，在政府引导和业界的共同努力下，云计算产业关键技术不断突破，产业生态日益繁荣、应用范畴不断扩展，已成为数字经济时代，承载各类信息化设施和推动网络强国战略的重要驱动力量。为进一步推进企业完成数字化、智能化升级改造，国家各部委先后发文，鼓励通过运用云计算与大数据、人工智能、5G 等新兴技术融合，实现企业信息系统架构和运营管理模式的数字化转型。云计算作为新型基础设施的操作系统，定位从基础资源向新基建操作系统扩展，将进一步提升算力与网络水平。分布式云成为云计算新形态，将更有效地助力行业转型升级。国家"十四五"规划提出，加快云操作系统迭代升级。推动超大规模分布式存储、弹性计算、数据虚拟隔离等技术创新，提高云安全水平。以混合云为重点培育行业解决方案、系统集成、运维管理等云服务产业[1]。

1.2.2 大数据

国务院发布的《促进大数据发展行动纲要》中指出，立足我国国情和现实需要，打造精准治理、多方协作的社会治理新模式。建立运行平稳、安全高效的经济运行新机制。构建以人为本、惠及全民的民生服务新体系。开启大众创业、万众创新的创新驱动新格局。培育高端智能、新兴繁荣的产业发展新生态。当前，我国正在加速从数据大国向数据强国迈进，大数据产业发展迅速[2]。2020 年，我国大数据产业规模达到 718.7 亿元，同比增长 16.0%，增幅领跑全球大数据市场。从企业规模来看，约 70% 的大数据企业为 10～100 人规模的小型企业。从地域分布来看，我国大数据企业主要分布在北京、广东、上海、浙江等经济发达省份，占比超过 70%。从企业类型来看，金融、医疗健康、政务是大数据行业应用的最主要类型。

2020 年以来，大数据领域的新技术趋势应运而生，我国在大数据战略规划方面已经进行了系统的谋划，可以预计"数据兴国"和"数据治国"将成为未来较长一段时间的国策。在基础技术层面，控制成本、按需索取成为主要理念，推进了存算分离和能力服务化的实践；在数据管理层面，自动化、智能化数据管理需求迫切，加速构建高效的数据管理平台，助力数据管理工作；在分析应用层面，对于存在关联关系的数据进行关联分析的需求愈加旺盛，引导数据分析新方向；在安全流通层面，隐私计算技术稳步发展、热度持续上升，呈现高速发展态势。大数据在工业领域的应用不断深入拓展，驱动网络化协同、个性化定制、智能化生产等新业态新模式快速发展。创新应用场景快速兴起迭代，在通信行业、互联网工业、互联网商业、金融行业、常态化疫情防控中发挥了突出作用。国家"十四五"规划提出，推动大数据采集、清洗、存储、挖掘、分析、可视化算法等技术创新，培育数据采集、标注、存储、传输、管理、应用等全生命周期产业体系，完善大数据标准体系。加快构建全国一体化大数据中心体系，强化算力统筹智能调度，建设若干国家枢纽节点和大数据中心集群，培育壮大大数据等新兴数字产业，提升产业水平。

1.2.3 人工智能

国务院发布的《新一代人工智能发展规划》提出，到 2020 年人工智能总体技术和应用

---

[1] 中华人民共和国中央人民政府发布的《中华人民共和国国民经济和社会发展第十四个五年规划和 2035 年远景目标纲要》。

[2] 国务院发布的《促进大数据发展行动纲要》。

与世界先进水平同步，人工智能产业成为新的重要经济增长点，人工智能技术应用成为改善民生的新途径，初步建成人工智能技术标准、服务体系和产业生态链。近年来，我国人工智能技术发展迅速，竞争力提升显著，市场保持高速增长[1]。2020 年，我国人工智能产业规模为 3031 亿元，同比增长 15%，增速略高于全球增速。

与以往的"通用技术"相比，我国在以人工智能为代表的新兴技术领域不再仅仅是追赶者，更有望成为引领者。2020 年，我国在人工智能芯片领域进展显著，在深度学习软件框架领域取得了突破性进展；智能语音企业和学术研究单位在国际权威竞赛中取得佳绩，中文自然语言处理取得突破。人工智能平台技术能力逐步增强，人工智能平台由通用场景向行业应用场景延伸。在疫情期间，人工智能技术广泛应用于疫情监测分析、医疗救治、复工复产等各环节工作，为疫情防控提供了有效支撑。人工智能与产业融合进程不断加速，深入赋能实体经济，在医疗、自动驾驶、工业智能等领域的应用进展十分显著。国家"十四五"规划提出，要强化国家战略科技力量，瞄准人工智能、量子信息、集成电路等前沿领域，实施一批具有前瞻性、战略性的国家重大科技项目；同时要发展战略性新兴产业，推动互联网、大数据、人工智能等同各产业深度融合。

1.2.4　物联网

国务院发布的《"十三五"国家信息化规划》明确指出积极推进物联网发展的具体行动指南：推进物联网感知设施规划布局，发展物联网开环应用；实施物联网重大应用示范工程，推进物联网应用区域试点，建立城市级物联网接入管理与数据汇聚平台，深化物联网在城市基础设施、生产经营等环节中的应用。2020 年，我国物联网产业规模突破 1.7 万亿元，预计到 2022 年，产业规模将超过 2 万亿元[2]。预测到 2025 年，我国移动物联网连接数将达到 80.1 亿，年复合增长率 14.1%。3 家基础电信运营商发展蜂窝物联网用户达 11.36 亿户，年复合增长率达 70.3%。物联网连接结构逐步重构，产业物联网占比提速。预计到 2025 年，物联网连接数的大部分增长将来自产业市场，产业物联网的连接数占比将达到 61.2%。

近年来，在政策的大力引导和技术的推动下，物联网已成为我国重点发展的战略性新兴产业。2020 年，我国物联网产业迅猛发展。各行业巨头从技术、平台及应用服务层面积极布局，构建生态合作圈，加强信息协同、资源共享，打造多样化物联网生态体系。在疫情暴发期间及复工复产过程中，物联网技术都得到广泛应用。随着一系列重点行业应用产品被推向市场并逐步开始规模化应用，我国物联网产业发展将面临重大机遇。国家"十四五"规划提出，打造支持固移融合、宽窄结合的物联接入能力。分级分类推进新型智慧城市建设，将物联网感知设施、通信系统等纳入公共基础设施统一规划建设，推进市政公用设施、建筑等物联网应用和智能化改造。推动传感器、网络切片、高精度定位等技术创新，协同发展云服务与边缘计算服务，培育车联网、医疗物联网、家居物联网产业。

1.2.5　车联网

国务院发布的《关于进一步扩大和升级信息消费持续释放内需潜力的指导意见》中提出，

---

[1] 国务院发布的《新一代人工智能发展规划》。
[2] 国务院发布的《"十三五"国家信息化规划》。

支持利用物联网技术推动各类应用电子产品智能化升级，在交通领域开展新型应用示范。推动智能网联汽车与智能交通示范区建设，发展辅助驾驶系统等车联网相关设备。工业和信息化部、国家标准化管理委员会联合发布的《国家车联网产业标准体系建设指南（总体要求）》指出，到2020年，基本建成国家车联网产业标准体系[1]。2020年，智能网联汽车销量为303.2万辆，同比增长107%，渗透率保持在15%左右。江苏（无锡）、天津（西青）、湖南（长沙）、重庆（两江新区）4个车联网国家级先导区在700余千米的高速和城市道路上部署了1200余台路侧单元（RSU），支持实现40余种基于C-V2X的车联网应用[2]。

车联网作为汽车工业产业升级的创新驱动力，已被提到国家战略高度。2020年，我国车联网标准体系建设基本完备，基于LTE-V2X的芯片模组、OBU、RSU等核心设备均具备了实际商用能力，且配套的端到端产业链已经建立，车联网基础设施建设呈现规模化发展趋势，车联网先导区创建工作取得积极进展。我国车联网技术及应用日渐普及，已成为我国实现智能化交通的必然发展趋势。国家"十四五"规划提出，积极稳妥发展车联网，打造全球覆盖、高效运行的通信、导航、遥感空间基础设施体系。聚焦新一代信息技术、新能源汽车等战略性新兴产业，加快关键核心技术创新应用，增强要素保障能力，培育壮大产业发展新动能。

1.2.6 虚拟现实

中共中央办公厅、国务院办公厅发布的《关于促进移动互联网健康有序发展的意见》指出，坚定不移实施创新驱动发展战略，在科研投入上集中力量办大事，加紧虚拟现实、增强现实等新兴移动互联网关键技术布局，尽快实现部分前沿技术、颠覆性技术在全球率先取得突破。2020年，我国虚拟现实市场规模约为300亿元，VR市场规模约为230亿元，市场占比约为80%[3]；预计未来5年VR、AR市场增幅分别约为40%、200%。虚拟现实终端出货量（含AR）约为120万台，从功能类型上看，VR、AR终端出货量占比分别为96%、4%，预计未来5年增幅分别为70%、270%。虚拟现实市场快速发展，硬件解决方案趋于成熟，平台系统开源化，内容支撑更为全面、应用场景不断改进，产业链逐渐完善。

当前，虚拟现实产业呈现出终端产品百花齐放，技术和服务升级创新，关键技术不断突破，产品和行业标准走向成熟的良好发展态势。在网络平台方面，虚拟现实借助5G创新业务应用，实现从0到1的跨越。虚拟现实技术在工业生产、文化娱乐、商贸创意、教育培训、医疗健康五大应用领域萌发出更多应用场景。国家"十四五"规划提出，推动三维图形生成、动态环境建模、实时动作捕捉、快速渲染处理等技术创新，发展虚拟现实整机、感知交互、内容采集制作等设备和开发工具软件、行业解决方案。

1.2.7 区块链

习近平总书记在中央政治局第十八次集体学习时强调，"加快发展区块链，对促进经

---

[1] 国务院发布的《关于进一步扩大和升级信息消费持续释放内需潜力的指导意见》。

[2] 工业和信息化部、国家标准化管理委员会联合发布的《国家车联网产业标准体系建设指南（总体要求）》。

[3] 中共中央办公厅、国务院办公厅发布的《关于促进移动互联网健康有序发展的意见》。

社会高质量发展、推动建立安全可信的数字经济规则与秩序、提升国家治理体系和治理能力现代化水平意义重大。"当前，我国区块链产业蓬勃发展，产业规模和企业数量不断增加，国际竞争力显著提升，垂直行业应用落地项目不断涌现。2020 年，已有超过 80 家上市公司涉足区块链领域，积极部署供应链金融、资产管理、跨境支付、跨境贸易等领域的应用。目前，区块链产业链已逐步成型，各类产业主体积极发力布局，不断完善产业结构，产业整体呈现出良好的发展态势。

现阶段，科技驱动力正从移动网络、大数据、云计算等平台层级向区块链这一底层技术层级转变。区块链成为信息互联网向价值互联网过渡的标志性技术。从产业结构来看，区块链产业主要分为底层技术、平台服务、产业应用、周边服务 4 个部分。其中，前 3 个部分呈现出较为明显的上下游关系，周边服务部分则为行业提供支撑服务。近年来，区块链系统架构逐步趋于稳定，已形成五大关键技术体系，包括密码算法、对等式网络、共识机制、智能合约、数据存储。经过多年的应用探索，区块链核心作用主要体现在存证、自动化协作和价值转移 3 个方面，随着其价值潜力不断被挖掘，应用落地场景已从金融这个突破口，逐步向实体经济和政务民生等多领域拓展。国家"十四五"规划提出，推动智能合约、共识算法、加密算法、分布式系统等区块链技术创新，以联盟链为重点发展区块链服务平台和金融科技、供应链管理、政务服务等领域应用方案，完善监管机制。

1.2.8　工业互联网

自 2018 年以来，工业互联网连续 4 次写入政府工作报告，从 2018 年"发展工业互联网平台"首次写入政府工作报告[1]，到 2019 年政府工作报告明确提出"打造工业互联网平台，拓展'智能＋'为制造业转型升级赋能"[2]，再到 2020 年"发展工业互联网，推进智能制造"[3]，时至 2021 年，提出"发展工业互联网，促进产业链和创新链融合"[4]，充分显示了国家层面对工业互联网助力制造业高质量发展的重视程度。近年来，工业互联网发展的线路规划越来越明晰，正迈入快速成长期。2020 年，我国工业互联网产业规模达到 9164.8 亿元，同比增长 10.4%。预计 2021 年，工业互联网产业规模将超过 10000 亿元。我国工业互联网发展已经迈出重大步伐。在国家顶层设计方面，国务院发布了《国务院关于深化"互联网+先进制造业"发展工业互联网的指导意见》，提出了我国工业互联网发展的"三步走"战略；在《工业互联网创新发展行动计划（2021—2023 年）》等有关政策文件的指引下，进一步推动企业内、外网建设，深化"5G+工业互联网"在垂直行业的应用。高质量外网建设初见成效，工业互联网网络化应用服务加快部署，工业互联网标识解析体系基础设施建设规模初显，标识解析应用范围和程度持续提升，标识产业生态日益壮大，开放融合、互联互通的标识解析体系逐步完善。

随着网络顶层设计进一步完善，网络基础设施建设稳步推进，网络重点技术领域发展成

---

[1] 两会授权发布的《2018 年国务院政府工作报告》。

[2] 两会授权发布的《2019 年国务院政府工作报告》。

[3] 两会授权发布的《2020 年国务院政府工作报告》。

[4] 两会授权发布的《2021 年国务院政府工作报告》。

果显著，工业互联网的应用场景逐渐由点及面，由销售、物流等外部环节向研发、控制、检测等内部环节延伸，应用行业逐步覆盖原材料、装备制造等 40 余个国民经济重点领域。工业互联网是传统工业和信息技术（包括新一代信息技术）深度融合的产物，作为经济发展的新方向和新动力，存在巨大的发展空间。国家"十四五"规划提出，要打造自主可控的标识解析体系、标准体系、安全管理体系，加强工业软件研发应用，培育形成具有国际影响力的工业互联网平台，推进"工业互联网+智能制造"产业生态建设。工业和信息化部也出台了《工业互联网创新发展行动计划（2021—2023 年）》，制定了未来 3 年工业互联网发展蓝图[1]。

1.2.9　网络音视频

为促进网络音视频信息服务健康有序发展，国家互联网信息办公室等部门制定的《网络音视频信息服务管理规定》中要求，网络音视频信息服务提供者应当建立健全信息安全管理等制度，具有与新技术、新应用发展相适应的安全可控的技术保障和防范措施，有效应对网络安全事件，防范网络违法犯罪活动，维护网络数据的完整性、安全性和可用性。当前，我国网络音视频用户规模不断壮大，行业持续高速发展[2]。2020 年，中国网络视频市场规模达到 2412 亿元，同比增长 44%。网络视频活跃用户规模达到 10.01 亿人、网络音频娱乐市场活跃用户规模达到 8.17 亿人，同比分别增长 2.14%、7.22%。网络视频市场人均单日启动次数达到 17.5 次，人均单日使用时长达到 241.7 分钟。从细分行业情况来看，网络音视频行业以综合视频、短视频综合平台、移动音乐为三大头部细分行业，到 2020 年 12 月的月活跃用户规模均在 7 亿人以上，综合视频与短视频综合平台的日均活跃用户数在 4 亿人上下。

网络音视频市场依托技术升级、用户代际更迭、消费模式转换等变量推动产业效能持续提升。网络直播技术和商业模式持续拓宽行业应用新模式。电商直播爆发式增长，成为拉动经济增长的新引擎。综合视频平台充分发挥媒体平台作用，打造多元内容矩阵，最大限度地满足用户观看诉求，多方位、多角度呈现各类信息。爱奇艺、腾讯视频、虎牙直播、TT 语音等通过迭代技术算法，丰富产品矩阵，建设内容生态，拓展海外市场，全面激发产业能效，实现市场规模持续增长。国家"十四五"规划提出，到 2035 年，我国将建成文化强国，国家文化软实力显著增强。

1.3　中国互联网细分领域发展概况

1.3.1　电子政务

党的十九届四中全会提出，"建立健全运用互联网、大数据、人工智能等技术手段进行行政管理的制度规则。"2019 年以来，我国统筹发展电子政务，深化"放管服"改革，加快数字政府建设，不断提高国家治理体系和治理能力现代化水平。2020 年，政府网站集约化效果显著，各类政府网站绩效稳步提升，"优秀+良好"数量占比总体不断攀升。移动政务服务

---

[1] 工业和信息化部发布的《工业互联网创新发展行动计划（2021—2023 年）》。

[2] 国家互联网信息办公室、文化和旅游部、国家广播电视总局发布的《网络音视频信息服务管理规定》。

进入快速发展期，截至 2020 年年底，全国 31 个省（区、市）和新疆生产建设兵团已建设 31 个省级政务服务移动端，并发布小程序超过 20 余个。全国政务服务"一张网"整体服务能力显著增强。截至 2020 年年底，全国一体化政务服务平台已实现社保卡申领等 58 项高频事项和 190 多个便民服务"跨省通办"。数字治理新格局正在加速构建，政府数据开放平台日渐成为地方数字政府建设和公共数据治理的标配。全国一体化政务服务平台已联通 31 个省（区、市）及新疆生产建设兵团和 46 个国务院部门，实名用户超过 4 亿人，浏览量超过 100 亿人次。

2020 年，我国服务型政府和数字政府建设进入快速发展阶段，电子政务国际排名显著提升，我国电子政务发展指数从 2018 年的 0.6811 提高到 2020 年的 0.7948，排名提升至全球第 45 位，取得历史新高。全国一体化政务服务平台发挥作用，政务服务"一网通办"深入推进，各地区、各部门积极开展政务服务改革探索和创新实践，政务服务便捷度和群众获得感稳步提升。国家"十四五"规划提出，完善国家电子政务网络，集约建设政务云平台和数据中心体系，推进政务信息系统云迁移。加强政务信息化建设快速迭代，增强政务信息系统快速部署能力和弹性扩展能力。深化"互联网+政务服务"，提升全流程一体化在线服务平台功能。

1.3.2　电子商务

国务院发布的《关于大力发展电子商务加快培育经济新动力的意见》中指出，到 2020 年，统一开放、竞争有序、诚信守法、安全可靠的电子商务大市场基本建成。电子商务与其他产业深度融合，成为促进创业、稳定就业、改善民生服务的重要平台，对工业化、信息化、城镇化、农业现代化同步发展起到关键性作用。2020 年，全国电子商务交易额达到 37.21 万亿元，同比增长 4.5%[1]。其中，商品类电子商务交易额为 27.95 万亿元，同比增长 7.9%；服务类电子商务交易额为 8.08 万亿元，同比下降 6.5%；合约类电子商务交易额为 1.18 万亿元，同比增长 10.4%。从支付机构来看，全国非银行支付机构处理网络支付业务 8272.97 亿笔，金额 294.56 万亿元，同比分别增长 14.9% 和 17.88%。银行处理电子支付业务 2352.25 亿笔，金额 2711.81 万亿元。从细分市场来看，我国跨境电商行业规模达 6 万亿元，农村网络零售额达 1.79 万亿元，生鲜电商市场交易规模超过 4000 亿元，直播电商市场规模达 9610 亿元。

电子商务作为我国一种新型的营销管理模式，其运行优势日益凸显，用户规模呈阶梯式上升趋势，市场交易额突飞猛进，商业效率成倍递增，显示出强大的市场竞争力和发展潜力。2020 年，零售市场各类融合创新不断涌现，电商市场主体更加多元，线上线下消费场景融合更加紧密。随着 5G 持续落地应用，各类新型信息技术将与实体经济深度融合，推动数据驱动的产品研发、数字化工厂和供应链数字化水平提升，赋能产业升级。同时，监管部门针对电子商务领域的突出问题出台了一系列政策法规，引导电子商务发展进一步走向法治化、常态化和有序化。中央网信办、国家发展改革委、商务部 3 个部门联合发布的《电子商务"十三五"发展规划》中指出，加快电子商务提质升级，全方位提升电子商务市场主体竞争层次；推进电子商务与传统产业深度融合，全面带动传统产业转型升级；发展电子商务要素市场，推动电子商务人才、技术、资本、土地等要素资源产业化；完善电子商务民生服务体系，使

---

[1] 国务院发布的《关于大力发展电子商务加快培育经济新动力的意见》。

全体人民在电子商务快速发展中有更多的获得感；优化电子商务治理环境，积极开展制度、模式和管理方式创新[1]。

1.3.3　网络金融

经党中央、国务院同意，国家互联网信息办公室等 10 个部委发布的《关于促进互联网金融健康发展的指导意见》指出，鼓励创新，支持互联网金融稳步发展，分类指导，明确互联网金融监管责任，健全制度，规范互联网金融市场秩序。2020 年，我国金融科技市场规模达 3958 亿元，预计未来 5 年增速为 17.7%，到 2025 年金融科技市场整体规模将超过 8900 亿元[2]。我国网络支付用户规模达 8.54 亿人，占网民整体的 86.4%。从支付主体来看，银行在网络支付中仍占绝对优势，第三方支付增速较快，面向消费者的支付市场已形成支付宝、财付通两强的市场格局。

近年来，互联网金融呈现高速发展状态。随着金融科技市场的进一步发展，市场主体的来源和类型更加多元化，各类市场主体之间的对接合作不断深化扩展，金融"新基建"加速转型，金融开放程度不断加深。当前，中国人民银行积极布局数字货币，稳妥推进数字货币研发，完善征信监管体系。我国在网络小贷、开放银行、互联网理财等方面积极布局。网络金融作为我国金融业的发展主流，金融服务会向多元化趋势发展。同时，监管部门不断加强对金融科技细分领域技术、业务和产品的有效监管，逐步完善监管机制，夯实细化监管政策，为网络金融业的进一步发展奠定基石。国家"十四五"规划提出，健全互联网金融监管长效机制。近年来，国家逐步发布了《关于规范商业银行通过互联网开展个人存款业务有关事项的通知》《关于进一步规范商业银行互联网贷款业务的通知》等一系列文件，标志着监管部门对互联网金融领域监管层层加码，坚持守住不发生系统性金融风险这一底线。

1.3.4　网络游戏

近年来，随着高速网络的普及，网络游戏产业资源配置不断优化，产业链逐渐完善，网络游戏产业发展迅速，已成为信息产业的重要组成部分。2020 年，我国网络游戏市场规模达 3405.9 亿元，同比增长 26.27%。预计 2021 年市场规模将达 3801.1 亿元，并在 2022 年突破 4000 亿元大关。用户规模达 6.48 亿人，同比增长 2.01%，其中，女性用户及 30 岁以上的青年用户占比近 3 年内始终保持上升态势。随着技术突破及游戏方式的改进，预计 2021 年网络游戏用户将达到 7.1 亿人。从游戏类型来看，移动游戏在整体网络游戏市场中的占比达 77.70%，其中 PC 游戏占比为 20.20%，网页游戏占比为 2.10%。电子竞技市场份额达 1398.55 亿元，同比增长 19.74%。

近年来，我国网络游戏产业呈现稳定增长态势。随着移动互联网平台的兴起、国家"互联网+"战略思维的提出及相关法律法规的出台，中国网络游戏产业从基础环境到政策环境，

---

[1] 中央网信办、国家发展改革委、商务部联合发布的《电子商务"十三五"发展规划》。

[2] 中国人民银行、工业和信息化部、公安部、财政部、国家工商总局、国务院法制办、中国银行业监督管理委员会、中国证券监督管理委员会、中国保险监督管理委员会、国家互联网信息办公室联合发布的《关于促进互联网金融健康发展的指导意见》。

再到法律环境，逐步进入良性循环轨道。2020 年，我国网络游戏市场结构持续稳定，移动游戏市场竞争格局基本形成。网络游戏细分市场洗牌进入尾声，并出现多维度的市场竞争，在竞争维度上，内容竞争、技术竞争、用户竞争、运营竞争等表现得更为多元化。电子竞技空前发展，社会认知地位随之提升，电竞 IP 化将成为未来发展的主要态势。随着人工智能和 5G 带来的新浪潮，以及疫情催生的数字新经济，网络游戏产业也面临新的机遇和挑战。

1.3.5　网络出行服务

中共中央、国务院发布的《交通强国建设纲要》明确提出：大力发展智慧交通，推动交通发展由依靠传统要素驱动向更加注重创新驱动转变。要加速新业态新模式发展。大力发展共享交通，打造基于移动智能终端技术的服务系统，实现出行即服务。2020 年，我国网络出行市场交易规模约为 2886 亿元，同比增长约-15.7%，受新冠肺炎疫情影响，网络出行市场交易规模首次出现负增长[1]。网络出行服务支出占居民交通支出的比重为 11.3%，同比下降 0.1 个百分点。网约车市场整体交易规模为 2499.1 亿元，同比下降 17.90%，网约车市场交易规模增速首次出现负增长，网约车用户规模达 3.65 亿人。共享两轮车（共享单车和共享电单车）市场交易规模突破 291.27 亿元，共享单车领域的整体交易规模达 218.27 亿元，同比增长 51.80%。共享电单车领域的整体交易规模达 73.00 亿元，同比增长 75.14%。2020 年以共享汽车作为日常出行方式的用户占比较 2019 年增长 7%。

2020 年，网络出行市场因疫情遭受短期冲击，但中长期发展势头向好。疫情期间网约车平台打造的"健康出行"的体验和要求将会成为一种刚性需求。在"互联网+"的背景下，要充分利用移动互联网技术、大数据、云计算等信息化技术向网络出行领域渗透，深度挖掘利用交通服务数据，建设开放、共享、协同的管理与服务平台，实现管理能力及服务能力的全面提升，引领城市交通智慧化转型，赋能网络出行行业优质发展。中共中央、国务院印发的《国家综合立体交通网规划纲要》（以下简称《纲要》）提出，到 2035 年基本建成便捷顺畅、经济高效、绿色集约、智能先进、安全可靠的现代化高质量国家综合立体交通网。在智慧方面，《纲要》提出推动智能网联汽车与智慧城市协同发展，建设城市道路、建筑、公共设施融合感知体系，打造基于城市信息模型平台、集城市动态静态数据于一体的智慧出行平台[2]。

1.3.6　网络教育

2019 年 8 月 28 日召开的国务院常务会议提出，"推进'互联网+教育'，鼓励符合条件的各类主体发展在线教育，为职业培训、技能提升搭建普惠开放的新平台。二是加快建设教育专网，到 2022 年实现所有学校接入快速稳定的互联网。"2020 年，我国在线教育市场规模保持稳定增长，达到 4858 亿元，同比增长 20.2%。教育行业共发生 247 起投融资事件，同比减少 26%。披露的融资金额显著增加，达到 646 亿元，同比增长 65.4%。随着疫情防控常态化，线下教育逐步恢复正常，在线教育用户规模达 3.42 亿人，占网民整体的 34.6%。

---

[1] 中共中央、国务院发布的《交通强国建设纲要》。

[2] 中共中央、国务院印发的《国家综合立体交通网规划纲要》。

近年来，网络教育行业呈现上升发展趋势。2020年，在线教育企业数量稳步增长，创新能力持续提升。K12领域和头部企业成为融资重点方向，教育工具、K12教育类移动应用规模最大。同时，国家进一步加强合规治理力度，严厉打击侵权盗版、有毒有害信息传播等违法违规行为，规范教育行业向深层次高质量发展迈进。国家"十四五"规划提出，深化新时代教育评价改革，建立健全教育评价制度和机制，发挥在线教育优势，完善终身学习体系，建设学习型社会。

1.3.7 网络医疗健康服务

国务院办公厅印发的《关于促进"互联网+医疗健康"发展的意见》（以下简称《意见》），就促进互联网与医疗健康深度融合发展做出部署。一是健全"互联网+医疗健康"服务体系。二是完善"互联网+医疗健康"支撑体系。三是加强行业监管和安全保障。《意见》强调积极发展"互联网+医疗健康"，引入优质医疗资源，提高医疗健康服务的可及性。目前，我国互联网医疗正处于加速发展的阶段[1]。2020年，我国互联网医疗健康市场规模快速扩大，达到1961亿元，同比增长47%，预计2021年将达到2831亿元，同比增长45%，大健康产业整体营收规模达到7.4万亿元，同比增长7.2%。我国医疗信息化市场规模突破650亿元，同比增长18.6%。新一代信息网络通信技术在疫情防控、病情诊断、疾病治疗、卫生管理等领域发挥了重要作用，"互联网+医疗健康"3.0时代特征开始显现，5G+互联网医疗成为产业发展的热点，互联网医疗健康领域国际标准化工作取得重要进展。

在现代信息社会和移动互联网时代，互联网医疗是未来医疗服务发展的必然趋势和战略选择。我国的医疗健康市场仍处在激烈的变革之中，市场对于服务的需求更是远超预期。2020年，互联网高效、远程的优势在疫情防控过程中得以充分发挥，大数据、人工智能、物联网等数字化、智能化的工具得到有效利用，使我国新冠肺炎疫情防控取得了举世瞩目的成绩，进一步推动了"互联网+医疗健康"的发展。国家主管部门从技术应用、体制创新、业务发展、设施建设等方面积极营造产业发展良好环境，疫情咨询、网络问诊、智能影像、远程医疗等业务获得广泛应用。随着信息技术与传统医疗的融合渗透，互联网医疗、健康管理、医药电商、智慧养老、数字治疗等新模式将赋能医疗健康领域引发颠覆性变革，持续推进"互联网+医疗健康"的发展。伴随着国家利好政策的不断落实，以及监管与支付体系的持续完善，我国的互联网医疗将拥有广阔的发展空间。国家"十四五"规划提出，聚焦医疗、养老等重点领域，推动数字化服务普惠应用，推进医院、养老院等公共服务机构资源数字化，加大开放共享和应用力度。推进线上线下公共服务共同发展、深度融合，积极发展互联网医院，支持高水平公共服务机构对接基层、边远和欠发达地区，扩大优质公共服务资源辐射覆盖范围。

1.4 中国互联网安全与治理概况

1.4.1 互联网治理

习近平总书记在网络安全和信息化工作座谈会上强调，"网络空间是亿万民众共同的精

---

[1] 国务院办公厅发布的《关于促进"互联网+医疗健康"发展的意见》。

神家园。网络空间天朗气清、生态良好，符合人民利益。网络空间乌烟瘴气、生态恶化，不符合人民利益。我们要本着对社会负责、对人民负责的态度，依法加强网络空间治理，为广大网民特别是青少年营造一个风清气正的网络空间。"2020 年，从《网络信息内容生态治理规定》的正式施行，到公安部的"净网"行动、中央网信办的"清朗"行动，网络空间的治理被置于前所未有的重要位置。2020 年，我国网络生态治理成效显著，逐步形成政府监管、平台自律、行业自治、社会监管的多元治理模式。政府主管部门从政策层面着力提升网络综合治理能力，营造安全清朗网络环境。行业协会充分发挥自身优势，引领企业自律，规范行业发展。互联网企业切实发挥主体作用，坚守底线，助力行业行稳致远。社会力量广泛参与，通过舆论监督和民众维权等手段，规范责任主体，实现有效的多途径监督。

我国政府在互联网治理方面已经出台了一系列管理规章，司法部门也不断加大对网络诈骗的打击力度。互联网专项行动结合发展实际，针对规范网络秩序、打击网络犯罪等开展专项整治工作，扎实推进网络治理。网络宣教作为网络治理的重要手段，借助论坛、会议等形式，通过宣传和教育提升公众安全认知，吸引更多企业和个人参与网络治理。中共中央印发的《法治社会建设实施纲要（2020—2025 年）》为依法治理网络空间指明了方向，该纲要指出网络空间不是法外之地。推动社会治理从现实社会向网络空间覆盖，建立健全网络综合治理体系，加强依法管网、依法办网、全面推进网络空间法治化，营造清朗的网络空间[1]。

1.4.2　网络安全

习近平总书记在全国网络安全和信息化工作会议上强调，要"积极发展网络安全产业，做到关口前移，防患于未然"，明确了我国产业发展的总体思路，为网络安全产业发展指明了方向。近年来，我国网络安全产业发展进入"快车道"。2020 年产业规模约为 1702 亿元，增速约为 8.85%，产业呈稳定增长态势。

在"新基建"的推动下，网络安全建设与信息化建设逐渐同步，网络安全成为网络基础设施的一部分，拥有巨大的发展潜力。2020 年，网络安全产业技术布局日益完善。随着人工智能、大数据、量子计算等新技术的深度应用，推动计算、存储、传输等方面能力大幅跃升，新型攻击不断产生，加剧基础设施保护难度，新的网络架构使网络安全边界进一步泛化，安全防护思路有待进一步优化转变，网络空间与物理世界融合，催生多样化安全保障需求。国家"十四五"规划提出，建立健全关键信息基础设施保护体系，提升安全防护和维护政治安全能力。加强网络安全风险评估和审查。加强网络安全基础设施建设，强化跨领域网络安全信息共享和工作协同，提升网络安全威胁发现、监测预警、应急指挥、攻击溯源能力。加强网络安全关键技术研发，加快人工智能安全技术创新，提升网络安全产业综合竞争力。

1.5　中国互联网资本市场概况

国务院办公厅印发的《关于促进平台经济规范健康发展的指导意见》指出，要坚持以习近平新时代中国特色社会主义思想为指导，持续深化"放管服"改革，围绕更大激发市场活

---

[1] 中共中央发布的《法治社会建设实施纲要（2020—2025 年）》。

力，聚焦平台经济发展面临的突出问题，加大政策引导、支持和保障力度，落实和完善包容审慎监管要求，推动建立健全适应平台经济发展特点的新型监管机制，着力营造公平竞争市场环境，促进平台经济规范健康发展。2020 年，我国互联网投融资案例共 1676 起，同比下降 15.4%。总交易金额为 356 亿美元，同比上升 9%[1]。其中，超过 1 亿美元的融资案例共 67 起，同比上升 4.7%，融资金额达 275.1 亿美元，同比下降 1.1%，相较 2019 年 64 起案例、278 亿美元融资额基本持平。大额融资案例中，在线教育、医疗领域迎来融资热潮。我国 187 家上市互联网企业总市值为 17.9 万亿元，同比上升 54.3%，共有 10 家企业跻身全球互联网企业市值前三十强。

2020 年，我国投融资市场呈现先冷后暖态势。新冠肺炎疫情使我国经济受到相应影响，随着我国对疫情的有效防控，经济逐渐复苏，资本市场热度有所减缓，投融资市场逐渐回暖。同时，互联网与传统行业融合不断加深，融合领域持续受到资本热捧，为投融资市场回暖带来信心。受疫情影响，数字化产品迅速升温，传统行业逐渐转向线上化，促进互联网服务快速发展，互联网行业的投融资规模显著增大。习近平总书记在中央财经委员会第九次会议上强调，"我国平台经济发展正处在关键时期，要着眼长远、兼顾当前，补齐短板、强化弱项，营造创新环境，解决突出矛盾和问题，推动平台经济规范健康持续发展。"

1.6 中国数字经济发展概况

政府工作报告中多次提及数字经济。2017 年，政府工作报告提出"促进数字经济加快成长"[2]，2019 年进一步提到"壮大数字经济"，2020 年提出"打造数字经济新优势"，2021 年进一步增加了"数字产业化和产业数字化""数字社会""数字政府"等内容。2020 年，我国数字经济延续蓬勃发展态势，规模达到 39.2 万亿元，占 GDP 的比重为 38.6%，同比提升 2.4 个百分点，数字经济加速腾飞，有效支撑疫情防控和经济社会发展。我国服务业、工业、农业数字经济占行业增加值比重分别为 40.7%、21.0% 和 8.9%，产业数字化转型提速，融合发展向深层次演进。数字经济结构持续优化升级。一方面，数字产业化实力进一步增强，数字产业化规模达到 7.5 万亿元，占数字经济的比重为 19.1%，占 GDP 的比重为 7.3%，同比名义增长 5.3%。另一方面，产业数字化深入发展，产业数字化规模达到 31.7 万亿元，占数字经济的比重为 80.9%，占 GDP 的比重为 31.2%，同比名义增长 10.3%，为数字经济持续健康发展输出强劲动力[3]。

近年来，数字经济持续快速增长，信息技术与实体经济加速融合，信息消费规模日益壮大，消费形式更加丰富多元。2020 年，我国数字经济总量跃居世界第二，成为引领全球数字经济创新的重要策源地，数字经济已经成为驱动我国经济高质量发展的核心关键力量。2020 年，受疫情倒逼和政策拉动影响，数字经济通过技术创新和场景融合双轮驱动，使传统行业与智能技术碰撞产生的新业态新模式不断涌现。数字经济催生的新就业形态已经成为我国吸

---

[1] 国务院办公厅发布的《关于促进平台经济规范健康发展的指导意见》。

[2] 两会授权发布的《2017 年国务院政府工作报告》。

[3] 中国信息通信研究院发布的《中国数字经济发展白皮书》。

纳就业的重要渠道[1]。"十四五"时期是我国数字经济实现跨越式发展的重大战略机遇期。实体经济数字化转型将迎来新的发展时期，数字经济发展规模将进一步提升，数字经济将成为经济高质量发展的新动能。国家"十四五"规划提出，充分发挥海量数据和丰富应用场景优势，促进数字技术与实体经济深度融合，赋能传统产业转型升级，催生新产业新业态新模式，壮大经济发展新引擎。加强关键数字技术创新应用，加快推动数字产业化，推进产业数字化转型。

（白茹）

---

[1] 国家互联网信息办公室发布的《数字中国发展报告（2020 年）》。

第 2 章　2020 年国际互联网发展综述

2.1　全球互联网发展概况

2.1.1　整体情况

当今世界正处在新一轮科技革命和产业变革的历史时刻。各国面临的共同任务是促进数字技术和实体经济融合发展，加速新旧发展动能转换，打造新的产业和新的业态。人工智能、大数据、云计算等数字技术在各国抗击新冠肺炎疫情进程中快速发展，远程办公、云端经济等新业态为维持社会正常运转和对冲经济下行压力发挥了重要作用。截至2020 年年底，全球网民总数达到 50.54 亿人，全球移动互联网用户总数达到 43.15 亿人，中国网民总数为 9.89 亿人。全球数字经济规模再上新台阶。全球主要的 47 个国家数字经济增加值规模达到 31.8 万亿美元。全球数据爆发式增长、海量集聚，正在成为各国经济发展和产业革新的动力源泉。与此同时，数据安全风险与日俱增，攸关国家安全、公共利益和个人权利，对全球数字治理构成新的挑战。大量数据频繁跨境流动，从理念、立法、管理机制等方面考验政府的治理能力。各国法律法规标准不一，也在推高全球企业的合规成本。面对全球数字治理的赤字，各国亟须加强沟通、建立互信、密切协调、深化合作。

全球性问题需要全球性解决之道。习近平主席指出，各国虽然国情不同、互联网发展阶段不同、面临的现实挑战不同，但推动数字经济发展的愿望相同、应对网络安全挑战的利益相同、加强网络空间治理的需求相同。各国应深化务实合作，走出一条互信共治之路，让网络空间命运共同体更具生机活力。

2.1.2　基础资源

1. 域名

威瑞信（VeriSign，Inc.）发布的 2020 年第四季度《域名行业简报》显示，截至 2020 年第四季度，全球域名注册总量达到 3.66 亿个，较 2019 年同比增长 400 万个，增幅为 1.1%。其中，国家和地区代码顶级域（ccTLD）域名注册量为 1.59 亿个，同比增长 130 万个，增幅为 0.8%；通用顶级域（gTLD）域名注册量为 2.07 亿个，同比增长 270 万个，增幅为 1.3%；受到新冠肺炎疫情等因素影响，全球新 gTLD[1] 域名注册量约为 2600 万个，同比下降 330 万个，降幅为 11.2%。

2．IP 地址

1）IPv4 地址

中国教育和科研计算机网（CERNET）NIC2020 年年报显示，2020 年全球 IPv4 地址分配数量为 357B，获得 IPv4 地址数量前三位的国家分别为美国（295B）、巴西（16B）和科特迪瓦（8B）。根据亚太互联网络信息中心（APNIC）2020 年地址报告，截至 2020 年年底，全球 IPv4 地址分配总数为 36.8 亿个，其中 IPv4 地址数量排名前三位的国家分别是美国（约 16.1 亿个）、中国（约 3.4 亿个）和日本（约 1.9 亿个），如表 2.1 所示；排名前十位的国家 IPv4 地址数量合计占全球 IPv4 地址分配总数的近 76%。

表 2.1　全球 IPv4 地址总数排名前十位的国家及占比

排名	国家	IPv4 地址分配数量（个）	占比
1	美国（US）	1614294368	43.8%
2	中国（CN）	344408576	9.3%
3	日本（JP）	189992448	5.2%
4	德国（DE）	123787392	3.4%
5	英国（GB）	114504824	3.1%
6	韩国（KR）	112473088	3.1%
7	巴西（BR）	87115008	2.4%
8	法国（FR）	82368528	2.2%
9	加拿大（CA）	69753856	1.9%
10	意大利（IT）	54950976	1.5%

全球可供分配的 IPv4 地址数量仅剩余 626.2 万个，其中亚太地区（APNIC）为 400.3 万个，非洲地区（AFRINIC）为 192.6 万个，欧洲地区（RIPE NCC）为 32.8 万个，北美地区（ARIN）为 4352 个，南美地区（LACNIC）已全部分配完毕。

2）IPv6 地址

亚太互联网络信息中心（APNIC）2020 年地址报告显示，2020 年全球 IPv6 地址分配数量为 21835*/32，获得 IPv6 地址数量排名前三位的国家分别为中国（6765*/32）、美国（5051*/32）和巴西（1358*/32）。截至 2020 年年底，全球 IPv6 地址分配总数为 208.7 亿个（/48），其中 IPv6 地址数量排名前三位的国家分别是美国［约 37.8 亿个（/48）］、中国［约 35.8 亿个（/48）］和日本［约 14.4 亿个（/48）］，如表 2.2 所示；排名前十位的国家 IPv6 地址数量合计占全球 IPv6 地址分配总数的 68.8%。我国的 IPv6 地址部署率居首位，达到 16.0%，我国 IPv6 规模部署工作取得明显成效。

---

[1] 新 gTLD 为 2012 年互联网名称与数字地址分配机构（ICANN）启动新 gTLD 计划以后出现的 gTLD。

表 2.2 全球 IPv6 地址总数排名前十位的国家及占比

排名	国家	IPv6 地址分配数量（/48）	占比	部署率
1	美国（US）	3781720299	18.1%	11.5%
2	中国（CN）	3583049820	17.2%	16.0%
3	德国（DE）	1444151922	6.9%	11.7%
4	英国（GB）	1341718755	6.4%	4.5%
5	法国（FR）	918880387	4.4%	1.7%
6	俄罗斯（RU）	809632046	3.9%	2.5%
7	日本（JP）	660938940	3.2%	5.9%
8	意大利（IT）	623054872	3.0%	4.6%
9	澳大利亚（AU）	615253158	2.9%	3.5%
10	荷兰（NL）	579141930	2.8%	2.9%

2.1.3 全球 5G 发展情况

当前，全球 5G 商用仍处于初期阶段，主要国家纷纷加大战略引导、政策支持、资金投入等举措，积极推进 5G 商用发展。全球移动供应商协会（GSA）数据显示，截至 2020 年年底，全球 140 家运营商已在 59 个国家/地区推出商用 5G 网络。5G 用户规模逐步扩大，2020 年年底全球 5G 用户超过 2.3 亿户，其中，中国 5G 终端连接数已超过 2 亿个。5G 终端呈现多元化发展态势，截至 2020 年 9 月底，全球已发布 444 款 5G 终端，其中手机终端占 45%。

韩国是全球最早宣布 5G 商用的国家，经过近两年的快速发展，已在网络建设、应用推进等方面取得积极进展，截至 2020 年年底，韩国 5G 用户达到 1185 万户，占移动用户的比例超过 23%，用户渗透率居全球首位。美国 5G 网络所使用的频谱资源主要集中在高频段和低频段，目前高频段资源分配和使用处于全球领先地位，低频段已向超过 2.5 亿美国人提供 5G 网络覆盖，正加速释放中频段资源。欧洲受限于建设成本高、监管政策严等因素，5G 网络部署相对缓慢，但欧洲正在积极布局 5G 在智能交通、工业制造等领域的融合应用，依靠其工业优势引领 5G 行业应用发展。

2.2 各国互联网政策动向

1. 美国

在数字经贸领域，2020 年 6 月，美国贸易代表办公室（USTR）对包括欧盟、巴西、印度等传统贸易伙伴在内的 10 个征收数字服务税的国家和地区发起"301 调查"；2020 年 6 月，美国政府宣布退出 OECD 全球数字税谈判。在人工智能领域，2020 年 5 月，美国宣布加入"人工智能全球合作伙伴计划组织"；2020 年 9 月，美国和英国签署《人工智能研究与开发合作宣言》，表示将加强两国在人工智能发展方面的合作。在 5G 网络领域，2020 年 3 月，美国白宫发布《5G 安全国家战略》，明确表达了要与所谓"盟友"一道在全球范围内领导研发、部署和管理安全可靠的 5G 通信基础设施的愿景，并提出将通过诸如布拉格 5G 安全会议等框架参与 5G 国际安全规则的制定。在供应链安全领域，2020 年 8 月，美国国务卿宣布实施清洁网络计划，该计划包括 5 项具体措施：清洁运营商、清洁应用商店、清洁应用、清洁云和清洁电缆；2020 年 10 月，美国国务卿表示已有 40 余个国家加入了"清洁网络计划"。在平台监管领域，2020 年 9 月，美国联合澳大利亚、加拿大、新西兰、英国共同签署《竞争主管机构多边互助与合作框架》，5 国的监管机构将在共享信息、案例理论和调查技术等领域开展合作，进一步提升反垄断执法和调查能力。

2. 欧盟

2020 年 2 月，欧盟发布《塑造欧洲的数字未来》《人工智能白皮书》和《欧洲数据战略》三大战略文件，全面推进欧洲数字化转型进程；2020 年 3 月，欧盟委员会发布《欧洲工业战略》，致力于提升欧洲工业的领导地位，打造欧洲工业的竞争力与战略自主实力，以应对地缘政治的不确定性和全球竞争的加剧。2020 年 10 月，欧盟 25 个成员国签署《欧洲云联盟合作宣言》，宣布支持泛欧洲云基础设施的开发，鼓励公共和私营部门云服务的发展，并筹划建立"欧洲工业数据和云联盟"。在 5G 网络领域，2020 年 1 月，欧盟正式发布 5G 网络安全"工具箱"，从战略和技术角度提出一系列加强 5G 安全的举措。在平台监管领域，2020 年 6 月，欧盟委员会就《数字服务法案》及新的竞争法规开展公众咨询，积极推进平台监管立法。在数字货币方面，2020 年 9 月，欧盟公布数字货币监管方案，将实施严格的规定，包括引进发行前审批制及违反规定时处以罚款的制度等，并争取在 2024 年之前引进一揽子制度。

3. 俄罗斯

2019 年 4 月，俄罗斯通过"主权互联网法案"；根据该法案，俄罗斯将兴建互联网基础设施，"在无法连接国外服务器的情况下，可保障俄罗斯互联网资源正常运行"。2019 年 12 月，俄罗斯政府为确保关键 IT 基础设施安全，宣布禁止从外国购买和租赁州及市一级政府的数据存储系统，并且不允许用外国设备替换本地数据存储设备。

4. 印度

2020 年 9 月，印度高级官员表示，该国已与以色列及美国在开发领域和下一代新兴技术方面合作，包括 5G 通信网络。2020 年 10 月，印度与日本签署网络安全合作谅解备忘录，将在共同关心的领域加强合作，包括网络空间能力建设、保护重要基础设施、新兴技术合作，并承诺建立一个开放、可互操作、自由、公平、安全和可靠的网络空间环境，促进互联网成为创新、经济增长及贸易和商业的引擎。2020 年 11 月，印度与英国签署 ICT 领域合作谅解备忘录，将在政策法规、频谱管理、无线通信、网络基础设施安全等领域开展合作。

5. 日本

2019 年 9 月，日本与美国就"数字贸易协定"达成一致，共同制定数据跨境流动及自由数字贸易的国际规则；2020 年 8 月，日本发起"供应链弹性倡议"，并与澳大利亚及印度就地区供应链安全达成合作意愿，将通过减少对特定国家的依赖，提升供应链弹性，随后 10 月，日本宣布将向在多个国家扩大生产基地的企业发放补贴。

6．巴西

2020 年 2 月，巴西发布《国家网络安全战略》，提出提升应对网络威胁的弹（韧）性、在数字环境中保持繁荣与发展、强化网络安全国际合作三大战略目标，并明确 10 项战略行动。2020 年 5 月，巴西发布其《数字政府战略》，为数字服务的转型、数字渠道的统一和系统间互操作性的发展制定了指导方针。2020 年 9 月，巴西《通用数据保护法》（LGPD）在总统博索纳罗签字后正式生效，该法以欧盟《通用数据保护条例》（GDPR）为模板，力图规范个人数据的处理，重点是保护自由和隐私的基本权利及自然人格的自由发展。

2.3　全球互联网资本市场概况

中国信息通信研究院发布的数据显示，2020 年全球互联网投融资逐步回暖，活跃度保持平稳，投融资总金额呈上升趋势。面对严峻复杂的国际形势、新冠肺炎疫情的严重冲击，各国努力推动经济重启复苏。以 2020 年第四季度全球投融资为例，投融资总金额环比上升36.5%，同比上升 20.5%；投融资案例数环比下降 1.8%，同比下降 11.9%。

新冠肺炎疫情重创各国经济，但全球 IPO 市场热度不减。Refinitiv 数据显示，2020 年，全球企业通过 IPO 融资近 3000 亿美元，仅次于 2007 年，这一增长很大程度上源于中国内地和中国香港 IPO 活动激增。2020 年，全球预计共有 1338 家企业上市，同比上升 17%，筹资额上升 27%。得益于我国疫情得到有效控制及科创板的平稳运行，A 股市场 IPO 总规模达到4707 亿元，创 2010 年以来新高。A 股 IPO 前三大热门行业分别为：计算机、通信和其他电子设备制造业，医药制造业，软件和信息技术服务业。

2020 年，全球互联网投融资市场从活跃度和总规模来看，投融资总金额达 1875 亿美元，投融资案例数达 20804 起，基本与 2019 年持平。受新冠肺炎疫情影响，第一季度融资额较低，后续市场逐渐回暖，从全年趋势来看，投融资总金额呈上升趋势，如图 2.1 所示。

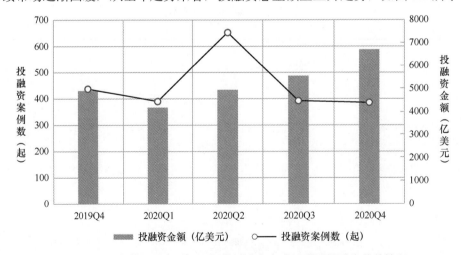

图2.1　2019年第四季度至2020年第四季度全球互联网投融资总体情况

2020 年，美国和中国仍是互联网投融资活跃度较高的市场。披露的总交易金额分别为776.3 亿美元和 349.5 亿美元，英国和印度位于第二梯队，加拿大、德国、法国、瑞典和以色列位于第三梯队，如图 2.2 所示。2019 年第四季度至 2020 年第四季度全球互联网投融资轮次分布如图 2.3 所示。

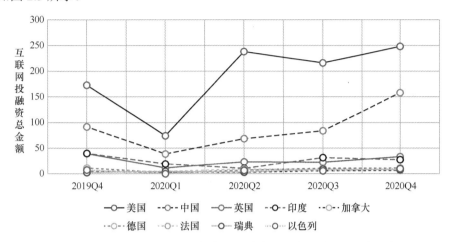

图2.2　2019年第四季度至2020年第四季度主要国家互联网投融资总金额

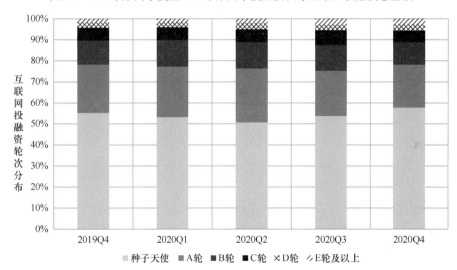

图2.3　2019年第四季度至2020年第四季度全球互联网投融资轮次分布

典型投融资事件如下：

猿辅导获超过 35 亿美元融资，线上教育赛道成资本关注重点。新冠肺炎疫情为线上培训教育提供了发展机遇，2020 年 3 月以来，猿辅导完成了由高瓴资本领投的 10 亿美元的 G 轮融资，获得由腾讯、DST 领投的 22 亿美元的融资，以及云峰基金 3 亿美元加持。

SpaceX 完成迄今为止最大规模融资，规模为 19 亿美元。5 月 30 日，SpaceX 第一次将 NASA 航天员送入太空。据报道，SpaceX 在交易完成后股权估值达到了 460 亿美元，约合人民币 3184 亿元。

电商独角兽企业 Wish 正式上市。12 月 16 日，"美国版拼多多" Wish 正式上市，成立至今，Wish 一共融资 16 亿美元，其中的投资者包括 General Atlantic、Founders Fund 和 GGV Capital 等。这个平台上的卖家大部分来自中国，发货地在中国，收货地遍布全球。

2020 年 9 月 20 日，美国移动支付平台 Stripe 融资 2.5 亿美元，估值飙升至 350 亿美元，成为目前美国估值排名第二的创业公司，且 Stripe 先后完成了多达 F 轮次融资。Stripe 除在传统的移动支付技术之外，还在互联网金融领域开始了多元化扩张。

印度企业 Reliance Jio 在 3 个月内融资 14 次获 200 亿美元。2020 年，印度最大的电信公司 Jio Platforms 进行了 14 次融资。投资者阵容中包括科技巨头 Facebook、Google、Qualcomm 及顶级私募资本 Silver Lake、Vista Equity Partners、General Atlantic、KKR、主权财富基金穆巴拉达投资公司及阿布扎比投资局。

社区电商十荟团 2020 年完成 4 轮融资。2020 年 11 月 30 日，十荟团完成 1.96 亿美元的 C3 轮融资。本轮融资由阿里巴巴与 Jeneration Capital 时代资本联合领投，昆仑资本、中金资本旗下基等多家知名投资机构跟投，2020 年 1 月，十荟团宣布完成 8830 万美元融资；5 月完成 8140 万美元 C1 轮融资；7 月再度完成 C2 轮融资，融资金额达 8000 万美元，这是十荟团 2020 年获得的第四轮融资。

2.4 全球数字经济关键领域发展状况

2.4.1 新型基础设施建设

信息基础设施加速向高速率、全覆盖、智能化方向发展，新型基础设施建设的创新发展成为新的国际热点。世界开启 5G 商用，5G 已经成为世界各大经济体的战略焦点。2019 年，韩国、美国、瑞士、英国、意大利、西班牙、德国、中国的通信运营商纷纷推出 5G 业务，拉开了 5G 商业化的序幕，各国纷纷发力 5G 基础设施建设。为弥合全球数字鸿沟，各大型科技企业已开展天空和太空的信息网络布局，成为地面信号塔和光纤连接等方式的重要补充。2020 年 9 月，"雅典娜"项目通过阿里安航天公司经营的 Vega 运载火箭发射了首个小型航天器任务服务（SSMS），该卫星已成功进入预定轨道。2020 年 8 月，Space X 的 Starlink 部门宣布每月可制造 120 颗卫星，并且已投资超过 7000 万美元，每月开发和生产数千个消费者用户终端。预计到 2020 年年底 Space X 会在美国南部提供星链服务。2020 年 7 月，谷歌"气球"项目正式启动商用。谷歌母公司 Alphabet 旗下"气球"部门（Loon Division）发放 35 个高空气球，利用机器学习的算法自行飘到合适的位置，提供用户服务或作为传递信号的中继站，向肯尼亚的电信用户提供 4G 无线互联网服务。市场调研机构 Synergy Research Group 的数据显示，截至 2020 年第二季度末，全球超大规模数据中心的数量增长至 541 个。

2.4.2 制造业数字化转型

各国制造业数字化转型政策加速迭代，重视政策落地应用。2019 年，《德国工业战略 2030（草案）》将机器与互联网互联（工业 4.0）作为数字化发展的颠覆性创新技术加速推动，通过政府主导方式确保国家掌握新技术，保证其在竞争中处于领先地位。2019 年 4 月，德国联邦经济能源部发布最新工业 4.0 战略前瞻性文件《德国 2030 年工业 4.0 愿景》，明确将构建全球数字生态作为未来 10 年德国数字化转型的新愿景，并阐述了数字化转型的重点任务。2020 年 3 月 20 日，工业和信息化部印发《关于推动工业互联网加快发展的通知》，要求各有关单位加快新型基础设施建设、加快拓展融合创新应用、加快健全安全保障体系、加快壮大创新发展动能、加快完善产业生态布局、加大政策支持力度，推动工业互联网在更广范围、更深程度、更高水平上融合创新，培植壮大经济发展新动能，支撑实现高质量发展。根据 IDC 的数据，随着企业在现有战略和投资的基础上发展成为规模化数字企业，据测算，2020 年全球数字化转型技术和服务支出增长 10.4%，达到 1.3 万亿美元。

2.4.3　数字货币研发

国际清算银行在 2020 年 8 月发布的工作报告中表示，在其调查的 66 家中央银行中，20% 的银行表示将在短期内发行央行数字货币（CBDC）；同时，约 20% 的中央银行表示很可能在未来的 1～6 年内发行数字货币，比例为 2019 年的 2 倍；总计有约 80% 的中央银行正在从事 CBDC 的研究、试验或开发，较 2019 年增加 10%。截至 2020 年 7 月中，至少有 36 家中央银行发布了其 CBDC 工作进展。在 2019—2020 年，受到 Libra 等超国界超主权加密数字货币的研发压力，有越来越多的国家将央行数字货币作为国家重要研发战略。新冠肺炎疫情引发的隔离措施及现金可能会传播病毒等因素，更加快了传统支付方式向数字支付方式的转变，加快了合法交易的无现金化趋势，有关数字货币的官方讨论进一步升温，原本对央行数字货币持谨慎观望态度的日本和美国等国家也逐渐放开限制，加大对央行数字货币的探索力度。多国央行数字货币研究的核心构成要素基本相同，但受各国国情、战略规划及发展政策影响，其具体技术构成及研发用途有所差异。

（郭丰、嵇叶楠、张雅琪、金夏夏）

第二篇

基础资源与基础应用篇

2020 年中国工业互联网发展状况

 2020 年中国社交平台发展状况

 2020 年中国网络音视频发展状况

 2020 年中国搜索引擎发展状况

 2020 年中国共享经济发展状况

第3章　2020年中国互联网基础资源发展状况

3.1 网民

3.1.1 网民规模

1. 总体网民规模

截至 2020 年年底，中国网民规模约为 9.89 亿人，较 2020 年 3 月新增网民 8540 万人，互联网普及率达 70.4%，较 2020 年 3 月提升 5.9 个百分点（见图 3.1）。

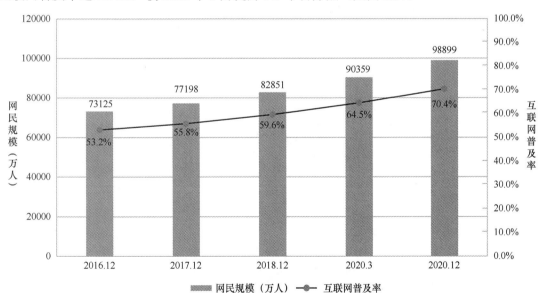

图3.1　2016—2020年中国网民规模和互联网普及率

资料来源：CNNIC。

2. 手机网民规模

截至 2020 年年底，中国手机网民规模约为 9.86 亿人，较 2020 年 3 月新增手机网民 8886 万人，网民中使用手机上网的比例为 99.7%（见图 3.2）。

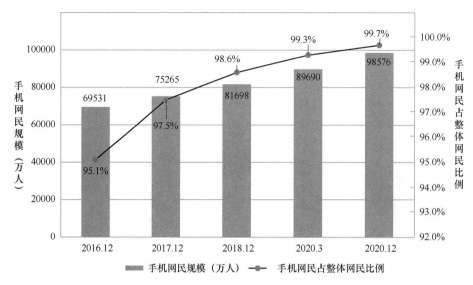

图3.2 2016—2020年中国手机网民规模及其占比

资料来源：CNNIC。

3. 城乡网民规模

截至 2020 年年底，中国农村网民规模为 3.09 亿人，占网民整体的 31.3%（见图 3.3），较 2020 年 3 月增长 5417 万人；城镇网民规模为 6.80 亿人，较 2020 年 3 月增长 3069 万人。

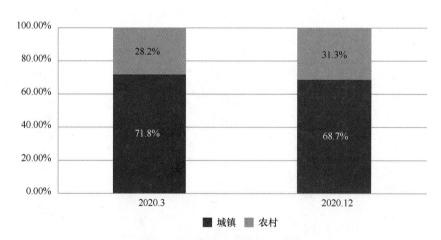

图3.3 2020年中国网民城乡结构

资料来源：CNNIC。

截至 2020 年年底，中国城镇地区互联网普及率为 79.8%，较 2020 年 3 月提升 3.3 个百分点；农村地区互联网普及率为 55.9%，较 2020 年 3 月提升 9.7 个百分点。城乡地区互联网普及率较 2020 年 3 月缩小 6.4 个百分点（见图 3.4）。

图3.4　2016年12月—2020年12月中国互联网普及率

资料来源：CNNIC。

4．非网民规模

截至 2020 年年底，中国非网民规模为 4.16 亿人，较 2020 年 3 月减少 8073 万人。其中，城镇地区非网民占比为 37.3%，农村地区非网民占比为 62.7%。农村地区非网民比例高于全国农村人口比例 23.3 个百分点，非网民仍以农村地区人群为主。

从年龄来看，60 岁以上老年群体是非网民的主要群体。截至 2020 年年底，中国 60 岁及以上非网民群体占非网民总体的比例为 46.0%，较全国 60 岁及以上人口比例高出 27.9 个百分点。

数据显示，非网民认为不上网带来的生活不便中，没有"健康码"，无法进出一些公共场所居首位，占非网民比例的 27.2%；其次是无法现金支付，占非网民比例的 25.8%；买不到票、挂不上号占非网民比例的 24.9%；线下服务网点减少导致办事难，无法及时获取信息（比如各类新闻资讯）的比例分别为 24.6% 和 22.9%（见图 3.5）。

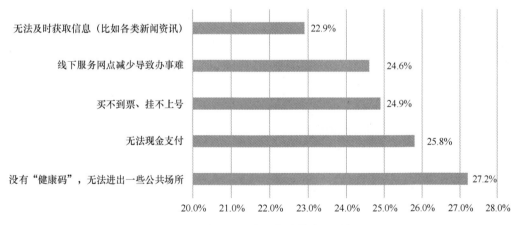

图3.5　非网民不上网带来的生活不便

资料来源：CNNIC。

使用技能缺乏、文化程度限制、年龄因素和设备不足是非网民不上网的主要原因。因为不懂电脑/网络而不上网的非网民占比为 51.5%；因为不懂拼音等文化程度限制而不上网的非网民占比为 21.9%；因为年龄太大/太小而不上网的非网民占比为 15.1%；因为没有电脑等上网设备而不上网的非网民占比为 13.3%；因为没时间上网、不感兴趣等原因而不上网的非网民占比均低于 10%（见图 3.6）。

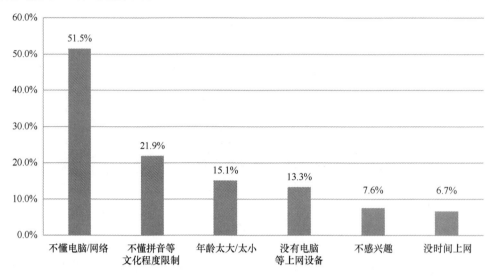

图3.6 非网民不上网原因

资料来源：CNNIC。

促进非网民上网的首要因素是方便与家人或亲属的沟通联系，占比为 32.5%；其次是提供免费上网培训指导，占比为 30.3%；提供可以无障碍使用的上网设备是促进非网民上网的第三大因素，占比为 30.0%（见图 3.7）。

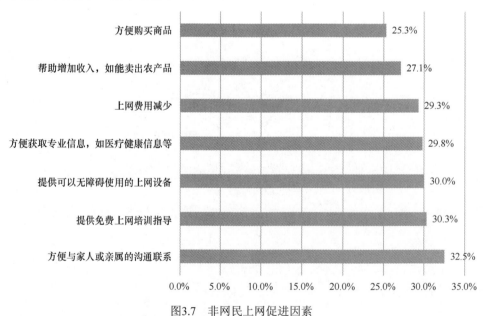

图3.7 非网民上网促进因素

资料来源：CNNIC。

3.1.2　网民结构

1. 性别结构

截至 2020 年年底，中国网民男女比例为 51.0∶49.0（见图 3.8），与整体人口中男女比例基本一致。

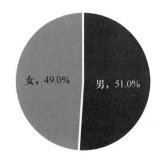

图3.8　2020年中国网民性别结构

资料来源：CNNIC。

2. 年龄结构

截至 2020 年年底，20～29 岁、30～39 岁、40～49 岁网民占比分别为 17.8%、20.5%和 18.8%，高于其他年龄段群体；50 岁及以上网民群体占比由 2020 年 3 月的 16.9%提升至 26.3%，互联网进一步向中老年群体渗透（见图 3.9）。

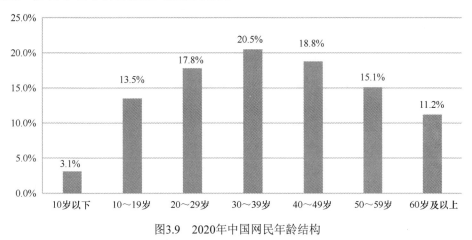

图3.9　2020年中国网民年龄结构

资料来源：CNNIC。

3. 学历结构

截至 2020 年年底，初中、高中/中专/技校学历的网民群体占比分别为 40.3%、20.6%；小学及以下网民群体占比由 2020 年 3 月的 17.2%提升至 19.3%（见图 3.10）。

4. 职业结构

截至 2020 年年底，在中国网民群体中，学生最多，占比为 21.0%；其次是个体户/自由职业者，占比为16.9%；农林牧渔劳动人员占比为8.0%（见图3.11）。

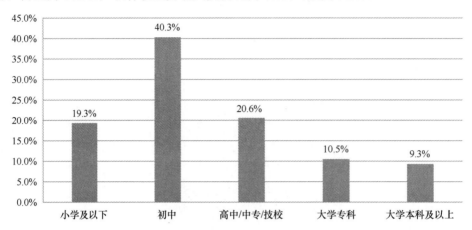

图3.10　2020年中国网民学历结构

资料来源：CNNIC。

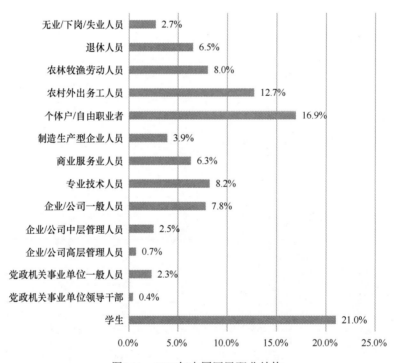

图3.11　2020年中国网民职业结构

资料来源：CNNIC。

5. 收入结构

截至2020年年底，月收入在2001～5000元的网民群体占比为32.6%；月收入在5000元以上的网民群体占比为29.3%；有收入但月收入在1000元及以下的网民群体占比为15.3%（见图3.12）。

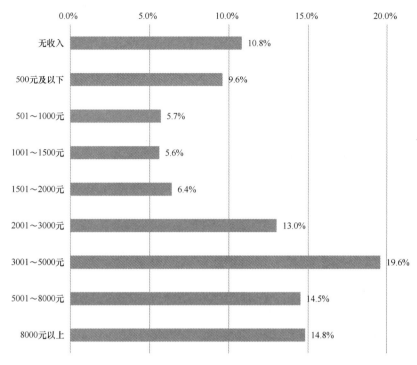

图3.12　2020年中国网民收入结构

资料来源：CNNIC。

3.2 网站

1. 网站整体情况

2020 年,中国网站数量达 445.8 万个,较 2019 年减少 5.2 万个,降幅为 1.15%（见图3.13）。

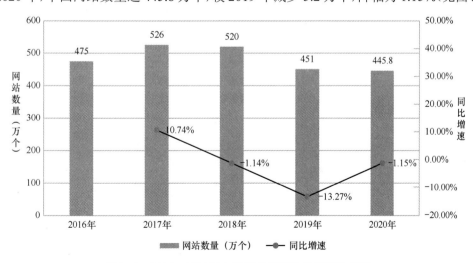

图3.13　2016—2020年中国已备案网站总量变化情况

资料来源：网站备案系统。

2. 各省网站分布

从各省份网站总量的分布情况来看，广东以 72.34 万个网站居各省首位，占全国网站总量的 16.22%；其次是北京和江苏，分别以 44.08 万个和 41.11 万个居第二位和第三位，占全国网站总量的比例分别为 10.19% 和 9.35%（见图 3.14）。

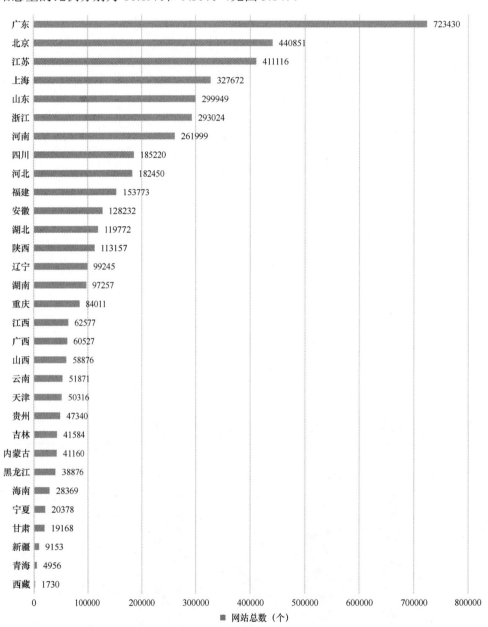

图3.14　2020年中国各省份网站分布情况

资料来源：网站备案系统。

3. 2019 年各类前置审批的网站所占比例

2020 年，全国涉及各类前置审批的网站达到 27928 个，其中药品和医疗器械类最多，占比为 37.02%，其次是文化类，占比为 31.60%（见图 3.15）。

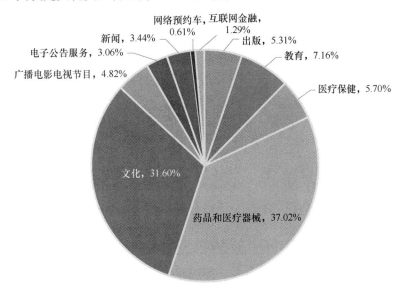

图3.15　2020年中国各省份网站分布情况

资料来源：网站备案系统。

3.3　IP 地址

1. 总体情况

2020 年，中国已备案 IPv4 地址数量达 3.66 亿个，IP 地址数量呈现反弹趋势，较 2019 年年底上升 1.95%（见图 3.16）。

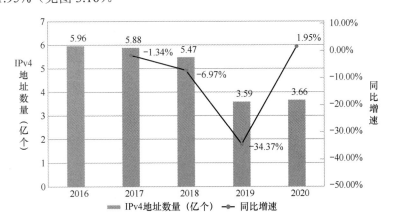

图3.16　2016—2020年中国已备案IPv4地址年度分布情况

资料来源：网站备案系统。

2. 各省分布

从各省 IPv4 地址数量的分布情况来看，北京以 9921.5 万个 IPv4 地址居全国首位，其次是广东和浙江，分别为 3713.6 万个和 2518.3 万个（见图 3.17）。

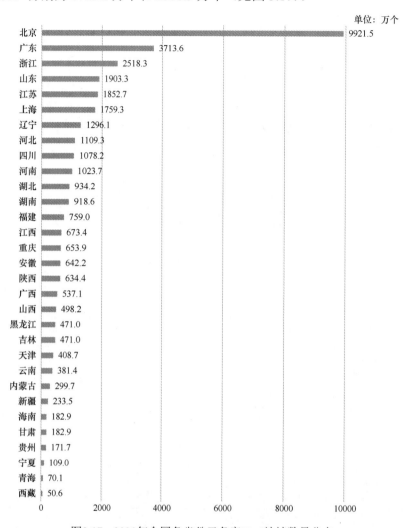

图3.17　2020年全国各省份已备案IPv4地址数量分布

资料来源：网站备案系统。

3.4　域名

1. 域名总体情况

2020 年，中国已备案域名数量达 474 万个，较 2019 年年底小幅上升，近年来域名数量呈现波动态势（见图 3.18）。

2. ".cn" 域名分布情况

从 ".cn" 域名在各省份的分布情况来看，广东的 ".cn" 域名数量最多，达到约 207.1 万个，占总数量的 10.9%；其次是北京，其数量约为 177.34 万个（见图 3.19）。

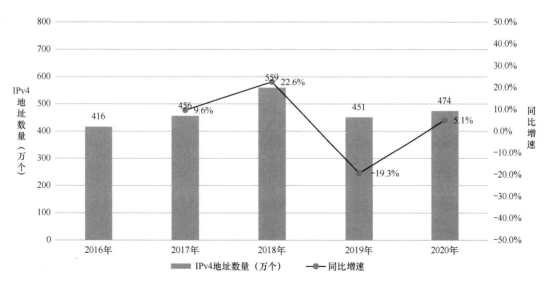

图3.18　2016—2020年中国已备案域名年度分布情况

资料来源：网站备案系统。

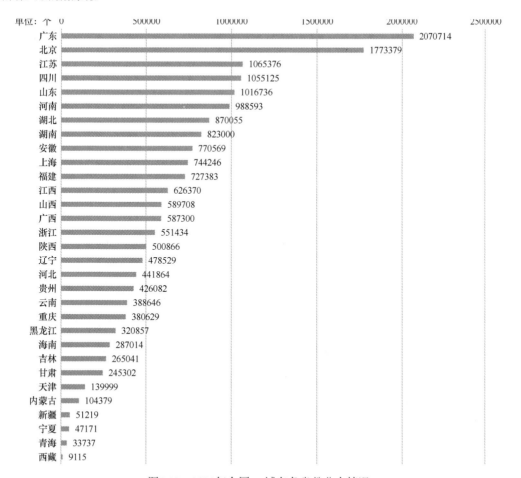

图3.19　2020年全国.cn域名各省份分布情况

资料来源：网站备案系统。

3.5 用户

1. 固定电话用户

截至 2020 年年底，全国所有电话用户总数为 177597.77 万户，其在各省份的分布如图 3.20 所示。广东以 17668.8 万户居首位，山东、江苏分别居第二、第三位（见图 3.20）。

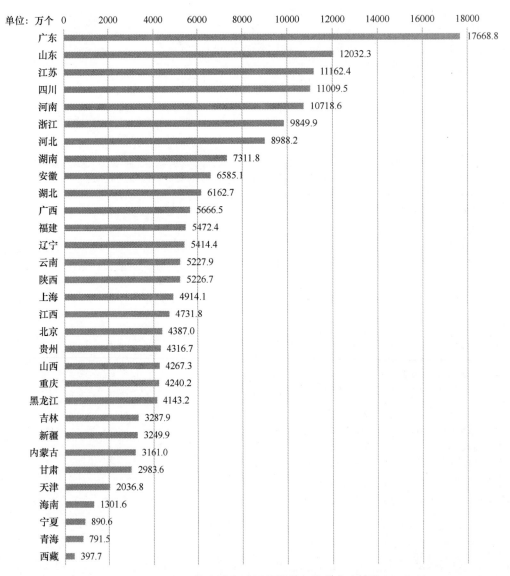

图3.20 2020年全国电话用户数量各省份分布情况

资料来源：工业和信息化部。

　　截至 2020 年年底，全国所有固定电话用户达 18190.76 万户，其在各省份的分布如图 3.21 所示。其中，广东以 2131.9 万户居全国首位，其次是四川以 1885.0 万户居第二位。

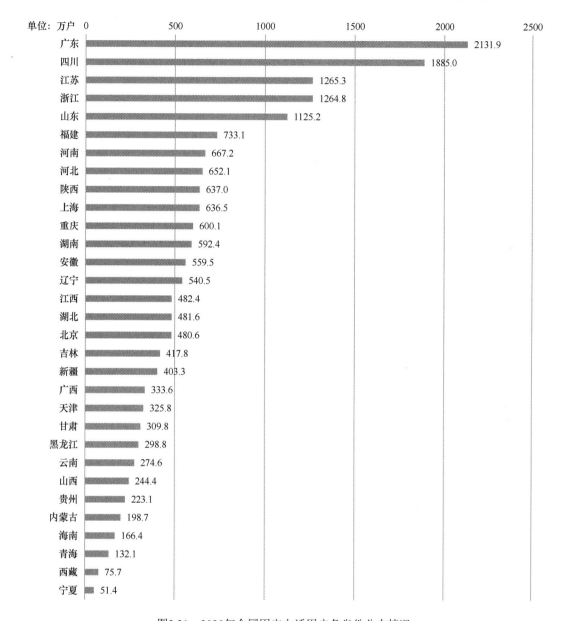

图3.21　2020年全国固定电话用户各省份分布情况

资料来源：工业和信息化部。

2. 移动电话用户

　　截至 2020 年年底，中国移动电话用户总数达到了 159407.02 万户，其在各省份的分布如图 3.22 所示。其中，广东以 15536.9 万户居首位，山东、河南分别以 10907.1 万户和 10051.4

万户居第二和第三位。

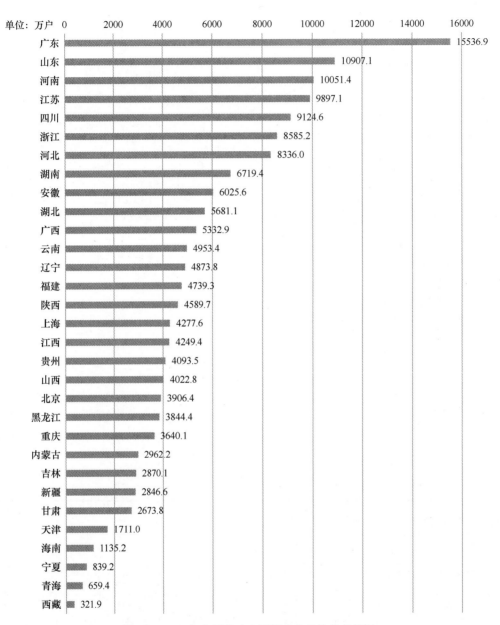

图3.22 2020年全国移动电话用户各省份分布情况

资料来源：工业和信息化部。

3. 固定宽带用户

截至 2020 年年底，中国固定带宽用户总数达到了 48354.95 万户，其在各省份的分布如图 3.23 所示。其中，广东以 3890.0 万户居首位，江苏、山东分别以 3756.8 万户和 3445.6 万户居第二和第三位。

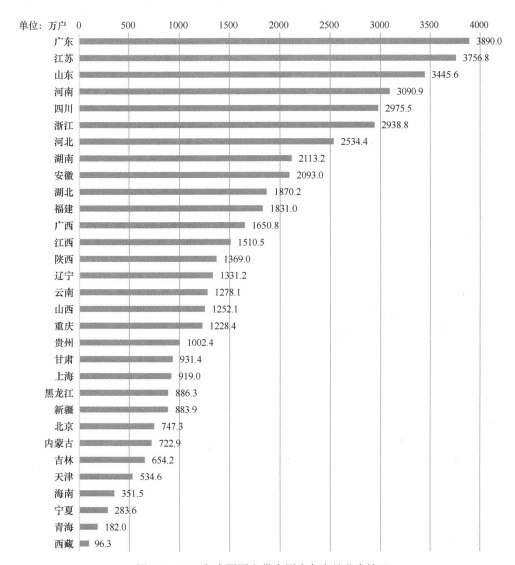

图3.23　2020年全国固定带宽用户各省份分布情况

资料来源：工业和信息化部。

4. 物联网用户

截至 2020 年年底，中国物联网用户总数达到了 113563.35 万户，其在各省份的分布如图 3.24 所示。其中，广东以 20765.0 万户居首位，江苏、浙江分别以 14371.1 万户和 11519.8 万户居第二和第三位。

5. IPTV 用户

截至 2020 年年底，中国 IPTV 用户总数达到了 31515.25 万户，其在各省份的分布如图 3.25 所示。其中，四川以 2777.6 万户居首位，广东、江苏分别以 2408.7 万户和 2285.2 万户居第二和第三位。

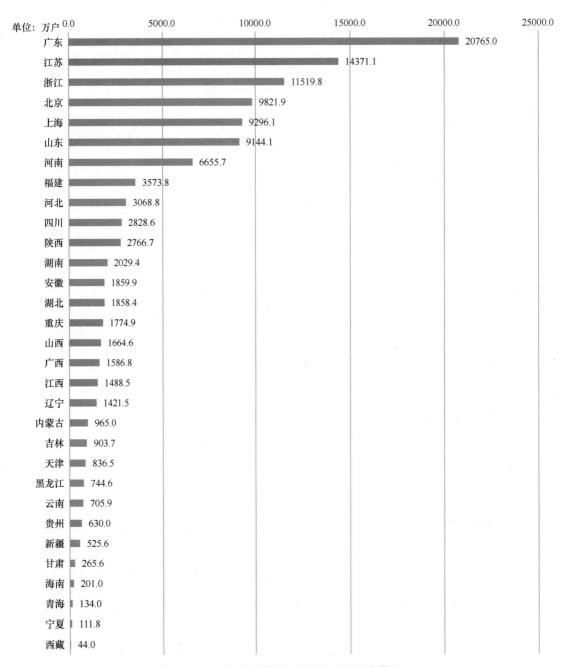

图3.24　2020年全国物联网用户各省份分布情况

资料来源：工业和信息化部。

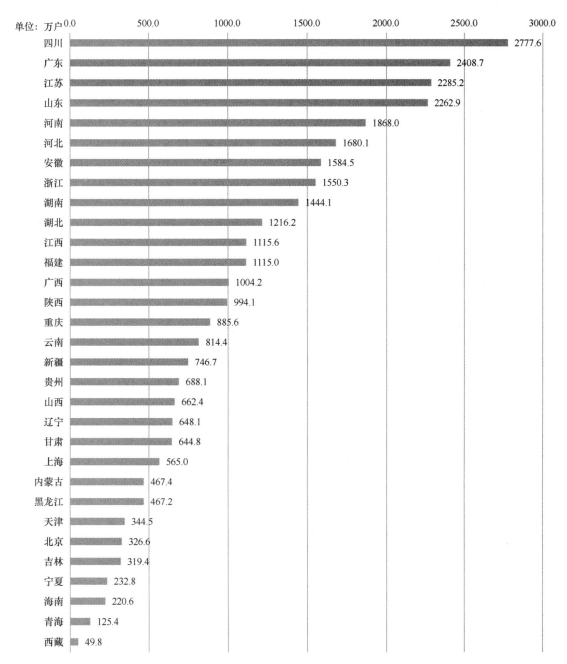

图3.25　2020年全国IPTV用户各省份分布情况

资料来源：工业和信息化部。

第4章　2020年中国互联网络基础设施建设情况

4.1　基础设施建设概况

2020年，在全球面临新冠肺炎疫情重压的背景下，我国各级政府与行业多方坚决贯彻落实党中央、国务院决策部署，在网络强国和新基建战略的指引下，大力推动互联网络基础设施建设，积极构建高速、移动、安全、泛在、智能的新型网络基础设施。我国全光网络建设成效显著，覆盖水平全球领先，骨干网与互联互通带宽扩容力度显著增强，国际传输网络全球布局持续扩展，网络提速向纵深发展，固定宽带和5G网络"双千兆"建设力度加大，下一代互联网IPv6升级深入部署，应用基础设施在新的机遇下趁势加速发展，整体设施能力水平显著增强，网络服务水平不断提升，网络技术创新能力进一步夯实，网络与业务性能水平积极追赶国际。互联网网络基础设施的建设带动了我国信息通信业的快速发展，有力支撑传统制造业和国民经济多个产业数字化转型升级，成为数字经济发展的重要基石。

2020年，我国宽带接入网络能力快速提升，加快向千兆宽带接入升级。3家基础电信企业的固定宽带接入用户净增3427万户，总数达4.84亿户。其中，1000Mbps及以上接入速率用户数净增553万户，达640万户；100Mbps及以上接入速率用户总数达4.35亿户，占比达89.9%，占比较上年年末提高4.5个百分点。4G移动宽带用户总数达12.89亿户，全年净增679万户，占移动电话用户的80.8%。

2020年，我国新增骨干直联点与新型互联网交换中心试点建设工作积极推进，"全方位、立体化"网间架构布局初步形成。骨干直联点持续扩容，互联网带宽持续高速增长，骨干网络扁平化和智能化水平进一步提升。基础电信企业骨干网带宽规模突破1000Tbps。骨干网设备400G平台基本退网，800G与1.6T平台成为主流，积极应对互联网流量激增。国际互联网出入口持续扩容，2011—2020年中国国际互联网带宽复合增长率高达33%，其中2020年增长约34.38%。珠海、海口、拉萨等多个区域国际通信业务局获批建设，国际网络布局持续完善。海南自由贸易港、上海等5地获批建设国际互联网数据专用通道，积极服务于企业国际化通信业务访问需求。

2020年，基础电信运营企业大力推进宽带提速工作，"全光网"建设成效显著，FTTH网络覆盖进一步增长。2020年，互联网宽带接入端口数量达到9.46亿个，比上年年末净增3027万个。xDSL端口比上年减少171万个，总数降至649万个，占比下降至0.7%。光纤接入（FTTH/0）端口比上年净增 4361 万个，达到 8.8 亿个，占比提升至 93%。全国新建光缆线路 428 万千米，总长度达 5169 万千米，同比增长 9%。

随着移动通信业务的飞速发展，我国基础电信企业移动网络设施特别是 5G 网络建设步伐加快，2020 年新增移动通信基站 90 万个，总数达 931 万个。其中，4G 基站新增 31 万个，总数达到 575 万个，同比增长 5.7%；5G 网络建设稳步推进，新建 5G 基站超过 60 万个，已开通 5G 基站超过 71.8 万个，覆盖全国地级以上城市及重点县市。受新冠肺炎疫情影响和大流量应用拉动，移动互联网流量迅猛增长。2020 年，移动互联网接入流量消费达 1656 亿 GB，同比增长 35.7%。全年月户均移动互联网接入流量达 10.35GB，同比增长 32%。

2020 年，各方共推我国 IPv6 网络深入部署。2020 年，我国 IPv6 地址申请数量位居全球第二，IPv6 活跃用户数持续上升，IPv6 流量大幅增长。14 个骨干直联点全部支持 IPv6，网间 IPv6 流量疏导不断优化。我国各基础电信企业 LTE 网络和城域网网络 IPv6 升级改造基本完成，骨干网全面开启 IPv6 承载服务。IPv6 骨干网网间平均时延、丢包率等性能指标趋同于 IPv4，网内性能指标已优于 IPv4，业务承载质量显著提升。CDN 和云产品 IPv6 升级改造加速明显，应用基础设施 IPv6 支持度大幅提高。LTE 移动终端全面支持 IPv6，固定宽带终端网络设备升级加速。

2020 年，我国 CDN 市场合作竞争格局日趋显著，大型 CDN 企业在业务与资源等方面开展深度融合合作，获得 CDN 牌照的企业持续增多，网宿科技、阿里云等国内 CDN 企业被 Gartner 评为全球级 CDN 企业，网络节点覆盖全球。随着业务应用数据对网络边缘能力需求的增长，CDN 网络核心技术与边缘计算进一步结合，为用户提供边缘 CDN 服务。同时，融合 CDN 服务为企业提供优质的业务加速体验。2020 年，新冠肺炎疫情推动云计算 SaaS 服务需求爆发，云计算发展加速。我国产业各方紧抓边缘计算机遇，发展速度全球领先，主流云服务商竞相发布边缘容器产品，推动边云深度融合。

网络性能方面，我国骨干网性能持续提升，据中国信息通信研究院统计，我国网内平均时延已优于国际主要运营商平均水平，网内丢包率已趋近国际水平。国际网络性能与发达国家相比仍有一定差距，我国以 228ms 的国际互联网平均访问时延位列全球重点国家/地区第 74 位。我国固定宽带接入速率大幅提升，据 Ookla 统计，2020 年 9 月，我国固定宽带接入速率为 139Mbps，在全球 175 个国家/地区中排名第 20 位。主流在线视频平台的平均卡顿率约为 0.1%，用户体验良好。

4.2　互联网骨干网络建设

1. 骨干网扁平化发展，"富"互联时代加速到来

我国运营商骨干网趋近全网状互联。 随着我国数字经济的加快发展，跨省的互联网交互需求不断增多，为进一步提升网络通信质量，减少骨干网路径绕转，基础电信运营企业按实际流量需求新增出省直达方向，推动骨干网持续向扁平化演进，网络层级架构逐渐弱化。目前，中国电信 80% 的骨干网节点之间实现一跳直达，中国移动新平面的网络节点间已接近网状互联，中国联通省级节点之间建立大量直联关系。

骨干网数据设备 400GE 商用起步。随着双千兆网络建设的持续推进及超高清视频等大带宽应用的普及，网络流量增速远超设备能力更新速度，激增的网络流量对骨干网带来极大挑战。仅依靠扩容 100GE 链路将增加网络和业务规划的复杂度，难以适应集约、高效的业务发展需求，400GE 普及成大势所趋。2020 年 7 月，江苏移动无锡 IDC 出口路由器成功部署基于 QSFP-DD 封装的单端口 400GE，标志着核心路由器 400GE 商用时代来临。

2. "全方位、立体化"网间架构布局初步形成

骨干直联点与新型互联网交换中心协同发展，"全方位、立体化"网间架构布局初步形成。为更好地满足网间流量快速增长的需求，2020 年我国持续推进骨干直联点建设：呼和浩特骨干直联点于 2020 年 11 月正式开通，我国骨干直联点数量达到 14 个（见图 4.1）；各骨干直联点大幅扩容，截至 2020 年年底，我国网间带宽达到 14.92Tbps，较 2019 年年底增长超过 40%。随着以 5G、工业互联网、超高清视频等为代表的新一代网络应用的快速发展，仅通过直联点疏导运营商骨干网流量的模式已不能满足产业界对网络广泛互联互通的需求，国内对拓展新型互联网交换中心的呼声越来越高。2020 年 6 月，国家（杭州）新型互联网交换中心建成投入运行，有 40 余家企业申请接入，截至 2020 年年底杭州交换中心接入带宽超过 2Tbps，峰值流量超过 200Gbps；2020 年年底，国家（深圳·前海）新型互联网交换中心和国家（中卫）新型互联网交换中心获批。直联点和交换中心差异化定位，为我国丰富网间互联模式与探索创新业务打造畅通的网络通道。

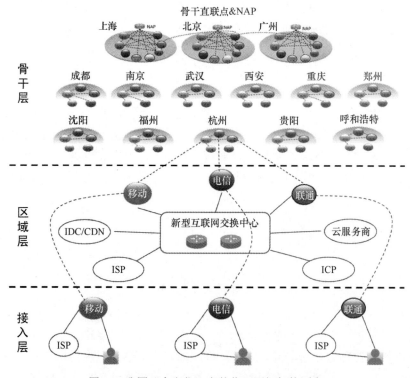

图4.1 我国"全方位、立体化"网间架构示意

3. 我国持续扩展国际互联网布局

国际通信需求旺盛，国际互联网数据专用通道规模持续扩大。 受新冠肺炎疫情影响，企业产品研发、设备在线调试、跨国会议等对国际通信的依赖进一步增强，2020 年我国新增海南自由贸易港、连云港、舟山、上海、张家口 5 条国际互联网数据专用通道，升级扩容苏州国际互联网数据专用通道，为国内企业提供更优质的国际互联网访问服务。2020 年，我国国际互联网出口带宽达到 6.5Tbps，同比扩容 3.16%。

我国持续完善国际网络布局，支持西向南向开放和粤港澳大湾区建设。 2020 年，我国先后批复多个重要的国际网络基础设施，持续推进完善我国国际网络布局：批复同意将珠海国际通信信道出入口升级为区域性国际通信业务局，疏导港澳方向国际业务；批复同意新增海口区域性国际通信业务局、文昌海缆登陆站，疏导香港和"一带一路"方向国际业务；批复同意新增拉萨区域性国际通信业务局，疏导南亚方向国际业务。

4.3　IPv6 的部署与应用

自 2017 年中央印发《推进互联网协议第六版（IPv6）规模部署行动计划》以来，我国 IPv6 应用、网络基础设施、应用基础设施、终端、网络性能、用户和流量等方面规模部署加速发展，取得积极进展。

1. IPv6 规模部署广度不断推进，IPv6 活跃用户数持续上升

我国 IPv6 活跃用户数逐步上升，截至 2020 年年底达 4.62 亿个，占比达 49.11%（见图 4.2）。三大运营商改造进度提速，为全国 LTE 用户和固定宽带接入用户分配 IPv6 地址，截至 2020 年年底 IPv6 终端活跃连接数为 13.91 亿个，占比达 70.75%。

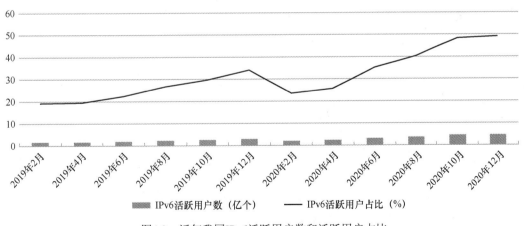

图4.2　近年我国IPv6活跃用户数和活跃用户占比

2. IPv6 规模部署深度不断推进，IPv6 流量大幅上涨

随着互联网应用加大升级力度，城域网流量、LTE 网络 IPv6 流量均大幅上升。截至 2020 年年底，城域网 IPv6 流入和流出流量分别达到 10545.12Gbps 和 5201.89Gbps，分别同比增长 6.13 倍和 5.15 倍；LTE 核心网 IPv6 流入和流出流量分别达到 9233.13Gbps 和 606.42Gbps，

分别同比增长 4.63 倍和 1.91 倍。14 个骨干直联点全部支持 IPv6，IPv6 流出流量达 390.85Gbps。国际出入口 IPv6 流入和流出流量分别达到 83.67Gbps 和 26.65Gbps。

3. 支持 IPv6 的网络超过半数，IPv6 地址量满足行业发展需求

截至 2020 年年底，我国通告自治域数量为 609 个，在已通告自治域中，支持 IPv6 的自治域数量为 325 个，占比达 53.4%。我国 IPv6 地址量保持较快增长，目前国内 IPv6 地址资源量达到 57634 块（/32），居世界第二位，总量较 2019 年增长 20.46%，IPv6 地址资源规模满足规模部署的要求。

4. 网络全面支持 IPv6，骨干网 IPv6 网内性能已优于 IPv4

中国电信、中国移动和中国联通已全面开启 IPv6 承载服务，3 家企业均完成了全国 30 个省、333 个地级市的 LTE 网络 IPv6 改造和 30 个省的城域网网络 IPv6 改造，骨干网设备已全部支持 IPv6。运营商 IPv6 网间、网内质量持续提升，其中 IPv6 网间性能基本与 IPv4 趋同，时延为 37.62ms，丢包率为 0.09%；IPv6 网内性能已优于 IPv4，时延为 31.77ms，丢包率为 0.03%。骨干网（IPv6-IPv4）网络性能变化情况如图 4.3 所示。

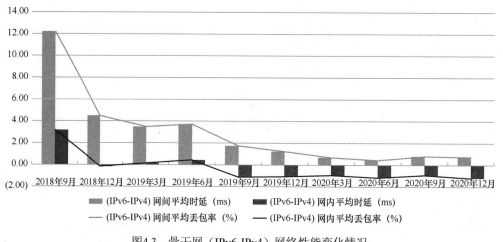

图4.3 骨干网（IPv6-IPv4）网络性能变化情况

5. 应用基础设施就绪度明显提升，内容分发网络和云改造加速支持 IPv6

截至 2020 年年底，三大基础电信企业、阿里云、腾讯云、华为云、百度云、京东云、世纪互联和鹏博士的 IDC 已全部完成 IPv6 改造；三大运营商的递归 DNS 全部完成双栈改造并支持 IPv6 域名记录解析；全国 TOP13 CDN 企业的节点 IPv6 就绪度达到 92.7%；阿里云、腾讯云、华为云、天翼云、金山云、百度云、沃云、移动云、京东云、UCloud、青云共 11 家企业的 704 项云服务全部支持 IPv6，IPv6 就绪度达到 100%。

6. LTE 终端瓶颈基本消除，家庭无线路由器支持度较低

在 LTE 移动终端方面，苹果在 iOS12.1 版本后、安卓在 Android8.0 版本后，均已全面支持 IPv4/IPv6 双栈协议；在智能家庭网关方面，三大运营商 2018 年以来集采机型已全面支持 IPv6，目前正在开展在网存量家庭网关升级工作；在家庭无线路由器方面，目前主流无线路由器的 IPv6 支持程度较差。

4.4　移动互联网建设

1. 我国移动互联网用户渗透率继续提升，移动互联网流量增速放缓

2020 年，我国移动互联网用户总数超过 16 亿户，用户渗透率持续提升，达到 114%。其中，4G 网络用户数达到 12.9 亿户，全年净增 0.7 亿户；5G 网络用户数超过 1.6 亿户，约占全球 5G 总用户数的 89%。2020 年，我国移动互联网数据流量继续保持增长，截至 2020 年年底，我国移动互联网累计流量达到 1656 亿 GB，增速较 2019 年的 70% 以上放缓至 35.7%；全年移动互联网月户均流量（DOU）达 10.35GB/户·月，比上年增长 32%，12 月当月 DOU 高达 11.92GB/户·月。

2. 我国 5G 网络建设稳步推进，多主体协同推进态势正加速形成

2020 年，我国移动通信基站总数达 931 万个，全年净增 90 万个，其中 4G 基站总数达到 575 万个，实现城镇地区深度覆盖；5G 网络建设稳步推进，按照适度超前原则，新建 5G 基站超过 60 万个，全部已开通 5G 基站超过 71.8 万个，其中中国电信和中国联通共建共享 5G 基站超过 33 万个，5G 网络已覆盖全国地级以上城市及重点县市。2020 年，5G 手机出货量持续提升，5G 终端出货比例达到 50% 左右。2020 年是我国 5G 独立组网（SA）建设和发展的元年，中国电信、中国移动和中国联通已逐步开启 5G SA 网络规模商用，北京市和深圳市已经实现 5G SA 网络全覆盖。5G 进入融合创新的关键阶段，基础电信、设备制造、垂直行业等多主体协同推进态势正加速形成，"5G+工业互联网" 512 工程务实推进，在建相关项目超过 1100 个。

3. 移动物联网用户数较快增长，LTE Cat1 终端正在兴起

截至 2020 年年底，3 家基础电信企业发展蜂窝物联网用户达 11.36 亿户，全年净增 1.08 亿户，其中应用于智能制造、智慧交通、智慧公共事业的终端用户占比分别达 18.5%、18.3%、22.1%。根据 GSMA 统计，截至 2021 年 3 月，全球移动物联网网络总数达到 156 个，其中 LTE-M 网络 52 个，NB-IoT 网络 104 个。我国中国电信、中国移动和中国联通 3 家电信运营企业以部署 NB-IoT 网络为主，截至 2020 年 8 月底，我国已建成 NB-IoT 基站总数超过 70 万个，NB-IoT 连接数超过 1 亿个。经过近几年的发展，LTE Cat1 产业生态得到快速发展，芯片、模组设计生产工艺更加成熟稳定，LTE Cat1 模组价格不断下降，LTE Cat1 应用场景包括共享、金融支付、工业控制、无线 POS 机终端、车载支付、公网对讲等。

4.5　互联网带宽

用户接入带宽迈向"双千兆"时代。5G 和千兆光网起步发展，截至 2020 年年底，3 家基础电信企业的固定宽带接入用户总数达约 4.83 亿户，全年净增 3427 万户，"十三五"期间复合增长率仍超过 10%（见图 4.4）。其中，固定宽带 1000Mbps 及以上接入速率的用户数达到 643.7 万户，渗透率超过 1.3%，已开通 71.8 万座 5G 基站，用户数达 3.22 亿户，在全球范围内的 5G 基站及用户占比均超过 70%。

单位：万户

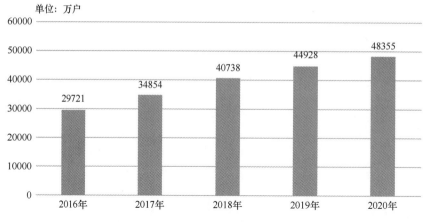

图4.4 2016—2020年固定宽带接入用户数

1. 我国基础电信企业骨干网更新换代

为适应互联网业务发展需要，近年来，基础电信企业骨干网络持续更新换代。中国电信、中国移动分别建设公众互联网骨干网双平面，并逐步完成业务迁移，至此 400G 平台基本退网，全面迈向 800G、1.6T 平台时代。同时，截至 2020 年年底，基础电信企业骨干网带宽规模突破 1000Tbps。

2. 中国移动与中国电信、中国联通互通带宽激增

自 2020 年 7 月起，中国移动不再需要向中国电信、中国联通缴纳公众互联网网间结算费用，中国移动与中国电信、中国联通网间带宽分别达到 3.1Tbps 与 1.8Tbps，直接推动 2020 全年骨干互联单位间互联带宽增长超过 4.5Tbps，年增长率为 44%，骨干互联单位网间互联带宽达到 14.92Tbps。2009—2020 年互联网网间带宽扩容情况如图 4.5 所示。

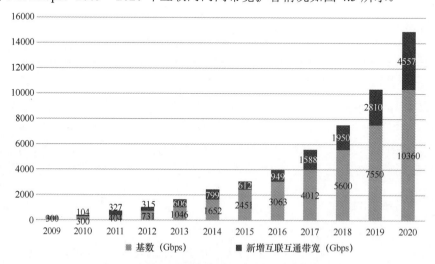

图4.5 2009—2020年互联网网间带宽扩容情况

3. 国际互联网出入口带宽持续大幅提升

根据 TELEGEOGRAPHY 统计，截至 2020 年年底，我国国际互联网出入口带宽（含港

澳）达 48.54Tbps，同比增长 34.38%，扩容 12.42Tbps，为历年最高，如图 4.6 所示。

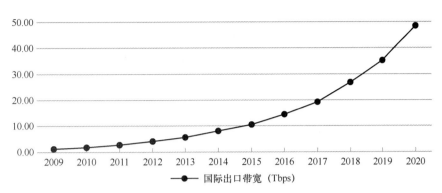

图4.6　2009—2019年我国（含港澳台）国际出入口带宽扩容情况

4.6　互联网交换中心（IXP）

1. 国际互联网交换中心积极探索新业务融合发展，流量聚集效应进一步提升

国际上越来越多的大型交换中心不仅提供基础流量交换服务，还开始提供愈加丰富的增值业务，积极探索与多云互联、防 DDos 攻击、IPv4/IPv6 转换等新技术、新业务的结合。例如，Megaport、Equinix、AMS-IX、DE-CIX 等交换中心陆续推出多云互联业务，为企业客户提供按需、动态、灵活的多云接入服务。此外，新冠肺炎疫情期间伴随视频会议、网络游戏等应用流量大幅增长，国际交换中心流量汇聚效应越发显著，监测数据显示 DE-CIX 法兰克福节点在疫情期间的流量涨幅超过 30%，峰值流量首次突破 10Tbps。

2. 国家（杭州）新型互联网交换中心投入运营，前海、中卫交换中心试点获批

2020 年 6 月 30 日，国家（杭州）新型互联网交换中心（以下简称杭州交换中心）流量交换平台正式启用。截至 2020 年年底，杭州交换中心累计接入单位达到 32 家，总带宽超过 1.7Tbps，峰值流量达到 212Gbps。2020 年 12 月，国家（深圳·前海）新型互联网交换中心、国家（中卫）新型互联网交换中心获批，标志着我国新型互联网交换中心架构进一步完善，从概念普及进入实践深耕阶段。

3. 新型互联网交换中心与新技术、新业务融合发展趋势明显，节点部署将进一步向网络边缘侧延伸

工业互联网、VR/AR、4K/8K 高清视频等新技术、新业务对网络性能提出了极高的要求（端到端时延毫秒级）。以工业互联网为例，控制类、采集类及交互类等业务均提出了低延迟（端到端几十毫秒）、高可靠（数据传输成功率大于 99.999%）、高传输速率（体验速率 Gbps）的需求。同时，新技术、新业务发展更加强调海量连接，其重要应用中互联方众多、互联场景丰富多样。新型交换中心作为网络互联互通的集中平台，与新技术、新业务相融合，在我国新型交换中心试点的基础上融入新元素，有利于打通各类场景的连接通道，全面提升互联互通效率。此外，随着 5G、边缘计算技术不断完善，车联网等时延敏感型业务将产生更多低层级互联互通的新场景，为满足边缘侧流量交换需求，新型互联网交换中心节点部署将进一步向网络边缘侧延伸，形成"爬虫式"结构，解决骨干层流量交换层级高、路径长的问题，为新业务场景创新发展提供坚实保障。

4.7 内容分发网络（CDN）

1. 5G、新基建为 CDN 带来发展机遇，CDN 企业寻求合作以提供优质服务

随着移动互联网的蓬勃发展，万物互联已成大势，特别是边缘计算、人工智能等技术在游戏、视频、电子商务、交通物流等领域的应用，CDN 日益成为互联网应用基础设施中不可或缺的重要组成部分。2020 年以来工业和信息化部加速下发 CDN 牌照，截至 2021 年 3 月，国内共有超过 1600 家企业获得 CDN 经营许可，较 2019 年年底数量翻番；拥有全国经营资质的企业近 500 家，较 2019 年年底增加近 2 倍。早期在提供 CDN 及相关增值服务方面，传统 CDN 服务商、云 CDN 提供商、融合 CDN 服务商及基础电信运营商各有优劣，经过几年价格战后，后疫情时代出现很多强强联合的案例，如 Akamai 与金山云合作，为国内客户开拓海外市场提供快速、高质量的互联网体验；华数与阿里云签订战略合作协议，打造面向广电行业的云视频解决方案；深信服与腾讯云在云网资源方面进行深度融合等，全面提升用户网络体验和保障业务高效安全。

2. CDN 核心技术持续升级，边缘计算市场持续升温

随着国内 5G、物联网、AI、AR/VR 等新型基础设施的建设，持续推动将云计算带入网络边缘侧，特别是新冠肺炎疫情期间，在线办公、在线会议、在线教育等应用需求不断激增，在静态内容加速的基础上，CDN 能力向动态加速、安全加速延伸，向边缘计算迈进，业务应用和数据可以通过边缘计算技术，使分发节点尽可能靠近数据产生点的边缘，从而减少总体往返时间，提升用户访问体验。在此背景下，主流 CDN 服务商纷纷布局，深入研究并建设边缘计算服务能力，分布式布局 CDN 网络节点，将存储、计算、安全、应用处理能力推向边缘，打造高效的边缘计算平台，以"去中心化"思维及强大的智能调度能力强化对边缘节点的资源控制与有效利用。

3. 整合多家 CDN 服务能力，融合 CDN 仍有发展空间

随着流媒体业务的飞速发展，传统的烟囱型 CDN 架构已经不能满足跨网络、跨平台和跨不同设备的需求，根据市场调研，国内大型网站大多采用多家 CDN 企业的服务。融合 CDN 打破了单个 CDN 厂商的节点资源及调度能力，突破了地域时间及不同运营商的限制，通过技术手段融合多个 CDN 厂商资源或自有 CDN 资源，从而完美解决多 CDN 备灾、带宽用量等问题，还为企业使用 CDN 服务提供了优质的加速体验。未来的融合 CDN 平台不仅可以帮助企业节省人工处理问题的成本，而且能够通过传入的数据自行判断处理逻辑，根据网络质量评分及网络状况、计费情况等自行决策 CDN 调度策略。

4.8　网络数据中心（IDC）

1. 作为支撑"新基建"发展的重要底座，数据中心将迎来重大发展机遇

数据中心作为 5G、人工智能、云计算、区块链等新一代信息通信技术的重要载体，已经成为数字经济时代的底座，具有空前重要的战略地位。2020 年 3 月 4 日，中共中央政治局常务委员会召开会议，强调"要加大公共卫生服务、应急物资保障领域投入，加快 5G 网络、数据中心等新型基础设施建设进度"。2020 年 4 月 20 日，国家发展改革委首次明确了新型基础设施的范围，主要包括信息基础设施、融合基础设施和创新基础设施 3 方面内容，其中包括以数据中心、智能计算中心为代表的算力基础设施。随着数据中心被中央正式列入新基建范畴，未来将会广泛地吸引地方政府政策和资本等方面的投入，势必迎来重大发展机遇。根据中国信息通信研究院测算，2020 年我国数据中心建设投资达到 3000 亿元，预计未来 3 年，数据中心产业投资将增加 1.4 万亿元。

2. 我国数据中心总体规模快速增长，数据中心服务商以基础电信运营商为主

中国信息通信研究院统计数据显示，截至 2019 年年底，我国在用数据中心机架总规模达到 315 万架，近 5 年年均增速超过 30%，大型以上数据中心增长较快，数量超过 250 个，机架规模达到 237 万架，占比超过 70%；规划在建大型以上数据中心超过 180 个，机架规模超过 300 万架，保持持续快速增长势头。基础电信运营商和第三方 IDC 服务商仍是我国数据中心的主要参与者。凭借网络带宽和机房资源优势，三大基础电信运营商共占我国 IDC 市场约 60% 的份额，其中中国电信占比最高，达到 29%，中国联通、中国移动分别次之。

3. 我国数据中心能效水平逐步提高，数据中心新技术探索应用

截至 2019 年年底，全国超大型数据中心平均 PUE 达到 1.46，大型数据中心平均 PUE 达到 1.55，规划在建数据中心平均设计 PUE 为 1.41 左右，超大型、大型数据中心平均设计 PUE 分别为 1.36 和 1.39，预计未来几年仍将进一步降低。数据中心液冷产业生态初步建立，随着当前高密度大型数据中心的不断涌现，液冷散热技术具备明显优势，国内阿里巴巴、腾讯、百度、美团等已加入液冷产业生态。边缘数据中心逐步进入探索和部署阶段，针对不同应用场景，边缘数据中心的部署方式在不断发展，如一体柜、微模块、集装箱等形式，腾讯在 2020 年 10 月开放边缘计算中心，通过自研 MINI T-bloc 技术搭建，将若干功能设备集成于同一单位内。

4.9　边缘计算与边云融合

1. 边缘计算产业进入实质发展周期，整体处于技术探索与应用试验阶段

技术方面，开源、统一的技术架构是重要探索方向，2020 年较为活跃的边缘计算开源项目有 KubeEdge、StarlingX、K3s、EdgeXfoundry、EdgeGallery、Akraino、Baetyl、OpenYurt、SuperEdge、Azure IoT Edge 等。应用方面，在工业、CDN、游戏、车联网等重要领域开展了

创新验证，如中国联通截至 2020 年 12 月已在全国开展 300 多个 MEC 商用工程，在智能制造、智慧医疗、智慧交通、智慧园区等领域开拓了中国商飞、三一重工、中国一汽、宝武钢、天津港、新疆电网、中日友好医院、文远知行、上海张江人工智能岛等多个商用项目，同时也和腾讯、阿里巴巴、百度、虎牙、抖音等推进 MEC 试商用基地建设。

2. 边缘计算逐步形成"设备边缘"和"基础设施边缘"两个层次的部署架构

设备边缘靠近端侧，服务实时性要求高，通常以边缘网关、边缘服务器形式存在，用来执行机器通信、边缘设备管理、简单规则应用；基础设施边缘靠近云侧，可以提升应用智能化水平，通常以边缘云的形式存在，具备更强的计算分析和网络服务功能，并为分析和数据模型提供了额外的存储，用于执行数据分析、高级智能应用、数据安全等应用。

3. 结合云计算和边缘计算优势，两者协同成为一种新型计算模式

为充分发挥云计算强大的计算能力和边缘计算及时响应特征，需要两者协同工作、各展所长，以实现价值最大化。云边协同主要包括云端和边端的 IaaS 层、PaaS 层、SaaS 层的资源协同、数据协同、智能协同、业务编排协同、应用管理协同、服务协同 6 种技术。目前，针对云边协同的研究大多数集中在物联网、工业互联网、智能交通、安全监控等诸多领域的应用场景上，主要目的是减少时延、降低能耗及提高用户体验质量等。国内主流云服务商推出多款云边协同产品，推动云边协同产业成熟，如阿里云 ACK-Edge 是针对边缘计算场景推出的云边一体化协同托管方案；腾讯云推出边缘容器产品 TKE-Edge，实现中心云管理边缘云资源，帮助企业打通边缘云、私有云和 IoT 设备；华为云构建边云协同操作系统——智能边缘平台，可运行在多种边缘设备上，将丰富的智能应用以轻量化方式从云端部署到边缘，满足用户对智能应用边云协同的业务诉求。

4.10 标识解析节点

1. 标识解析基础设施粗具规模

我国工业互联网标识解析北京、上海、广州、武汉、重庆五大顶级节点稳定运行，南京、贵阳两个灾备节点启动建设，截至 2020 年年底共上线运行二级节点达 93 个，覆盖 22 个省级行政区，涵盖船舶、集装箱、汽车、石化、食品、医疗器械等 33 个行业，接入企业突破 1 万家，标识注册量已超过 100 亿个，日均解析量近 800 万次。

2. 应用模式不断丰富，实践探索逐渐深入

标识应用场景和模式不断丰富，初步形成基于标识解析的智能化生产管控、供应链协同、工业软件数据交互、数字化交付、全生命周期管理等创新应用模式，主动标识成为新发展亮点，已在热力、燃气、汽车、模具等多个领域开展应用试点。支付宝、商米等 10 余款主流"扫一扫"App、标识读写设备已经实现与工业互联网标识解析的对接。随着标识解析应用探索不断创新，逐步培育了一批优秀应用案例，如中天科技基于统一标识和公共解析能力开展智能化生产管控；中船集团利用标识解析二级节点，将船东、船舶设计院、钢铁生产企业、舾装件供应商、物流运输商、船舶总装厂、维修服务商、保险公司等联系起来，为船舶生产

设备、备品备件物资赋予公有标识，实现跨主体信息查询。

3. 制度体系和标准规范引领作用初步显现

2020 年，工业和信息化部印发《工业互联网标识管理办法》，有效指导整个体系规范化建设。在国家监管体系下，充分保证二级节点的企业权益、数据主权，有利于促进跨企业的数据共享和信息交易，有利于加快形成可复制、可推广的创新应用模式。我国加快研制工业现场多设备加入、异构网络连接、多源异质数据互操作、工业数据安全等标识解析基础共性技术标准，引导二级节点企业建立行业二级节点和跨行业二级节点技术实现、工程部署、节点对接和应用场景等相关技术标准和测试规范，面向工业应用场景的数据管理、交互和共享需求，加快输出特定行业、特定场景应用支撑标准，发挥标准化服务能力。

4. 规模化应用推广仍面临挑战

标识解析系统涉及大量企业内部敏感数据和高价值数据，对解析系统安全性要求较高，需在现有体系基础上形成可信的身份认证并对解析信息进行加密或者数字签名，确保数据的完整性和保密性。此外，标识产业基础仍薄弱，标识载体、识读设备、解析系统对工业环境和要素的适配支持性还不充足、不丰富，具备行业定制化应用开发能力的供应商较少。

4.11　卫星互联网

1. 卫星互联网纳入新型基础设施范畴

2020 年 4 月 20 日，国家发展改革委表示将卫星互联网纳入新型基础设施范畴。卫星互联网有望成为继有线互联、无线互联之后的第三代互联网基础设施革命。依托低轨卫星星座系统，在外太空铺设卫星网络，地面用户可体验不受地形和地域限制的广域连续性泛在接入服务。

2. 卫星互联网建设步伐加快

我国正在积极发展由高轨卫星、中低轨星座组成的卫星互联网。在高轨卫星互联网方面，我国高通量卫星发展处于起步阶段。当前我国高通量卫星主要包括在轨的中星 16 号和亚太 6D。中星 16 号是我国首颗高轨高通量通信卫星，2018 年 1 月 23 日投入使用；亚太 6D 是香港亚太通信卫星有限公司、亚太卫星宽带通信（深圳）有限公司采购的一颗地球静止轨道高通量卫星，2020 年 7 月 9 日成功发射，同年 12 月 9 日完成在轨交付，亚太 6D 是东四增强型平台全配置首发星，设计通信总容量为 50Gbps，单波束容量在 1Gbps 以上，将以中国为核心，面向亚太地区，形成东印度洋到西太平洋覆盖，为机载、船载、车载等多种移动通信应用提供优质、高效、经济的卫星宽带通信服务。在低轨星座互联网系统方面，国内已经有一系列计划项目在逐步开展中，如航天科技鸿雁星座计划、航天科工虹云计划等，我国民营航天企业也在积极投入卫星互联网建设中。银河航天采用 5G 标准的"银河 Galaxy"低轨宽带卫星星座，预计在 1200 千米左右的轨道上发射上千颗 5G 卫星，首颗 5G 试验卫星"银河一号"于 2020 年 1 月发射成功，成为我国首颗通信能力达到 24Gbps 的低轨宽带通信卫星；九天微星将在 2021 年年底完成由 72 颗小卫星组成的低轨物联网星座，后续将构建由 800 颗低轨小卫星组成的互联网星座，为分布在全球的无地面网络覆盖区域（海陆空天）的物流、重型机械等各类资产提供实时卫星通信服务，目前已累计成功发射 8 颗卫星；清申科技的中轨星座"智慧天网"第一组 8 颗卫星总容量可达 200Gbps 以上，第二、第三组卫星容量可达 Tbps 量级，验证星和配试星即将发射。

3. 卫星互联网各地产业发展呈现快速发展态势

在国家先后出台鼓励民用空间基础设施建设、投资卫星研制和系统建设政策的支持带动下，卫星互联网已成为中国多个城市的"新基建"热词。北京市提出要推动卫星互联网技术创新、生态构建、运营服务、应用开发等；上海市将卫星互联网基础设施建设列为重要建设任务之一；重庆市在"新基建"重点任务中明确指出，要加紧谋划全球低轨卫星移动通信与空间互联网建设，打造全国太空互联网总部基地等。

（李原、汤子健、苏嘉、王珂、李想、杨波、李向群、王智峰、杨哲、王一雯、

杨哲、余文艳）

第 5 章　2020 年中国云计算发展状况

5.1　发展环境

1. 利好政策不断加码，云计算成新基建重要组成

为进一步推进企业运用新一代信息技术完成数字化、智能化升级改造，工业和信息化部、国家发展改革委、中央网信办等部委先后发文，鼓励云计算与大数据、人工智能、5G 等新兴技术融合，实现企业信息系统架构和运营管理模式的数字化转型。

2020 年 3 月 18 日，工业和信息化部印发《中小企业数字化赋能专项行动方案》，鼓励以云计算、人工智能、大数据、边缘计算、5G 等新一代信息技术与应用为支撑，引导数字化服务商针对中小企业数字化转型需求，建设云服务平台、开放数字化资源、开发数字化解决方案，为中小企业实现数字化、网络化、智能化转型夯实基础。

2020 年 4 月 7 日，国家发展改革委、中央网信办联合印发《关于推进"上云用数赋智"行动 培育新经济发展实施方案》，鼓励在具备条件的行业领域和企业范围内，探索大数据、人工智能、云计算、数字孪生、5G、物联网和区块链等新一代数字技术应用和集成创新，为企业数字化转型提供技术支撑。

2020 年 4 月 20 日，国家发展改革委首次正式对"新基建"的概念进行解读，云计算作为新技术基础设施的一部分，将与人工智能、区块链、5G、物联网、工业互联网等新兴技术融合发展，从底层技术架构到上层服务模式两方面赋能传统行业智能升级转型。

2. 云计算加速数字化转型，显著提升企业生产效能

数字化转型是指利用数字技术，把企业各环节要素数字化，推动要素资源配置优化、业务流程生产方式重组变革，从而提高企业经济效率的过程，其中数字基础设施是生产工具，数据是生产资料。以云计算为核心，融合人工智能、大数据等技术实现企业信息技术软硬件的改造升级，创新应用开发和部署工具，加速数据的流通、汇集、处理和价值挖掘，有效提升了应用的生产率。云原生技术彻底改变了传统信息基础设施架构，加速了基础设施的敏捷化，进一步提升了企业生产效能。

1）单元轻量化提升资源效能

在资源粒度方面，云原生技术体系以容器为基本的调度单元，资源的切分粒度细化至进

程级，进一步提升了资源的利用效率。在资源弹性方面，容器共享内核的技术特点使载体更加轻量，秒级的资源弹性伸缩能力，能够更加快速、灵活地响应不同场景的需求，大幅提升资源复用率。例如，国内某快递公司基于云原生容器技术构建转运作业融合系统，以解决转运作业融合等业务线技术栈割裂、业务响应周期长、资源利用率低、维护困难等问题。投产后运维环节和开发测试环节操作效率提升53%，单次部署平均时间缩短为2分钟，容器内存资源利用率提升12.5%，CPU利用率提升20%～25%，资源效能大大提升。

2）技术中台化提升研发效能

借助云原生技术标准化的交互方式，应用与应用基础设施（编程框架、中间件等）逐步分离，应用基础设施从专用转为通用，从中心化转为松耦合模块化。应用基础设施下沉与云平台充分融合，将云能力与应用基础设施能力进行整合封装，构筑统一的技术中台，对业务应用提供简单一致、易于使用的应用基础设施能力接口。技术中台化缩减了重复开发的人力与资源成本，降低了用户在基础设施层的心智负担，使用户能够聚焦价值更高的业务逻辑，提升研发整体效能。例如，某银行基于容器云搭建技术中台，采用"微服务+容器化"的云原生技术路线架构，在云化工具、异构组件、云化管理3个方向上进行了深入应用，通过工具、组件、管理协同，共同打造了一系列易用的数据服务和数据产品，赋能业务创新，为银行的数字化转型战略做出了重要贡献。

3）流程标准化提升交付效能

研运流程标准化，通过引入DevOps理念强化软件研发运营全周期的管理，对从软件需求到生产运维的全流程进行改进和优化，结合统一工具链，实现流程、工具的一致性，降低组织内部的沟通与管理障碍，加速业务的流程化、自动化；开发流程标准化，应用微服务化开发，服务之间使用标准的API接口进行通信，松耦合架构会减轻因需求变更导致的系统迭代成本，为多团队并行开发提供基础，并加快交付速度；部署流程标准化，标准容器化的打包方式实现了真正的应用可移植性，不再受限于特定的基础架构环境。例如，某电力集团的研发一体化平台，实现了业务应用的松耦合、自治、共享、可扩展、可配置等能力，采用DevOps实现开发运维一体化，形成闭环，提高应用服务生命周期管理效率；采用API管理实现了内外统一的、稳定的、可重用接口层；通过平台云化部署，打通开发、测试、运维通道，实现软件持续开发、持续测试、持续构建，实现了交付效能的显著提升。

3. 云计算定位从基础资源向新基建操作系统扩展，提升算力与网络水平

信息基础设施是"新基建"的核心，包含新技术、算力与通信网络3个部分。如果把信息基础设施比作一个计算机系统，那么云计算就是其中的"操作系统"。在计算机系统中，操作系统起到了向下管理和控制计算机硬件与软件资源，向上为各种应用部署运行提供接口和环境的作用，在信息基础设施中，云计算同样承担了"操作系统"的角色，主要体现在以下两个方面。

1）云计算为算力和通信网络基础设施提供了资源管理能力

操作系统的出现帮助人们屏蔽了底层硬件，大大降低了管理这些资源的成本。而对于信息基础设施而言，算力基础设施和通信网络基础设施本质上就是计算和网络的规模化，要最终实现其能力的广泛输出需要云计算这样的"操作系统"来帮助管理，其作用主要体现为：

云计算能够简化算力和通信网络基础设施的管理流程。在传统计算机系统中，操作系统代替用户完成了各类硬件资源的驱动和管理工作。而在信息基础设施中，不仅需要对硬件资源进行管理，还有维护机房、基站等物理环境的大量工作。云计算能够在基础设施之上构建统一的服务平台，让用户无须逐个维护这些算力和网络设施，使得管理流程大大简化。

云计算能够协调算力和通信网络基础设施之间的协同工作。计算机中，各类硬件设备之间的协同工作需要依赖数据编码、指令系统等底层技术。同样，不同信息基础设施之间的高效协同也需要专门技术的支撑。云计算基于虚拟化等技术能够通过软件定义的方式实现算力、网络等基础设施的解耦、构建和绑定，进而实现资源之间的高效协同工作。

2）云计算为其他新技术基础设施和应用提供了部署环境和技术支撑能力

云计算与人工智能、区块链等新技术基础设施融合发展加速新技术应用。基于云环境部署新技术应用，可以利用云计算强大的资源调度与算力整合能力，使中小企业快速低成本地进行新技术的应用研发，进而将人工智能、区块链等新技术能力集成到行业应用中，如人工智能部署在云环境的智能云服务，区块链部署在云环境的 BaaS（Blockchain as a Service）。人工智能、区块链等新技术与云计算的融合不仅是在技术层面的深度结合，也是服务模式的深度融合。

云计算为各种应用部署运行提供了环境和接口能力。类比于操作系统在计算机系统中为应用提供访问各种资源的接口，云计算同样是信息基础设施与各行业应用产生交互，进而深度应用的桥梁。一方面，云计算作为平台为各种服务的交付提供统一出口。新型基础设施建设（以下简称新基建）对外交付的核心在于服务，在新型基础设施的建设过程中，不论是聚焦于底层建设的网络服务商、数据中心服务商、算力服务商，还是聚焦于上层应用的物联网、区块链、人工智能等服务商，都需要基于云计算这个平台去进行服务的交付。因此，云计算为信息基础设施的服务化提供了对外的"接口"，这与计算机系统中的任意服务都需要通过操作系统与用户进行交互是相似的。另一方面，作为一种更为容易获得的资源，云计算在普惠能力上与其他新技术相比有明显的优势，同时在服务交付上，云计算的服务化水平要更加成熟。

云计算作为信息基础设施的操作系统，是通信网络、算力与新技术基础设施进行协同配合的重要结合点，也是整合"网络"与"计算"技术能力的平台，以云原生为核心的云计算构建面向全域数据高速互联与算力全覆盖的操作系统架构，进一步提升算力和通信网络基础设施能力水平。在通信网络基础设施层面，对 5G 网络架构进行优化改造，同时提升数据中心间网络联接能力；在算力基础设施层面，加强对多种算力的统一调度，提升算力资源利用效率。

4．分布式云成为云计算新形态，助力行业转型升级

1）边缘产业逐步兴起

边缘计算的兴起，使得如何为边缘侧赋能成为业界关注的热点。边缘的具体形态分为边缘云和边缘终端。边缘云是云计算向网络边缘侧进行拓展而产生的新形态，是未来产业关注的重点，是连接云和边缘终端的重要桥梁。边缘终端位于边缘云与数据源头路径之间，是靠近用户或数据源头的具备一定硬件配置的设备，包括边缘网关、边缘服务器、智能盒子等终端设备。围绕边缘云与边缘终端，在 CDN、视频渲染、游戏、工业制造、自动驾驶、农业、智慧园区、交通管理、安防监控等应用场景下，相关产业已初现端倪，蓄势待发。

2）边缘侧需求催生分布式云新形态

为了满足视频直播、AR/VR、工业互联网等场景下更广连接、更低时延、更好控制等需求，云计算在向一种更加全局化的分布式组合模式进阶。

分布式云或分布式云计算，是云计算从单一数据中心部署向不同物理位置多数据中心部署、从中心化架构向分布式架构扩展的新模式。分布式云是未来计算形态的发展趋势，是整个计算产业未来决胜的关键方向之一，对物联网、5G等技术的广泛应用起到重要支撑作用。包括电信运营商、互联网云服务商等在内的各类型厂家纷纷进行相关尝试，利用自身优势资源，将云计算服务逐步向网络边缘侧进行分布式部署。

分布式云一般根据部署位置的不同、基础设施规模的大小、服务能力的强弱等要素，分为3个业务形态：中心云、区域云和边缘云（见图5.1）。

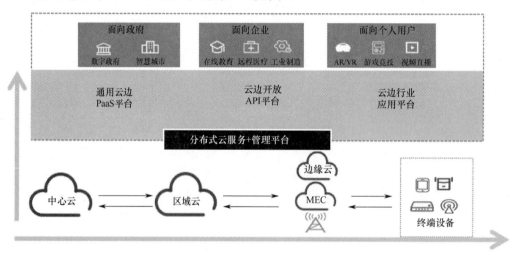

图5.1　分布式云架构

资料来源：中国信息通信研究院。

中心云构建在传统的中心化云计算架构之上，部署在传统数据中心之中，提供全方位的云计算服务；区域云位于中心云和边缘云之间，一般按照需求部署在省会级数据中心之中，主要作用是为中心云和边缘云之间进行有效配置；边缘云与中心云相对应，构筑在边缘基础设施之上，位于靠近应用端和数据源头的网络边缘侧，提供可弹性扩展的云服务能力，并支持与中心云或区域云的协同。

5.2　发展现状

1. 云计算市场保持高速发展

2020年，我国云计算整体市场规模测算达1781.8亿元，增速为33.6%。其中，公有云市场规模达到990.6亿元，相比2019年增长43.7%，预计2020—2022年仍将处于快速增长阶段，到2023年市场规模将超过2300亿元（见图5.2）。私有云市场规模达791.2亿元，较2019年增长 22.6%，预计未来几年将保持稳定增长，到 2023 年市场规模将接近 1500 亿元（见图 5.3）。

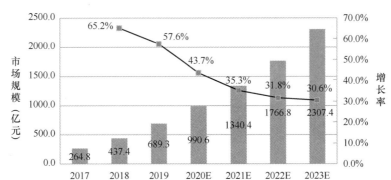

图5.2　2017—2023年中国公有云市场规模及增速预测

资料来源：中国信息通信研究院。

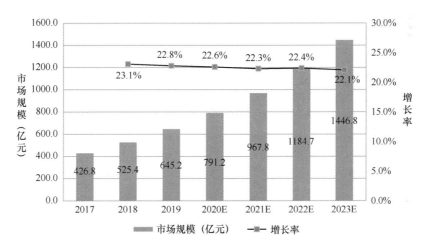

图5.3　2017—2023年中国私有云市场规模及增速预测

资料来源：中国信息通信研究院。

2019 年，我国公有云 IaaS 市场规模达到 452.6 亿元，较 2018 年增长了 67.4%，预计受新基建等政策影响，IaaS 市场会持续攀高；公有云 PaaS 市场规模为 41.9 亿元，与 2018 年相比提升了 92.2%，在企业数字化转型需求的拉动下，未来几年企业对数据库、中间件、微服务等 PaaS 服务的需求将持续增长，预计仍将保持较高的增速；公有云 SaaS 市场规模达到 194.8 亿元，比 2018 年增长了 34.2%，增速较稳定（见图 5.4），但与全球整体市场（1095 亿美元）的成熟度差距明显，发展空间大，受新冠肺炎疫情影响，预计未来市场的接受周期会缩短，将加速 SaaS 发展。

在公有云市场格局方面[1]，阿里云、天翼云、腾讯云占据公有云 IaaS 市场份额前三（见

---

[1] 市场规模为 2019 年的统计，主要依据企业财报、人员访谈、可信云评估、历史公开数据等得出。对于市场数据不明确的领域，只发布头部企业整体情况，不做具体排名。

图 5.5），华为云、光环新网（排名不分先后）处于第二集团[1]；阿里云、腾讯云、百度云、华为云位于公有云 PaaS 市场前列。

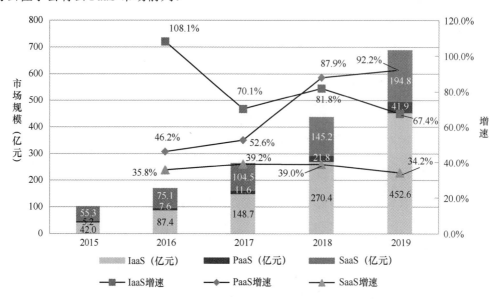

图5.4　中国公有云细分市场规模及增速

资料来源：中国信息通信研究院，2020 年 5 月。

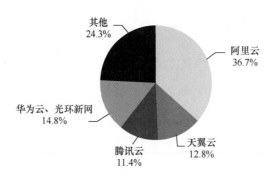

图5.5　2019年中国公有云IaaS市场份额占比

资料来源：中国信息通信研究院，2020 年 5 月。

2. 云计算应用度稳步提升

中国信息通信研究院发布的云计算发展调查报告显示，2019 年我国已经应用云计算的企业占比达到 66.1%，较 2018 年上升了 7.5%。其中，采用公有云的企业占比为 41.6%，较 2018 年提高了 5.2%；私有云占比为 14.7%，与 2018 年相比有小幅提升；有 9.8% 的企业采用了混合云，与 2018 年相比提高了 1.7%（见图 5.6）。

---

[1] 因为 IaaS 和 CDN 是两种业态，需要分别获得互联网资源协作服务业务牌照和内容分发网络业务牌照，所以 IaaS 市场统计不包括 CDN（云分发）收入，只统计计算、存储、网络（不包括 CDN）、数据库等纯基础资源服务的收入。

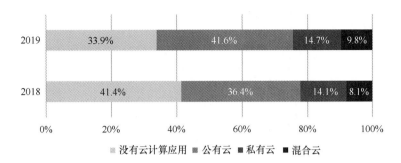

图5.6　中国云计算使用率情况

资料来源：中国信息通信研究院，2020 年 5 月

3. 分布式云服务初露头角

中国信息通信研究院发布的云计算发展调查报告显示，目前我国有 3.37%的企业已经应用了边缘计算，计划使用边缘计算的企业占比达到 44.23%（见图 5.7）。随着国家在 5G、工业互联网等领域的支持力度不断加大，预计未来基于云边协同的分布式云使用率将快速增长。

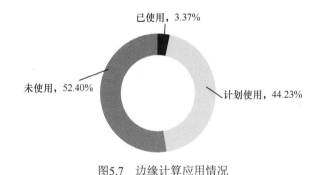

图5.7　边缘计算应用情况

资料来源：中国信息通信研究院。

5.3　关键技术

云计算的本质是计算、存储、服务器、应用软件等 IT 软硬件资源的虚拟化，其关键技术主要包括虚拟化技术、资源管理技术和云原生技术等。

1. 虚拟化技术

虚拟化技术将一台计算机虚拟为多台逻辑计算机，每台逻辑计算机可运行不同的操作系统，并且应用程序都可以在相互独立的空间内运行而互不影响。虚拟化技术可以将隔离的物理资源打通汇聚成资源池，实现了资源再分配的精准把控和按需弹性，从而大大提升了资源的利用效率。虚拟化示意如图 5.8 所示。

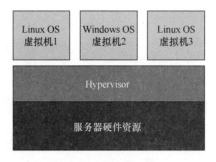

图5.8 虚拟化示意

资料来源：根据公开资料整理。

虚拟化软件方面，市场上主要有 KVM、Hyper-V、VMware 等。其中，KVM 是 Linux 基金会的开源项目，在国内的应用较为主流，社区主要参与者包括 Red Hat、IBM、Google、Oracle、Amazon、Intel 等国外厂商，国内厂商主要有腾讯云、阿里云和华为云等；Hyper-V、VMware 相对封闭，分别由微软和 VMware 主导。

2. 资源管理技术

基于虚拟机的资源管理技术主要实现对物理资源、虚拟资源的统一管理，并根据用户需求实现虚拟资源的自动化生成、分配、回收、迁移，用以支持用户对资源的弹性需求。云计算资源管理技术实现了虚拟资源的"热迁移"，即在物理主机发生故障或需要进行维护操作时，可将运行在其上的虚拟机迁移至其他物理主机上，同时保证用户业务不被中断。

虚拟化管理平台分为闭源和开源。其中，闭源方面主要是 VMware 的相关产品；开源方面主要是 OpenStack 项目，参与者包括 Red Hat、Mirantis、IBM、Rackspace、SUSE、Intel 等国外厂商，以及华为、中国移动、九州云、中兴、EasyStack、数梦工场、烽火通信、浪潮等国内厂商。

3. 云原生技术

云原生技术利用容器、微服务、中间件等，来构建容错性好、易于管理和便于观察的松耦合系统，结合可靠的自动化手段可对系统做出频繁、可预测的重大变更，让应用随时处于待发布状态。云原生技术有利于各组织在公有云、私有云和混合云等环境中，构建和运行可弹性扩展的应用，借助平台的全面自动化能力，跨多云构建微服务，持续交付部署业务生产系统。

容器技术分为容器引擎和编排技术，其中 Docker 占据容器引擎的主要市场，Kubernetes 成为容器编排的事实标准。国外主要是以 Google、Red Hat、IBM 为主的生态圈，国内以容器解决方案商为主，除公有云服务商如阿里云、腾讯云、华为云之外，还有一大批容器创业公司，如灵雀云、谐云、才云等。

5.4 行业应用及典型案例

1. 云服务助力疫情防控与复工复产

1）应急公共服务平台

产品功能：基于工业和信息化部揭榜产品"智能供应链国家新一代人工智能开放创新平

台"研发的应急管理和数字公共服务平台，同时服务于疫情期间不同场景的各项需求，包括应急资源信息发布、应急物资寻源、口罩预约、公益募捐、智能疫情查询、疫情实时播报、辟谣合辑、疫情心理疏导、发热门诊查询、防护知识合集、云课堂、云桌面、云会议、免费编程资源、家庭医生、应急活动中心、疫情地图（省市区）、物资智能分析、防疫助理、家庭医生、返程登记、线索上报等功能。

应用场景："应急公共服务平台"向政府、企业、公益组织免费开放，有 3000 家优质供应商提供全国应急物流服务在线支持，帮助政府和医疗机构实现物资供求信息的精准对接，快速联动供应链各环节，提升整体供应链效率，缓解疫情压力。依托云计算、人工智能、大数据和 IoT 等技术，结合京东零售、物流、金融等服务能力，面向政府机关、企事业单位和广大市民群众，提供疫情地图、智能助理、物资智能分析、返程登记、疫情线索上报等一系列免费服务，以期用全矩阵技术服务，助力打赢疫情防控"狙击战"。

应用案例：截至 2020 年 2 月 8 日，全国 468 个市县的 598 个政府机构、507 家医疗机构在线发布应急资源需求，共计 1215 条；1000 多家应急物资企业在线提供资源响应。为 7 个省级政府组织、35 个地市政府、28 个协会组织提供了平台支持和服务。该平台累计注册用户达到 8702 个，平台各版本合计访问量（PV）464623 次、独立访客（UV）214659 人。该平台累计发布供需信息 2081 条，可验证撮合成功 269 例。

2）智能疫情助理和智能疫情外呼

（1）产品功能。

智能疫情助理：工业和信息化部的揭榜产品"智能客服机器人"——通用智能对话平台的智能疫情助理，包含疫情科普、新冠病毒预防措施、新冠病毒感染自诊、疫苗研发进展跟踪、实时疫情查询、在线问诊、发热门诊机构查询、中高风险地区人员在外定点住宿等信息查询引导、是否与确诊人员同行程查询、信息辟谣等功能。同时，该产品支持机器与人工协作，为市民提供更快、更全面的服务。

智能疫情外呼：基于云与 AI 自研的通用智能对话平台的智能疫情外呼，包含疫情排查、疫情回访、疫情通知、特殊疫情情况（如患病区域、车次）通知、疫情防控宣导、政府工作信息采集、疫情人员个人信息/政府工作建议/民众需求采集等功能。

（2）应用场景。

智能疫情助理：通过智能疫情助理帮助市民精准、快速地获取权威疾病防控知识指导，了解疫情进展，进行新冠肺炎自查，提升服务效率；通过智能导诊对患者进行疾病初筛，即时排查和收集关键信息，进行精细化分诊分流，有效缓解咨询压力，减轻医护人员压力。

智能疫情外呼：针对疫情防控的智能外呼机器人，可提供疫情排查/信息收集/回访/通知/宣教几大场景的外呼服务，帮助市民快速获取权威疾病防控知识指导，了解疫情进展，实时上报疫情风险；同时助力基层社区、企业、医疗机构快速完成居民排查、信息提醒和通知回访，比人工电话效率提高数百倍。

（3）应用案例：通用智能对话平台的智能疫情助理是市场上首批智能疫情助理之一，截至 2020 年 2 月 8 日，包含武汉市长专线、华西医院、蚌埠市人民政府官网、中信银行、三一重工、南京银行、壳牌中国、北京人寿、首旅集团、中信集团、中国联通、联想等 658 个外部客户入口完成上线（其中企业类客户 469 个，政府类客户 189 个），累计服务 200 万人次。

2. 某医院基于云网协同的混合云案例

1）案例背景

2019 年之前，某集团下属各二级医院及门诊业务系统独立，分院业务数据存在孤岛，运维难度与日俱增；随着该集团不断发展，所面临的挑战日益明显。儿童医院是该集团发展的重点，对信息化飞速发展要求更高。此外，作为民营医院，服务是最大的竞争优势，尤其对于诊前、诊后服务的提升至关重要。如何借助技术手段实现服务提升，并通过解决儿童医院的问题实现整个集团的信息化突破，成为摆在该儿童医院面前的一道难题。

2）解决方案

基于云网架构提出以混合云架构来帮助儿童医院实现诊前、诊中、诊后所有环节的打通，并打破总院和旗下所有儿童医院及社区医院、日间门诊的数据壁垒，帮助儿童医院快速搭建了私有云基础设施平台，并以该院为中心，覆盖各二级医院及门诊，承载医院的 HIS、PACS、LIS、EMR 等基础业务，并且满足 HIS、PACS 等医院关键业务对于 IT 基础架构设施高性能、高可靠、可扩展、简单易用的需求。

同时，儿童医院将集团互联网业务及门诊业务落地公有云平台。公有云平台提供的云主机、弹性公网 EIP、CDN、数据库、安全机制、备份和恢复系统等服务，帮助儿童医院应对诊前、诊后的各类线上服务，以及日间诊所的 HIS 系统的部署及访问。凭借公有云的弹性、秒级计费等特性，保障儿童医院平台的高并发和突增访问需求，为互联网应用持续提供稳定的线上服务。

此外，云网一体的公有云平台还可以在满足虚拟化资源交付的基础上，提供极简的运维管理，大幅降低运维人力成本。借助云网一体架构的 SD-WAN 技术，公有云平台还帮助儿童医院构建了集团公有云与总院信息化基础设施之间的专属网络，快速打通了总院与各分院、门诊之间的业务数据，实现各医院门诊间的业务联动，同时可有效应对具有潮汐与高并发特征的在线业务需求，未来也可把公有云作为本地私有云的灾备环境使用。

3）客户收益

儿童医院借助混合云，将医院的 HIS、LIS、PACS、就诊卡系统打通，成功拓展了医疗服务空间和服务方式，构建起覆盖诊前、诊中、诊后的线上线下一体化医疗服务模式。患者能够以统一的就诊卡进行网上挂号、预约诊疗、就诊提醒、移动支付、检查检验结果在线查询，极大地提升了就医效率及体验。

3. 某市生态环境局基于 5G 的云网一体解决方案

1）案例背景

本项目为某市生态环境局智慧河道监测项目，该市辖区有 200 多条总长度达上百千米的河道，因河道分布较广，依靠传统人工巡查方式存在受自然条件限制、采样周期长、人力成本高及执法取证难等问题，已无法满足常态化河道治理要求，监管部门亟须利用新技术、新手段提升常态化巡查效率，及时发现并处置相关违规行为。

2）解决方案

本项目方案采用云厂商的计算、存储、5G 云梯产品（5G 切片入云）、视频监控和 AI 应用等产品，构建基于"5G+云计算+应用"的全方位立体化河道实时监控方案。

本方案针对重点区域在河道沿岸安装高清摄像头，结合无人机和无人船搭载的高清摄像头、水质检测仪对河道周边环境、水面进行全天候巡检，并对水质信息进行实时监测，在云上部署河道视频监控系统和水质监测系统，通过 5G 网络切片将视频和水质数据传输至移动云上处理，指挥中心监控大屏连接至云端系统，通过人工结合云上 AI 能力自动对水质进行分析、识别漂浮垃圾和环保违规行为，并进行自动预警。

客户在门户自助订购 5G 云梯产品，内部对接云内网络、云专网、PTN 网络、5G 切片网络实现端到自动端拉通。从客户侧到云内的网络实现方案如下：

> 本方案端到组网由 5G 网络段、UPF-云专网 PE 段、云专网段、云专网云 PE-云内网络段 4 个部分组成，分别采用切片+DNN、VLAN、MPLS VPN、VXLAN 进行隔离，从而实现端到端安全隔离。

> 5G 网络侧基于河道巡检对带宽、时延、终端数量、终端移动范围等 SLA 参数开通 5G 河道监控切片。

> 5G UPF 通过 PTN 专线接入云专网直达云内，打通终端到云上网络的通道。

> 核心网侧配置河道监测专属 DNN，该 DNN 数据流路由至云上，同时移动云上根据终端地址池网段配置下行路由。

3）客户收益

5G 云梯产品基于 5G 网络大带宽、低时延、海量连接、可移动的基础网络特性，以及网络切片安全隔离、按需定制、端到端组网的差异化能力，为用户提供 5G+云的一体化服务。本方案满足了生态环境局在全天候多种环境下实时河道监控、巡检的需求，打破了传统人工巡河受天气影响大、效率低、难以取证等诸多局限性，有效节约了人力，提升了发现问题的及时性和工作效率。此外，本产品支持客户在线自助订购、灵活调整带宽、实时增删成员，极大地提升了客户体验。

4. 大润发全国门店上云案例

1）案例背景

大润发是国内零售领先的零售连锁企业，旗下有大润发、欧尚品牌超市和欧尚无人门店。随着新零售的转型，除了卖场服务以外，大润发也提供新零售服务。而门店系统上云最大的困难点是系统的稳定性，因为以前是分布式的部署，每一家门店有一台服务器，如果服务器坏掉，只影响到一家门店。但是现在把这些门店的功能搬上云端，是集中式的部署。如果服务器或功能有问题，400 家门店同时都会受到影响。第二个困难点是网络稳定，因为现在门店的运作都需要连到云端，提供稳定的网络环境很重要。如果网络断网，那门店就完全没有办法运作。第三个困难点是门店数据量大。一家门店有 2 万~3 万件商品，这些商品的数据要在很短的时间内跟云端的服务器做交互，需要能稳定、快速交换数据的网络环境。

2）解决方案

大润发采用了云原生的 SD-WAN 方案，将智能接入网关加云企业网的产品组合，满足了传统商超业务系统的线路备份需求，同时满足了淘鲜达业务系统的线路备份需求，保障上云链路高可用，进而提升业务系统的高可靠性。

该方案的优势如下：

➢ 安全加密：使用 IKE（秘钥交换协议）和 IPsec 对传输数据进行加密，保证数据安全传输，防重放，防篡改。

➢ 支持 Internet、4G、专线多种方式灵活接入。

➢ 高可靠：提供全方位、多维度可靠性保障，消除任意节点单点故障。

➢ 设备级容灾：双设备主备模式接入，主设备故障自动切换。

➢ 链路级容灾：每个网关终端双链路密封接入，自动探测最优链路，故障时主动实时切换。

➢ 接入点容灾：每个设备同时接入两个接入点，接入点发生故障时可以自动切换。

➢ 中心化控制：通过阿里云控制台统一配置管理线下智能接入网关的硬件设备。

3）客户收益

➢ 线下高质量互访支持门店访问云和 IDC。

➢ 降低成本，欧尚门店替换 MPLS 专线，成本降低 60%。

➢ 提升网络可用性，门店通过专线、宽带 VPN 及 4G 智能网关将应急保障率提升至99.999%。

➢ 敏捷部署，未来无人门店网络开通速度缩短到以天计。

➢ 弹性资源获取，可在门店大促期间于短时间内扩展网络与计算资源，以承接高并发流量。

5.5 发展挑战

综合来看，虽然我国云计算这几年发展迅猛，覆盖产业链各个环节，在市场规模、技术创新、行业应用上也取得了一定的突破。但与国外特别是美国相比，还有较大差距，具体表现在以下几个方面。

1. 我国云计算市场发展仍然不够充分，涉及服务领域仍然比较有限

根据 Gartner 和中国信息通信研究院的统计数据，2019 年我国云计算市场规模约为全球总规模的十分之一。中美方面，我国云计算市场规模相当于美国云计算市场规模的 19%，这与同期我国 GDP 约占美国 GDP 的 66% 的现状有较大差距。另外，从企业规模来看，全球前五大云服务厂商，美国有 4 家，中国只有 1 家（阿里云排在第三）。

2. 我国云计算核心技术较国外仍存差距

IPlytics 发布的报告显示，全球有 60% 以上的云计算专利是在美国申请的。美国云计算专利超过 30 多万件，我国约有 6 万多件。从核心技术来看，目前国外仍存在较大技术优势，容器领域主流实现如 Docker、rkt 均为国外开发；容器编排领域核心软件如 Kubernetes、Mesos、Swarm 亦由国外公司开发。国内顶级项目较为有限，核心技术较国外也有一定差距，一是容量规划及资源管理能力较差，智能化程度较低，导致云平台的运维成本较高；二是特定行业及应用类型的云计算服务优化不足，如机器学习平台、无服务器计算框架等，导致云应用的运行时间长、服务水平低。

3. 云计算应用规模和水平仍然较低

相较于发达国家，中国企业上云率还处于较低水平。麦肯锡等研究机构的数据显示，目前美国企业上云率已经达到 85%以上，欧盟企业上云率也在 70%左右。根据中国信息通信研究院等组织和机构的不完全统计，中国企业上云率仅为 30%，工业、交通、能源等传统行业上云率更低，只有 20%左右。当前，各方更多地使用虚拟机、容器等进行计算业务的虚拟化、网络、存储、新型硬件（如 FPGA）等其他方面的云计算应用仍处于起步阶段，云计算应用水平也存在较大提升空间。

（栗蔚、马飞、陈屹力、郭雪、徐恩庆）

第6章　2020年中国大数据发展状况

6.1　发展环境

2020年是历史发展进程中极不平凡的一年。世界正经历百年未有之大变局，特别是突如其来的新冠肺炎疫情给各行各业带来了前所未有的挑战。然而，危机之中，数字化技术驱动的技术和产业变革仍加速发展，大数据技术、产业和应用逆势而上，数据的作用在助力疫情防控和复工复产中大放异彩，"数据驱动"的价值更加深入人心。数据生产要素地位的提升，使"数字经济"变成了拉动中国经济增长的新引擎，更是"十四五"数字化战略转型建设的关键动力，关系着我们国家的未来发展。

2020年，数据正式成为生产要素，战略性地位进一步提升。4月9日，中共中央、国务院发布《关于构建更加完善的要素市场化配置体制机制的意见》，将"数据"与土地、劳动力、资本、技术并称为5种要素，提出"加快培育数据要素市场"。5月18日，《中共中央国务院关于新时代加快完善社会主义市场经济体制的意见》正式发布，进一步提出加快培育发展数据要素市场。这标志着数据要素市场化配置上升为国家战略，将进一步完善我国现代化治理体系，有望对未来经济社会发展产生深远影响。

我国在国家级政策中将数据定义为"生产要素"，建立在对历史和现实的深入思考之上。人类社会发展的不同时期，都会有相对应的关键性生产要素。这些关键性生产要素都释放了强劲动能，催生了生产技术组织变革，从而拉动了时代快速发展变迁。进入数字社会，数据就成为这一关键性生产要素。

以史观今，随着人类社会步入数据驱动的数字经济时代，数据要素进一步提升了全要素生产率。在数字社会，数据具有基础性战略资源和关键性生产要素的双重角色。一方面，有价值的数据资源是生产力的重要组成部分，是催生和推动众多数字经济新产业、新业态、新模式发展的基础。另一方面，数据区别于以往生产要素的突出特点是对其他要素资源的乘数作用，可以放大劳动力、资本等要素在社会各行业价值链流转中产生的价值。善用数据生产要素，解放和发展数字化生产力，有助于推动数字经济与实体经济深度融合，实现高质量发展。

从目前来看，作为关键生产要素，大量数据资源还没有得到充分有效的利用。根据IDC和希捷科技的调研预测[1]，随着各行各业企业的数字化转型提速，未来两年，企业数据规模

---

[1] 资料来源：希捷《数据新视界》调研，IDC，2020年。

将以 42.2% 的速度保持高速增长，但与此同时，调研结果显示，企业运营中的数据只有 56% 被及时"捕获"，而这其中，仅有 57% 的数据得到了利用，43% 的采集数据并没有被激活。也就是说，仅有 32% 的企业数据价值得以被激活。

随着数据要素市场培育和建设的步伐加快，数据的可信流通和有效利用及数据价值的充分释放将成为多方力量共同努力的方向。

6.2 发展现状

1. 市场规模

"十三五"以来，我国大数据蓬勃发展，融合应用不断深化，数字经济量质提升，对经济社会的创新驱动、融合带动作用显著增强。2020 年，IDC 发布的《IDC 全球大数据支出指南》显示，中国大数据相关市场的总体收益达到 104.2 亿美元，较 2019 年同比增长 16.0%，增幅领跑全球大数据市场。

根据中国信息通信研究院的监测统计，截至 2020 年年底，我国活跃的大数据企业达 5000 余家[1]。大数据企业的快速增长阶段出现在 2013—2015 年，增长速度在 2015 年达到最高峰。2015 年后，市场日趋成熟，新增企业数量开始趋于平稳，大数据产业走向成熟（见图 6.1）。企业数量的变化与新政策的出台密不可分。2015 年 8 月，国务院颁布《促进大数据发展行动纲要》，大数据由此正式上升为国家发展战略。2016 年，工业和信息化部印发《大数据产业发展规划（2016—2020 年）》，推动大数据产业进一步发展。

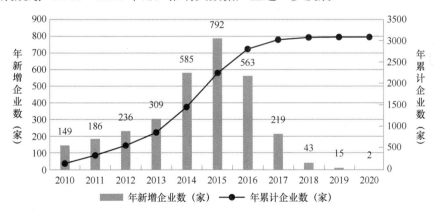

图6.1　2010—2020年大数据企业变化情况

资料来源：中国信息通信研究院。

2. 市场结构

截至 2020 年 10 月，我国大数据企业中约 70% 的企业为 10～100 人规模的小型企业（见

---

[1] 中国信息通信研究院根据公开监测、获取到的企业信息，结合企业介绍、主营业务和服务介绍及相关其他信息，按照从事数据生产、采集、存储、加工、分析、服务等业务类型对企业进行筛选和分类得到。

图 6.2），产业蓬勃向上的发展阶段离不开中小企业发挥其在创新创业中的重要作用。政策上伴随"新基建"成为拉动国内经济发展的新一轮驱动力，大数据中小企业面临的外部市场环境和依托的基础设施也发生重大变化，从而影响企业规模分布。

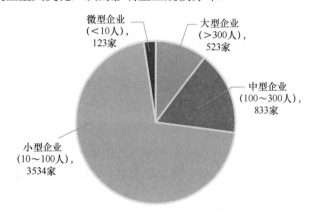

图6.2 大数据企业人员规模分布情况

资料来源：中国信息通信研究院。

我国大数据企业主要分布在北京、广东、上海、浙江等经济发达省（市）。受政策环境、人才创新、资金资源等因素影响，北京大数据产业实力雄厚，大数据企业数量约占全国总数的35%（见图 6.3）。依托京津冀大数据综合试验区，天津、石家庄、廊坊、张家口、秦皇岛等地大数据产业蓬勃发展，依靠良好的政策基础、科研实力、地理位置和交通优势，分别形成了大数据平台服务和应用开发、数字智能制造、旅游大数据等创新企业集聚中心，在信息产业领域形成了竞争优势。

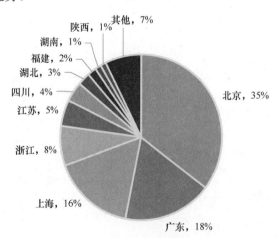

图6.3 大数据企业地域分布情况

资料来源：中国信息通信研究院。

2020 年，随着数字经济发展热潮兴起、数字中国建设走向深入，我国大数据产业迎来新的发展机遇期，各区域更重视大数据发展与地区经济结构转型升级的紧密结合，同时各级政府也都更积极地探索数据驱动的政府服务模式创新。

根据大数据企业的业务标签，对 1404 家涉及行业大数据应用的企业进行了统计整理。图 6.4 显示了大数据行业应用企业类型分布情况。从图 6.4 中可以看出，金融、医疗健康、政务是大数据行业应用的主要类型，除此之外依次是互联网、教育、交通运输、电子商务。

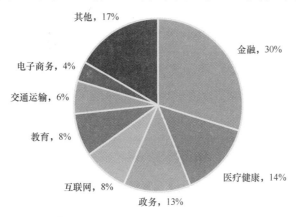

图6.4　大数据行业应用企业类型分布情况

资料来源：中国信息通信研究院。

6.3　关键技术

近年来，大数据技术的内涵伴随着大数据时代的发展产生了一定的演进和拓展，从基本的面向海量数据的存储、处理、分析等需求的核心技术延展到相关的管理、流通、安全等其他需求的周边技术，逐渐形成了一整套大数据技术体系，成为数据能力建设的基础设施。伴随着技术体系的完善，大数据技术开始向降低成本、增强安全的方向发展。2020 年以来，大数据技术环境发生了一些变化，一些新的技术趋势应运而生，重点呈现以下几点趋势。

1.　基础技术：控制成本、按需索取成为主要理念

大数据技术自诞生以来始终沿袭基于 Hadoop 或者 MPP 的分布式框架，利用可扩展的特性通过资源的水平扩展来适应更大的数据量和更高的计算需求，并形成了具备存储计算处理分析等能力的完整平台。以往，为了应对网络速度不足、数据在各节点间交换时间较长的问题，大数据分布式框架设计采用存储与计算耦合，使数据在自身存储的节点上完成计算，以降低数据交互频率。同时，无论是私有化部署还是云化服务，大数据平台始终以具备数据存储计算处理分析等完整能力的形态提供服务。

存储与计算耦合的自建平台造成了额外成本。实际业务中对于数据存储与计算能力的要求往往是不断变化且各自独立的，使得两类资源的需求配比不可预见且二者到达资源瓶颈的时间无法同步。在存储与计算耦合的情况下，当二者中的其一出现瓶颈时，资源的横向扩展必然导致存储或计算能力的冗余，由此必须进行大量的数据迁移才能保证扩展节点的资源得以有效利用，这无疑造成了难以避免的额外成本。同时，以完整产品形式提供服务的大数据平台在应对弹性扩展、功能迭代、成本控制等特性需求时，无论是开发迭代新版本还是集成混搭其他工具，总会引发需求延迟满足、性能持续降低、额外新增成本等其他问题。

存算分离有效控制成本。存算分离是指将存储和计算两个数据生命周期中的关键环节剥离开，形成两个独立的资源集合，两个资源集合之间互不干涉但又通力协作。每个集合内部充分体现资源的规模聚集效应，使得单位资源的成本尽量减少，同时兼具充分的弹性以供横向扩展。当两类资源之一紧缺或富裕时，只需对该类资源进行获取或回收，使用具备特定资源配比的专用节点进行弹性扩展或收缩，即可在资源需求差异化的场景中实现资源的合理配置。

按需索取的处理分析能力服务化概念开始流行。在存算分离理念的基础上，Serverless、云原生等概念的提出进一步助力处理分析等各项能力的服务化。通过存算分离的深入及容器化等技术的应用，Serverless 概念的落实从简单的计算函数向更丰富的处理分析能力发展，通过预先实现的形式将特定的数据处理、通用计算、复杂分析能力形成服务，以供按需调用。由此，数据的处理分析等能力摆脱了对于完整平台和工具的需求，大大缩短了开发周期、节省了开发成本，同时服务应用由提供方运维，实行按需付费，消除了复杂的运维过程和相应的成本。

国内外众多厂商深入进行了存算分离和能力服务化的实践。目前，阿里云和华为等云计算厂商纷纷提供了基于各自云化大数据平台、分布式数据库产品的存算分离解决方案。其中，阿里云使用自身 EMR+OSS 产品代替原生 Hadoop 存储架构，整体费用成本估算可下降 50%；华为则使用了自身 FusionInsight+EC 产品，存储利用率从 33% 提升至 91.6%。在能力服务化方面，国外最著名的是 Snowflake 公司提出的数据仓库服务化（Data Warehouse as a Service，DaaS），将分析能力以云服务的形式在 AWS、Azure 等云平台上提供按次计费的服务，成为云原生数据仓库的代表，并于 2020 年以超过 700 亿美元的市值 IPO，成为软件企业最大规模的 IPO 案例。在国内则有以阿里云的 AnalyticDB、DLA 为代表的一系列产品提供基于类似思想的服务化的数据处理分析能力。

2. 数据管理：自动化、智能化数据管理需求紧迫

数据管理相关的概念和方法论近年来备受关注，在大数据浪潮下越来越多的政府、企业等组织开始关注如何管理好、使用好数据，从而使数据能够借由应用和服务转化为额外价值。

数据管理依赖人工操作带来居高不下的人力成本。数据管理技术包括数据集成、元数据、数据建模、数据标准管理、数据质量管理和数据资产服务，通过汇聚盘点数据和提升数据质量，增强数据的可用性和易用性，进一步释放数据资产的价值。目前以上技术多集成于数据管理平台，作为开展数据管理的统一工具。但是数据管理平台仍存在自动化、智能化程度低的问题，实际使用中需要人工进行数据建模、数据标准应用、数据剖析等操作。

更加自动化、智能化的数据管理平台助力数据管理工作高效进行。在基于机器学习的人工智能不断进步的情况下，将有关技术应用于数据管理平台的各项职能，以减少人力成本、提高治理效率成为当下数据管理平台研发者关注的重点。其中，数据建模、数据标签、主数据发现、数据标准应用成为几个主要的应用方向。在数据建模方面，机器学习技术通过识别数据特征，推荐数据主题分类，进一步实现自动化建立概念数据模型，同时，对表间关系的识别将大大降低逆向数据建模的人力成本，便于对数据模型持续更新。在数据标准应用方面，基于业务含义、数据特征、数据关系等维度的相似度判别，在数据建模时匹配数据标准，不仅提升了数据标准的应用覆盖面，也减少了数据标准体系的维护成本。在数据剖析方面，人工智能通过分析问题数据和学习数据质量知识库，提取数据质量评估维度和数据质量稽核规则，并识别关联数据标准，实现自动化的数据质量事前、事中、事后管理。

在数据资产管理概念火热，各项工作备受重视的当下，市场上的数据管理平台产品也在不断演进、力争上游。华为、浪潮、阿里云、中国系统、数梦工场、数澜科技、Datablau 等数据管理平台供应商也在各自的产品中不断更新自动化、智能化的数据管理功能。其中，华为着重智能化的数据探索，浪潮关注自动化的标签、主数据识别，阿里云实现了高效的标签识别及数据去冗，中国系统则聚焦助力数据标准有效落地。

3. 分析应用：图分析需求旺盛，引导数据分析新方向

随着深度学习的迅速发展，传统的针对以独立数据集合为对象的分析技术不断成熟。相对地，对于存在关联关系的数据进行关联分析的需求愈加旺盛。关联分析最早始于 20 世纪90 年代，由"购物篮分析"问题，即通过从顾客交易列表中发掘其购物行为模式引申而来。早期机器学习领域中也有 Apriori、FP-growth 等经典频繁模式挖掘算法实现对于关联规则的挖掘分析。

传统数据分析方法难以应对图结构数据中关联关系的分析需求。以社交网络、用户行为、网页链接关系等为代表的数据，往往需要通过"图"的形式以最原始、最直观的方式展现其关联性。在图的形式下，自然而然地存在着连通性、中心度、社区关系等一系列内蕴的关联关系，这类依赖对图结构本身进行挖掘分析的需求难以通过分类、聚类、回归和频繁模式挖掘等传统数据分析方法进行实现，需要能够对于图结构本身进行存储、计算、分析挖掘的技术合力完成。

专注于图结构数据的图分析技术成为数据分析技术的新方向。图分析技术是专门针对图结构数据进行关联关系挖掘分析的一类分析技术，在分析技术应用中占据的比重不断上升。与图分析相关的多项技术均成为热点的产品化方向，其中以对图模型数据进行存储和查询的图数据库、对图模型数据应用图分析算法的图计算引擎、对图模型数据进行抽象以研究展示实体间关系的知识图谱 3 项技术为主。通过组合使用图数据库、图计算引擎和知识图谱，使用者可以对图结构中实体点间存在的未知关系进行探索和发掘，充分获取其中蕴含的依赖图结构的关联关系。

根据 DB-Engines 排名分析，图数据库关注热度在 2013—2020 年增长了 10 倍，关注度增长排名第一。图数据库、图计算引擎、知识图谱 3 个热点技术方向正在全球范围内加速产业化。国内阿里云、华为、腾讯、百度等大型云厂商及部分初创企业均已布局这一技术领域。其中，知识图谱已经开始深入地应用于公安、金融、工业、能源、法律等诸多行业，纷纷落地内部试点应用。

4. 安全流通：隐私计算技术稳步发展，热度持续上升

除对数据进行分析挖掘之外，数据的共享及流通是另一个实现数据价值释放的方向。无论是直接对外提供数据查询服务，还是与外部数据进行融合分析应用，都是实现数据价值变现的重要方式。在数据安全事件频发的当下，如何在不同组织间进行安全可控的数据流通始终缺乏有效的技术保障。同时，随着相关法律的逐步完善，数据的对外流通面临更加严格的规范限制，合规问题进一步对多个组织间的数据流通产生制约。

基于隐私计算的数据流通技术成为实现数据联合计算的主要思路。在数据合规流通需求旺盛的环境下，隐私计算技术发展火热。作为旨在保护数据本身不对外泄露的前提下实现数

据融合的一类信息技术，隐私计算为实现安全合规的数据流通带来了可能。当前，隐私计算技术主要分为多方安全计算和可信硬件两大流派。其中，多方安全计算基于密码学理论，可以实现在无可信第三方情况下安全地进行多方协同计算；可信硬件技术则依据对于安全硬件的信赖，构建一个硬件安全区域，使数据仅在该安全区域内进行计算。在认可密码学或硬件供应商的信任机制的情况下，两类隐私计算技术均能够在数据本身不外泄的前提下实现多组织间数据的联合计算。此外，还有联邦学习、共享学习等通过多种技术手段平衡安全性和性能的隐私保护技术，也为跨企业机器学习和数据挖掘提供了新的解决思路。

由于解决的问题十分契合数据流通领域的热点命题，近年来隐私计算技术持续稳步发展，各类市场参与者逐渐清晰。一方面，互联网巨头、电信运营公司及众多大数据公司纷纷布局隐私计算，这类企业自身有很强的数据业务合规需求，也有丰富的数据源、数据业务、数据交易场景和过硬的研发能力。另一方面，一批专注于隐私计算技术研发应用的初创企业也相继涌现，对外提供算法、算力和技术平台，相关理论技术较为扎实专业。整个隐私计算技术领域开始呈现百花齐放的快速发展态势。

6.4 行业应用及典型案例

"十三五"期间，我国大数据融合应用能力不断深化。大数据在工业领域的应用不断深入拓展，驱动网络化协同、个性化定制、智能化生产等新业态、新模式快速发展。电信、互联网、金融等重点领域优秀大数据产品和解决方案加速涌现，精准营销、智能推介等应用日益成熟。疫情监测、病毒溯源、资源调配、行程跟踪等大数据创新应用场景快速兴起迭代，在常态化疫情防控中发挥了突出作用。

1. 通信行业

目前，通信与其他行业间的数据融合成为通信大数据应用的热点方向，公共安全、民生服务、旅游开发、商业推广等众多领域均已有了代表性的实践案例。在通信大数据的应用中，保护个人信息始终是前提。目前主要的应用场景全部都采用经脱敏、泛化后的数据或不针对特定个人的群体统计数据。

各大运营商都在积极探索大数据商业化运营，在获得用户授权、保障用户个人隐私的基础上，利用业务运营积累的大数据资源和自身技术能力对外进行商业价值释放。随着 5G 的全面商用、物联网等相关技术的深化拓展和多样化智能终端的逐渐普及，可以预期，通信大数据将有更为广阔的应用空间。

2. 互联网工业

随着政策环境的铺垫和工业互联网基础设施的逐步完善，工业大数据迎来重大发展机遇。工业行业对大数据技术的认知和实践在几年间快速积累，技术基础设施和能力不断完善，工业大数据的关注焦点从建设工业大数据平台逐步转向数据应用解决方案；大数据在工业行业的应用场景从最初的生产监控到降本增效，逐步向支撑服务化转型探索。

2020 年年初，工业和信息化部印发《工业数据分级分类指南（试行）》（工业和信息化部信发〔2020〕6 号），以指导企业提升工业数据管理能力，促进工业数据的使用、流动与共享，释放数据潜在价值，赋能制造业高质量发展。4 月印发《工业和信息化部关于工业大数据发展的指导意见》（工业和信息化部信发〔2020〕67 号），从加快数据汇聚、推动数据共享、深化数据应用、完善数据治理、强化数据安全、促进产业发展 6 个方面全盘布局、系统推进，针对我国工业大数据现阶段的发展特点、主要问题和亟待取得突破的重点领域，设置重点任务，精准施策，为工业大数据落地提供良好的政策环境，务实有序推动发展。

3. 互联网商业

互联网行业拥有的数据优势得天独厚。一方面，随着移动信息技术的不断进步，越来越多、种类各异的互联网应用迅速落地，使得互联网行业自身便可产生大规模、多维度、高价值的数据资源；另一方面，互联网为传输数据而生，在"互联网+"的新经济形态下，各行业产生的数据资源大都要借助互联网技术进行流通、共享与交互，互联网因此汇聚了大规模的数据，并极大地促进了数据要素的价值传导。

作为大数据应用落地成型最早的行业，互联网企业深耕于如何将大数据资源转化为商业价值，在大数据的助推下进行商业模式的创新及业务的延伸，提升用户体验，进行精细化运营，提高网络营销效率。以精准营销为典型代表的互联网大数据应用正有力推动着企业升级思维、创新模式，以数据驱动重构商业形态。

互联网大数据从很大程度上改变了传统意义的营销手段。已往的营销主要依赖品牌推广，根据群体解析；而大数据分析挖掘则通过用户数据分析、市场趋势解析、触达场景解析、营销推广产品评析，洞悉营销推广对象的诉求点，利用智能推荐技术，实现了真实意义上的人性化精准营销。同时，互联网大数据还实现了线下门店和线上营销渠道的结合，让传统意义的营销手段直接进入多屏时代。

4. 金融行业

在全球数字化转型的热潮之中，金融行业一马当先。金融机构具有庞大的客户群体，企业级数据仓库存储了覆盖客户、账户、产品、交易等大量的结构化数据，以及海量的语音、图像、视频等非结构化数据。这些数据背后都蕴藏了诸如客户偏好、社会关系、消费习惯等丰富、全面的信息资源，成为金融行业数据应用的重要基础。

随着金融业务与大数据技术的深度融合，数据价值不断被发现，有效促进了业务效率的提升、金融风险的防范、金融机构商业模式的创新及金融科技模式下的市场监管。目前，金融大数据已在交易欺诈识别、精准营销、黑产防范、信贷风险评估、供应链金融、股市行情预测等多领域的具体业务中得到广泛应用。大数据的应用分析能力，正在成为金融机构未来发展的核心竞争要素。

5. 助力疫情防控

2020 年，新冠肺炎疫情汹涌而至。经过全国上下艰苦卓绝的努力，国内疫情防控阻击战取得了重大的战略成果。回顾此次抗疫历程，大数据在疫情监测分析、人员管控、医疗救治、复工复产等各个方面，得到了广泛应用，发挥了巨大作用，为疫情的防控工作提供了强大支撑。

一是疫情分析展现。疫情期间，很多企业选择从大数据分析和展现入手为政府、公众和企业的疫情防控提供支撑。通过对人员和车辆流动、资源分布、物流运输等信息进行全方位、多角度的实时展示，支撑政府的疫情防范管制。通过疫情信息展示、人流迁徙呈现、舆论监测与评价、民众信息上报与展示等，及时为公众播报疫情信息动态。还有很多企业通过自建或采购疫情分析与展示产品，实现企业内部疫情的有效防控和管理。

二是疫情防控管制。 疫情防范类应用通过模型建立、分析挖掘等手段，利用位置数据和各类行为数据实现高危人群识别、人员健康追踪、区域监测、市场监管等功能。大量科技企业利用 AI 图像识别、智能外呼、知识图谱、安全多方计算、微服务等多项技术，为社会疫情防控及政府决策提供有力支撑。

三是医疗医治增效。 大数据和智能技术在病情诊断、医学研究、医疗辅助等医护工作的相关场景中得到了充分应用。百度研究院开放线性时间算法 LinearFold，提升了新冠病毒 RNA 空间结构的预测速度；浙江省疾控中心基于阿里达摩院研发的 AI 算法上线全基因组检测分析平台，有效缩短疑似病例的基因分析时间，且能精准检测出病毒的变异情况。

四是生活便民举措。 生活服务类应用也是数据驱动疫情防控的重点突破口。诸多互联网企业采用 O2O 服务模式，形成线下活动到线上活动的映射。利用大数据技术实现海量生活数据的采集、分类和存储，为居民提供无接触外送、实时疫情地图、互联网医疗等服务。在便利居民正常生活的同时，确保了各类服务的安全健康。

五是复工复产管理。 在复工复产的重要阶段，国务院办公厅电子政务办指导推出的全国一体化政务服务平台疫情防控健康信息码，解决了数据标准不一致的问题，实现了跨省跨地区的疫情服务互联和有序复工复产。在工业和信息化部的领导下，中国信息通信研究院、中国电信、中国移动、中国联通共同推出"通信大数据行程卡"，并在国务院客户端微信小程序上线，为全国 16 亿手机用户免费提供 14 天内所到地市信息的查询服务。

通信大数据行程卡的技术原理是分析手机"信令数据"，获取用户设备所在位置信息。信令数据的采集、传输和处理过程自动化，有严格的安全隐私保障机制，不与其他个人信息进行匹配，查询结果实时可得且数据全国通用。行程卡 App 2.0 版本还引入了低功耗蓝牙技术（BLE），为用户提供新冠肺炎密切接触者追踪提醒功能。截至 2020 年 11 月，累计查询量已超过 42 亿次。2020 年通信大数据行程卡查询量变化情况如图 6.5 所示。

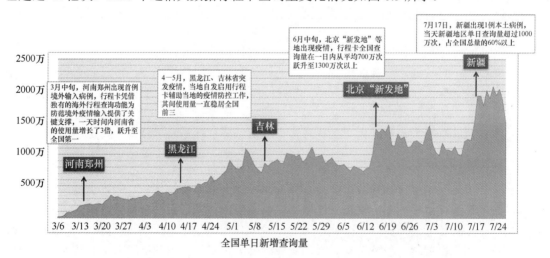

图6.5　2020年通信大数据行程卡查询量变化情况

资料来源：中国信息通信研究院。

6.5　发展挑战

作为生产要素，数据在国民经济运行中变得越来越重要，数据对经济发展、社会生活和国家治理已经产生根本性、全局性、革命性的影响。从 2020 年发展情况来看，我国大数据发展依然面临诸多挑战。

1．大数据技术在具体应用方面尚存提升空间

一是要优化和提升基础类技术产品的架构和能力，以降低应用成本；二是要加强在自动化、智能化数据管理工具方面的研发投入；三是要探索挖掘图分析技术的更多落地场景；四是要扎实推进隐私计算的技术研发，在保障技术安全性的同时着力提升产品性能。

2．大数据应用的智能化与平民化水平有待提升

增强企业、政府、社会与个人的数据应用意识，打造数据驱动的社会文化模式；加强人才队伍建设，培养更多数据与业务双向精通的复合型人才，逐步促进大数据技术融合到日常业务和个人生活的各个环节。

3．数据治理体系有待进一步完善

加速推进 DCMM 的贯标评估工作，在微观层面上增强组织内部的数据管理意识；优化数据共享、交易、流通相关的制度规则，打造可信数据服务体系。在宏观层面上构建自由有序的数据流通环境；同时，强化数据安全监管，开展企业级的数据安全治理评估工作，全面推进各行业、各领域的数据安全治理能力建设。

4．数据保护法律体系建设需进一步加强

在强化个人信息保护、数据跨境流动、数据权属等方面立法的同时，加强反垄断、反不正当竞争立法执法，通过考察市场的发展趋向、加强相关立法执法的国际合作与交流、提升执法团队的专业化水平等改善现行立法制度供给不足的现状，维护大数据行业发展秩序。

（闫树）

第7章　2020年中国人工智能发展状况

7.1　发展环境

1. 人工智能等新型基础设施成为热点

2020年2月，中央全面深化改革委员会第十二次会议强调，"统筹存量和增量、传统和新型基础设施发展，打造集约高效、经济适用、智能绿色、安全可靠的现代化基础设施体系"，以人工智能等为代表的新型基础设施受到社会各界高度关注。

2020年4月，国家发展改革委进一步明确新型基础设施范围，即以新发展理念为引领，以技术创新为驱动，以信息网络为基础，面向高质量发展需要，提供数字转型、智能升级、融合创新等服务的基础设施体系，包括信息基础设施、融合基础设施和创新基础设施。人工智能既是信息基础设施中的新技术基础设施，也是支撑传统基础设施转型升级的重要推动力量。

随后，各地纷纷发布人工智能新基建相关规划。4月，上海发布《上海市推进新型基础设施建设行动方案（2020—2022年）》，提出打造超大规模人工智能计算与赋能平台。6月，北京发布《北京市加快新型基础设施建设行动方案（2020—2022年）》，提出支持"算力、算法、算量"基础设施建设，建设北京人工智能超高速计算中心，推进高端智能芯片及产品的研发与产业化，加强深度学习框架与算法平台的研发、开源与应用，建设高效智能的规模化柔性数据生产服务平台，推动建设各重点行业人工智能数据集1000项以上等。7月，广州发布《广州市加快推进数字新基建发展三年行动计划（2020—2022年）》，提出开展人工智能跨界融合行动，构建全球顶尖的"创新型智慧城市"。

2. 我国对人工智能治理问题的关注逐步提升

人工智能在促进社会高速发展的同时，也带来一定的风险和挑战，社会各界积极行动，为人工智能健康发展保驾护航。在研究机构层面，清华大学于2020年6月专门成立人工智能国际治理研究院，面向人工智能国际治理重大理论问题及政策需求开展研究。北京智源人工智能研究院于9月发布"人工智能治理公共服务平台"，帮助各界针对人工智能设计、模型算法、产品与服务中潜在的社会与技术风险、安全、伦理等问题进行检测。在企业层面，旷视科技发布《人工智能应用准则》，并成立由企业内外专家组成的人工智能道德伦理委员会。在行业组织层面，中国人工智能产业发展联盟于8月发布《可信AI操作指引》，并开展了国内首次可信 AI 评估工作，共 10 家企业提交的 15 款 AI 系统通过了相关评估。此外，我国陆续启动数据、算法及车联网、智能医疗等人工智能相关规范立法工作。例如，2020 年 5 月通过的《民法典》中对保护个人隐私做出明确规定，要求不得泄露、出售或非法向他人提供个人信息等；2020 年 7 月，全国人大常委会第二十次会议审议了《数据安全法（草案）》并公开征求意见。

7.2　发展现状

1. 人工智能产业规模保持平稳增长

人工智能作为新一轮科技革命和产业变革的重要驱动力量，已经成为推动经济高质量发展的核心引擎之一，近年来全球及我国人工智能产业发展迅速。IDC 测算数据显示，2020 年全球人工智能产业规模为 1565 亿美元，同比增长 12%；中国信息通信研究院测算数据显示，2020 年我国人工智能产业规模为 3031 亿元，同比增长 15%，我国人工智能产业规模增速略高于全球增速（见图 7.1）。

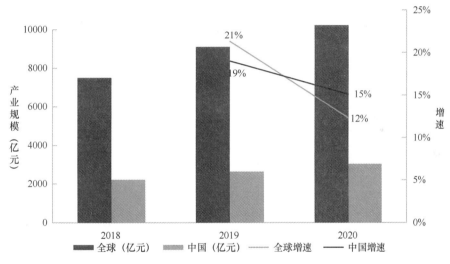

图7.1　2018—2020全球及中国人工智能产业规模及增速

资料来源：IDC、中国信息通信研究院。

截至 2020 年 11 月，全球共有人工智能企业 5896 家，新增企业数量从 2017 年后开始趋缓，进入平台期（见图 7.2）。全球人工智能企业主要集中在美国（2257 家）、中国（1454 家）、英国（430 家）、加拿大（307 家）等国家。我国人工智能企业主要集中在北京（537 家）、上海（296 家）、广东（252 家）、浙江（131 家）等省份。

2. 人工智能投融资逐渐趋于理性

2020 年上半年，人工智能领域投融资受新冠肺炎疫情影响同比下降，第三季度市场有所回暖。前三季度全球投融资金额为 294.3 亿美元，同比下降 8.3%，投融资案例数为 667 起，同比下降 25.1%。中国人工智能领域投融资金额为 97.2 亿美元，同比下降 7.2%，投融资案例

中国互联网发展报告 2021

数为 192 起，同比下降 30.7%（见图 7.3）。从各轮融资占比来看，早期融资（种子天使、A轮）数量占比进一步缩减，由 2019 年的 46.5%缩减至 30.0%（见图 7.4），人工智能领域的科创投资更趋于谨慎和理性。

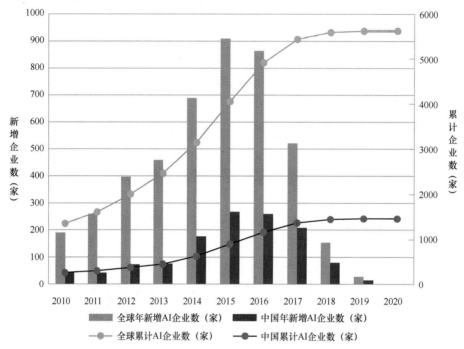

图7.2　2010—2020年全球及中国人工智能企业数量及增速

资料来源：中国信息通信研究院。

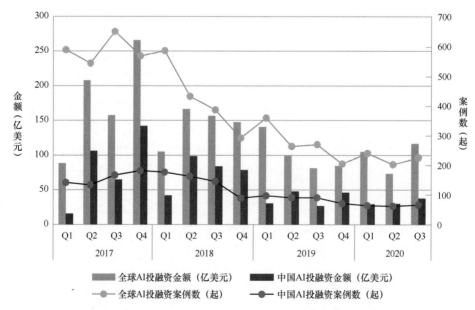

图7.3　2017年—2020年第三季度全球及中国AI投融资规模

资料来源：中国信息通信研究院。

-86-

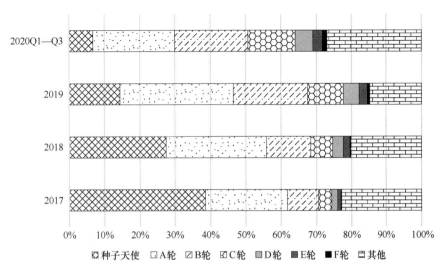

图7.4   2017年—2020年第三季度全球AI投融资案例数各轮次占比

资料来源：中国信息通信研究院。

3. 人工智能人才供需结构有待优化

中国人工智能人才主要集中在机器学习应用、自然语言处理、技术平台和智能机器人领域，最薄弱领域为处理器/芯片领域，仅有 1300 人（见图7.5）。与此同时，正处于快速上升期的人工智能产业正面临供需失配问题，当前人工智能产业及相关企业发展速度加快与人工智能人才紧缺矛盾逐渐显现出来，《人工智能产业人才发展报告（2020）》数据显示，我国人工智能产业有效人才缺口达 30 万人，在机器学习、自然语言处理等领域，人才供需失衡情况尤为突出，算法研究岗、应用开发岗和高端技术岗人才紧缺，产品经理岗、高级管理岗、销售岗人才供过于求（见图 7.6），基础人才的培养、学科体系的建设、人才政策的供给不能满足产业生态的发展和技术突破的需要。

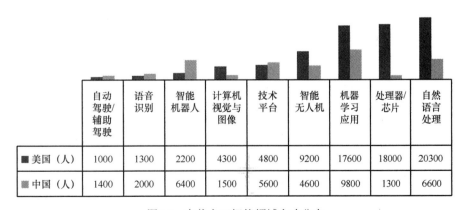

	自动驾驶/辅助驾驶	语音识别	智能机器人	计算机视觉与图像	技术平台	智能无人机	机器学习应用	处理器/芯片	自然语言处理
■美国（人）	1000	1300	2200	4300	4800	9200	17600	18000	20300
■中国（人）	1400	2000	6400	1500	5600	4600	9800	1300	6600

图7.5   中美人工智能领域人才分布

资料来源：腾讯研究院。

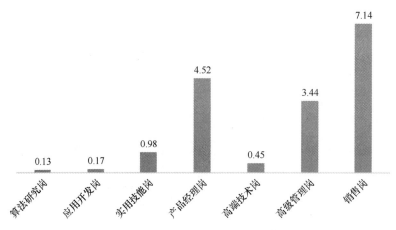

图7.6 中国人工智能岗位人才供需比

资料来源：工业和信息化部人才交流中心。

7.3 关键技术

1. 人工智能芯片领域持续快速发展

2020 年，我国在芯片领域进展显著。一方面，中国信息通信研究院联合业界制定的《深度神经网络处理器基准的度量和评估方法》于 8 月在国际电信联盟正式发布，成为全球第一个人工智能芯片测试标准。另一方面，国内企业推出的人工智能芯片数量进一步增多，应用场景进一步丰富，在测试场景下芯片功耗、处理速度等指标有所提升。百度 7 月发布了采用 7nm 先进工艺的百度昆仑 2，有多款细分型号，覆盖云训练、云推理及边缘计算等场景。鲲云科技 6 月发布的全球首款数据流 AI 芯片 CAISA 定位于高性能 AI 推理；杭州国芯 7 月推出的超低功耗 AI 芯片 GX8002 主要用于 TWS 耳机等智能穿戴设备；芯盟科技 8 月推出全球首款超高性能异构 AI 芯片；地平线 9 月推出的新一代 AIoT 边缘 AI 芯片旭日 3 搭载了地平线第二代 BPU；清华大学和西安交叉核心院的研究团队 9 月推出共同研发的采用特定技术实现存储优化和计算加速的"启明 920"芯片。

2. 深度学习软件框架创新步伐加快

2020 年，在深度学习软件框架领域取得了突破性进展，国内相继出现了多款各具特色的国产开源框架，在技术性能和功能上也针对性地做了大量优化，在各自聚焦的使用场景上均具有不俗表现。3 月，旷视科技推出了深度学习框架 MegEngine，该框架集合了训练推理一体化、动态图和静态图、易用性、多平台设备兼容性等多种特性的工业级框架，适用于大规模深度学习模型的训练和部署。4 月，清华大学发布了深度学习框架 Jittor，该框架通过统一计算图进行功能优化，同时支持多种编译器，大幅提升了应用开发的灵活性、可扩展性和可移植性。华为 MindSpore 提供全场景统一 API，为全场景 AI 的模型开发、模型运行、模型部署提供端到端能力。7 月，一流科技 OneFlow 聚焦分布式场景下的高效性和易用性，通过静态编译和流式并行的核心理念和架构，有效提高了硬件利用率，大幅缩减了模型训练的时间成本。

3．智能语音领域取得佳绩

我国智能语音企业和学术研究单位在国际权威竞赛中取得喜人成绩。2020 年 5 月，科大讯飞在第六届国际多通道语音分离和识别比赛中，在"多通道信号处理"和"复杂场景语音识别"两个任务上均获得第一名；在国际音色转换大赛中，在"同语种转换"与"跨语种转换"两项任务上，有 7 项指标获得第一。在 2020 年 7 月举办的第六届国际权威声学场景和事件检测及分类竞赛上，腾讯多媒体实验室在声学场景识别任务中取得双项指标国际第二的成绩，盛视科技团队荣获国际第四的佳绩；西北工业大学在城市声音标注任务中荣获国际第二；北京邮电大学和南京邮电大学联合组成的代表队在自动音频标注任务中荣获国际第二。

4．中文自然语言处理取得突破

2020 年 11 月，北京智源人工智能研究院和清华大学研究团队联合开源了中文大规模预训练语言模型——清源 CPM（Chinese Pretrained Models），模型参数规模达 26 亿个，能够在多种自然语言处理任务上，进行零次学习或少次学习就达到较好的效果，基于给定上文，模型可以续写出一致性高、可读性强的文本，达到现有中文生成模型的领先效果。

5．人工智能平台成为工程化落地重要推手

人工智能平台可以提供具有通用性、可靠性、可扩展性等的开发工具及服务，依托高效的资源调度与管理能力，以人工智能开源框架为计算引擎，集成端到端开发与支撑工具，提供涵盖数据处理、模型构建、模型部署等的全生命周期服务，能够降本增效，是未来工程化落地的重要保障。

2020 年，国内人工智能平台技术能力不断增强。一方面，引入迁移学习等技术进一步降低人工智能开发门槛。百度在其人工智能开发平台 BML 和 EasyDL 中新增了多款计算机视觉预训练模型，已经覆盖自然语言处理和计算机视觉两大方向。华为发布的 ModelArts 3.0 中推出了云骨干模型 EI-Backbone，旨在打造通用的预训练模型，缩短开发流程。10 月，阿里云机器学习平台 PAI 团队发布面向自然语言处理场景的深度迁移学习平台 EasyTransfer，致力于降低自然语言处理预训练和知识迁移门槛。另一方面，人工智能平台由通用场景向行业应用场景延伸。华为基于通用人工智能开发平台推出企业级开发套件 ModelArts Pro，提供特定场景的预置行业工作流，用户可基于自身行业及场景需求，快速完成应用开发。

7.4　行业应用及典型案例

1．人工智能技术助力疫情防控

人工智能技术广泛应用于疫情监测分析、人员物资管控、后勤保障、药品研发、医疗救治、复工复产等各环节工作，大幅节约了人工成本，减少了人力资源消耗，提高了效率，并极大地降低了病毒感染传播的风险，为疫情防控提供了有效支撑。根据中国人工智能产业发展联盟统计，人工智能抗疫产品中，智能服务机器人、大数据智能分析系统和智能识别（温测）产品数量居前三，如图 7.7 所示。

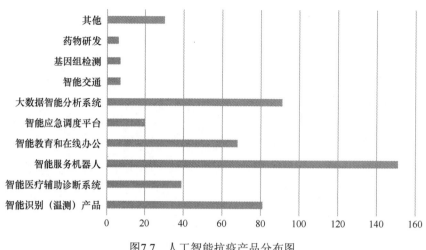

图7.7 人工智能抗疫产品分布图

资料来源：中国人工智能产业发展联盟。

1）智能机器人

智能外呼机器人和智能服务机器人（实体，医疗场景）应用量最高，具体应用分布如图7.8所示。

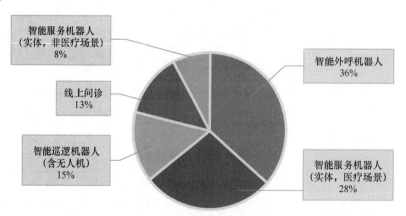

图7.8 智能机器人具体分布

资料来源：中国人工智能产业发展联盟《人工智能助力新冠疫情防控调研报告》。

智能外呼机器人的应用场景包括通知、回访、筛查等，其特点是机器能够代替人进行并发呼叫，多家企业为各级政府、医疗机构、基层社区、公益组织、个人等免费提供疫情监测服务，百度智能外呼平台可实现同一时间呼出500个电话，1小时最多外呼5000个号码。科大讯飞在全国范围内进行疫情知识宣教及随访，截至2020年2月底已随访了湖北、安徽、北京等15个省市的387万人，分析了242万份基层门诊病历并向公共防疫部门提供分析报告。据中国人工智能产业联盟智能外呼机器人的首轮评测统计的参评产品截至2月7日的呼叫情况，54%的产品总呼叫量为百万级，15%的产品总呼叫量达千万级，38%的产品日呼叫量达到万级，31%的产品日呼叫量达十万级。

2）智能识别（温测）产品

智能识别（温测）产品基本实现了多人同时非接触测温，并在体温异常时报警。据中国人工智能产业联盟智能识别（温测）系统首轮评测结果，参测产品在测温误差、最大测温距离等方面表现出色。在测温误差方面，参评产品的误差都不超过 0.3℃；各家最大测温距离在 2～8m 之内波动，基本保障各自场景使用需求。旷视科技提出了"人体识别+人像识别+红外/可见光双传感"的解决方案，在北京市海淀政务大厅、部分地铁站和医院展开试点应用，其针对戴口罩遮挡进行了专项模型优化，在无须摘下口罩和帽子的情况下完成体温测量，并且可达到每秒 15 人的检测速度，能够在大人流量场景下应用。

2. 人工智能与产业融合进程不断加速

2020 年，人工智能技术深入赋能实体经济，在医疗、自动驾驶、工业智能等领域的应用进展十分显著。

1）医疗领域实现零突破

国内医疗人工智能产品第三类医疗器械注册证实现零的突破，医疗人工智能已开始从实验室走向市场验证，根据国家药品监督管理局官方披露，一共有 9 家企业的 10 个产品获得注册证，如表 7.1 所示。

表 7.1　2020 年国内获得第三类医疗器械注册证人工智能产品清单

序号	企业	产品名称	批准时间
1	科亚医疗	冠脉血流储备分数计算软件	1 月 14 日
2	乐普医疗	心电分析软件	1 月 22 日
3	安德科技	颅内肿瘤磁共振影像辅助诊断软件	6 月 9 日
4	乐普医疗	心电图机	7 月 22 日
5	硅基智能	糖尿病视网膜病变眼底图像辅助诊断软件	8 月 7 日
6	Airdoc	糖尿病视网膜病变眼底图像辅助诊断软件	8 月 7 日
7	数坤科技	冠脉 CT 造影图像血管狭窄辅助分诊软件	11 月 3 日
8	联影智能	骨折 CT 影像辅助检测软件	11 月 9 日
9	推想科技	肺结节 CT 影像辅助检测软件	11 月 9 日
10	深睿博联	肺结节 CT 影像辅助检测软件	11 月 24 日

资料来源：根据国家药品监督管理局数据整理。

2）自动驾驶商用化步伐加速

自动驾驶商用化步伐开始加速，当前不同路径仍在探索，主要包括两个方面：一是单车智能化商用场景持续推进，百度 2020 年开始在北京、长沙、沧州等地提供自动驾驶出租车服务。根据百度公开的数据，其已经开展载人测试超过 10 万人次，实现部分城市道路、封闭高速、园区景区的安全运行。二是"智能车+智慧路"加快车联网新路径演进，百度等积极验证基于路侧智能基础设施和边缘计算的自动驾驶应用，上海、长沙、广州等地布局道路交通基础设施的新建和升级；2020 年 9 月，北京亦庄发布了全球首个网联云控式高级别自动驾驶示范区计划。

7.5　发展挑战

人工智能是引领未来的战略性技术，是新一轮科技革命和产业变革的重要驱动力量，已经成为经济发展的新引擎。近年来，人工智能技术产业不断创新突破，与经济社会各领域加速融合，展现出巨大的应用潜能，对科技创新、经济发展、社会进步等方面产生了重大影响，但我国在基础技术和产业生态上仍然存在薄弱环节。此外，人工智能技术在赋能过程中引发了安全、社会、法治等多方面的风险，需要以更加务实的手段落实人工智能治理共识。我国人工智能技术和产业发展所面临的挑战主要包括以下 3 个方面。

1.　人工智能关键核心技术及生态存在欠缺

2020 年，我国在人工智能芯片和深度学习软件框架领域取得了一些进展，局部性能取得突破，技术产品不断丰富，更好地满足了不同应用场景的多样化需求。但整体上技术水平仍然落后国际领先水平，并且尚未形成完善的生态体系，不同芯片和不同框架之间需要进一步加强适配。

2.　面向行业的公共人工智能数据集仍然不足

数据是人工智能应用的重要基础，当前公开的数据集多是面向学术研究的，缺乏面向行业应用的数据集，阻碍了人工智能技术与不同行业应用的深入结合。此外，相应的数据流通及共享机制仍然需要进一步完善，以加强数据保护工作。

3.　人工智能治理原则与产业实践存在差距

虽然当前国际上已经对于人工智能治理达成共识，但如何根据治理原则指引产业实践，仍需要各方积极贡献力量。从政府层面，需要加快制定相关法律法规，完善人工智能技术应用的监管框架。从产业层面，需要针对不同行业的特点，将治理原则转换为技术和产品标准，在企业技术和产品研发的全流程给予清晰的指引。

（刘硕、曹峰）

第8章 2020年中国物联网发展状况

8.1 发展环境

1. 政策助推物联网全面发展

2020 年，最受关注的概念之一莫过于新型基础设施，4 月，国家发展改革委首次明确新型基础设施的范围，将物联网列为新型基础设施的重要组成部分，凸显了物联网赋能千行百业、催生经济发展新动能的战略价值。全年，多个中央级别会议密集部署新型基础设施建设，2020 年《政府工作报告》要求"重点支持既促消费惠民生又调结构增后劲的'两新一重'建设"，《中共中央关于制定国民经济和社会发展第十四个五年规划和二〇三五年远景目标的建议》将"系统布局新型基础设施"列为"十四五"重点发展任务之一。国家各部委、各地方政府高度重视物联网新型基础设施建设。工业和信息化部发布《关于深入推进移动物联网全面发展的通知》，提出"建立 NB-IoT（窄带物联网）、4G（含 LTE-Cat1）和 5G 协同发展的移动物联网综合生态体系"，交通部发布《关于推动交通运输领域新型基础设施建设的指导意见》，要求"统筹利用物联网、车联网、光纤网等，推动交通基础设施与公共信息基础设施协调建设"。各地方政府陆续制定、发布顶层设计，将物联网新型基础设施建设和应用纳入新阶段发展重点。乘"新型基础设施建设"政策东风，物联网投资持续加大，物联网逐步向高速连接、规模应用迈进。

2. 产业生态赋能物联网规模应用

物联网标准体系建设持续完善，5G R16 标准的冻结从技术层面支持物联网全场景网络覆盖，物模型、物联网 IPv6 和物联网安全等关键领域标准化工作正加速推进，为物联网碎片化整合、规模化应用提供有力支撑。物联网产业持续高速发展，我国已初步构建覆盖传感器、芯片模组、元器件、设备、通信、平台、系统集成、操作系统、应用服务等环节的物联网产业链，为物联网发展奠定了扎实基础。其中，智能传感器进入快速发展阶段，已形成覆盖研发、设计、代工生产、封装测试、应用的完整产业生态，中低端产品满足自给自足，部分细分领域跻身世界领先水平；5G、NB-IoT 规模部署提速，建成最大的蜂窝物联网，NB-IoT 完成县级及以上城区基本覆盖；物联网操作系统保持良好发展势头，中国移动发布轻量级实时操作系统 OneOS、小米推出 Xiaomi Vela 物联网软件平台；物联网平台更加完备，涵盖设备管理平台、连接管理平台、应用使能平台和业务分析平台；人工智能、区块链等前沿技术与物联网加速融合，AIoT 技术、产品、解决方案不断呈现，进一步拓展智能家居、智慧城市、智慧交通、智慧零售、智能制造等垂直领域端管云一体化应用场景。

3. 需求有效扩大加速物联网应用落地

2020 年，新冠肺炎疫情席卷全球，产生了广泛而深远的影响，但在疫情之中物联网发展蕴藏着新的机遇和发展空间。沃达丰发布的《2020 物联网聚焦报告》显示，在已采用物联网的中国企业中，有 88% 的企业因新冠肺炎疫情加速推进部分物联网项目。远程医疗、智慧零售、交通管制、信息溯源及社区、商务楼宇、公共场所生命体征检测大量应用了远距离测温仪、巡逻无人机、防疫机器人等物联网产品。各行各业企业应用物联网技术加快复工复产，逐步恢复产能，并推进无人工厂、无人化运维等新模式发展。在疫情防控常态化情况下，统筹推进疫情防控和经济社会发展，有效应对外部环境变化，更需加大物联网在产业数字化、智慧化生活、数字化治理等方面的融合应用。当前，我国数字经济发展正迈向新的发展阶段，越来越多的政府和企业决策者意识到数据要素蕴含的巨大价值。物联网作为数字化的重要基础支撑，其在智慧城市、智能制造、车联网、智慧医疗等诸多领域应用深度和广度将进一步拓展，推动物联网加速从爆发前期向爆发期过渡。

8.2 发展现状

1. 我国物联网产业持续稳定发展，市场发展前景广阔

"十三五"以来，我国物联网产业规模稳步增长，截至 2020 年，我国物联网产业规模达到 1.7 万亿元[1]，"十三五"期间物联网总体产业规模年复合增长率达 18%，超额完成了工业和信息化部在 2017 年发布的《信息通信行业发展规划物联网分册（2016—2020 年）》中提出的"十三五"发展目标。根据 GSMA 的数据预测，预计到 2022 年，我国物联网产业规模将超过 2 万亿元（见图 8.1）。

图8.1　2016—2022年中国物联网产业规模及预测

---

[1] 资料来源：中国信息通信研究院《物联网白皮书（2020 年）》。

2019 年，我国的物联网连接数为 36.3 亿个，全球占比高达 30%，根据 GSMA 预测，到 2025 年，我国移动物联网连接数将达到 80.1 亿个，年复合增长率为 14.1%。

我国蜂窝物联网用户规模持续快速增长，工业和信息化部数据显示，我国 3 家基础电信企业蜂窝物联网用户已从 2015 年的 0.79 亿户，增长到 2020 年年底的 11.36 亿户[1]，年复合增长率达 70.3%（见图 8.2）。

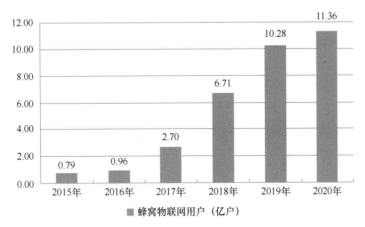

图8.2　2015—2020年中国蜂窝物联网用户规模

随着人工智能等技术与物联网的融合，智能物联网融合赋能实体经济，使智能物联网整体业务享有十万亿元级市场空间，艾瑞咨询数据显示，2019 年受益于城市端 AIoT 业务的规模化落地及边缘计算的初步普及，中国 AIoT 产业总产值为 3808 亿元，预计 2022 年将达到 5509 亿元。

2. 物联网连接结构逐步重构，产业物联网占比提速

随着物联网加速向各行业渗透，行业的信息化和联网水平不断提升，工业、医疗、交通等行业应用对物联网支撑能力提出了新的要求，5G、人工智能、边缘计算、区块链等新技术加速与物联网结合，应用热点迭起，物联网迎来跨界融合、集成创新和规模化发展的新阶段，生态构建和产业布局正在加速展开。

根据 GSMA 数据，2019 年我国物联网连接数中产业物联网和消费物联网各占一半，均为 18 亿个（见图 8.3）。预计到 2025 年，物联网连接数的大部分增长来自产业市场，产业物联网的连接数占比将达到 61.25%。在消费者市场中，因受众群体基数大、用户需求相对单一、支撑技术较为成熟、产品种类多样等特点，消费物联网取得先发优势，智能音箱、智能锁、可穿戴设备等智能家居产品占据当前大部分的连接数。在产业市场中，由于各应用行业差别大、壁垒高，企业级 AIoT 应用技术尚未完全成熟等原因，规模化应用落地相对较晚，根据不同咨询公司的预测数据统计，智慧工业、智慧交通、智慧健康、智慧能源、智慧物流等领域将最有可能成为产业物联网连接数增长最快的领域。

---

[1] 资料来源：工业和信息化部《2020 年通信业统计公报》。

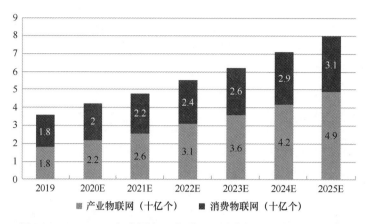

图8.3 2019—2025年中国产业物联网和消费物联网连接数及预测

3. 领军企业构建生态合作圈，中小企业深耕垂直领域

近年来，各行业巨头从技术、平台及应用服务等层面积极布局，同时还通过构建生态合作圈，加强信息协同、资源共享，打造多样化的物联网生态体系。电信运营商充分发挥在网络方面的优势，大力发展物联网业务，根据工业和信息化部发布的《2020年通信业统计公报》，2020年物联网业务收入比上年增长17.7%。中国移动依托5G+IoT，构筑了"云-网-边-端-安全"的物联网服务架构，同时不断扩大生态合作圈，推出OneNET合作伙伴认证计划（OCP），携手产业链合作伙伴，打造5G+物联网生态，赋能产业数字化转型。中国联通聚焦重点行业领域，从"云网端边业"入手，着力构建连接管理、设备管理及行业终端能力，赋能行业转型，目前已携手300多家全国灯塔客户，共拓"5G+物联网"行业新生态。腾讯、阿里巴巴、百度等互联网公司也积极布局物联网领域，腾讯于2020年12月发布了全新升级的物联网一站式开发平台IoT Explorer，百度开发了智能云天工物联网平台，阿里云IoT构建物联网领域内的基础型、平台型和应用服务型产品服务。通信设备商华为提供从通信芯片（Boudica）、物联网终端操作系统（LiteOS）、移动物联网网络到物联网平台（OceanConnect）及生态建设的一系列解决方案。在智慧工业、智慧交通、智慧城市、智慧物流、智慧能源等垂直领域，中小企业积极推出一批聚焦应用的企业综合解决方案和个性化服务，实现快速发展。

8.3 关键技术

1. 传感器技术

传感器作为物联网感知外界的关键触角，能获取温度、湿度、压力、位移、心率等物理世界的重要信息，被广泛应用于智能制造、环境监测、医疗健康、智能家居等多个领域。针对我国高端传感器长期被国外垄断的问题，我国众多企业、科研院所和高校加强传感器技术研发和产业应用，已在部分领域有所突破。在图像传感器领域，豪威持续保持全球市场第三的位置，紧跟国外的索尼和三星，并于2020年10月推出全球首款大光学格式的1.0μm 6400万像素的图像传感器，同时，格科微、思比科和思特威等其他国内企业也加快布局。在传感器基础研究领域，清华大学、南京大学、中国科学院等机构在石墨烯应变织物传感器、高分辨率高灵敏度的压力传感器、纳米仿生等新技术研究方面取得重要进展。

2. 通信芯片和模组技术

物联网网络接入侧包含 NB-IoT、LTE Cat.1、5G、LoRa 等广域通信技术，以及 WiFi、蓝牙、ZigBee 等多种短距离通信技术，相应制式的通信芯片和模组是提供物联网终端设备网络连接能力的关键。

在通信芯片领域，海思、紫光展锐、翱捷科技等国内领军企业与高通、三星等国外巨头同台竞技，一些国内初创企业也开始崭露头角。在 NB-IoT 芯片方面，海思、紫光展锐和联发科处于领先地位，占据较大市场份额，从 2017 年开始持续推出多款 NB-IoT 芯片，并不断进行技术创新和优化。例如，2020 年年底，海思推出的 Boudica200 集成了 MCU、PMU、PA、蓝牙5.0、GPS 和北斗及专用安全处理单元等子模块，有效减少了配套模组的外围元器件数量和面积。2020 年 11 月，紫光展锐基于最新冻结的 3GPP R16 标准设计的 V8811 NB-IoT 芯片，率先支持 TEE+国密算法，并对功耗和可靠性进行了优化创新。移芯、芯翼信息、智联安等初创芯片企业进行差异化产品布局，从低成本、低功耗、宽电压、高集成度等方向发力。在 LTE Cat.1芯片方面，紫光展锐、翱捷科技凭借先发优势成为国内市场主力，随着政策鼓励、市场热度攀升，智联安、移芯等初创企业也正加速入局。在 5G 芯片方面，海思、紫光展锐和联发科紧跟 3GPP 最新标准，不断推出基于先进工艺的新款芯片。在 LoRa 非蜂窝广域网和短距离通信芯片方面，翱捷科技、联盛德微电子、乐鑫科技等企业也持续发力。广州技象科技有限公司发布了自主研发的超窄带物联网芯片，纵行科技的 ZETA 物联网技术得到进一步应用。国内蓝牙芯片出货量持续增长，国产芯片市场份额升高，多家蓝牙芯片公司实现上市。

在通信模组领域，国内移远通信和日海智能蝉联全球蜂窝物联网模组出货量居前列，广和通、高新兴、有方科技等厂商也紧随其后，推出了搭载不同制式、最新款芯片的通信模组。

3. 物联网操作系统技术

物联网操作系统提供底层软硬件资源协同控制，在开发者和用户统一接入方面发挥了重要作用。在物联网发展早期，物联网操作系统主要存在两条技术路线：一是对智能手机/PC 操作系统进行剪裁，二是传统嵌入式实时操作系统增加物联网功能，但是这两条路线由于行业适配性、应用生态成熟度低等原因整体发展较慢。

随着海量异构终端接入，近年来出现第三条路线，即物联网专用操作系统，一方面在特定产业物联网领域，企业研发定制化的操作系统；另一方面在消费物联网领域，为满足多种不同形态终端统一操作系统的需求，企业采用微内核和分布式技术开发支持弹性部署的多终端操作系统，具有可伸缩、易扩展、易移植的优点，可快速适配多种终端，如谷歌 Fuchsia OS、华为鸿蒙 OS 等。华为鸿蒙 OS 目前已适配智慧屏和智能手机，未来还将扩展到平板电脑、可穿戴设备、智能汽车等不同体量的终端。

4. 物联网平台技术

物联网平台向下连接多种底层终端设备，向上承载面向个人和行业的不同应用，汇聚了海量业务数据，提供设备管理、应用开发、数据分析等关键功能。目前，国内物联网平台企业加快与人工智能、边缘计算、物模型等新技术的融合，不断加强平台核心竞争力打造。

一是通过机器学习、模型训练等人工智能技术对平台加持，平台性能得到进一步提升，实现了智能化决策、自动预警、实时协作，缩短了应用开发周期，同时有效支撑数据价值深入挖掘。

二是随着边缘计算的不断发展，巨头物联网平台企业纷纷在靠近物或数据源头的边缘侧，打造融合网络、计算、存储、应用核心能力的边缘开放平台，如华为云 IoT Edge、腾讯云 IECP 等，满足实时应用、本地处理和隐私保护等需求。

三是物模型研究成为热点，阿里巴巴、华为、腾讯、移动和电信等巨头企业纷纷制定各自的物模型，通过物模型对不同终端设备的状态、信息、功能服务进行统一描述，实现不同厂家、多种终端设备统一接入。目前，中国通信标准化协会联合物模型推进企业制定统一的物联网开放平台物模型标准，加快物联网互联互通。

5. 物联网安全技术

近年来，物联网安全事件频发，攻击对象从智能音箱、摄像头扩展到电网等关键基础设施，安全事件影响程度和范围持续扩大，涉及人身安全、经济安全乃至国家安全。物联网架构各层面临设备劫持、身份仿冒、数据窃取、DDoS 攻击等多种安全风险，需要构建全方位的安全体系。

一是物联网综合安全能力持续增强。①物联网终端类型异构多样，大量终端计算、存储设施等能力弱，而且大多部署于户外无人值守环境，安全技术需统筹考虑终端资源和所处环境，采用轻量级加密算法、安全芯片等，从物理安全、接入安全、硬件安全、通信安全、固件和系统安全方面提升终端自身安全能力。②物联网网络采用多种传输协议，形成多网融合的开放性网络，比传统网络更为复杂，采用通信加密、双向认证、攻击防护技术对网络进行安全加固。③物联网平台作为物联网系统核心承担管控、决策等重要功能，汇聚了大量关键数据，对内通过加密算法、安全存储等技术确保全生命周期的数据安全，采用访问控制、边界防护等技术加强平台安全；对外平台与接入终端紧密配合，通过传输加密、完整性校验技术实现安全 OTA 升级。目前已有华为"3T+1M"、绿盟物联网安全解决方案等综合性安全产品。

二是安全态势感知监测技术转化加快。企业通过建设物联网安全管控平台，结合安全建模、机器学习、数据挖掘等技术对物联网卡、终端、业务系统、基础资产等进行动态监测，及时识别风险并有效处置。目前，中移物联网、天翼物联等企业已推出相应产品。

8.4 行业应用及典型案例

1. 物联网助力疫情防控与复工复产

物联网技术在新冠肺炎疫情暴发期间全民防控、全民居家乃至疫情得到有效控制之后的复工复产中都得到广泛应用。在武汉武警医院、西昌 120 急救中心等地落地应用的 120 急救车监控物联网解决方案，实现了监控指挥中心与急救车辆实时语音对讲、视频监控、定位轨迹跟踪等，方便指挥中心调度指挥急救车、远程会诊和安排入院救治工作。在社区疫情防控和居家管理方面，涌现出额温枪、人脸识别门禁系统、门磁感应等多种"无接触式"物联网技术解决方案，使用热敏红外传感器采集人体温度，利用人脸识别算法对出入人员是否戴口罩进行判别，有效降低了人员集聚的风险。部分地区采用无人机方式进行街道巡逻，无人机搭载的摄像头通过 4G/5G 网络把视频传送给监控后台，监管人员通过监控后台进行远程巡逻，大量节省了上街巡逻的人力。疫情防控趋于稳定之后，全国各地陆续复工复产，融合物联网、人工智能等技术的远程监控、远程交互系统得到快速推广，阿里巴巴、百度等互联网巨头纷纷向重点行业免费开放了接入智能物联网基础平台的能力，无人配送、无人零售、无人餐饮等新模式强势崛起，有力支撑了经济发展重新步入正轨。

2. 物联网加速智能家居向全屋智能探索

随着物联网技术全面引入家庭，我国智能家居市场发展已经进入快车道，国内智能家居市场增速接近 30%，正在由物联网+家居场景阶段向全屋智能阶段探索。各种智能产品层出不穷，特别是受疫情冲击和"宅经济"爆发影响，智能新风机、智能厨房家电、智能衣柜等产品成为直播及社交电商卖货的优选商品，智能扫地机器人、智能陪伴机器人、智能音箱、智能门锁等智能家居产品日渐成为生活流行品、消费新趋势。通信、互联网、家电、家居、地产等行业企业纷纷抢滩智能家居市场，积极布局智能家居产品生态，阿里巴巴的智能音箱"天猫精灵"可实现包括智能家居控制、手机充值、叫外卖等众多功能，华为发布了全屋智能解决方案，加速人工智能与物联网结合，小米也在加快智能家居全屋解决方案的步伐，并构建了丰富的应用场景。"互联互通"成为智能家居下一场入口争夺战的重点，阿里巴巴、百度、华为、小米等都搭建了智能家居平台，智能家居设备开始探索支持多个智能家居平台系统。

3. 物联网支撑的自助设备市场走向成熟

随着技术成熟和资本过度扩张模式的终结，物联网技术支撑的共享单车、共享充电宝、自助快递柜、自助售货机等应用在 2020 年趋于成熟稳定。NB-IoT 和 LTE Cat1 模组在自助设备类产品中渗透率不断提高。共享单车用户量达到 3.8 亿人，各地出台规范共享单车投放和管理的政策。共享单车竞争格局逐渐稳定，共享充电宝头部企业开始盈利，并计划上市。自助快递柜在疫情非接触配送中发挥了重要作用，被纳入新型城镇化基础设施，成为快递"最后一公里"的标配，多家运营公司推出寄存、寄快递服务，经营状况转好。随着自助售货渗透的广度和深度进一步提升，更多的业务场景被开发出来，除了主流的综合、饮料、食品、咖啡等自动售货机形式，市场上还有化妆品售货机、药品售货机、数码售货机、冰激凌售货机、自动煮面机、自动售米机、自动豆浆机等。受疫情的影响，无人零售行业的业务发展变得更加多样化。口罩自动售货机、自助售药机等医药无人零售业务迅速崛起。

4. 物联网支撑实体经济智能化发展

物联网技术与三次产业实现基本融合，为实体经济转型升级做出了重要贡献。工业物联网是物联网技术与工业制造相结合的产物，主要应用于生产过程管控、进销存优化、多链条跨界协同、产能共享共建、增值服务创新等场景，典型平台包括 Altizon Datonis 物联网平台、Azure 物联网服务平台、IBM Watson 物联网平台、奥斯卡 COSMOPlat 平台、智能云科 iSESOL

工业互联网平台等，奥斯卡 COSMOPlat 平台是工业和信息化部认定的工业互联网"双跨"平台之首，已融入化工、农业、能源、石材、模具等 15 个行业生态，在全国建立了 7 个中心，并向 20 多个国家推广。随着数字农业建设进程不断推进，农业物联网技术应用越来越广泛，有力支撑乡村振兴全面实施。江苏宜兴的农业物联网开始进入产业化、市场化阶段，已覆盖水产养殖、畜禽养殖、大田作物等农业生产主要领域，开发了省级农业物联网平台，并正在推动建立全国水产养殖物联网数据中心。新疆生产建设兵团第六师 1 万亩棉花基地应用精准生产物联网技术，实现每年节水 40 万立方米、节肥 40 吨。浙江托普云农科技有限公司应用塑料大棚温室小管家系统，每百亩棚可减少人员 3~4 人。

8.5 发展挑战

1. 物联网存在先天碎片化问题

微软发布的研究报告 *IoT Signals*（《物联网信号》）表明，想要更多利用物联网的公司认为面临的最大障碍是复杂性和技术挑战。物联网赋能不同行业转型升级，应用场景和需求碎片化导致物联网终端异构、网络通信方式多样、平台林立、不同厂家设备和产品之间的互联互通和互可操作性差。目前来看，解决物联网碎片化问题需要产业链各环节共同努力，一是终端软硬件解耦合、终端与厂商/服务商松耦合；二是网络技术互补融合，支撑多类型应用场景需求；三是基础数据、软件、模型等资源横向打通。因此，在一定时间内，需求碎片化及技术复杂多样化将成为物联网规模化发展的最大障碍。

2. 物联网安全仍面临难题

随着 5G、边缘计算等新技术的发展，近年来各类物联网场景快速应用，在物联网设备数量快速增长的同时，我国物联网安全问题日益凸显。一是我国物联网安全政策布局仍显不足，物联网安全标准体系尚未发布，安全标准的场景针对性不足，产业链各环节安全防护意识不统一，安全防护体系不完善，未形成物联网安全产业合力，呈现分散状态。二是我国物联网安全产业尚处于起步阶段，物联网产业链涉及环节众多，安全建设需要多方共同合作推进，目前缺乏典型场景的安全解决方案和标杆企业，需求侧对价格敏感，对物联网安全成本增加的接受度差。三是物联网安全核心终端的产业成熟度不高，终端海量异构，安全能力普遍较弱，一旦被破坏、控制或攻击，不仅影响应用服务的安全稳定，还会导致隐私数据泄露、生命财产安全受损，更会危害网络关键基础设施，威胁国家安全。

3. 物联网高成本阻碍规模实施

微软 *IoT Signals*（《物联网信号》）研究报告对全球 3000 余家企业的调研表明，约 1/3 的物联网项目未能通过概念验证阶段，通常是因为实现成本过高或带来的好处并不明朗。而那些在试验阶段中断的物联网项目，其中32%的企业认为项目退出的首要原因是规模化成本高。从横向看，物联网行业长尾效应明显，不可能实现一个平台覆盖所有应用场景，需要分行业按需建设多个平台；从纵向看，平台建设和运维需要投入大量资金和人力，目前大部分平台长期处于亏损状态，缺乏明晰的商业模式，平台建设和使用成本高已成为物联网规模推广的重要瓶颈。

4. 物联网与 5G、AI、云计算等新兴技术融合面临挑战

5G、AI 与物联网等技术的蓬勃发展似乎意味着万物互联时代已经来临，但仍然有许多不确定问题和挑战需要被解决。一是新兴技术还在不断发展和深化，融合应用发展存在较多变数，如 5G 还处在大规模 toC 阶段，但 5G 与物联网的关键融合在于行业应用，而 5G 网络制式繁多、联接成本及专网运维成本较高等问题均是行业专网快速发展的阻碍。二是新兴技术与物联网应用融合缺乏跨专业的顶层设计和规划，导致业务融合度不高且效率不足。近期来看，物联网与新兴技术融合不充分问题将对创新应用迭代升级形成阻碍。

（宁越、霍娟娟、陈敏、关欣、郜蕾）

第9章 2020年中国车联网发展状况

9.1 发展环境

2020年，政府各方积极加强顶层规范协同，营造产业发展良好环境。2020年2月，国家发展改革委等11个部委联合发布《智能汽车创新发展战略》，围绕智能汽车发展明确提出构建先进完备的智能汽车基础设施体系，2025年智能交通系统和智慧城市相关设施建设取得积极进展，车用无线通信网络（LTE-V2X等）实现区域覆盖，新一代车用无线通信网络（5G-V2X）在部分城市、高速公路逐步开展应用，高精度时空基准服务网络实现全覆盖。2020年3月，工业和信息化部印发《关于推动5G加快发展的通知》，提出促进"5G+车联网"协同发展。推动将车联网纳入国家新型信息基础设施建设工程，促进LTE-V2X规模部署。建设国家级车联网先导区，丰富应用场景，探索完善商业模式。结合5G商用部署，引导重点地区提前规划，加强跨部门协同，推动5G、LTE-V2X纳入智慧城市、智能交通建设的重要通信标准和协议。开展5G-V2X标准研制及研发验证。

2020年4月，国家发展改革委明确了新型基础设施的范围，包括智能交通基础设施等融合基础设施，其中车联网是传统交通基础设施智能化与网联化的重要保障。2020年8月，交通运输部印发《关于推动交通运输领域新型基础设施的指导意见》，提出打造融合高效的智慧交通基础设施，完善行业创新基础设施，重点提到了助力5G等信息基础设施建设。

2020年10月，国务院办公厅正式印发《新能源汽车产业发展规划（2021—2035年）》，明确将推动新能源汽车与能源、交通、信息通信全面深度融合。充分发挥蜂窝通信网络基础优势，以无线通信、定位导航等信息通信技术为支撑，推动车辆与道路交通、信息通信基础设施广泛互联和进行数据交互，为多级联动的自动驾驶控制决策和应用服务提供保障。推进以数据为纽带的"人-车-路-云"高效协同。基于汽车感知、交通管控、城市管理等信息，构建"人-车-路-云"多层数据融合与计算处理平台，开展特定场景、区域及道路的示范应用，促进汽车与信息通信融合应用服务创新。协调推动智能路网设施建设，建设支持车路协同的无线通信网络。加快车用无线通信技术升级，不断满足高级别自动驾驶智能网联汽车应用。

2020年，我国车联网标准体系建设基本完备。《国家车联网产业标准体系建设指南（车辆智能管理）》和《国家车联网产业标准体系建设指南（智能交通相关）》正式印发，与此前印发的总体要求、智能网联汽车、信息通信、电子产品与服务分册协同互补。国家车联网产业标准体系建设工作深入贯彻落实我国积极引导和推动车联网跨领域、跨行业、跨部门的合作思路，明确各部门标准体系定位和相互关系，在整体框架下充分考虑各领域车联网技术研发和应用需求等综合因素，确保车联网国家和行业标准制修订工作的顺利开展。

9.2 发展现状

1. 车联网标准体系建设基本完备

在国家制造强国建设领导小组车联网产业发展专委会的指导下，聚焦 C-V2X 领域，汽标委、ITS 标委、通标委、交标委加快开展急需、重要标准制定。通标委基本完成了 LTE-V2X 总体架构、空中接口、网络层、消息层、通信安全等基础支撑和互联互通相关技术标准和测试规范的制定。汽标委、ITS 标委和交标委正在分别制定 LTE-V2X 相关应用标准，促进 LTE-V2X 技术在汽车驾驶服务、交通基础设施及交通管理方面的实际应用。

2. 车联网核心设备具备商用能力

从目前产业落地来看，依托国内良好的产业环境，基于 LTE-V2X 的芯片模组、OBU、RSU 等核心设备均具备了实际商用能力，且配套的端到端产业链已经建立。2020 年，智能网联汽车销量为 303.2 万辆，同比增长 107%，渗透率保持在 15% 左右。从目前产业研发重点及后续产品规划来看，LTE-V2X 与 5G NR（Uu）多模设备是未来研发及量产落地的重点，NR-V2X 的产业化尚需一定时日。

3. 车联网基础设施建设呈现规模化发展趋势

车联网基础设施建设正处于重点地区从测试示范走向先导性应用、全国各地普遍部署的关键时期，已呈现出规模化发展的趋势。C-V2X 平台目前主要部署在各地示范区，实现与交管平台、车企平台等数据对接。高速公路积极推进车联网、智能交通系统等相关基础设施建设，构建车路协同服务与管理体系，相关车路协同高速公路示范项目部分建设或规划采用车联网 LTE-V2X 路侧单元。中国信息通信研究院也正在积极建设车联网基础设施状态统计平台，汇聚国内各车联网示范区、先导区，以及高速公路沿线已经建设运营的车联网 C-V2X 基础设施的统计数据，并周期性汇总形成报表，支撑国家级车联网先导区创建相关工作的开展。

4. 车联网先导区创建工作取得积极进展

截至 2020 年年底，江苏（无锡）、天津（西青）、湖南（长沙）、重庆（两江新区）4 个车联网国家级先导区在 700 余千米的高速和城市道路上部署了 1200 余台 RSU，支持实现 40 余种基于 C-V2X 的车联网应用。除已批复的车联网国家级先导区外，广东（广州）、浙江（德清）、广西（柳州）、安徽（合肥）、广东（肇庆）等地也依据本地的特点积极开展布局。例如，广州和柳州主要考虑自身在汽车产业的基础优势和汽车产业转型升级的迫切需求，积极要求结合车企需求创建车联网先导区。合肥希望借助发展车联网带动智能网联汽车产业的快速发展。浙江德清则期望以高精度地图应用为突破口，打造车联网全域覆盖的先导应用示范城市。在车联网先导区建设过程中，各地均以车联网新型基础设施建设为主要抓手，力争形

成以新基建为基础、以智能交通车路协同应用为牵引、以本地产业链条构建为导向的良性生态循环。

9.3 关键技术

1. 车载感知关键技术

车载视觉摄像头成为近年来汽车 ADAS 市场需求增长最快的传感器。按照摄像头安装位置和功能的差异，可以分为前视、环视、侧视、后视及内视等。前视摄像头主要用于车辆和行人探测、交通标志识别、车道偏离警告、车距监测及自适应巡航控制等，环视摄像头主要用于全景泊车和车道偏离警告，侧视摄像头可用于盲点检测，后视摄像头用于倒车辅助，内视摄像头用于疲劳驾驶预警和情绪识别等。逆光、图像动态范围是当前影响视觉传感器可靠性的主要挑战。

车载激光雷达以避障应用为主，将走向 3D 点云识别及定位。激光雷达是目前车载环境感知精度最高的感知方式，探测距离可达 300m，精度可控制在厘米级。目前，限制激光雷达量产商用的主要制约因素为可靠性和成本，对驾驶员的人眼安全防护也成为近期的关注热点。

车载毫米波雷达的技术最为成熟、鲁棒性最高，但进一步提升精度还有很长的路要走。利用波长在 1～10nm、频率为 30～300GHz 的毫米波，可以探测车辆与目标物体之间的距离，主要用于碰撞预警、自动巡航、制动辅助和泊车辅助等功能。

在车载视觉处理芯片方面，国内量产芯片种类少，装车量小。国内毫米波雷达产品刚开始进入前装市场，量产经验不足，在激光雷达芯片等基础元器件和技术创新方面仍有不小的差距，超声波雷达基本只能应用于安全预警系统。

2. 感知融合计算关键技术

多传感器融合成为提升感知可靠性的主要手段。不同的传感器在感知精度、鲁棒性、可靠性上各有不同，因此适用于不同环境、不同物体的感知测量。视觉主导和激光主导的感知方案是目前自动驾驶领域的两种主流方案。摄像头是各类传感器中唯一能够感知物体表面纹理信息的传感器，被业界认为是最不可替代的，而激光雷达能够提供精确的三维环境信息，为可靠、精确的定位和提高感知成功率提供重要手段。多传感器感知、多定位方式组合成为环境感知技术的重要特点和发展趋势。在技术路线上，多传感器融合感知计算主要有数据级的前向融合和特征级的后向融合两种。数据级的前向融合是指将不同传感器的采集信息在原始数据层融合。特征级的后向融合方法通过对单个传感器进行特征提取，再将有限特征信息进行融合优化。

国内企业在处理器方面刚开始布局，车载多传感器信息融合算法产品尚不能很好地满足车辆高速行驶环境下的实时性要求，对复杂环境的感知精度有待提高。在基于 V2X 的多源协同感知方面，国内数据的继承性和实时性尚需提升。

3. 网联（C-V2X）关键技术与标准化

面向车联网业务场景，3GPP 定义了 LTE-V2X 和 NR-V2X 标准化技术。LTE-V2X 于 2017

年 3 月完成标准化，2019 年第一季度结束 NR-V2X SI 阶段的研究，2020 年 7 月 3 日，3GPP 宣布 R16 NR-V2X 版本冻结，引入了单播和组播模式、HARQ 反馈、CSI 测量上报、NR/LTE 基站调度 LTE-V2X/NR-V2X 资源、NR-V2X 与 LTE-V2X 共存等新技术特性，支持高阶调制和空间复用并优化了资源选择机制。3GPP 于 2020 年第三季度启动 R17 相关的标准化工作。

　　国内在 C-V2X 通信基础技术研发方面，持续保持与主要发达国家齐头并进，甚至随着车联网产业的快速推进，我国已经处于引领地位，目前仍需持续推动支持自动驾驶等未来新应用的车联网通信关键技术研发。从标准化工作的角度来看，国内车联网产业标准化进展迅速，在 C-V2X 标准体系建设、重要标准制定和落实推广方面处于国际领先水平。随着车联网产业进程的快速推进，亟须开展基于应用场景的标准化工作，加强车联网新型应用服务功能、性能、数据协议等技术标准研制。

9.4　行业应用及典型案例

1. 2020 C-V2X "新四跨" 暨大规模先导应用示范

　　2020 年 10 月，2020 C-V2X "新四跨" 暨大规模先导应用示范活动在上海成功举办。40 余家国内外整车企业、40 余家终端企业、10 余家芯片模组企业、20 余家信息安全企业、5 家图商及 5 家定位服务提供商等参与该活动，覆盖汽车、通信、交通、地图和定位、信息安全、密码等各个领域，相比前两年举办 "三跨" "四跨" 示范活动时有大幅增长，充分反映了我国 C-V2X 产业链的不断扩展和成熟，跨界协同不断深化。

　　本次活动在 "三跨" "四跨" 连续开展跨整车、跨通信终端、跨芯片模组、跨安全平台互联互通应用示范的基础上，根据技术和产业发展需求，进一步深化 C-V2X 相关技术和标准的测试验证，促进了车联网产业的国际合作，展现了中国 C-V2X 的发展理念与中国智能网联汽车的技术路径，推动了全球形成产业共识；通过向普通消费者开放体验，提高了汽车网联化的用户接受度和认可度，促进了商业化推广。

2. MEC 与 C-V2X 融合测试床

　　2019 年 9 月，IMT-2020（5G）推进组支持创建了第一批 10 个 MEC 与 C-V2X 融合测试床。中国电信、中国移动等电信运营商，大唐移动、中兴等设备商，重庆车检院、上海淞泓、湘江智能等检测与运营方，华人运通、滴滴、启迪云控等自动驾驶提供方均牵头参与了测试床建设。从测试床中的 MEC 类型来看，8 个测试床项目建设了区域 MEC 平台，所有测试床项目都规划建设了路侧 MEC 设备。从测试床功能来看，所有测试床均规划了面向网联自动驾驶的融合感知功能，5 个测试床项目设计了面向自动驾驶的决策或控制功能。经过 1 年多的建设，苏州、北京、重庆、上海等地的多个测试床项目取得了显著进展，基于 MEC 的路侧数据融合处理、远程遥控驾驶等功能得到了良好的验证。

3. 湖南（长沙）国家级车联网先导区

　　作为国家级车联网先导区，长沙探索出一条 "产业生态为本、数字交通先行、应用场景主导" 的发展路径。通过在公交、出租等公共出行领域推广车联网应用，提升城市智能化水平，改善群众出行体验。在车联网新基建方面，长沙市完成了约 100 千米的智慧高速、100 平方千米范围内城市开放道路的智能化改造建设，包括路侧通信、传感、计算等信息化基础设施，以及智能网联云控平台两个层面的建设。

截至 2020 年年底，在 OBU 部署方面，已在 2400 余辆公交车上部署了车载终端，均为 Uu+PC5 双模，装配 OBU 的公交车主要运行区域为主城区。2020 年 4 月 30 日，长沙市开通全国首条车路协同智慧公交 315 路。该公交路线途径 18 个灯控路口，全程约 10.7 千米，公交车按照平均车速 30～50 千米/小时的范围行驶，行程时间平均可减少 12.9%。目前，基于蜂窝车联网（C-V2X）技术，长沙已有 2072 辆公交车实现网联化改造升级，目前已陆续开通了 4 条智慧公交线路，包括 1 条测试线路（智慧公交 2 号线）和 3 条试运营线路（315 路、3 路、9 路），累计完成安全试运行 50000 趟，试乘体验人数 100 万人次。在 RSU 部署方面，实际部署 RSU 数量约为 340 个，均为 Uu+PC5 双模。在交通设施的升级改造方面，升级改造了 100 千米的城市道路上约 270 个路口的道路交通信号控制机。在平台建设方面，长沙建设了 V2X 服务平台，实现了 V2X 基础服务功能，且与公安网、交警视频网已经拉通专线。

在应用方面，2400 余辆公交车完成网联化、智能化改造，支持低等级辅助驾驶应用，打造公交信号优先、公交碰撞预警等应用场景，提升公交运行效率及准点率，完善驾驶行为监管，保障公交运行安全；投入 40 余辆高等级自动驾驶出租车（Robotaxi）在开放道路示范运行，率先开展高等级自动驾驶载人测试示范，面向市民开展应用体验，探索自动驾驶出租车的运营模式。在频率运营方面，湖南湘江智能科技创新有限公司取得了 LTE-V2X 直连通信频率使用授权。在产业生态方面，长沙市吸引了以百度、星云互联为代表的信息通信企业，以舍弗勒为代表的高端汽车零部件企业落地，并在本地培育了一批以智能网联为主题的创新创业企业，共计聚集了 300 余家产业链上下游企业。

9.5 发展挑战

1. 基础设施规模化部署有待进一步加强

目前，针对车路协同典型场景的基础设施建设的覆盖区域还无法满足量产需求。虽然我国已在多个示范区和先导区开展了多样化的场景测试和验证，但尚未实现更大范围内的规模化部署，可能会对车企网联功能产品的量产计划产生影响。建议基础设施建设可以优先考虑实现一小部分场景（如红绿灯等网联信息发布）的全国大范围覆盖，尽快建立商业模式。车联网新型基础设施与 5G、北斗定位、电子车牌、充电桩等仍有待进一步加快协同部署，车联网与 5G、智慧交通的融合应用需求和部署方案等仍需深入研究，跨行业应用数据共享仍有待加强。

2. 关键技术与标准制定需加快推进

高精度传感器、多级计算处理平台等关键技术和核心零部件亟须加快攻关，车联网部分标准制修订进程仍有待进一步加快，基于应用场景的标准化工作仍有待进一步开展，建议加强车联网与自动驾驶等新型应用服务功能、性能、数据协议等技术标准研制。

3. 安全保障措施与测试认证仍需完善

当前适用于车路云协同等新型应用场景的车联网网络安全保障措施仍需完善，车联网 C-V2X 跨行业、跨地区安全身份认证机制尚未明确。建议加快推进车联网网络安全技术创新研发攻关，优先在示范区、先导区开展试点示范。推动车联网 C-V2X 安全认证顶层信任体系建设，建立车联网 C-V2X 可信根证书列表管理机制，实现跨行业、跨地域 C-V2X 车辆及基础设施互认。建议加快推动车联网产品认证能力建设，加强汽车、信息通信、交通等跨行业部门在认证管理等方面的协调沟通，建设完善车联网产品认证与管理体系。

4. 产业化推广力度需进一步加强

目前，车联网的基础设施建设、商业化运营模式等仍需进一步探索，建议推广建设、运营、管理经验，形成可持续发展模式。车联网终端渗透率不足，规模化的应用场景仍在探索，建议加大车联网终端设备的推广力度，给予相应的优先政策和补贴资金支持；探索面向营运车辆的商业化应用场景，提升"两客一危"、工程车、网约车等的车载终端渗透率；加强车联网技术在绿色出行、节能减排、实现碳达峰等方面的应用场景研究。

（林琳、葛雨明、余冰雁、于润东、康陈）

第 10 章　2020 年中国虚拟现实发展状况

10.1　发展环境

在全球经济形势复杂多变和新冠肺炎疫情的影响下，人类社会生活和生产方式面临新的挑战，信息消费与产业数字化转型也随之迎来新的机遇。作为新一代信息技术融合创新的典型领域，虚拟现实关键技术日渐成熟，在大众消费和垂直行业中的应用前景广阔，产业发展适逢其时。

1. 政策环境

国家部委及地方政府积极推动虚拟现实产业发展。自 2016 年虚拟现实被列入"十三五"信息化规划、互联网+等多项国家政策文件以来，工业和信息化部、国家发展改革委、科技部、教育部等部委相继出台指导政策支持虚拟现实产业发展。国务院从"十三五"规划开始把虚拟现实视为构建现代信息技术和产业生态体系的重要新兴产业，在《新一代人工智能发展规划》中将虚拟现实智能建模技术列入"新一代人工智能关键共性技术体系"，2020 年相继出台《关于进一步激发文化和旅游消费潜力的意见》《新时代爱国主义教育实施纲要》和《关于推进对外贸易创新发展的实施意见》等文件，进一步明确虚拟现实在文化旅游、教育宣传、商贸会展等领域的创新应用。在 2021 年发布的《中华人民共和国国民经济和社会发展第十四个五年规划和 2035 年远景目标纲要》中，将 VR/AR 产业列为未来 5 年数字经济重点产业之一。工业和信息化部于 2018 年 12 月出台《关于加快推进虚拟现实产业发展的指导意见》，从核心技术、产品供给、行业应用、平台建设、标准构建等方面提出了发展虚拟现实产业的重点任务。2020 年 2 月发布的《关于运用新一代信息技术支撑服务疫情防控和复工复产工作的通知》提出，要深化增强现实/虚拟现实等新一代信息技术在复工复产中的应用，推广协同研发、无人生产、远程运营、在线服务等新模式、新业态。同年 3 月出台的《关于推动工业互联网加快发展的通知》提出，引导工业互联网平台增强 5G、人工智能、区块链、增强现实/虚拟现实等新技术支撑能力，强化设计、生产、运维、管理等全流程数字化功能集成。国家发展改革委在"互联网+"领域创新能力建设专项中，提出建设虚拟现实/增强现实技术及应用创新平台，促进虚拟现实在互联网医疗救治等领域的应用。2019 年，国家发展改革委将虚拟现实列入《产业结构调整指导目录》中的鼓励类产业。2019 年 12 月，国家发展改革委联合教育部、民政部、商务部等 7 个部委发布《关于促进"互联网+社会服务"发展的意见》，提出支持引导虚拟现实/增强现实等产品和服务研发，培育壮大社会服务新产品、新产业、新业态。2020 年发布的《关于促进消费扩容提质加快形成强大国内市场的实施意见》指出，要加快发展超高清视频、虚拟现实等新型信息产品，助力形成强大国内市场。国务院印发的《"十三五"国家信息化规划》中将虚拟现实列入现代服务业、健康产业、医疗器械、中医药科技、技术标准科技等领域的创新规划，并联合中宣部于 2019 年发布《关于促进文化和科技深度融合的指导意见》，提出加强包括 VR/AR 虚拟制作在内的文化创作、生产、传播和消费等环节共性关键技术研究以及高端文化装备自主研发与产业化。文化和旅游部 2016年出台《关于推动文化娱乐行业转型升级的意见》，将虚拟现实、增强现实作为游戏游艺设备创新的重要支撑，2020 年年底发布的《关于推动数字文化产业高质量发展的意见》明确指出，要引导和支持虚拟现实、增强现实等技术在文化领域应用，推动现有文化内容向沉浸式内容移植转化。教育部在《教育信息化"十三五"规划》中把加快推进示范性虚拟仿真实验教学项目建设列入深入推进信息技术与高等教育教学深度融合工作，在 2018 年《教育信息化 2.0 行动计划》中提出，为结合 5G 技术发展，将以国家精品在线开放课程、示范性虚拟仿真实验教学项目等建设为载体，加强大容量智能教学资源建设。同年发布的《普通高等学校高等职业教育（专科）专业目录》中增设"虚拟现实应用技术"专业，据不完全统计，截至 2020 年已有 70 余所高职院校开设了虚拟现实应用技术专业。2019 年发布的《关于加强和改进中小学实验教学的意见》指出，要创新实验教学方式，可用增强现实、虚拟现实等技术手段呈现不宜现场操作的实验。国家卫生健康委在《"十三五"健康产业科技创新专项规划》中提出，重点发展虚拟现实康复系统等智能康复辅具，加快增强现实、虚拟现实等关键技术的应用突破，提高治疗水平。

2. 产业环境

虚拟现实产业发展开始进入起飞阶段。虚拟现实旨在使用户获得身临其境的沉浸体验，可将虚拟现实划分为 5 个发展阶段，不同发展阶段对应相应体验层次，继 2016 年虚拟现实产业元年、2018 年云 VR 产业元年、2019 年 5G 云 VR 产业元年过后，2020—2021 年成为虚拟现实驶入产业发展快车道的关键发力时窗，目前全球处于部分沉浸/成长培育期。

在终端设备方面，开始规模上量，适配场景与功能定位体系日益清晰完备，如华为 VR Glass、Focal 等轻量级 VR/AR 终端通过强化通信连接能力，以及摄像头提供虚拟助手等功能进而变身为手机伴侣；微软 Hololens 2 等高性能一体式 AR 终端可在一定程度上取代 PC，作为新兴生产力平台；Facebook Quest 2 等高性能 VR 终端可作为电视与游戏机等传统文娱平台的产品演进形态。

在内容应用方面，题材形式日益丰富，内容与特定终端平台加速解耦，内容开发、调试与营销工具渐趋成熟，可自给、能盈利的内容生态开始成型，如标杆企业 Facebook Quest 平台内容收入已达到 1.5 亿美元，35 款游戏收入达到百万美元，沉浸声、手势识别与虚拟化身等特色内容制作 SDK 陆续发布。

在网络平台方面，2020 年成为 5G 创新业务从 0 到 1 实现跨越的关键窗口，作为 5G 时代首要的创新业务，一方面，VR 为 5G 这一国家新型基础设施提供了普适典型的应用场景；另一方面，5G 有望打破单机版 VR 小众化的产业发展瓶颈。2019 年，成都、福州、杭州、青岛、南昌、上海、北京、沈阳、广州等地方政府已将 5G 云 VR 提上工作日程，相继编制

或正在实施专项政策与相关工程。

3. 社会环境

虚拟现实引领新一代人机交互平台发展。虚拟现实是个老的新概念，自 20 世纪 50 年代首款 VR 设备出现直至 2016 年产业元年的到来，虚拟现实兴起主要源自软硬件成本门槛大幅降低、产业资本与政策集聚、大众不断进阶的视听交互需求等背景动因。随着产业发展的持续演进，互动视频、无界办公、智慧教育、沉浸会展、工业互联网等应用场景的多样化，用户需求的多级化与数据类型的多元化，急需新一代人机交互平台的发展。业界对虚拟现实的研讨不再拘泥于其是否有望取代手机等偏狭议题，而是从技术、产业与应用多角度探讨以虚拟现实为代表的未来人机交互平台的发展。从广义来看，虚拟现实（Virtual Reality，VR）包含增强现实（Augmented Reality，AR），狭义而言彼此独立，如无特别区分说明，本书采用工业和信息化部印发《关于加快推进虚拟现实产业发展的指导意见》中的广义界定。

10.2 发展现状

1. 虚拟现实终端出货量稳步增长，不同终端形态间的融通性增强

根据 IDC 的统计数据，2020 年全球虚拟现实终端出货量约为 630 万台，VR、AR 终端出货量占比分别为 90%、10%，预计 2024 年全球虚拟现实终端出货量将超过 7500 万台，其中 AR 占比将升至 55%，2020—2024 年全球虚拟现实出货量增速约为 86%，其中 VR、AR 增速分别为 56%、188%，预计 2023 年 AR 终端出货量有望超越 VR。相比 2018—2020 年相对平缓的终端出货量，随着 Facebook Quest 2、微软 Hololens 2 等标杆 VR/AR 终端迭代发售及电信运营商虚拟现实终端的发展推广，2021 年有望成为虚拟现实终端规模上量、显著增长的关键年份，VR/AR 终端平均售价将从当前的 2500/9700 元进一步下降。此外，华为 VR Glass 手机伴侣、Pico Neo 2 等一体式头戴式显示设备终端均可通过串流功能而不再受制于移动平台的功耗预算与渲染算力，跨终端形态的使用融通性显著提高，一体式终端出货量份额预计将从 2020 年的 51%进一步升至 2024 年的 64%。

我国当前虚拟现实终端出货量约占全球的 20%，未来 5 年增速将高于全球均值。2020 年，我国虚拟现实终端出货量约为 120 万台，VR、AR 终端出货量占比分别为 96%、4%，以 VR 终端产品为主导。预计 2024 年我国虚拟现实终端出货量将超过 1600 万台，其中 AR 占比将升至 50%，2020—2024 年我国虚拟现实出货量平均增速约为 97%，其中 VR、AR 平均速分别约为 70%、270%，预计 2024 年 AR 终端出货量有望与 VR 持平（见图 10.1）。其中，一体式终端出货量份额预计将从 2020 年的 47%进一步升至 2024 年的 65%，手机式终端出货量份额将进一步萎缩，AR 手机式终端出货量将趋于零。

2. 虚拟现实市场规模高速增长，AR 与内容应用成为主要增长点

根据 IDC 等机构统计，2020 年全球虚拟现实市场规模约为 900 亿元，其中 VR 市场规模为 620 亿元，AR 市场规模为 280 亿元。预计 2020—2024 年全球虚拟现实产业规模年均增长率约为 54%，其中 VR 增速约为 45%，AR 增速约为 66%，2024 年两者市场份额均为 2400 亿元。从产业结构来看，终端器件市场规模占比居首位，2020 年规模占比超过 40%，随着传

统行业数字化转型与信息消费升级等常态化,内容应用市场将快速发展,预计 2024 年市场规模将超过 2800 亿元。

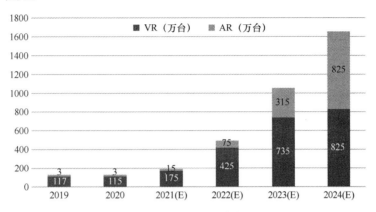

图10.1　2019—2024年中国虚拟现实终端出货量及预测

资料来源:IDC。

根据虚拟现实产业推进会等机构测算,2020 年我国虚拟现实市场规模为 400 多亿元,预计未来 5 年增速将达到 60%,2024 年市场规模将突破 2000 亿元(见图10.2),在全球虚拟现实市场中的份额将由目前的 30%扩大至 40%。此外,2020 年我国 VR 市场规模约 300 多亿元,市场占比在 80%左右,预计未来 5 年我国 VR、AR 市场增幅分别约为 40%、200%。

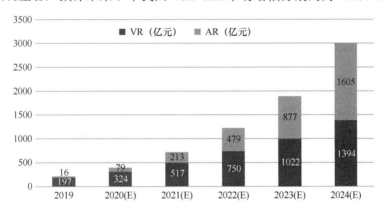

图10.2　2019—2024年中国虚拟现实市场规模及预测

资料来源:IDC。

10.3　关键技术

1. 虚拟现实技术路径

多数企业基于单体智能的发展轨道,聚焦近眼显示、感知交互、渲染计算与内容制作领域的研发创新、技术产业化及成本控制等相关工作,网联元素主要体现在内容上云后的流媒体服务。未来,虚拟现实发展的演进形态不是两者简单叠加,而是有机融合:在云、网、边、端、用、人等融为一体的创新体系下重构现有系统架构，触发产业跃迁，进而在这一深度融合创新的框架下，重新界定并迭代优化一批新技术、新产品、新标准、新市场与新业态。结合虚拟现实跨界复合的技术特性，对中国信息通信研究院提出"五横两纵"的技术框架与发展路径进行更新完善，其中，"五横"是指近眼显示、感知交互、网络传输、渲染计算与内容制作，"两纵"是指VR与AR，各技术点发展成熟度具体如下：在近眼显示方面，快速响应液晶屏、折反式（Birdbath）已规模量产，Micro-LED与衍射光波导成为重点探索方向。在渲染计算方面，云渲染、人工智能与注视点技术等进一步优化渲染质量与效率间的平衡。在内容制作方面，WebXR、OS、OpenXR等支撑工具稳健发展，六自由度视频摄制技术、虚拟化身技术等前瞻方向进一步提升虚拟现实体验的社交性、沉浸感与个性化。在感知交互方面，内向外追踪技术已全面成熟，手势追踪、眼动追踪、沉浸声场等技术向使能自然化、情景化与智能化的技术发展方向。在网络传输方面，5G+F5G构筑虚拟现实双千兆网络基础设施支撑，传输网络不断地探索传输推流、编解码、最低时延路径、高带宽低时延、虚拟现实业务AI识别等新兴技术路径。虚拟现实关键技术体系如图10.3所示，虚拟现实技术成熟度曲线如图10.4所示。

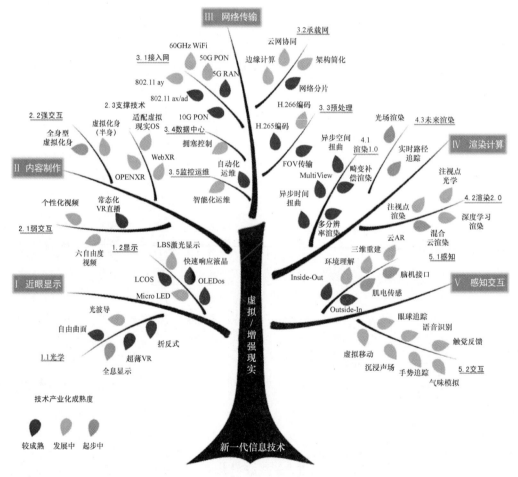

资料来源：中国信息通信研究院、VRPC 2020年编制。

图10.3 虚拟现实关键技术体系

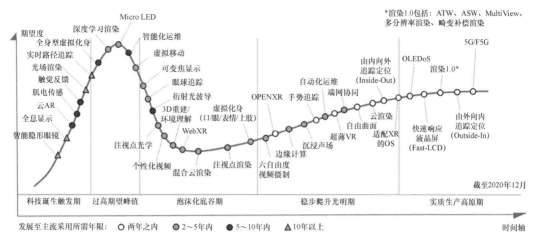

图10.4　虚拟现实技术成熟度曲线

2. 虚拟现实近眼显示领域

快速响应液晶屏成为多数 VR 终端的常用选择。我国京东方等厂商已规划量产响应时间小于 5ms，且以超高清（5.5 英寸 3840 像素×2160 像素）、轻薄（2.1 英寸 1600 像素×1600 像素）、成本（5.5 英寸 2160 像素×1440 像素）为产品特性的 VR 用液晶面板。硅基 OLED 成为新近发布 AR 终端的主流技术选择，2019 年年底京东方在昆明量产，并向国内 AR 终端规模供货。Micro-LED 显示技术正处在量产突破的前夕，业界正在规划的规格以 1.3 英寸 4K×4K 为主。此外，光波导在 AR 领域的技术发展前景明确，相比其他光学架构，光波导外观形态趋近日常眼镜，且通过增大眼动框范围更易适配不同脸型用户。其中，我国珑璟、灵犀等厂商已实现阵列光波导量产，并储备规划表面浮雕光栅波导相关能力。对于全息体光栅波导，微软、Magic Leap 等多家 AR 标杆企业的规模量产证明了该技术路线在经济成本上的可行性，当前国内有条件建设该产线的厂商相对有限。

3. 渲染计算领域

在跨越了沉浸体验的初始门槛后，渲染质量与效率间的平衡优化成为时下驱动虚拟现实渲染技术新一轮发展的核心动因，人工智能、注视点与云渲染技术触发虚拟现实渲染计算 2.0 开启。其中，我国虚拟现实企业在人工智能与注视点技术方面以技术跟随为主，多采用脸谱、英伟达等国外标杆企业的解决方案。在云控网联的技术架构下，云渲染聚焦云网边端的协同联动，我国电信运营商对此积极投入。通过边缘计算等创新服务，旨在降低网络连接和终端硬件门槛，加速虚拟现实业务在 5G 网络和固定宽带网络的规模化商用，开发基于体验的新型业务模式，释放投资红利。

4. 感知交互领域

追踪定位、沉浸声场、手势追踪、眼球追踪、三维重建、机器视觉、肌电传感、语音识别、气味模拟、虚拟移动、触觉反馈、脑机接口等诸多感知交互技术百花齐放，共存互补。相比产业元年，我国在该领域与国外差距总体呈现扩大趋势。一方面，感知交互尤为强调与近眼显示、渲染计算、内容制作等关键领域间的融合创新。另一方面，国外 ICT 巨头在感知交互领域重仓投入,且与诸多细分方向的初创公司密切协作。例如,苹果、脸谱、谷歌、微软等国外企业在该领域技术积累时间长,投资兼并活动尤为密集,且开展了大量的专利布局。相比之下,我国在该领域缺乏具备规模体量的"牵头人",表现为研发资源投入力度与对诸多特色技术产业化敏感程度不足。由于该领域技术门类众多且尚未定型成熟,我国在特定重点领域存在一定产业基础(眼球追踪、机器视觉、语音识别等),若规划投入得当,预计该领域产业发展成效将较为显著。

5. 虚拟现实内容制作领域

从用户与内容间的交互程度看,虚拟现实业务可分为弱交互与强交互两类。前者通常以被动观看的全景视频点播、直播为主,后者常见于游戏、互动教育等形式,内容须根据用户输入的交互信息进行实时渲染,自由度、实时性与交互感更强。在弱交互内容制作领域,insta360等本土 VR 全景相机品牌的国际影响力日益上升,但相比基本成熟的三自由度 VR 全景视频,国内企业在交互性与技术难度更高的六自由度 VR 视频摄制技术上储备不足。在强交互内容制作领域,VR 社交成为游戏以外的战略高地,虚拟化身技术正在拉开虚拟现实社交的大幕。受限于感知交互领域的现有积累,我国厂商在虚拟化身制作上以跟随套用国外代表性企业的技术方案为主。此外,在网页类虚拟现实内容制作规范、内容与终端互联互通标准、虚拟现实操作系统与开发引擎等内容制作支撑性技术方面,我国企业在采用由美国企业牵头的标准规范与开发工具以外(如 OpenXR、WebXR、Unity 等),开始探索构建"中国版"的开发环境。

6. 网络传输领域

我国在面向适配虚拟现实业务的网络传输领域总体处于领先水平。当前,5G 与 F5G 构筑虚拟现实双千兆网络基础设施支撑,IP 架构简化、全光网络、端网协同等成为虚拟现实承载网络技术的发展趋势,精细化运维技术成为云化虚拟现实业务质量的重要保障。我国在 5G、新型 WiFi、网络简化、拥塞控制、自动运维等方面处于领先位置,国外高通、脸谱等在虚拟现实投影编码等方面具备一定优势。

10.4 行业应用及典型案例

虚拟现实产品供给愈加多元与完善,技术的蓬勃创新与商业模式的验证融合演进。风险投资较之于元年热潮期已回归理性,虚拟现实产业逐渐走向精细化与纵深化高质量发展阶段。随着终端器件及内容开发成本的逐渐降低,虚拟现实应用体验与解决方案的投资回报率(ROI)在更多大众及行业应用的细分场景被证实,当前"虚拟现实+万众应用"已从概念验证向规模商用迈进。在新冠肺炎疫情席卷全球的背景下,"非接触式"新商业模式及复工复产客观需求进一步推动社会对虚拟现实技术的接受程度与应用进程,5G、云计算等新一代信息基础设施也为虚拟现实提供重新定义沉浸式工作空间、生活空间与娱乐空间的支撑底座。

1. 商贸会展领域

针对线下会展参与可行性与便利性、固有组织成本、传统线上活动感官认知与互动体验受限等现状问题,虚拟现实有助于实现会展组织由以活动议程为中心向以与会体验为中心的方向转变,将成为未来会展发展的新动能与新常态。2020 年新冠肺炎疫情对千行百业带来巨大冲击，生产停滞致使供应链断裂，供需双方亟待重新接续。在这一背景下，国家大力倡导"云上会展"，以"云展示、云对接、云洽谈、云签约"实现远程多方协作，唤醒企业运营活力。2020 年 11 月，国务院发布《关于推进对外贸易创新发展的实施意见》，指出利用 5G、VR/AR 等现代信息技术开拓市场，推进展会模式创新，探索线上线下同步互动、有机融合的办展新模式。例如，华为公司 2020 年推出商臻云展厅解决方案，采用云渲染+3D 模型+VR全景技术模拟线下场景，观众可在虚拟场景中以自由视角逛展。同时，通过 3D 环拍、3D 模型等三维商品展示方式，可进一步改善传统线上 2D 图片观众体验受限的痛点问题。

2. 工业生产领域

针对产品复杂度的不断提升、技能娴熟工人的紧缺、设计开发与规划生产的协同、营销与销售绩效的压力等问题，虚拟现实作为新一代人机交互工具，可为开发设计、生产制造、营销销售、运营维护等人员连接起数字世界和现实世界，提升企业数字化转型过程中从多元渠道获取数据的能力与水平。当前，诸多工业企业积极开展数字化转型的顶层设计与系统实践，但在制造、营销等特定领域，员工往往与企业内其他职能所依赖的丰富信息生态系统脱节，如工厂车间的多数员工依靠传统工具和方法来收集信息和分享知识。通过虚拟现实这一创新方式有效连接这些员工，组织可以优化人员绩效、降低生产成本、提升产品质量，同时提高效率并促进内部专业知识普及。例如，在华菱湘钢精品中小棒特钢生产项目中，受新冠肺炎疫情影响，国外产线设备厂商技术人员难以前往现场调测。基于亮风台 AR 协同解决方案，位于德国的远程专家可在实时现场环境和本地工程师第一视角的视频画面上进行 AR 可视化空间标注，有效配合了湘钢产线装配运维工作。

3. 医疗健康领域

针对医生短缺、医疗资源分布不均、诊疗方式单一等现状问题，虚拟现实的高沉浸性、高可重复性、高定制化性、远程可控性等特点，有助于丰富教学和诊疗手段、降低治疗风险、提高设备利用率、促进高素质人才和医疗资源下沉，为医患双方创造便利条件，推动医疗准确性、安全性与高效性的持续进阶。现阶段虚拟现实+医疗尚无法完全取代真实诊疗过程，但现已作为传统医学手段的有效补充，具备规模化推广的条件，有望成为医疗行业的重要辅助技术手段之一。例如，Level Ex 通过对人体组织动力学、内窥镜设备光学和运动流体的现实模拟，针对外科手术医生提供了一种避免对人产生伤害的手术训练方式。

4. 教育培训领域

针对传统教学过程中部分课程内容难以记忆、难以实践、难以理解等现状问题，虚拟现实有助于提升教学质量与行业培训效果。在面向大众的教育教学方面，Edgar Dale 的"学习尖塔"理论认为，学生对于学习情境的参与度越高，记忆就越牢固，借助体验习得的知识经验效率远高于传统教学培训方式（文字符号、录音广播、静态图片等）。依托虚拟现实技术，学生通过与各种虚拟物品、复杂现象与抽象概念进行互动，得以身临其境地体验现实世界中难以实现的"实操"机会，进而激发学习热情，增强注意力，提升知识保留度，降低潜在安全风险。此外，虚拟现实有助于辅助教师高效授课，释放新一代信息技术带来的创新潜力。在教育部等多部委联合印发的《教师教育振兴行动计划（2018—2022 年）》中指出，要充分利用虚拟现实等新技术，推进教师教育信息化教学服务平台建设和应用，推动以自主、合作、探究为主要特征的教学方式变革。在面向企业的技能培训方面，根据各类企业培训目标定位的差异，通常可分为面向任务过程的培训、多人协同设备设施培训与基于 AI 的软技能培训等。与 K12 等具备标准课程设置的教育市场不同，企业市场中 VR 培训在各垂直行业呈现高度定制化、情景长尾化的特点，且对 VR 创新应用项目的投资回报要求更为明确。例如，在面向石油化工行业的职业教育领域，易智时代依托云 VR 平台为石化企业员工提供了设备操作演练、工艺流程模拟、安全事故还原、结构原理讲解、智能巡检、技能考核等多场景的垂直行业 VR 培训解决方案，旨在增强培训效果、提高培训效率。

5. 文娱休闲领域

针对传统文娱体验互动性有限、社交性不足、体验形式单一等现状问题，虚拟现实支持融合型、分享型和沉浸型数字内容与服务，有助于围绕信息技术融合创新应用，打造信息消费升级版，培育中高端消费领域新增长点。虚拟现实在文娱休闲中主要用于商超、旅游、社交、游戏、剧集与活动直播等应用场景。作为高频次、大流量、趋势性的消费场景，智慧商业综合体汇集人流、物流、资金流和信息流，是推广信息化应用和培育新型信息消费模式的新载体和理想试验田。以数字化赋能实体商业，以流量平台激活实体商圈，以虚拟现实场景引领消费新时尚，推进商业综合体和万家实体商户上云用数赋智，是推动消费业态推陈出新，深化商旅文体协同，提升综合体、消费者和商户的获得感，满足人民群众对美好生活需要的关键举措。2020 年，中国电信推出了 5G MEC 商业综合体云 XR 数字孪生平台，面向商家提供了基于 MEC 的商场信息化应用、数字孪生系统、客流轨迹精细化分析等应用，面向消费者提供了虚拟导购、虚拟景观、红包探宝、点评导航、娱乐空间、虚拟化身直播等功能，旨在加速推动虚拟现实等新型智能交互技术与线下消费场景的深度融合。在智慧旅游方面，AR 实景导览与 VR 行前预览，丰富了景点的游览方式，营造了沉浸式的互动体验。例如，通过将莫高窟景区文物与风景融合呈现，华为河图实现了自动识物的自助讲解、文物复原、场景再现等功能，帮助游客对景观概要"知其然，亦知其所以然"。在线上社交方面，虚拟现实通过手势识别、虚拟化身、表情识别等更加个性化、更具表现力、日益丰富沉浸的互动形式，突破了传统线上社交的体验瓶颈，开启了网络社交 2.0。2020 年，脸谱启动 VR 社交平台 Horizon 试运营，用户可利用 Grant 等创作工具自行构建可与他人共享的虚拟世界互动体验。在 3D 游戏方面，成熟的受众群体及玩家对于新技术的积极态度使得虚拟现实游戏成为文娱休闲领域的市场重点。Valve 推出的首款 VR 游戏《半条命：艾利克斯》成为 2020 年 VR 游戏爆款，该游戏在物品场景互动性、画面细节拟真度等方面进步显著，为 STEAM VR 平台新增百万名用户。在剧集视频及活动直播方面，VR 巨幕影院、360 3D 视频等媒体形式突破屏幕尺寸和空间位置的限制，为用户提供影视作品、综艺节目、体育赛事、风景名胜等内容题材，并引入社交互动元素，给用户带来新的观赏体验。

10.5　发展挑战

1. 虚拟现实技术演进轨道与产业生态尚未定型，产业供需面临双重挑战

一方面，对于 VR/AR 企业，显著生存压力与其超长的产业链条致使创新投入力不从心。

另一方面，现实效果与用户预期存在较为显著的落差，如何助力打破虚拟现实"展厅级、孤岛式、小众性、雷同化"的发展瓶颈，实现"产业级、网联式、规模性、差异化"的发展目标成为当前各地虚拟现实产业统筹布局的共性挑战。

2. 多数企业缺乏对虚拟现实底层基础与关键共性技术的研发投入，对前瞻重点技术产业化进程敏感性不强

当前，部分企业将产品开发视同技术创新，将产品特性视同技术趋势，片面追求单一性能参数，对于云、网、边、端、用、人等多领域间的融合创新与技术断点投入不够。然而，对于虚拟现实诸多阶梯化、多层次与分场景的用户需求，部分技术指标存在潜在冲突，特定单一指标的局部最优难以支撑虚拟现实用户体验所需的全局最优。此外，多数企业产品研发模式以对脸谱、微软等国外标杆企业的技术跟随为主，缺少对重点发展路径的投入储备与技术产业化进程的前瞻预判，致使企业发展容易受到短期市场环境波动的冲击。相比两三年前国内外虚拟现实领域的技术差距，目前感知交互、内容制作等部分重点领域的技术差距存在扩大趋势。

3. 虚拟现实产业链条发展短板尚待补齐，生态协同雁阵尚待成型

根据中国信息通信研究院对虚拟现实体验痛点优先级的调研，终端与内容成为推动产业发展的关键因素。在内容方面，现阶段业内缺少常态化的内容制作基地，从业者对虚拟现实内容设计编排与开发制作的经验尚在摸索积累，内容制作成本较高，鲜见令人耳目一新的内容体验，如何尽快缩短高质量内容匮乏这一"有车没油"的发展阶段成为当前要务。在终端方面，价格门槛、体积形态、视觉质量、端云协同等问题成为影响虚拟现实终端发展的重要因素，且绝大多数高性能 VR/AR 头戴式显示设备处理器芯片主要由高通等国外企业主导。此外，虚拟现实较长的产业链条与交织融合的创新体系驱动企业由单纯的上下游供应关系向生态协同升级，脸谱、微软等标杆企业对虚拟现实领域持续大规模投入，探索界定未来发展路径，众多中小企业基于共同的发展蓝图架构，针对特定领域进行研发创新与产品化工作，部分实现了发展方向、资源能力的生态协同。相比之下，我国虚拟现实生态圈存在各自为战、小而散的现状问题，协同化的产业雁阵尚待成型，集约化的平台能力尚待提高。

4. 虚拟现实产用结合程度不足，缺乏应用牵引，部分地方产业发展尚须精准施策

目前，虚拟现实应用示范停留在"看上去很美"的状况，即缺少规模化、可落地、有产出的商业实践，应用推广以"展厅观摩式"为主，示范辐射能力不强，使用感受有限。针对文化娱乐、工业生产、教育培训、医疗健康、商贸创意等应用领域，业内多数虚拟现实解决方案厂商对既有业务流程与现实场景的理解积累有限，仅从 ICT 专业视角出发，难以有效筛选识别多元化、差异化的细分场景需求。此外，部分地方产业发展未有效结合实际情况量体裁衣，片面追求本地产业链条齐全完善，致使投入产出比失调，影响后续措施连贯性。

（胡可臻、陈曦）

第 11 章　2020 年中国区块链发展状况

区块链是一种分布式的网络数据管理技术，利用密码学和分布式共识协议保证网络传输与访问安全，具有数据多方维护、交叉验证、全网一致、不易篡改等特性。区块链凭借其独有的信任建立机制，可以在不可信的竞争环境中低成本地建立信任，正在改变诸多行业的应用场景和运行规则，是未来发展数字经济、构建新型信任体系不可或缺的技术之一。

11.1　发展环境

1. 各地全面启动区块链产业部署，技术重要性被普遍认知

2019 年 10 月 24 日，习近平总书记在中央政治局第十八次集体学习时发表重要讲话，指出将区块链技术作为我国核心技术创新突破口。2020 年，中央及地方全面启动区块链产业部署。据中国信息通信研究院统计，2020 年，国家部委、各省（自治区、直辖市）政府及省会城市发布与区块链技术有关的政策、法规、方案文件共 217 份[1]，显示出我国各省（自治区、直辖市）积极发展区块链产业，促进自有技术创新，鼓励区块链技术应用落地。自中央政治局第十八次集体学习重要讲话之后，地方政府密切关注区块链技术，积极打造区块链先行应用试点地区。北京、河北、江苏、湖南、广东、广西、海南先后发布了针对区块链产业发展的专项政策，设定了各地区块链产业发展目标，统筹规划当地产业生态合理健康发展。从内容来看，各省（自治区、直辖市）发布的政策多数是鼓励区块链技术应用落地的，主要集中在创新发展、金融、政务及公共服务等领域，此外也涉及农业、贸易商贸、公共卫生、交通运输、知识产权等方面。2020 年我国区块链政策地域分布如图 11.1 所示。

2. 技术创新突破态势显现，产业基础逐步夯实

专利方面，全球总体区块链专利申请量仍然呈快速增长趋势，中国自 2018 年开始保持在较高的增长水平。2013—2020 年，全球区块链发明专利申请量达到 3.5 万件，授权量达到 2981 件。申请量方面，中国以 2.1 万件高于其他国家；授权量方面，美国以 1230 件处于领先水平。此外，韩国、欧洲等国家和地区区块链专利申请量也位居前列。全球区块链专利申请机构 TOP20 中，阿里巴巴、腾讯、IBM、微众银行、Nchain 等排名靠前。

---

[1] 资料来源：中国信息通信研究院根据公开资料收集整理。

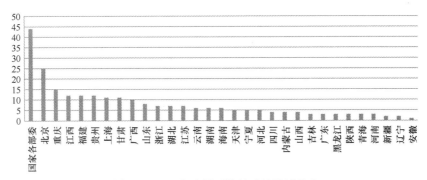

图11.1 2020年我国区块链政策地域分布

资料来源：根据公开资料整理。

科研方面，全球区块链学术研究日趋活跃，核心热点逐渐凸显。数据统计显示，截至 2019 年年底，国际知名学术数据库 Web of Science 收录的有关区块链的核心论文数量达到 1814 篇。从国家层面看，当前区块链领域研究热度 Top10 的国家分别是中国、美国、英国、印度、德国、韩国、澳大利亚、意大利、加拿大和法国，新加坡虽然论文总数不多，但在高水平论文和国际合作论文方面有不俗表现。

11.2 发展现状

我国区块链企业数量增速总体呈现先增后降的趋势。2018 年，我国新增区块链企业数量迎来高峰。自 2019 年起，受到风险资本热情减弱、投资自然回落等因素影响，叠加 2020 年新冠肺炎疫情影响，新增区块链企业数量大幅下降（见图 11.2）。截至 2020 年 11 月，我国区块链企业数量达到 800 余家。此外，传统企业也是参与区块链业务的重要力量。截至 2020 年年底，已有超过 80 家上市公司涉足区块链领域，积极部署供应链金融、资产管理、跨境支付、跨境贸易等领域的应用。随着我国区块链产业链逐渐完善，多数区块链企业不止聚焦于某一方面，而是呈现多领域协同发展态势。

图11.2 2010—2020年中国区块链企业数量变化

资料来源：中国信息通信研究院。

随着区块链技术的不断发展，区块链产业基础逐渐夯实，产业链分布日益广泛。进入2020年，各类产业主体均积极发力布局。在众多因素的积极推动下，产业整体呈现良好的发展态势。特别是政府高层为我国区块链发展指明方向，重点服务于实体经济的产业区块链发展思路已成为行业共识，区块链产业在我国得到迅速发展，集技术研发、平台支撑、服务配套、行业应用于一体的产业链逐步成型，形成了较为完善的产业结构。

从产业结构来看，区块链产业主要分为底层技术、平台服务、产业应用、周边服务4个部分。其中前3个部分呈现出较为明显的上下游关系，分别由底层技术部分提供区块链必要的技术产品和组件；平台服务部分基于底层技术搭建可运行相应行业应用的区块链平台；产业应用部分主要根据各行业实际场景，利用区块链技术开发行业应用，实现行业内业务协同模式革新。周边服务部分则为行业提供支撑服务，其中包括行业组织、市场研究、标准制定、系统测评认证、行业媒体等，为产业生态发展提供动力（见图11.3）。

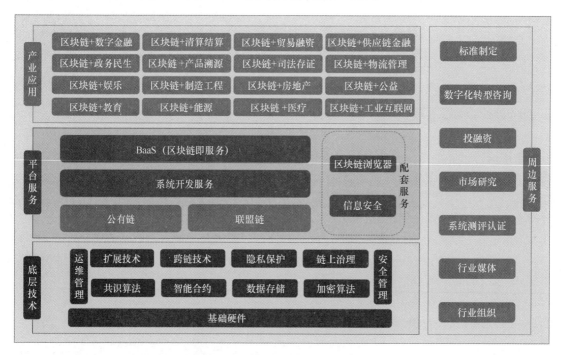

图11.3　我国区块链产业结构

11.3　关键技术

近年来，区块链系统架构逐步趋于稳定，已形成五大关键技术体系，包括密码算法、对等网络、共识机制、智能合约、数据存储。

1. 密码算法

2020年1月1日起实施的《中华人民共和国密码法》，加速了国内联盟链对国密算法的支持进度，国密支持占比逐步提升，逐渐成为联盟链的标准配置。2020年可信区块链评测结果显示，受测厂商目前国密支持占比已达 82%，其中，SM2、SM3、SM4 支持占比分别为 79%、75%、68%。对比此前数据，我国区块链密码算法方面国产化程度不断提升。

2.　对等网络

兼顾通信效率与去中心程度的混合型网络成为主流。对等网络按网络结构可分为无结构网络、结构化网络、混合型网络。无结构网络鲁棒性好，去中心化程度高，但通信冗余严重，容易形成网络风暴，如经典 Gossip 网络；结构化网络牺牲了去中心化程度，按照一定策略维护网络拓扑结构，提升了通信效率，如类 DHT（（Distributed Hash Table，分布式哈希表）网络；混合型网络作为一种折中方案，兼顾了通信效率与去中心化程度。随着区块链网络规模的扩大，出于对高效通信策略及网络治理的需要，混合型网络逐渐成为行业主流方案。

3.　共识机制

相对于公链希望"全民公投"的共识，联盟链注重共识效率和共识确定性，如类 BFT 共识、Raft 共识等。此外，为适应不同的应用场景，参与测试的联盟链产品中有 60%以上的产品已提供可插拔多种共识机制的支持，多共识支持逐渐成为主流。

4.　智能合约

合约类型头部效应凸显，Go 和 Java 支持率名列前茅。依托 Hyperledger Fabric 和以太坊的强大生态，Chaincode 合约和 EVM 合约备受欢迎，成为多数联盟链都支持的合约类型。此外，WASM 合约凭借移植性好、加载快、效率高、社区生态好的特点，成为区块链合约体系的新宠。在合约语言类型方面，超过 75%的链系统支持多种合约语言，Go 和 Java 依然是当前支持率最高的两种语言。

5.　数据存储

区块链作为一种 IO 敏感的分布式数据库，底层存储通常首选效率较高的 NoSQL 数据库，如 LevelDB、CouchDB、RocksDB 等。同时，鉴于应用层多使用关系型数据库的现实，32%的链系统还提供了对 MySQL、SQL Server 的支持，即提供灵活可插拔的多种数据库的支持。此外，得益于国内数据库的快速发展，11%的链系统增加了对国内数据库的支持。为了满足不同的应用场景需求，68%的链系统提供了多种数据库的支持。

11.4　行业应用及典型案例

经过多年的应用探索，区块链的核心作用主要体现在存证、自动化协作和价值转移 3 个方面，随着其价值潜力不断被挖掘，应用落地场景已从金融这个突破口，逐步向实体经济和政务民生等多领域拓展。区块链针对实体经济的核心价值正是促进产业上下游高效协作，提升产融结合效能。发展前期，区块链应用模式主要以文件、合同等的存证为主。现阶段，区块链产业应用正逐步向政务数据共享、供应链协同、跨境贸易等自动化协作和价值互联迈进。区块链应用场景及典型建设模式梳理如表 11.1 所示。

表 11.1　区块链应用场景及典型建设模式梳理

领域	细分行业	区块链核心作用	应用场景	应用效果
金融	数字资产	存证+价值转移	权属登记	身份认证、提高信用透明度
	保险	存证+自动化协作	保险理赔	简化损失评估、减少索赔时限
	证券	存证+价值转移	股票分割、派息、负债管理	简化转移流程
	供应链金融	存证+自动化协作+价值转移	智能化流程	实时监督、保障回款
实体经济	供应链协同	存证+自动化协作	汽车制造、电子产品	条款自动验证、提高协同效率
	溯源	存证	农产品溯源、食品溯源、药品溯源	提高产品全流程透明度、产品标识管理的安全性
	能源	存证+自动化协作	分布式能源、能源互联网	提高交易效率、能源交易记录精准管理
	互联网内容服务	存证	版权、电子商务、游戏、广告、资讯	降低版权维权成本
	跨境贸易	存证+价值转移	跨境支付、清结算	提高交易效率，增强过程透明度
政务民生	发票/票据	存证	税务、电子票据	降低管理成本，提高开票报销效率
	电子证照	存证	电子合同、电子证据、身份认证	提高管理效率
	政务	存证+自动化协作	政务数据共享、投票、捐款	提高数据共享的时效性、可用性和一致性
	公共服务	存证+自动化协作	精准扶贫、征信、公共慈善	简化业务流程

资料来源：中国信息通信研究院。

据统计，在国家互联网信息办公室公布的 801 个区块链信息服务备案清单中，金融是区块链技术应用场景中探索最多的领域，在供应链金融、贸易融资、支付清算、资金管理等细分领域都有具体的项目落地。截至 2020 年 11 月，国内已备案的区块链信息服务中，金融领域项目数量排名第一，占比高达 36%。此外，项目分布较多的应用领域分别为供应链金融、互联网、溯源等。在众多参与者中，不乏各类互联网企业和传统 ICT 企业，包括华为、阿里巴巴、百度、腾讯、京东、金山云等企业都在积极部署区块链技术在互联网、溯源、供应链&物流、数字资产、政务及公共服务、知识产权、法律、医疗等多领域的应用。

11.5　发展挑战

现阶段，区块链技术仍旧处于开发成长阶段，要想真正发挥其自身潜力价值，需直面技术自主创新、应用路径、联盟治理等方面存在的问题。

1. 技术自主创新有待突破

作为多种技术的集成系统，区块链自身在可扩展性、性能、安全性等方面仍存在技术屏障。区块链跨链互通不仅涉及数据的可信交互，还需实现身份互认、共识转换和治理协同，当前不同系统的实现方案不同，加剧了跨链互通的难度，导致"链级孤岛"问题日益突出，影响区块链网络的互操作性。此外，区块链解决方案在应用过程中既要实现数据共享，又要注意隐私保护，处理不当则可能造成数据泄露，或违反相关法律法规。虽然我国在区块链领域的专利申请量排名靠前，但开源社区话语权弱，在核心技术研发和基础算法方面投入不足。

2. 应用模式与路径需探索

区块链技术应用仍处在起步探索阶段，在实际落地推广中难度尚存。一是技术不成熟制约商业应用落地。性能、安全、可扩展性等问题阻碍大规模应用。二是龙头企业带动效应尚未凸显。目前产业龙头企业对区块链的应用大多处于内部的场景探索和试用阶段，要进入规模化的推广阶段尚有时日。三是中小企业应用动力不足。部署区块链系统需要对原有业务系统进行改造，初期投入成本较高，部分项目短期内产生经济效益不明显。四是分布式、合作共赢的商业模式与现有体制机制存在冲突。企业对上链数据共享的机制、治理和程度存疑，缺乏成员间有效推动产业链上下游实现数据共享、资源互通的动力。

3. 联盟长期治理需求凸显

相对于公有链利用激励机制吸引人气的简单直接，联盟链则依靠联盟共同利益来撮合各方参与者。联盟链在促进数据充分共享、可信共享的同时，也弱化了链主体和链上数据的权责归属，权责不明也严重阻碍了联盟的有效治理。联盟链长期发展必须依靠联盟治理，但是不同联盟的驱动力存在明显差异。如果存在强势主导方，其运行实质还是利用分布式架构实现中心化事务；如果不存在强势主导方，各参与者如何有效协调联盟内利益，保持联盟向心力仍是需要长期关注解决的问题。

（庞伟伟、康宸、张奕卉）

第12章　2020年中国互联网泛终端发展状况

12.1　智能手机

1. 发展现状

工业和信息化部数据显示，截至2020年年底，我国已建设超过70万个5G基站，5G终端连接数已超过1.8亿个。据中国信息通信研究院公布的数据，因受到新冠肺炎疫情的影响，2020年国内手机市场总体出货量累计达3.08亿部，同比下降20.8%。

在5G手机出货量方面，2020年国内市场5G手机累计出货量达1.63亿部、上市新机型累计达218款，占比分别为52.9%和47.2%。

关于国内手机市场的国内外品牌构成，根据IDC中国2021年最新发布的数据，2020年中国智能手机市场出货量约为3.26亿台，同比下降11.2%。在中国市场，排名前5位的智能手机厂商依次是华为、vivo、OPPO、小米、苹果。其中，只有苹果手机出货量同比增长，另外4家企业的出货量均有不同幅度的下降。排名前5位的手机企业的出货量分别为：华为全年出货量为1.249亿台，市场份额为38.3%，同比下降11.2%；vivo全年出货量为5750万台，市场份额为17.7%，同比下降13.5%；OPPO全年出货量为5670万台，市场份额为17.4%，同比下降9.8%；小米全年出货量为3900万台，市场份额为12%，同比下降2.5%；苹果全年出货量为3610万台，市场份额为11.1%，同比上涨10.1%（见表12.1）。

表12.1　2020年中国手机市场排名前5位的智能手机厂商出货量

厂商	2020年全年出货量 （百万台）	2020年全年市场份额	2019年全年出货量 （百万台）	2019年全年市场份额	同比增幅
华为	124.9	38.3%	140.6	38.4%	−11.2%
vivo	57.5	17.7%	66.5	18.1%	−13.5%
OPPO	56.7	17.4%	62.8	17.1%	−9.8%
小米	39.0	12.0%	40.0	10.9%	−2.5%
苹果	36.1	11.1%	32.8	8.9%	10.1%
其他	11.5	3.5%	23.8	6.5%	−51.8%
合计	325.7	100.0%	366.6	100.0%	−11.2%
资料来源：IDC中国季度手机市场跟踪报告，2020年第四季度。					
注：数据为初版，存在变化可能 　　数据均为四舍五入后取值					

资料来源：IDC中国。

2. 关键技术

1）芯片

2020 年上半年因为疫情的因素，手机芯片需求预期低、手机企业的备货情况一般，但随着下半年手机市场需求回暖，供应链出现了紊乱，手机芯片市场出现短缺的情况。2020 年 9 月 15 日前，华为囤积的芯片占据了芯片制造商大部分的产能。为抢占华为空出的高端手机市场份额，小米、OPPO、vivo 等手机厂商大规模追加订单的行为，也加剧了芯片供需不平衡。另外，5G 手机对芯片数量有更多要求，在一定程度上也影响了芯片的供应。

芯片方面，4G 芯片向 5G 芯片切换将持续升温提速，截至 2020 年 6 月，5G 商用一周年，在众多芯片龙头企业的共同推动下，更多高性能的 5G SoC 芯片被推向了市场，华为的麒麟 990 系列旗舰 5G SoC 芯片、联发科的中端 SoC 的推出，在逐渐满足不同目标市场需求的同时，也在加速 5G 手机的普及。新型 5G 智能手机的面世，进一步促成芯片、模组、基站、终端等产业各环节的持续推进。而整个产业的加速发展，也使 5G 智能手机保持着火热的发展态势。

2）手机屏幕

目前，智能手机屏幕主要包括 LCD 和 OLED 两种类型。与 LCD 相比，OLED 具有轻薄、省电等优势。随着 OLED 技术成熟，良品率提升，成本降低，OLED 取代 LCD 已是大势所趋。在 OLED 市场，三星处于行业垄断地位，占全球智能手机 OLED 面板出货量的 90%左右，LG 紧随其后。此前三星、LG 均宣布停止对华为高端旗舰手机提供面板。近年来，国内企业，如京东方、华星光电、维信诺、深天马等厂商也在加大投资，以提高研发技术和产能储备并实现了量产化。

随着柔性 OLED 屏幕技术的发展，OLED 屏幕实现了从刚性显示到可折叠、可卷曲、可拉伸，很大程度上影响了智能手机的终端形态变化和交互方式的改变。三星、华为、小米、OPPO 等都推出基于 OLED 柔性屏幕技术的手机。预计未来柔性 OLED 屏幕将应用到更多 IoT 产品终端及车载终端领域。

随着市场对柔性屏幕手机的需求的增长，对柔性 OLED 屏幕的需求也同步增长。

3）操作系统

作为智能终端的核心，移动操作系统是跨国企业垄断最严重的领域。苹果的 iOS 系统和 Google 的 Android 系统成为移动操作系统领域的双霸，长期占据主导地位。无论是小米、华为，还是 OPPO、vivo 等国内一线手机品牌，均采用 Google 的 Android 系统，掌握 Android 授权的 Google 也就掌握了所有安卓手机厂商的命脉。2020 年，移动操作系统产品面临国际贸易的封锁，更加剧了国内手机企业在操作系统方面的危机感，自主化势在必行。由于 Google 对于华为海外版手机区别对待，让华为痛下决心自主研发鸿蒙系统。自 2019 年起，华为开始加大投入构建鸿蒙 OS 开发者生态。

从 2019 年 8 月华为正式发布 HarmonyOS 至今，HarmonyOS 便完成了由 1.0 版本向 2.0 版本的进阶。2020 年 9 月 10 日，HarmonyOS 2.0 发布并开源，至今已累计有超过 200 万人次访问开源代码，OpenHarmony 项目成为国内最受欢迎的开源项目之一；目前，已有 120 多家应用厂商、20 多家硬件厂商深度参与 HarmonyOS 生态建设。2021 年 4 月，华为推出了一机两网和多个可扩展鸿蒙智联生态全屋智能解决方案，该方案是实现全屋智能高稳定性、快速连接的重要抓手，通过 HarmonyOS，可以为家中的多种 IoT 设备提供一致的用户体验和丰富的使用功能。

3. 发展挑战

1）电池续航

手机已经成为生活、工作时刻不可或缺的入口。让手机在正常使用的情况下，尽量增加待机时长，成为保障用户使用的重要前提条件。综合现有电池/充电技术的成熟度，结合大屏手机耗电量、电池发热情况、机身重量及厚度等众多因素，在新一代电池技术尚未成熟前，3C 市场主要应用还是以锂聚合物的蓄电池为主，短时间内续航能力难以实现大幅提升。

以现有进网新型 5G 智能手机终端为例，电池电量基本集中在 3900～4900mAh，基本以高密度电池为主。但如果需要同时支持庞大的 AI 运算、超高清的分辨率、超快的屏幕刷新率等新型应用或运行高刷新率的手机游戏，必将严重影响智能手机的续航时间。

2）信息安全

以面部识别、指纹识别、语音识别为代表的与 AI 结合的身份识别方式已广泛运用在移动支付、网上银行、远程开门等多场景。语音助手类产品有：苹果 Siri、Amazon Alexa、微软 Cortana、小爱同学、天猫精灵、百度小度等不同品牌的人工智能助手。智能手机助手已经渗透并影响着每个人的生活，但如何有效预防和控制如窃听、窃录、个人信息泄露、位置信息泄露等安全问题在终端使用过程中的发生，也成为终端监管过程中关注的焦点之一。

5G 技术在将"万物互联"变为现实的同时，将信息安全问题也提升到新的高度。在家居、办公、外出等应用场景下产生的海量数据，在为当代人生活提供数据服务的同时，也暴露了大量用户隐私信息。手机在该过程中，作为产生数据的终端与用户间发送指令、传输信息、展示结果的载体，不可避免地成为恶意软件攻击、违规获取数据及相关权限的主要对象。

12.2 可穿戴设备

1. 发展现状

可穿戴设备即直接穿戴在身上，或与服装、鞋等整合在一起的便携式电子设备。该设备因为与 AIoT、蓝牙、NFC 等 ICT 技术融合，可以实现多种功能并提供多种交互方式，为人们的生活、工作带来很大便利。当前，可穿戴设备的产品形态主要包括智能手表/手环、智能眼镜等，还有戒指和专业头盔等。可穿戴设备通过与网络连接，以及与各类应用软件相结合，使用户能感知和监测自身的生理状况与周边环境状况，迅速查阅、回复和分享信息，功能覆盖健康管理、运动监测、社交、移动支付、音乐和定位导航等诸多领域。

2020 年，尽管受到新冠肺炎疫情、政策和供应链等多方面的影响，但中国可穿戴设备市场整体发展仍呈现蓬勃生机。IDC 发布的《中国可穿戴设备市场季度跟踪报告，2020 年第四季度》显示，2020 年中国可穿戴设备市场出货量接近 1.1 亿台，同比增长 7.5%。2020 年因为受到疫情的影响，人们对身体健康提升的需求日益增长，尤其是在运动追踪、健身等方面的增长明显，推动了可穿戴设备市场表现强劲，在终端类型上以智能手表、手环、蓝牙耳机、骨传导设备为主。

在品牌分布方面，IDC 发布的《中国可穿戴设备市场季度跟踪报告，2020 年第四季度》显示，出货量排名前 5 位的企业是：华为（676.1 万台）、小米（590.4 万台）、苹果（580.3 万台）、OPPO（138.8 万台）和步步高（121.8 万台），5 家企业的出货量占据国内可穿戴设备市场近 70% 的份额（见表 12.2）。

表 12.2　2020 年第四季度中国前五大可穿戴设备企业出货量

公司	2020 年第四季度出货量（千台）	2020 年第四季度市场份额	2019 年第四季度出货量（千台）	2019 年第四季度市场份额	出货量同比增长率
华为	6761	22.3%	6182	22.0%	9.4%
小米	5904	19.5%	6648	23.7%	−11.2%
苹果	5803	19.2%	4923	17.5%	17.9%
OPPO	1388	4.6%	245	0.9%	467.6%
步步高	1218	4.0%	1268	4.5%	−4.0%
其他	9187	30.4%	8834	31.4%	4.0%
合计	30261	100%	28099	100%	7.7%

资料来源：IDC《中国可穿戴设备市场季度跟踪报告，2020 年第四季度》。

资料来源：IDC 中国。

2．关键技术

1）可穿戴设备与人工智能技术融合

当前，语音交互相关技术已经与可穿戴设备广泛融合，通过语音唤醒、语音识别来遥控或实现各种功能，方便用户在运动中快速调用各种应用。另外，随着语音识别技术的广泛应用，用户登录某一品牌的账号后，可以通过智能可穿戴设备与智能家居设备，如智能音箱等实现双向互通和交互，甚至可以实现和智能电视之间的交互等。

2）柔性电子技术推动可穿戴产业升级

随着柔性电子技术的快速发展，以柔性 OLED、柔性电池、柔性电路为代表的柔性电子技术快速发展，为可穿戴产业带来用户体验方面的重大提升。尤其是 OLED 屏幕，因为其轻巧、轻薄的外形因素被认为特别适合可穿戴设备或人体可应用。在接触类设备方面，OLED 可被低温加工在各种柔性衬底上，如塑料等，可实现产品重量轻、可拉伸、灵活等特点。

3）eSIM 等技术将推动可穿戴设备的普及

摆脱智能终端设备独立联网是智能可穿戴设备快速发展的一个重要因素，如 eSIM、LTE 等的普及、电信运营商流量数据价格的降低等，都将促进人们接受和使用智能可穿戴设备。

与传统 SIM 卡不同的是，eSIM 卡直接嵌入设备芯片，而不是作为独立的可移除零部件加入设备中。eSIM 卡的优点有：对于终端用户而言，eSIM 卡可将存有用户身份信息的芯片直接嵌入设备主板，无须用户进行物理插拔，实现了电子化和无卡化；对于设备商而言，在进行设备主板设计时，无须再专门预留卡槽，提升了设计的自由度；由于 eSIM 卡内嵌在主板上，改善了抗震和防水性能，适用于复杂环境中的小型电子设备；eSIM 卡并未与特定运营商绑定，用户可在不同运营商间切换。

eSIM 将带领人们进入无卡移动通信的时代，极大地降低智能可穿戴设备独立联网的使用门槛，赋予可穿戴设备更广泛的应用空间。

3．行业应用

1）智能手环助力城市环卫工作

随着我国城市化进程的加速，城市生活垃圾产量一直呈上升趋势，目前我国环卫行业面临诸多困难，如人员多而分散，日常管理难；基础设施遍布各街道，实时管理难，调度不及时；作业面广点多，监督考核难。针对以上需求，可穿戴设备企业设计了具备实时采集 GPS 信息、远程沟通交流、任务下发、一键呼救、健康管家等功能的智能手环产品，便于实时了解环卫人员的在岗数量和具体位置、获取作业轨迹，根据人员位置信息及进出工作区域的时间，自动统计出环卫人员的考勤数据，并对偏离预定线路脱岗、长时间停滞等情况向网络管理人员发送警报，精准研判相关数据，还能实现应急指挥调度，哪些区域出现突发情况，哪些任务需要临时加派人员，可就近选择人员第一时间到达。此外，因为环卫人员年龄普遍偏大、作业环境恶劣等特点，手环还具备了 SOS、心率检测、一键呼救等实用功能，环卫人员在作业过程中若身体不适，可通过一键呼救功能，拨打班组长电话。手环实时监测佩戴者的生理指标，在心率异常情况持续出现并超过警戒标准时，会自动向后台发送警报，减少了风险意外的发生，为作业中的环卫人员提供了安全保障。

2）智能可穿戴产品在电网领域的应用

电网系统的正常运行是保障民生和生产生活的基础，电网系统涉及输电、变电、配电等场景。电力铁塔作为电网的重要基础设施之一，高度通常为 25～40m，多建设在野外的发电厂、配电站附近，它是电力部门的重要设施，能架空电线并起到保护和支撑的作用。电力铁塔的维护和质量检测是现代电力系统运行与发展的重要保障。为提升电网维保巡查人员的作业安全性、提高工作效率，佩戴具有边缘计算、AR 和 AI 等技术能力的可穿戴主机（臂式）、生命体征检测仪（贴）和可穿戴智能巡检仪（头戴）等智能可穿戴设备，可以应对验收、运维、检测、应急抢修等工作。可穿戴智能巡测仪不仅支持望远和全彩夜视能力，还支持激光测高测距功能和可见光与红外光城乡远距离测温功能，这对于电力铁塔的维保至关重要。该解决方案已广泛应用于电力的输电、变电、配电、基建各业务环节。借助可穿戴智能巡检系统对电网基础设备进行巡视并检查设备运行状态，可及时发现诸如输电线路断股、绝缘子放电瓷釉烧坏、钢帽和钢脚锈蚀等问题，以及进行变电设备运行温度检测、架空线路、设备巡视、配电设备巡检等工作。

4．发展挑战

1）电池续航能力和充电

智能可穿戴设备面临的最普遍挑战和最大瓶颈，首先就是寻求尺寸更小、功能更强大的电池和快速充电解决方案。电池续航力一直是便携式设备面临的一个难题。因为可穿戴设备追求轻巧、美观，大多数传统电池解决方案并不适用。智能手表相较智能手环，因为屏幕更大，所以耗电量更大，对于那些支持独立拨打电话的智能手表来说，电池问题就表现得更为明显，大多数智能手表需要每天充电。

2）低功耗设计和解决方案

从耗电角度分析，芯片、显示屏是智能可穿戴设备的主要耗电器件，也是未来元器件节能研发的关键所在。因此，未来要进一步推动芯片低功耗设计、射频低功耗方案、提升制程工艺水平、智能芯片软硬一体化优化等的研究，促进可穿戴设备低功耗整体解决方案的实施落地。

3）设备安全与信息安全

随着可穿戴设备与 AI、边缘计算、高性能芯片的结合，并被广泛应用在慢病监控、运动健身、保险等方面，可穿戴设备收集到越来越多的个人敏感信息，如体征数据、使用数据等，可穿戴设备的安全性变得至关重要。特别是在涉及医疗级健康数据的情况下，消费者将要求最高级别的数据安全保护，数据的存储和传输都需要完备的安全保障体系、标准体系和测评体系，才能有效地为智能可穿戴设备提供安全保障，降低安全算法被黑客攻击的概率。

12.3　智能家居

1．发展现状

2020 年，中国智能家居市场进入规模化发展时期，国内智能家居市场虽然因为疫情原因发展变缓，但市场总体呈增长趋势（见图 12.1）。根据 2021 年 3 月 IDC 发布的《中国智能家居设备市场季度跟踪报告，2020 年第四季度》，2020 年中国智能家居设备市场出货量为 2 亿台，同比下降 1.9%。2021 年中国智能家居市场预计全年出货将接近 2.6 亿台，同比增长 26.7%。

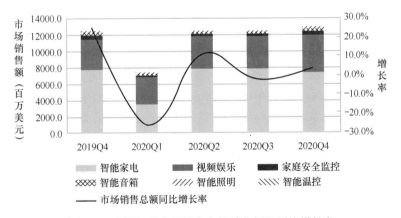

图12.1　中国智能家居设备市场销售额及同比增长率

资料来源：IDC中国。

依托 AIoT、WiFi6、边缘计算等新技术的落地应用，智能家居产业进入新一轮技术升级阶段，涉及场景重塑、流量入口重塑、产品重塑、交互方式重塑、合作渠道重塑和服务模式重塑等，将推动智能家居向更广泛的应用场景和产品领域拓展，为定制化的生活服务和智慧社区的管理运营提供重要的数据参考。

头部科技企业、物联网企业和地产科技企业纷纷推出基于 AIoT 的生态战略，标志着更多的"玩家"入局，AIoT 时代全面开启，同时，中国智能家居产业也在向更加多元化的方向发展，住宅地产开发商、物业企业、室内设计和装修公司、系统集成商、家电企业等纷纷进入智能家居产业前装领域，生态环境变得更加复杂，竞争激烈。智能家居生态主要参与企业对跨平台、跨场景互联互通的重视，推动了互联互通相关技术标准的研究。

2. 关键技术

1）人工智能技术已与智能家居全面融合

以语音识别为代表的 AI 技术已经成为智能家居乃至全屋智能领域的关键技术之一，在智能家居领域主要应用的 AI 技术包括语音识别、语义识别、机器学习等，成为智能家居、智慧社区服务的新入口，不断拓展其在全屋、社区场景的边界，智能电视、智能音箱、智能冰箱、智能空调、智能开关，甚至智能抽油烟机、智能坐便器、智能衣柜等，越来越多的新型终端与智能语音助手融合并通过语音交互进行操作，不仅方便了用户，同时也使语音交互这种人机交互方式为消费者们广泛接受。

2）互联互通成为趋势

在智能家居领域，协议的互联互通已经成为趋势。当前，我国的智能家居行业逐步从以单品控制为核心的智能单品阶段，向以场景多元化、空间智能化、IoT 设备多样化为方向的互联互通初级阶段快速发展。2016 年后，以海尔、美的为代表的传统家电巨头、以 BAT 为代表的互联网巨头及以小米为代表的新兴智能家居与手机行业巨头相继布局智能家居行业，因为不同巨头的 IoT 平台、通信协议的不同，往往造成跨平台之间设备、协议不能相互连接互通。为加快智能家居产业发展，减少企业标准化负担，提升标准适用范围，推动智能家居领域协议的互联互通已经成为重要趋势。

3. 行业应用

1）养老产业

当前，我国人口老龄化加速发展，数据显示，我国将于 2022 年开始进入老年人口高速增长的平台期，年均增长数量将超过 1000 万人，其中 2023 年老年人口增长将超过 1300 万人，为 2019 年新增老年人口数量的 3 倍。老龄人口的激增对智慧健康养老产业提出了新的要求和挑战。我国目前的养老方式还是以居家养老为主，机构养老和社区养老产业只占很小比重。面对万亿级的养老蓝海市场，智能家居产业急需与适老化设计理念结合，借助 AIoT、边缘计算、云计算、大数据等新一代信息技术，优先设计在家居场景中的适老化新型智能家电，如智能拐杖、智能马桶、智能直立轮椅、智能健康监测设备、主动式安防报告设备等。同时，要降低适老型智能家电产品的学习门槛和使用门槛，做老人真正会用的产品。还要建设适老新型智能家电产品在隐私安全、质量方面的检测标准和评价标准，为智能家居的适老化产品质量和安全性提供保障。

2）酒店行业

新冠肺炎疫情期间，酒店行业面临巨大的营收和成本压力。为了有效控制成本，以杭州为代表的长三角经济带核心城市中的部分新建连锁快捷酒店，采用了百度小度、天猫精灵、科大讯飞等 AI 技术服务提供商的语音识别能力，实现了对窗帘、电视、灯光和音箱的控制。而部分 4 星及以上级别的中高档酒店，除了以上全屋智能解决方案外，在大堂还配备了多台以云迹科技为代表的商用服务机器人，以实现引领、送物的功能，部分还具备消杀功能。以三星、海尔、凯迪仕和 VOC 为代表的智能门锁及配套的智能猫眼，也成为高端连锁品牌酒店在推进智能化改造升级时，针对安防场景的终端产品选择方向。

4. 发展挑战

1）智能家居领域面临互联互通关键挑战

互联互通已经成为智能家居产业顺利发展的关键所在，也是实现互联互通的重要前提。当前，因为互联互通技术的复杂性与多样性，为场景和设备间的通信和数据交互带来了巨大挑战。而且随着各大科技企业、互联网企业纷纷进入智能家居产业，往往要针对不同的平台开发相应的技术接口，不仅增加了开发者的工作量和开发难度，而且因为各个智能家居云平台之间并不支持互联互通，尚不能实现跨终端、跨平台、跨协议的互联互通，智能家居产业在短期内还将处于碎片化状态。

2）新技术的广泛应用易衍生出新的安全问题

AIoT、5G、边缘计算等新技术与智能家居产业融合，在为消费者带来新的用户体验的同时，也为安全防护，尤其是隐私安全带来新的挑战。当前，在智能家居场景中，各类新型传感器、终端设备，尤其是智能健康检测类设备广泛应用在出入口、卧室、卫生间等场景，获取了大量用户生物体征数据、使用数据等，而这些场景的传感器或终端的防护能力较弱，容易成为被攻击的对象，从而造成信息泄露。更甚者还可能成为全屋智能场景中最容易被攻破和控制的一环，导致整个智能家居系统被入侵。

12.4　智能机器人

1. 发展现状

近年来，随着我国人口红利的逐渐消失，各个行业用人需求快速增长，因为用人成本的增高，无人化作业需求日益凸显，机器人产业迎来快速发展期。在 AIoT、边缘计算、5G、大数据等技术的带动和各种技术不断完善的情况下，我国的智能机器人产业规模快速增长。IDC 数据显示，2020 年中国机器人与无人机市场规模占全球总量的 38%，总支出为 473.8 亿美元，到 2024 年中国机器人与无人机市场将占全球总量的 44%，规模将达到 1211.2 亿美元，如图 12.2 所示。

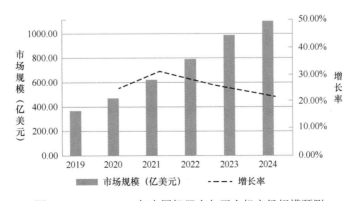

图12.2　2019—2024年中国机器人与无人机市场规模预测

资料来源：IDC中国。

随着智能机器人的产品体系越来越丰富，应用范围也越来越广泛，在医院、机场、酒店、餐馆、写字楼、工厂都能见到智能机器人的身影。IDC预计，2020—2024年中国机器人市场近一半的支出将集中在离散制造业（如汽车、金属加工和电子等），其次是医疗制药、流程制造和零售业。受新冠肺炎疫情的影响，2020年市场对智能机器人的增长预期有所下降，其中受影响最大的是零售行业、个人和消费者服务、资源产业。

2. 关键技术

1）路径规划

路径规划技术是机器人研究领域的一个重要分支，路径规划就是要解决特定工作场景和任务要求下的路径优选问题，如工作代价最小、行走路线最短、行走时间最短等。路径规划的科学性和合理性对于智能机器人的工作效能具有十分重要的影响。根据对环境信息的掌握程度不同，常用的路径规划方法可以分为全局路径规划和局部路径规划。

在已知环境中，给智能机器人规划一条路径，路径规划的精度取决于环境数据获取的准确性，全局路径规划可找到最优方案，但需预先知晓环境准确信息，当环境发生改变，如出现未知障碍物时，该方法就力不从心了。

2）环境感知

目前，智能机器人在室内场景感知以激光雷达为主，并借助其他多种传感器辅助对环境进行感知和数据采集。在室外场景，受环境的多变性和光线变化等影响，环境感知任务更加复杂，对实时性要求更高，且要求更低的时延来调整机器人的运动轨迹和运动姿态。这使多传感器（激光雷达传感器、温湿度传感器、深度摄像头、结合超声波和防跌落等传感器）融合成为智能机器人环境感知当前的重要研究方向。虽然通过装配多传感器进行环境感知可带来多源数据，但是还会面临多源信息同步、匹配和通信等问题，需配套研究解决多类型传感器跨模态、跨尺度数据融合的技术和方法。

在实际应用场景中，并不是机器人所使用的传感器种类和数量越多越好，针对不同应用场景和需求，进行有针对性匹配，需要考虑各传感器数据的有效性、计算的实时性。

3）人机交互

随着智能机器人技术的迅速发展，从2014年至今，以服务型机器人为代表的机器人产品已经广泛进入生活与服务领域，在融入人类社会的过程中，机器人需要具备自然的人机交互能力，现有的人机交互技术距离实际应用仍有较大差距，尚不能满足复杂环境下的人机交互需求，还需要学习人与人之间多方式的交互模式，以提高机器人的人机交互技术水平，来保障实际人机交互过程的自然和高效性。

目前，在生产生活中，主要应用的人机交互技术分为：基于传统的硬件设备的交互技术、基于语音识别的交互技术、基于触控的交互技术、基于动作识别的交互技术和基于眼动追踪的交互技术等。

3. 行业应用

1）医疗行业

当前，随着医疗自动化需求的不断增长，智能机器人在医疗市场迎来了快速增长期。智能机器人主要应用在医院的住院处、病房、问诊大厅、药房、办公楼等场景，以及健康体检中心、康复中心等。代表案例有：北京积水潭医院应用的天玑骨科机器人、Fourier X1 外骨骼机器人、上海仁济与郑大一附院应用的钛米病房服务机器人、马丁医疗中心使用的 Xenex lightrikle 消毒机器人及医院物流机器人（药品运输）等。

在疫情肆虐、人力工作受阻的情况下，人工智能技术和智能机器人被广泛运用。新冠肺炎疫情期间，有大量患者急需及时看护和照料，为了缓解医护人员人手严重不足的情况，并阻断"人传人"的传染链条，由机器人、无人车、无人机等无人配送设备组成了无人支援团队，通过科技方式对抗疫情。一个护士站一般只有两位护士值守一层楼的隔离区，当启用机器人配送后，隔离点人手紧张的情况得到了一定程度的缓解。平均每台配送机器人可为 20 个病房提供免接触式配送服务。当隔离区的病患提出送药、送餐或其他物品的需求后，医护人员把物品放到配送机器人上，机器人可以自行前往病房门口。配送机器人还支持语音交互，当患者听到机器人语音后即可领取物品，无须与机器人接触。完成配送后，机器人会自动回到护士站的充电桩，经消毒后可继续执行配送任务。配送机器人已经在湖北黄冈中心医院、广东省人民医院感染内科、武汉火神山、雷神山医院执行了多次无人配送任务。

2）智慧城市

当前，新型智慧城市的建设如火如荼，人工智能技术和智能机器人在智慧城市建设、运营、管理的过程中参与的范围更广、参与的程度更深，已经融入城市基础设施建设、公共场所、社区、园区、办公楼等领域。通过与各种新型传感器、通信模块、AI 芯片的集成，智能机器人的性能和功能大大增强，已经成为城市管理、市政巡检、市民服务的重要帮手，在智慧城市中广泛应用，垂直应用场景包括环卫（管道疏通、街道清扫、河道清理）、消防（灭火、危化品处理）、市政（问询导航、安全监控）、发电厂（安全巡检）、交通（事故处置、公路巡检）等。

4．发展挑战

1）产业链及品牌影响力

当前，我国智能机器人产业在一些关键领域还落后于发达国家。机器人产业链上游核心零部件市场基本由欧洲和日系企业把控，国内企业在相关市场缺乏竞争力。例如，全球机器人减速器市场由 Nabtesco 和 Harmonic 两家日本企业占据。机器人伺服电机市场主要被三菱、松下和安川等日系企业和博世力士乐、西门子等欧洲企业占据，国产工业机器人和服务型机器人主要集中在中低端市场。

而在后端应用市场，中国企业机器人产品的品牌影响力和竞争力还落后于国际领先企业。以国际四大机器人家族"KUKA、ABB、FANUC 和 Yaskawa"为首的外资品牌几乎垄断了工业机器人市场，占中国高端产品市场份额的 75% 以上。在以医疗为代表的一些商用机器人市场，国内机器人企业的占有率也很低。

2）新材料和制造方案

随着智能机器人的应用领域越发广泛，需要机器人从事的工作也越来越复杂。大多数的机器人都是使用刚性材料制作的，如电动机、电源、通信模块、传感器和齿轮等，刚体机器人由离散的链节和关节组成，很难在非结构化环境中运行。

因此，需要以新的制造方法和材料来制造软体机器人，如新型合成聚合物凝胶、光学响应水凝胶制动器、超微量蛋白质结晶等。由于软体机器人的可连续变形的主体结构具备很高的自由度，相比传统的刚体机器人能以更复杂的方式灵活处理不规则任务，而且更具安全性和顺从性。

但这些先进的制造方法大多数还处于初期阶段，而且制造工艺也尚未达到商用水平，当前还主要用于科研、军事等领域。

3）机器人伦理与安全

随着智能机器人逐渐融入人们的生活和工作，也将产生新的伦理问题。随着我国人口老龄化趋势加剧，未来我们可能会过度依赖智能机器人，不仅会导致人类失去某些技能和能力，无法有效控制局面，甚至会产生伦理道德方面的问题。所以需要做好人类对智能机器人执行任务过程的辅助监督，以应对智能机器人在工作中的活动和限制。

12.5　无人机

1. 发展现状

近年来，随着集成制造的普及，无人机基础零部件生产开始向小型化、低成本、低能耗方向发展，无人机制造成本不断降低，同时伴随着人工智能、物联网、5G等新技术的快速发展和完善应用，无人机行业迎来新的发展机遇，行业在良好的发展环境中迅速增长，行业规模不断扩大。

根据德国无人机研究公司Drone Industry Insights发布的《2020—2025年无人机市场报告》，2019年全球无人机市场规模约为180亿美元，预计到2025年，全球无人机市场规模将翻一番，达到428亿美元。该报告还指出，全球无人机行业增长主要集中在能源、运输和仓储等领域。据Drone Industry Insights预测，未来10年世界无人机市场中军用无人机仍是市场重心。但在民用无人机领域，中国占据较大优势，特别是消费级无人机，中国的大疆创新占据全球85%以上的消费级无人机市场份额，在全球民用无人机制造企业TOP10榜单中排名第一。

在2020年新冠肺炎疫情肆虐期间，无人机的作用凸显，无人机技术也被用于日常运营，以减少人与人之间的接触并提高效益。在新冠肺炎疫情下，能源、运输和仓储等领域对无人机的需求量大幅提升。从2016年以来，我国政府也频频发布政策促进国内无人机行业的发展，先后发布了《"十三五"国家战略性新兴产业发展规划》《关于促进和规范民用无人机制造业发展的指导意见》《民用无人驾驶航空器经营性飞行活动管理办法》等，给予无人机发展引导与红利。从总体上看，我国无人机行业的相关政策主要以引导、鼓励民用无人机发展为主。

2. 关键技术

1）导航技术

导航技术是无人机顺利完成飞行任务的关键技术之一，无人机若想成功完成预定航行任务，除需要知道起始点和目标位置外，还需要知道无人机的实时位置、航行速度、航向等导航参数。传统无人机导航采用人工导航或卫星导航系统，如 GPS、GLONASS 和我国自主研发的北斗卫星导航系统。我国自主研发的北斗卫星导航系统由空间段、地面段和用户段 3 个部分组成，可在全球范围内全天候、全天时为各类用户提供高精度、高可靠定位、导航、授时服务并具备短报文通信能力。当前，北斗卫星导航系统已经初步具备区域导航、定位和授时能力，定位精度为分米、厘米级别，测速精度为 0.2m/s，授时精度为 10ns。

2）大规模无人机组网

在无人机技术的发展过程中，人们逐渐认识到，单架无人机完成任务的可靠性低，而且受自身能量、能力及载荷等因素的限制，难以完成复杂的工作任务，因此需要多台无人机协同作业。以蜂群为代表的小个体、大规模无人机集群成为研究热点。面对复杂的任务及动态不确定的环境，无人机集群有时会出现通信中断、操作失灵等紧急情况。因此，为了应对各种不同应用场景的实际需求，需要无人机集群能够对工作环境做出瞬时反应，并对无人机的空中姿态进行调整。自主集群的无人机网络技术应运而生，它将具有动态自愈合能力，以实现信息高速共享、故障自修复和环境自适应，并通过无人机间的实时信息交互，解决多无人机之间的冲突问题，以低成本、应高度分散的形式完成动态环境下的复杂任务。

3. 行业应用

1）抗疫

在新冠肺炎疫情期间，为了减少人员之间的接触，快速、高效地实现防疫消杀，无人机起到了重要作用。以极飞科技和大疆创新为代表的无人机企业积极配合各地政府及相关部门推进防控一线工作，大疆创新还面向四大应用场景发布了"无人机疫情防控解决方案"。四大场景包括：巡逻疏导，通过无人机对公共区域和道路交通进行辅助管理；防疫宣传，无人机喊话宣传防疫知识，机动监督人员防疫规范；物资投递，无人机投递包裹，进一步减少人员接触与流动；喷洒消毒，低风险、高效率地进行消杀防疫工作。

2）测绘

为了提升建筑工程的建设效率，提升土地测绘效率，测绘无人机被广泛应用于建筑施工领域。从规划和设计阶段开始，勘测无人机在勘测现场上空进行悬停拍摄，甚至可以在空中悬停达 90 分钟，并且可以快速到达各种险峻的地址结构和人员不便到达的区域，以立体视野进行拍摄，收集各种数据类型供施工团队使用。通过高精度相机和传感器进行地理空间测量和温度读数并创建 3D 数字模型，为施工人员提供工作现场的准确信息，并协作工作人员进行必要的设计或工程调整。

3）消防

当前，我国消防部队面临日益复杂的灭火、消防、救援和社会救助形势，对各类地震救援、抗洪抢险、石化/易燃易爆物险情、高层火灾等情况，传统现场侦查手段的局限性和危险性已日益凸显。通过无人机进行实时、高效、立体的消防预警和现场侦测，并迅速、准确处置灾情显得极为重要。当前，无人机消防解决方案已在我国的消防部队试点应用，结合 AIoT、5G 等技术，通过无人机平台结合高清摄像头、高精度传感器等，从空中对复杂地形和复杂结构建筑进行火灾隐患巡查、现场救援指挥、火情侦测及防控，为抗灾救援提供了有力帮助。

4. 发展挑战

1）续航能力与远程遥控

关于无人机的发展挑战，目前在民用领域主要是续航能力与远程遥控两个方面，这两个方面的技术瓶颈在军用无人机方面并不存在，因为当前顶尖军用无人机采用的是航空燃料作为续航动力，在远程操控方面是通过卫星遥控的。而民用无人机方面，电池是目前最大的技术障碍，一般的消费级多旋翼无人机的续航能力基本在 20 分钟左右，用户外出飞行不得不携带多块备用电池，造成使用上的极大不便。消费级无人机需要在动力方面实现重大突破，才能推动无人机应用再上一个台阶。在无人机的远程遥控方面，也仅限于 5km 内，若要进行超视距遥控，需要一些特别的法律上的许可等。

2）通信链路与数据传输

随着无人机行业的高速发展，也对无人机通信链路提出了新的需求。传统的无人机通信方式以数据链路为主，采用点对点数据传输模式，其地面控制端与无人机端采用一对一的模式传输数据。而且传输距离有限，飞行范围受到地面控制端的限制，无法支持超视距实时远程控制需求。因为无线电频段管制要求严格，而且通信距离容易受地理环境和无线电噪声等因素影响，导致无人机的通信容易受到干扰。目前，民用无人机的数据链最大传输带宽在 4～8Mbps，仅支持在有限的地理范围内完成分辨率低于 1080p 的视频的实时数据回传，难以满足对较高视频分辨率的要求。

3）无人机专用芯片

飞行控制系统中的 CPU 等核心控制单元作为无人机的核心，目前基本依赖国外企业供应，国内的无人机企业目前主要专注于无人机系统集成方面。主要原因之一是消费级无人机市场规模还比较小，全球消费级无人机一年的销量在 100 万台左右，行业类无人机仅为 10 万～20 万台。这种规模还无法满足无人机企业对芯片自行研发、设计、流片、投产等所付出的"代价"。而国外大型企业已经具备了成熟的设计和研发能力。

12.6 卫星终端

1. 政策环境

自 2005 年以来，我国出台了一系列政策以扶持北斗卫星导航产业的发展。在顶层战略规划方面，出台了《关于加速推进北斗导航系统应用有关工作的通知》《国务院关于加快培育和发展战略性新兴产业的决定》《"十三五"国家信息化规划》等文件，从国家层面明确北斗卫星导航系统在国家信息基础设施和战略性新兴产业中的核心地位，同时制定了相关的政策与法规；在产业发展战略规划方面，制定了《关于促进卫星应用产业发展的若干意见》《国家卫星导航中长期发展规划》《国家民用空间基础设施中长期发展规划（2015—2025 年）》等文件，明确了我国北斗卫星导航系统建设过程中具体的阶段战略目标。

进入 2020 年，卫星互联网首次被纳入"新基建"范畴后，"十四五"规划和 2035 年远景目标纲要也提出，建设高速泛在、天地一体、集成互联、安全高效的信息基础设施。作为未来通信产业发展的重要领域，卫星互联网潜在的市场价值和稀缺的空间频率轨道资源引发各方关注，全国各地开始布局相关产业链。

随着政策和市场需求的双重加码，地面通信系统与卫星互联网已开始融合发展，并逐步进入"全球全域的宽带互联网"时期，5G"空天地一体化"网络将成为未来通信网络的重要发展趋势。我国海洋强国战略的提出，也推动了卫星互联网在海洋运输、船运贸易、海洋资源开发等海洋经济领域的发展。据第三方研究机构预测，到 2025 年，全球卫星网络接入设备将达 2 亿台套，市场规模约为 6000 亿美元，这意味着卫星互联网正加速走向产业化。

2. 发展现状

随着卫星通信、卫星互联网领域新技术的快速发展，以及垂直行业对卫星通信技术的需求不断增长，极大地推动了卫星通信技术及相关业务的发展。卫星移动通信具有覆盖范围广、对地面情况不敏感等特征，已成为地面移动通信重要的组成部分，尤其是在海洋、沙漠、山区等互联网无法有效覆盖的区域。卫星互联网以日益凸显的国家战略地位、潜在的市场经济价值、稀缺的空间频轨资源成为全球主要大国关注的焦点，纷纷布局卫星互联网，将卫星互联网建设上升为国家战略。

当前，在卫星互联网领域，美国占据全球核心地位，其通信卫星技术和应用全球领先，卫星通信产业总体规模居世界第一位。全球卫星互联网星座主要以 Starlink、OneWeb、O3b、Telesat 等卫星系统为典型代表。在我国卫星互联网领域，已有多家卫星制造企业推出商业卫星星座计划，部分公司已发射了数颗卫星。目前，可对标 Starlink、OneWeb 等星座计划的是由我国中国航天科技集团和航天科工集团建设的低轨通信互联网"鸿雁星座"和"虹云工程"。目前，中国在轨卫星数量居世界前列，随着我国商业航天市场的逐步开放，将带动通信小卫星研发、火箭发射、卫星终端与配套软件和应用的发展，中国卫星互联网将迎来快速发展。

3. 关键技术与发展挑战

尽管卫星互联网有着广阔的市场前景，但产业如何落地，仍处于探索阶段。卫星互联网具有建设成本高、回报周期长的特点，应用场景的丰富和降低卫星终端的成本是未来卫星互联网产业赖以存在的基础。

1）专用芯片

卫星便携通信终端产品中的卫星导航芯片由 RF 射频芯片、基带芯片和微处理器组成，卫星导航芯片的性能、功耗和价格，决定着北斗导航系统的功能差异和其在智能终端等产品中的应用比重。我国 2013 年发布《国家卫星导航产业中长期发展规划》，"突破核心芯片发展瓶颈"被列为主要任务，卫星导航芯片研制加快。目前，我国北斗芯片公司突破了 22nm 的制程工艺，实现了双频单 SoC 芯片，北斗卫星导航在国产手机中基本普及。但我国在高精度、低功耗芯片方面的研发能力仍较弱，美国在卫星导航定位技术专利上处于垄断地位，制约了我国北斗导航产业的发展。在技术端，需要我国的手机芯片厂商和卫星导航厂商共同努力，突破算法和芯片壁垒。

2）建设成本

作为卫星互联网最重要组成部分的通信卫星，按卫星轨道高度的不同，可以分为低轨通信卫星（LEO），LEO 卫星轨道高度为 500～2000km；中轨通信卫星（MEO），LEO 卫星轨道高度为 500～2000km；高轨地球同步通信卫星（GEO），GEO 卫星轨道高度为 36000km。

低轨道带来的好处是：一方面，卫星轨道高度低，信号传输延时短，链路损耗小，多个卫星组成的星座可以实现真正的全球覆盖，频率复用更有效；另一方面，蜂窝通信、多址、点波束、频率复用等技术也为低轨道卫星移动通信提供了技术保障，可以采用微型/小型卫星和手持用户终端，因此，LEO 系统被认为是最有应用前景的卫星移动通信技术之一。但由于轨道低，每颗卫星所能覆盖的范围比较小，要构成全球系统需要更多的通信卫星，将导致卫星网络建设的成本过高，收益时间过长等问题。

3）应用领域

当前，政府、科研机构、央企、国企等用户对卫星互联网终端的采购量非常有限，不能完全支撑产业的持续发展。终端企业若要完成技术攻关，不仅要解决产品成本问题，还要解决便捷性问题，方便 B 端、C 端用户携带，才能让卫星通信真正走向民用、商用领域，甚至是消费级市场，才能保证卫星互联网及关联产业的持续良性运营，以及建设成本和运营成本的降低。

4．行业应用

卫星便携通信终端产品具有卫星电话、图像采集和传输、双向视频通话、文件传输、远程网络接入、数据传输等功能，与便携卫星天线和便携发电机组成卫星便携站。主要应用场景包括海洋、沙漠、森林、高山等，重要应用行业是物流、交通领域。以我国的北斗卫星导航系统为例，应用方向主要包括陆地、航海、航空三大领域。陆地应用包括车辆自主导航、车辆跟踪监控、车联网应用和铁路运营监控等，航海应用包括远洋运输和内河航运等，航空应用包括航路导航、机场场面监控和精密进近等。

2020 年 6 月 23 日，交通运输部新闻发言人孙文剑表示，目前全国已经有超过 660 万辆道路营运车辆，5.1 万辆邮政快递运输车辆、1356 艘部系统公务船舶、8600 座水上助导航设施、109 座沿海地基增强站、300 架通用航空器应用了北斗卫星导航系统。随着基础产品出口至 120 余个国家和地区，北斗卫星导航系统的多个应用场景正在"一带一路"相关国家陆续落地，并为我国产业全球化及规模化提供有力基础。

未来，伴随北斗三号的正式商用，北斗卫星导航系统及一系列终端应用也将迎来市场的快速增长期，而 22nm 芯片的量产与普及将会为我国的卫星互联网产业发展带来新的机遇。目前卫星导航市场可以分为特殊应用市场、行业应用市场和大众应用市场。其中，涵盖可穿戴设备、室内定位、车联网及基于位置服务（LBS）等产品的大众应用市场将成为新一代北斗导航芯片的主要市场。随着 AIoT、5G、区块链等技术与我国卫星产业的不断融合，以北斗为核心的"北斗+"生态也将进一步丰富。

（郭宁、郭涛、苗佳宁、從申、王居先、王晹、葛涵涛）

第13章　2020年中国工业互联网发展状况

13.1　发展环境

1. 多层次、动态化的政策体系基本形成

自 2017 年国务院发布《关于深化"互联网+先进制造业"发展工业互联网的指导意见》以来，我国工业互联网发展的政策环境不断完善，逐步建立形成了"中央顶层设计+地方统筹推进"的立体化政策体系，并结合产业发展趋势、存在问题等不断完善和动态调整现行政策体系，以满足产业发展需求。

中央层面，继续深入实施工业互联网创新发展战略，政策体系持续完善。2020 年 3 月，为深入贯彻落实习近平总书记在统筹推进新冠肺炎疫情防控和经济社会发展工作部署会议上的重要讲话精神，工业和信息化部印发《关于推动工业互联网加快发展的通知》，从基础设施建设、融合创新应用、安全保障体系、创新发展动能、产业生态布局、政策支持力度 6 个方面提出 20 项具体举措。为更好地规划 2021—2023 年的发展，工业互联网专项工作组印发《工业互联网创新发展行动计划（2021—2023 年）》，统筹规划，立足当前工业互联网发展重难点，面向中长期发展目标，明确下一步工作重点。主管部门聚焦重点领域，多举措推进落地落实。2020 年，工业和信息化部围绕网络、标识、平台、安全等，以及工业 App、5G+工业互联网、标准化体系建设等重点领域或方向的一系列落地政策相继发布，3 年来在全国范围内遴选了 200 余个试点示范项目，引导行业规范化、系统化发展，加速推动工业互联网的应用普及。

地方层面，各地方政府政策布局不断深入，积极探索差异化发展路径。据统计，目前 31 个省（自治区、直辖市）均已发布相关政策，大力推进工业互联网发展，一些产业基础好、市场前景广的省份更新了本地工业互联网发展计划，在更大范围、更高层次、更深程度上利用工业互联网赋能实体经济数字化转型。例如，2020 年上海市人民政府发布《推动工业互联网创新升级　实施"工赋上海"三年行动计划（2020—2022 年）》，在上海市 2017—2019 年"三年行动计划"的发展基础上推动工业互联网向知识化、质量型和数字孪生升级，以建成工业互联网创新、开放的发展高地为目标全面实施相关计划。同时，2020 年以来，我国工业互联网集群化发展的态势越发明显，形成了若干具有较强辐射带动作用的发展高地。1 月，上海、江苏、浙江、安徽签署《共同推进长三角工业互联网一体化发展示范区建设战略合作协议》，

加速建设全国工业互联网一体化发展示范区；8月，四川、重庆两地的主管部门共同签署《成渝地区工业互联网一体化发展示范区战略合作协议》，汇聚政府、平台、企业、科研院所等各方资源，畅通合作交流渠道，推动资源共享。

2. 产业创新发展的营商环境持续优化

工业互联网作为新一代信息通信技术与实体经济深度融合的产物，不断从我国经济社会的各项改革中受益，人才、资金、数据等各类要素的保障水平不断提升，创新发展的制度环境持续优化。

人才方面，加快建立多渠道的人才培养体系。一方面，发布人才标准，促进专业技术人才培育方式规范完备。2020年，工业和信息化部人才交流中心组织编写发布《工业互联网产业人才岗位能力要求》，首次对工业互联网产业人才岗位能力进行全面描述。另一方面，积极推进产教融合，探索构建符合产业需求的人才培养新路径。三一、用友、启明星辰等企业不断加强与科研机构、高校等的合作，通过建立创新中心、成立实训基地等手段，加强对在职人员的技术培训和后备人才储备。2020年，工业互联网产业联盟遴选了5家实训基地，推动数字孪生、工业软件、工控信息安全等重点领域的人才培养。

资金方面，逐步形成多层次的资金支持体系。产业基金方面，广泛汇聚各方资金，通过市场化运作机制支持产业发展。国家层面，先进制造业国家产业投资基金、国家制造业转型升级基金等政府引导基金先后成立，基金规模突破千亿元，工业互联网是其支持的重要领域。一些经济发展水平较好的省份成立了工业互联网产业发展基金，用于支持本地工业互联网的发展。资本市场方面，工业互联网企业广泛受益于金融服务实体经济的各项政策，企业的融资渠道不断被拓展。据不完全统计，2020年，我国新增的39家工业互联网上市企业中有26家通过科创板上市，科创板已成为我国工业互联网企业上市融资的主要渠道。

数据方面，政府、行业和企业从不同维度全力推进数据要素市场构建。政策方面，工业和信息化部先后于2016年和2020年发布《工业控制系统信息安全防护指南》和《工业数据分类分级指南（试行）》，加强工业数据保护和分级分类管理。标准方面，2019年国家质检总局和国标委发布《数据管理能力成熟度评估模型》（GB/T 36073—2018），建立通用的能力评估模型，帮助企业提升数据资源评估和规划能力。应用方面，重点行业数据资源整合应用快速推进，2019年5月，国家电网大数据中心正式成立，推动数据资产统一运营和高效使用。交易方面，部分先行企业探索通过订立商业合同、大数据交易所购买等方式加强企业间数据流通共享，挖掘和释放工业数据潜在价值。

3. 保障产业发展的社会环境日臻完备

随着各项产业政策和制度保障措施的不断完善，保障工业互联网创新发展的产业功能体系也加速构建，加速推动工业互联网创新发展正在成为全社会的普遍共识。

各级政府、科研机构、产业组织等探索多元方式，为企业转型和创新发展提供各类综合服务。公共服务方面，各地通过建设供给资源池、知识库模型库共享平台等方式为广大企业尤其是中小企业提供转型发展所需的各类综合性服务。例如，广东省组织开展"广东省工业互联网产业生态供给资源池"建设工作，遴选了百余家各类服务、安全、解决方案等供应商。技术服务方面，科研机构、产业联盟等积极搭建工业互联网试验验证、应用创新、评估评测等功能型平台，聚焦技术标准、软硬件开发、产业支撑、解决方案等重点环节和领域，为产学研各方联合攻关提供多样化技术服务。例如，中国信息通信研究院牵头实施"边缘计算标准件计划"，联合各方共同推进工业互联网边缘计算设备研制、评测与推广。

政、产、学、研各界加快推动跨界融合，合力构建可持续发展的产业发展生态。工业互联网产业联盟已汇聚了近 1900 家来自全国各地区、各行业、各类型的大中小企业、科研机构、金融机构等，通过共同研发行业标准、共享最佳实践、共探商业模式等途径合力构建可持续发展的产业生态。同时，我国产业各界积极参与工业互联网全球合作，以龙头企业和产业联盟为代表的各类实体广泛参与国际标准化组织、产业组织，向世界展示我国工业互联网发展的成效与经验，与各国一同积极构建多边、开放的全球工业互联网产业生态，助力构建以国内大循环为主体、国内国际双循环相互促进的新发展格局。

13.2　工业互联网网络

1.　工业互联网网络顶层设计进一步完善

《工业互联网创新发展行动计划（2021—2023 年）》部署网络体系强基行动，进一步推动企业内、外网建设，深化"5G+工业互联网"在垂直行业的应用。网络架构研究持续深入，2020 年工业互联网产业联盟启动了网络架构 2.0 的研究，进一步细化功能架构，新增业务架构、技术架构，构建产业链面向不同利益关系者的框架体系。同时，国家标准《工业互联网总体网络架构》通过送审稿审查，进入报批环节，有力地推动了网络体系标准化进程。

2.　工业互联网网络基础设施建设稳步推进

高质量外网建设初见成效。适用于工业场景的高质量外网已延伸至全国 300 多个城市，工业互联网网络化应用服务加快部署，在 2020 年 10 月发布的二十大工业互联网外网优秀服务案例中，涉及航空、石化、电力、汽车等 13 个行业。企业内网改造与技术创新融合推进。在航空航天、机械、汽车、电子、家电、港口、能源等行业，涌现出一批运用 5G、边缘计算等创新技术进行企业内网改造的应用案例，"5G+工业互联网"项目库上线运行，截至 2021 年 3 月，入库项目总数超过 700 个。园区网络成为工业互联网网络基础设施建设的新焦点。4 月，《工业互联网园区网络白皮书》正式发布，面向大中小企业构成的公有、私有园区网络模型正逐步清晰，成为各地提升新型基础设施水平，服务大中小企业融通发展的新阵地。

3.　工业互联网网络重点技术领域发展成果显著

国内时间敏感网络（TSN）产业链从起步阶段进入发展阶段。由中国信息通信研究院牵头发起的"时间敏感网络（TSN）产业链名录计划"获得产业界的热烈反响，30 多家支撑矩阵单位组建了设备类、行业融合类共计 10 多个工作组，旨在推动我国 TSN 技术和设备的产业化进展，加快构建面向多个工业门类的供给能力。5G+TSN 融合部署成为工业互联网网络技术新热点。继 3GPP R16 明确将 5G TSN 作为 5G 垂直专网关键技术方向后，R17 持续对该方向进行技术研究，并针对技术落地进行标准细化。国内行业标准《工业互联网 时间敏感网络与移动前传融合部署技术要求》已通过立项，正在开展标准研制工作。工业互联网边缘计算应用部署不断加速。7 月，中国信息通信研究院联合各方启动了国内首个边缘计算产业促进项目，推动产业链面向工业互联网需求推出多样化软硬件产品，满足不同行业用户的实时性功能需求及安全需求。截至 12 月，已开展了两轮产品测试。

13.3 标识解析体系

随着工业互联网创新发展战略的深入实施，工业互联网标识解析体系基础设施建设规模初显，标识解析应用范围和程度持续提升，标识产业生态日益壮大，开放融合、互联互通的标识解析体系逐步完善。

1. 工业互联网标识解析体系建设成效显著

从体系架构来看，依托工业互联网产业联盟和中国通信标准化协会，工业互联网标识解析体系架构创新持续增强。在进一步总结实践经验的基础上，2020 年 4 月，工业互联网产业联盟正式对外发布标识解析体系架构 2.0。从技术创新来看，以区块链技术为自主创新重要突破口，完成工业互联网与区块链融合的星火·链网顶层设计，形成星火·链网超级节点、骨干节点设计方案和跨链、可信身份认证等技术方案设计，有力地推进了星火·链网新型基础设施建设，为开展基于区块链的标识解析实践探索筑牢基石。从基础设施建设来看，规模效应初显，基础设施服务能力进一步提升。在国家顶级节点方面，北京、上海、广州、武汉、重庆五大国家顶级节点稳定运行，南京和贵阳两大灾备节点建设加速启动，2020 年年底完成上线试运行，形成覆盖全国、互联互通的 5+2 顶级节点发展格局。在二级节点方面，面向重点行业和区域服务的节点数量保持快速增长，截至 2020 年 12 月底，已上线二级节点达 85 个，覆盖 22 个省（自治区、直辖市），接入企业近万家，标识注册量突破 100 亿个，顶级节点日解析量近 800 万次，标识解析服务覆盖范围大大提升。

2. 工业互联网标识解析应用范围和深度持续提升

2020 年，工业互联网标识解析应用范围持续扩大，二级节点已在机械、材料、石化等 33 个重点行业应用实践。利用二级节点的公共服务能力，企业积极探索多场景标识创新应用，进一步深化了标识解析在汽车制造、装备制造、船舶制造、工程机械等重点领域的应用，形成了全流程溯源、智能产线管理、供应链协同管理、核心零配件运维管理、供应链金融服务、政府监管、数字营销等创新应用模式。主动标识载体成为新发展亮点，1 万块热计量表和室内温控设备通过内嵌标识接入标识解析体系，极大地提升了设备的安全性和随时随地建立可识别连接的灵活性。工业互联网标识解析应用是标识服务产业的直接验证，中国信息通信研究院通过征集标识解析典型应用案例、企业标识应用调研等形式深入了解企业标识应用现状，分析应用特点尤其是落地实践中的难点、痛点，研究应用实施路径，构建了工业互联网标识应用体系及对应的供应商体系，形成了标识应用白皮书。该白皮书为未来大规模推广企业标识应用提供了发展方向和思路。

3. 工业互联网标识管理制度逐步完善

工业互联网标识解析体系是工业互联网新型基础设施的重要组成，为促进工业互联网标识解析体系健康有序发展、激发标识创新发展活力，2020 年 12 月，工业和信息化部印发了

《工业互联网标识管理办法》。该办法是国家出台的第一份标识解析制度文件，自 2021 年 6 月 1 日起施行，旨在规范工业互联网标识服务、保护用户合法权益、保障解析系统安全可靠运行。具体来看，《工业互联网标识管理办法》的出台意义重大：一是正式确立了我国工业互联网标识体系架构，为 5 类标识服务机构找准定位、规范从业、有序发展等设定了必要的合规框架。二是明确了标识解析服务底线要求，有助于引领各类服务机构遵循必要的规范、原则依法依规提供服务，解决了标识解析服务有法可依的问题。三是回应了行业重要关切问题，如许可合规、数据共享、分类分级、安全保障、违规处置等，有助于构建统一管理、协同发展的规则制度体系。四是为构建多方参与、互利共赢的繁荣标识生态奠定基础，通过鼓励技术创新和应用实践，激励标识解析乃至整个工业互联网的新一轮繁荣发展。

4. 工业互联网标识产业生态健康发展

标识生态参与者角色不断丰富、规模不断扩大，标识解析服务机构、系统集成商、应用企业、开源组织等各方主体共同推进技术标准、建设实施、公共应用等各项工作，开放共享、互利共赢的产业生态和发展格局逐渐形成。标准方面，工业互联网标识解析标准体系结构不断完善，政府主导制定的标准和市场自主制定的标准相互补充、相得益彰，2020 年大力推进编码规范、数据规范、注册解析、节点体系等领域的标准制定。同时，结合产业发展需求，逐步开展主动标识载体、元数据、工业软件对接等领域的标准研制，标准供给日益多元化。累计形成工业互联网标识解析领域在研国家标准 5 项、行业标准 64 项、联盟标准 54 项。建设实施方面，公共服务能力逐步增强，标识解析公共服务平台上线，一物一码结算平台一期建设完成，工业互联网产业联盟标识解析实验室投入运营。公共应用方面，识读入口不断丰富，10 余款"扫一扫"App 和读写设备实现对标识解析的对接，标识在公共领域的应用创新持续增强。

13.4　工业互联网平台

1. 平台发展更加务实，不同平台的着力点与侧重点更趋清晰

随着工业互联网平台的不断发展，当前不同类型的平台重点布局三大能力。一是全流程工业软件能力，以西门子、达索、PTC 为代表的少数龙头企业整合全链条软件工具，通过合作或独自构建 OT 能力，提供完整、全链条的平台服务。二是商业与企业经营支撑能力，以 SAP、Oracle、Salesforce 等企业为代表的经营管理软件企业加快补齐 IoT、AI 能力，优化业务流程，打造通用商业智能服务。三是垂直行业服务能力，以 GE、罗克韦尔、ABB、艾默生、施耐德等为代表的工业自动化、生产管控软件、工业装备等企业更加聚焦细分场景，提供垂直行业解决方案。

2. 平台初步显现集成多领域工具的关键载体作用

软件、控制、电子电气等工具加快向工业互联网平台集成融合，且融合成熟度依次降低。一是在软件领域，平台加快传统工业软件云化迁移，务实推进软件订阅服务，如达索发布 2021x 3D EXPERIENCE 版本，将设计、仿真、制造等 11 类应用全面云化；西门子发布 Teamcenter X，实现 PLM 产品云化迁移。二是在控制领域，平台叠加控制功能，实现数据流和控制流双向通信,如施耐德发布 EcoStruxure Power SCADA Operation 2020,增加了边缘控制功能,并与平台进行了深度集成;西门子更新 MindSphere 平台功能,可以通过 MindConnect 向 S7 PLC 发送控制指令,实现双向通信。三是在电子电气领域,初步尝试与电子电气工具集成,提升机电一体化设计能力,西门子将电子电控产品 Capital 与 Xcelerator 紧密集成,将其延伸至涵盖 E/E 系统和软件架构、网络通信和嵌入式软件开发,提升机械、电子电气、自动化一体化开发设计能力。此外,平台也正加快整合 AI、AR/VR 等新技术。例如,HITACHI 收购人工智能企业 Fusionex,加快 AI 工具与 Lumada 平台整合;Rockwell Automation 与 PTC 合作,发布 FactoryTalk 套件 Vuforia Chalk,帮助客户居家利用 AR 工具完成工厂任务。

3. 龙头企业加快统一平台底层数据、模型格式,支撑构建数据与模型集成融合的数字孪生解决方案

一是加快统一底层数据和模型语义语法,实现局部互联互通,包括统一软件层数据源格式与统一软件层模型互操作标准。例如,西门子新增数据语义互连(SDI)的功能模块,统一原有业务数据格式,新增闭环应用程序(CLx),支撑基于 FMI 2.0 库 API 打造多学科联合仿真解决方案。二是嵌入云化基于模型系统工程工具,实现全面互联互通。少数企业将 MBSE 系统云化迁移,支持构建基于软件、电子、控制一体化的复杂模型互操作,如达索实现 MBSE 工具的云化迁移,支持从概念设计阶段开始,一直持续到整个开发阶段和生命周期的后期阶段全流程数据和模型集成融合。三是支撑围绕孪生精度、孪生时间、孪生空间构建三大类型的数字孪生创新解决方案。在提升数字孪生精度方面,如达索收购 AI 公司 Proxem,基于 AI 优化仿真建模精度。在延伸孪生周期方面,如达索将产品三维设计与增材制造结合,实现产品设计制造一体化。在拓展孪生范围方面,如西门子优化汽车复杂系统解决方案,整合从传感器电子、车辆动力学到交通流流量管理的不同尺度模型。

4. 平台的内涵与功能定位持续拓展,逐渐成为商业和运营创新的关键载体

平台正打通客户市场、企业和供应链全链条,基于商业数据闭环构建敏捷创新能力。一是构建更加精准洞察的客户市场,如 Salesforce 在原有 CRM 功能上融合 Einstein 人工智能分析工具,提供具有针对性的预测和建议,实现客户市场洞察。二是构建灵活组织的供应链,如 LLamasoft 发布 llama.ai 供应链分析平台,利用 AI 技术求解由采购市场、库存位置、运输路线等多因素约束的供应链问题,并输出最佳决策方案和效率提升结果。三是构建流程自动化的商业智能企业,如 SAP 发布业务技术平台,在原有 Leonardo 平台的基础上创新加入 RPA 技术,形成“人员业务流程创新—业务流程规则沉淀—RPA 自动化执行—持续迭代修正”的商业智能解决方案。

5. 基于平台的行业解决方案不断涌现,设备管理和生产过程管控成为各方布局重点

当前,垂直行业平台纷纷打造重点解决方案,推动平台应用更加落地。例如,GE 发布 APM 套件,嵌入 300 多个诊断模型,重点用于高价值装备的监测、性能诊断和分析管理。朗坤发布苏畅平台设备故障预警与诊断 3.0 系统,优化电力装备运维服务水平。艾默生发布一款 IIoT 解决方案,重点针对石化减压阀、换热器、疏水阀等开展数据监测,提升工厂监测管理水平。施耐德深耕电力行业,收购美国 ETAP 公司,提供电力行业模拟、控制和优化解决

方案。石化盈科发布 ProMACE 3.0，从石油化工、煤化工向盐化工、精细化工等多个细分行业延伸，行业解决方案扩展到 10 个以上，其中炼化一体化优化和设备诊断分析是重点应用。

通过对以上平台企业解决方案的分析，可以得出几点结论：一是电力、石化、装备制造等行业平台发展活跃，纷纷推出面向特定行业的专有解决方案。二是装备制造行业平台重点面向高价值装备提供实时监测、诊断分析等设备运维解决方案。三是电力、石化等流程行业平台已经开始面向全工厂提供动态监测和生产过程优化解决方案。四是其他行业平台持续深化设备接入解决方案，并加快通过边缘计算推动平台应用向工厂侧下沉。

13.5　工业互联网安全

1. 工业互联网安全的基础保障性作用愈发凸显

工业互联网安全在新基建融合推进、企业复工复产及经济社会数字化转型中的战略性、基础性保障作用尤为凸显。我国持续深化工业互联网安全体系化布局，在政策标准、工程应用、技术手段和人才队伍等方面统筹推进，初步建立起工业互联网安全保障体系。一是推动顶层设计走向体系化建设布局。工业和信息化部、应急管理部等 10 个部委印发了《加强工业互联网安全工作的指导意见》，强化安全管理、技术和服务等体系化建设。2021 年，工业和信息化部印发《关于开展工业互联网企业网络安全分类分级管理试点工作的通知》，选取 15 个省份、200 余家企业落地分类分级管理试点工作，中国信息通信研究院等一批专业机构支撑分类分级管理落地，加快建立健全工业互联网安全自主定级、检查评估、信息通报等管理制度和模式。工业互联网安全标准体系基本建立，制定和立项工业互联网平台安全等相关标准共 30 余项。二是技术手段和工程应用持续深化。2020 年，工业互联网创新发展安全工程深入实施，遴选支持了网络安全公共服务、内生安全等安全方向的项目共 84 个，推动工业互联网威胁诱捕、安全编排自动化响应、信任技术等关键技术产品研发创新，促进 5G+工业互联网安全、工业控制系统安全防护等领域重点发力，加快安全监测、安全开发测试等平台化技术应用拓展，逐步构建高质量、创新性的工业互联网安全供给体系。三是产业集聚发展态势明显。工业和信息化部组织开展了 2020 年网络安全技术应用试点示范工作，遴选培育了工业互联网数据安全等近 30 个工业互联网安全试点示范项目，挖掘提炼多样化的工业互联网安全创新应用模式和解决方案，并加快向钢铁、航空、能源等重点行业示范应用和复制推广。四是安全人才培养初见成效。工业和信息化部等 4 个部门联合主办 2020 全国工业互联网安全技术技能大赛，吸引 5000 余支队伍、共 15000 余名技术人员参赛，带动工业互联网安全技术创新和人才培育。

2. 工业互联网安全形势较为严峻

据统计，针对工业控制系统的勒索病毒攻击案例在 2019 年和 2020 年两年间暴增了 500%以上，大型高价值工业企业成为重点攻击目标，全球范围多个工业企业被勒索病毒攻击，造成生产运行中断、敏感数据泄露和业务大范围停顿等严重损失；针对大型制造企业的勒索赎金规模也不断刷新历史纪录，2020 年 12 月，富士康遭到勒索病毒攻击，1200 台服务器被加密，100GB 数据被盗，被索要 2.3 亿元赎金。2020 年，"新基建"进入融合落地阶段，以工业互联网、5G 等为代表的新型基础设施加快建设，工业互联网安全形势严峻，一方面，互联互通导致网络攻击路径增多，网络攻击手段的复杂度和多样性不断提升，网络安全风险威胁进一步向工业系统、云端平台和应用等更多对象和更大范围延伸，对工业互联网安全核心技术产品研发和产业化应用提出新的要求。另一方面，5G+工业互联网、车联网等融合形态加速涌现，对网络安全监管和技术保障提出更高要求。

3. 工业互联网安全体系建设步入落地深耕阶段

2021 年是"十四五"规划的开局之年，我国工业互联网发展迈入关键阶段，工业互联网安全体系建设将步入落地深耕阶段。全球制造业高质量发展和数字化转型加速，工业互联网安全急需加强管理、技术和服务全面落地。工业互联网企业网络安全分类分级管理模式将逐步实施推广，推动工业互联网企业网络安全责任落实和体系建设。安全技术和公共服务体系将进一步优化，传统 IT 安全技术将不断向工业级安全应用平滑迁移。工业互联网内生安全产品及工业级流量监测、态势感知、检测响应和应急等综合保障体系逐步建立，强化"云管边端"多要素综合防护，大赛、演练等活动将逐步常态化。中国信息通信研究院发起"工业互联网领航计划"，工业企业、安全企业和机构高校等协同能力持续强化，带动工业互联网安全人才队伍培养、技术供给创新和产业生态培育。

13.6　工业互联网产业

1. 工业互联网产业规模逐步壮大

我国工业互联网产业规模增长迅速，但受新冠肺炎疫情影响，2020 年工业互联网产业规模增速有所下降。截至 2020 年年底，我国工业互联网产业规模达到 9164.8 亿元，较 2019 年增长 860.3 亿元，同比增长 10.4%。预计 2021 年，工业互联网产业规模增速将逐步恢复，产业规模将超过 10000 亿元。

2. 工业互联产业体系

工业互联网强调企业生产全过程和工业产品的数字化、网络化、智能化，在新一代信息技术与制造技术融合的推动下，原有层级式架构发生了演进升级与新兴裂变。一方面，新技术带动原有产业重构、裂变和升级，一是装备叠加 AI、5G 等新技术催生智能机床、智能工业机器人等工业数字化装备产业；二是自动化结合先进计算、AI 等形成智能传感、智能控制等工业互联自动化与边缘计算产业；三是 5G、SDN 融合行业知识推动工业互联网网络产业演进；四是工业软件结合 AI、云计算等技术形成云化工业软件、工业 App 等分析与智能应用产业。另一方面，工业互联网强调的全流程智能化，需要具备泛在连接、弹性供给、高效配置等新型能力，进而推动新兴产业环节诞生。行业知识结合云计算、大数据等新技术形成工业互联网平台产业，安全技术融合行业知识推动网络安全、信息安全、控制安全等工业安全产业发展。此外，基于海量设备数据采集、存储、分析处理服务等工业互联网相关服务产业正不断涌现且蓬勃发展，最终推动工业互联网产业体系形成围绕"网络、平台、安全"的七大产业领域，如图 13.1 所示。

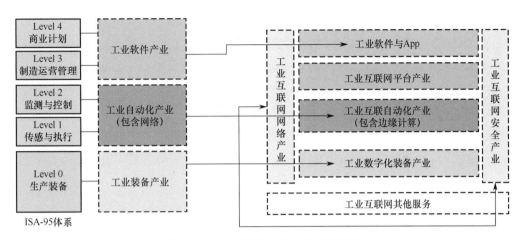

图13.1　工业互联网产业体系演变视图

3. 工业互联产业发展趋势

当前，随着新技术深度融合与应用落地，工业互联网不断出现创新变革，带动传统产业主体与新兴产业主体依托自身不同优势积极布局拓展，形成了以传统工业技术企业、制造企业、ICT 企业、初创企业为代表的四大产业主体差异化竞争的产业新格局。

传统产业主体凭借领域经验优势，紧跟新技术趋势，提升竞争能力。一方面，制造企业外化自身的数字化能力，成为产业中的新力量。制造企业依托生产经营过程中大量数字化转型升级经验与实践积累，打造行业工业互联网产品，如埃克森美孚推动全新的、基于标准的自动化标准架构，综合开发新的系列标准，打造通用设备接入平台。另一方面，工业技术企业加快拥抱 AI、5G 等新技术，实现产品和服务转型与重构。传统工业技术企业将新技术与传统产品相结合，开创更具智能化的新产品。例如，霍尼韦尔 Forge 平台以软件定义控制器 Experion PKS HIVE 为核心，强化传统设备接入能力，通过广泛的数据连接与集成，为客户提供更多维度的设备数据分析与智能决策服务。

新兴产业主体依托信息技术优势打造工业互联网产品与服务，切入制造业。一方面，ICT 企业通过广泛赋能各领域，推动产业开放化发展。以互联网企业为代表的 ICT 企业利用自身信息技术优势切入，通过汇聚资源，创建新服务。例如，阿里云推出开放的 ET 工业大脑，形成模型算法、数据专家、工艺专家汇集迭代的生态。另一方面，初创企业针对低准入门槛环节融入产业体系。初创企业与技术方案商提供关键技术能力，以"点对点"方式提供服务，打造专业优势。例如，Dragos 聚焦工业网络安全、健康安全与环境安全（HSE）领域，利用大数据与安全攻防技术打造 DRAGOS 平台，服务于石油、电力等 11 个行业。

13.7　工业互联网应用

近年来，工业互联网的应用场景逐渐由点及面，由销售、物流等外部环节向研发、控制、检测等内部环节延伸，应用行业逐步覆盖原材料、装备制造等 40 余个国民经济重点领域。基于当前的应用探索，主要形成了以下 5 种典型模式。

1. 智能化制造

依托工业互联网推动感知设备、生产装置、控制系统与管理系统等广泛互联，通过数据分析、决策优化实现研发智能交互、生产智能管控和运营智慧决策，打造高效率、高质量、零库存的生产模式。例如，茂名石化推动感知设备、生产装置、控制系统与管理系统等广泛互联，通过全局数据分析、计划优化模型、生产调度模型等优化全厂生产计划和生产调度计划，促进生产运营智能管控和全产业链动态优化，实现装置无人工干预状态下全自动、长时间可靠自动运行，劳动生产率提高181.82%，万元产值能耗降低9.97%。

2. 网络化协同

通过工业互联网整合分布于全球的设计、生产、供应链和销售等资源，构建资源灵活组织和高效调配能力，实现全产业链、全价值链动态优化配置，提升产业链供应链创新发展水平。例如，上海商飞建立网络化协同研发平台，汇聚设计、制造、试飞、运维等各环节供应商、服务商和研发人员，打造全生命周期"数字飞机"，实现国内跨地区协同研发和制造，C919飞机研制周期缩短20%，生产效率提升30%，制造成本降低20%，能源消耗减少10%。

3. 服务化延伸

依托工业互联网实现对智能产品装备的远程互联和数据分析，形成产品追溯、在线检测、远程运维、预测性维护等服务模式，基于产品数据跨界整合与价值挖掘，进一步实现服务延伸。例如，徐工集团基于工业互联网平台的预防性维护系统，通过对海量数据的挖掘分析，可以对设备全生命周期的工作状态进行预测，得到不同零部件未来一个月的损坏可能性，将最可能损坏的零部件提前修理或更换。设备的故障率降低了50%以上，维保周期缩短了60%以上，成本降低40%。

4. 个性化定制

依托工业互联网推动企业与用户的深度交互，精准挖掘分析用户需求，实现低成本条件下的大规模个性定制方案。例如，海尔通过使用全覆盖无线网络、模块化生产单元、新型数字化设备增强生产系统柔性，并基于打通全产业链条的工业互联网平台，推动用户参与到定制需求提交、设计解决方案交互、众创设计、预约下单等产品全生命周期，打造"个性定制+柔性制造"生产模式，实现一条冰箱生产线支持500多种型号产品，生产节拍缩短到10秒1台，大幅提升了生产效率，缩短了生产周期。

5. 数字化管理

利用工业互联网打通内部各管理环节，打造数据驱动、敏捷高效的经营管理体系，推进可视化管理模式普及，开展动态市场响应、资源配置优化、智能战略决策等新模式应用探索。例如，三一重工利用工业互联网打造全连接智能工厂，接入20多类、1000多种工业终端。通过整合设备资源，优化设备效率，将冗余设备封存处置后，上线设备由2018年的12000台缩减至8100台，而设备作业率反而从35%提升至70%，人均产值提升了68%，实现了产值大幅提升。

从实践来看，很多有实力、有条件的企业所进行的探索，不仅是一种创新模式，而且是多种新模式的综合集成，贯穿研发、制造、销售、服务、管理各个环节，以实现提质降本增效。例如，乘用车企业北汽福田持续推进"一云、四联、五化"战略，即部署公有云和私有云相结合的混合云，面向福田汽车企业价值链和产业链提供工业互联网服务，实现工厂内部互联、产业链系统互联、企业与产品互联、企业与客户互联，通过新模式应用，制造成本降低 12%，能源节约 10%，可靠性改善 7%，质量满意度提升 20%。

6. 助力复工复产

工业互联网在助力复工复产过程中也发挥了重要作用。一是帮助企业快速转产与高效生产运营。红豆集团依托工业互联网平台迅速构建防护服转产产能，实现普通防护服和隔离衣日产能均达到近 10 万件。二是保障防疫物资精准匹配与调度。海尔卡奥斯平台上线疫情医疗物资信息共享资源汇聚功能，搭建了 3 个需求模块、3 个供应模块及医疗物资需求信息平台。三是形成更多样的线上业态。在工业和信息化部的指导下，工业互联网产业联盟等单位共征集 200 余款工业 App，涵盖研发设计、生产制造、经营管理、运维服务等功能，以减少技术人员的流动、降低服务门槛，帮助用户和企业稳产复产。四是实现了更高效的监测服务。多地政府利用工业互联网实现了复工复产备案申报审批，企业可以一键备案，主管部门可以一键核准，实时掌握进度，辅助决策，实现了"让数据多跑路，让企业少跑腿"。

（王欣怡、张恒升、池程、陈文曲、刘阳、马娟、任禾、李亚宁）

第 14 章　2020 年中国社交平台发展状况

14.1　发展环境

中国经济的快速增长和信息时代互联网技术的不断创新，使中国消费者不仅有了衣食住行的自由，而且对精神生活有了更高的追求。由于互联网媒介的高速发展，社交活动也随之不断被重新塑造，社交形式越发多样化。

1. 社交市场持续细分化，社交应用呈现多元化发展

移动互联网的持续发展为社交活动提供了更多选择，各大互联网公司在打造综合社交平台的同时，也在探索垂直化领域。在互联网媒介促进用户建立更加复杂的社交关系的同时，用户新需求也在反向推动细分社交领域的发展。2021 年 3 月 TOP5 社交平台用户规模及渗透率如图 14.1 所示。

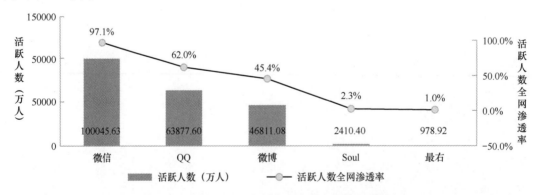

图14.1　2021年3月TOP5社交平台用户规模及渗透率

资料来源：易观千帆。

综合类社交平台依旧占据市场领头位置，市场格局稳定。以婚恋交友、商务社交、追星社交等为代表的细分领域整体用户规模相对较小，但由于不少垂直化的社交平台将细分群体的个性化需求作为创新的立足点，其未来潜力可观。随着用户新需求的出现和互联网公司对新产品的探索，细分社交领域具有较强的增长潜力。

2. 陌生人线上社交领域受到多方关注，行业监管面临挑战

互联网媒介极大地促进了陌生人之间的社交活动，从而带动了该细分领域的繁荣和创新。为了布局该领域市场，不少成熟综合社交平台和新兴平台相继推出陌生人社交功能或产品，持续关注用户的相关需求和市场变化。但陌生人之间的弱关系纽带为社交行为带来了风险，也为行业监管带来了挑战。另外，电信诈骗、隐私窃取、不健康信息传播也在这些社交平台上频繁发生。为了保障行业长期良性发展，行业监管监督力度在近年变得更加严格，不少平台也完善了自查机制。

3. 新技术加持业务创新，不断提升用户体验

5G、AI、VR 等新技术的发展与落地拓宽了社交场景，不仅完善了社交平台功能，也帮助不少非社交平台提升了用户体验。在传统图文社交方式的基础上，新技术加持了语音、视频、直播、游戏等多种形式在社交平台的融合，社交场景的升级有效提升了社交活动的娱乐性和便捷性，丰富了用户体验，满足了用户日益复杂的社交需求。在新技术的助力下，不少非社交平台也在向社交领域延伸，将社交功能与业务相结合，带动核心业务增长，增加用户黏性。

4. 国内流量红利见顶，社交平台拓展海外市场

移动互联网的发展促进了经济全球化，面对国内互联网激烈的竞争环境，一些大型平台积极拓展海外市场，国内移动社交产业走向国际的步伐日益加快。由于不同地域不同类型用户的社交活动具有一定差异化，一些国内社交平台深入探索海外用户需求，抓住市场机遇，填补市场空白。此外，社交平台出海对于提升我国在国际上的影响力、话语权和新闻传播力也起到了促进作用。例如，在新冠肺炎疫情期间，社交平台在国内外信息传播方面和国家形象宣传方面发挥了重要作用，不仅帮助网民及时了解国内外疫情发展形势，还通过视频、短片、新闻等方式向国际展示我国政府、企业和民众积极抗疫的举措，提升了中国影响力。"出海"已经成为一些大型社交平台扩张市场的典型方式，也将为行业创造新红利，并助力中国品牌的打造。

14.2　发展现状

1. 社交产品是互联网用户的核心需求，覆盖全网超过 99% 的用户

网络社交应用作为网民网络访问行为中的核心需求，从 PC 时代开始，网络社交服务的用户渗透率就遥遥领先，根据易观千帆数据，2020 年中国社交网络服务用户规模为 10.2 亿人，占比高达 99.03%。

除刚性使用需求外，大量其他领域互联网产品，如电商、游戏等各类应用等纷纷引入社交、社区功能，以增加用户黏性，为商业变现开拓空间，抢夺用户时间。

2020 年各类垂直社交领域用户规模如表 14.1 所示。

表 14.1　2020 年各类垂直社交领域用户规模

序号	垂直社交领域	用户规模（万人）
1	社交网络	100365.12
2	即时通信	99967.20
3	综合社区论坛	25816.61
4	异性社交	3559.05
5	社交辅助工具	2543.99
6	图片社交	1480.29
7	婚恋交友	1009.85
8	学习社区	663.41
9	商务社交	663.13
10	同志交友	451.44

2. 垂直社交产品满足个性化需求，增速领先

微信、QQ、微博等综合社交产品越发成熟，市场格局已经基本稳定，拥有稳定的大规模用户群体。而聚焦细分用户使用需求的垂直社交领域，如陌生人社交、婚恋交友、母婴社区、视频交友等领域的产品，增速明显领先，展现旺盛生命力。2020 年部分垂直社交领域产品用户增速如表 14.2 所示。

表 14.2　2020 年部分垂直社交领域产品用户增速

App	同比增速	类型
陌声	399.22%	陌生人社交
HELLO 语音	117.57%	下沉交友
伊对	66.29%	婚恋交友
TT 语音	46.10%	语音陪玩
斗鱼	35.67%	直播交友
声洞	30.34%	下沉交友
比心	29.84%	语音陪玩
虎牙直播	28.40%	直播交友
SOUL	24.79%	陌生人社交
花椒直播	19.37%	直播交友

以"90 后""00 后"为代表的年轻用户群体有着较为显性的行为特征，首先是需求偏好的多元化和个性化，具体表现为以兴趣展示个性、兴趣社交、为兴趣付费、平行世界的代入及超级重视体验等特征。在这样的背景下，综合社交已经难以满足年轻用户的需求，微信等产品更多成为生活、工作必需品，但并非兴趣必需品，因此个性化需求推动垂直市场蓬勃发展。

3. 综合社交平台市场格局稳固，中长尾应用竞争激烈

微信、QQ 等综合社交产品覆盖绝大部分市场用户，领先优势明显，近年来综合社交市场格局呈现稳定固化趋势，中长尾产品发展空间受限，新入企业发展难度较大。而在垂直领域，各类社交产品聚焦核心用户群体，从使用需求出发，整体市场竞争激烈。从整体来看，年轻用户依然是当前垂直社交产品的主要争夺群体，基于"00 后"的个性化诉求的产品层出不穷，或将引起未来市场变化，去中心化、个性化、碎片化趋势将越来越明显。2020 年头部社交产品用户覆盖情况如表 14.3 所示。

表 14.3　2020 年头部社交产品用户覆盖情况

序号	App	活跃用户（万人）	覆盖率
1	微信	99743.02	96.61%
2	QQ	65176.15	63.13%
3	微博	45696.80	44.26%
4	小红书	13821.64	13.39%
5	陌陌	6481.08	6.28%

中国社交市场仍处于发展中，随着用户的变迁和技术的进步，社交交互形式仍在快速变化之中，基于 AR、VR 的互动形式将有效提升社交体验，或将颠覆未来市场发展。

14.3　用户规模

2020 年，中国社交网络用户规模达到 10.2 亿人，较 2019 年微幅上涨 0.1%，整体用户规模较为稳定。社交是用户核心使用场景，整体市场发展相对成熟，主要增量来源于 24 岁以下和 41 岁及以上两个用户群体，尤其是"银发用户"增长较快（见图 14.2）。

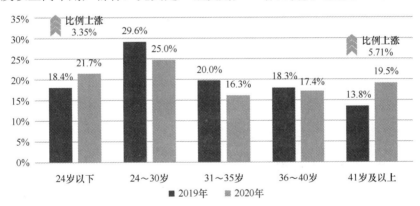

图14.2　2019—2020年社交网络服务用户年龄结构

资料来源：易观千帆。

18～24 岁年轻用户社交需求个性化、去中心化趋势明显，对语音社交、语音陪玩等细分领域偏好明显；而目前专门针对中老年人群的应用较少，他们的社交需求基本通过普适化的社交应用完成，在应用上的差异特征表现并不突出。

14.4　商业模式

1. 广告是出现较早且较为典型的变现形式

微信、QQ、微博等平台主要以广告变现为主，在媒体形式多元化和技术赋能下，社交广告形式多样化，包括强曝光率的开屏广告、基于内容刷新的信息流广告、品牌展示视频广告、内容生态的搜索广告、可关闭广告等。

由于进入门槛较低和数字营销的发展，未来较长时间内，广告仍将是社交平台的主要变现形式，但由于平台类型的不同，各个平台的广告阈值也不同，其中社区类平台用户的广告宽容度更高。近年来，各类社交平台都在持续增加内容属性，一方面抢占用户时长，另一方面是为了开发更多广告库存。

2. 用户付费开始兴起，展现强大生命力

目前，用户付费主要有两种形式，一种是以直播为主的用户打赏，如陌陌、虎牙、斗鱼等平台的主要收入形式均为打赏。目前在年轻用户群体之中，为喜爱的网红付费打赏已经成为习惯，并基于网红（KOL、KOC）效应，开始形成粉丝效应，构建出网红、工会、粉丝、MCN机构、商业变现的完整闭环。由于其超越社交平台本身的商业属性，预计未来市场前景广阔。

另一种付费形式主要为社交平台为用户提供更高权限的会员付费服务，主要体现在婚恋产品、陌声人社交等平台。随着用户付费意识的觉醒及社交平台个性化服务的发展，会员服务付费预计也将成为市场重要变现形式。

3. 电商功能引入，直接促成消费变现

以母婴社区为代表的垂直社交产品，较早引入电商功能，随着电商变现的转型渗透，社交电商已经成为快速发展赛道，如拼多多等产品凭借社交裂变优势，快速占领市场，用户快速增长。未来电商渠道仍将是社交产品的重要变现手段，但整体规模和比重预计将保持稳定。

14.5 典型案例

1. 腾讯

腾讯旗下拥有微信、QQ等领先全网的社交平台，依托产品、技术、资本优势，多年来腾讯始终牢牢占据社交市场领先地位，近年来腾讯基于社交优势，持续扩张产品生态，推出公众号、小程序等依托于微信的细分产品，并通过"腾讯社交平台"将海量流量变现，同时具备移动支付、在线游戏等变现方式，已经形成完整的商业闭环。

微信常年占据中国社交平台领先地位，并在发展中不断优化，其生态体系包含朋友圈、公众号、小程序和视频号等重要社交节点。

朋友圈的推出满足了即时通信常规功能外的分享需求，重塑了长期以来"点对点"的一维交互模式，构建了以"社会化"关系为代表的第二维度社交节点。接入第三方内容后，朋友圈同时也承担向公众号、视频号、音乐等模块导流的角色。在拥有亿级用户后，为挖掘用户价值、创造更好的黏性，微信开始丰富内容生态，形成微信体内的信息生态循环"公众号-聊天-朋友圈"。朋友圈起初主要面向名人、政府、媒体、企业等机构推出合作推广业务，作为品牌线上推广渠道，为微信社交圈引入第三方信息。

小程序主要应用在电子商务、旅游出行、美食外卖等多领域。对商家而言，小程序成为触达用户的新渠道。截至2020年年底，累计超过1亿人次在购物中心、百货小程序产生下单购物行为；累计超过3亿用户在微信内购买生鲜、蔬果。

2. 新浪微博

新浪微博是目前国内最大的综合性社会化媒体平台，为用户提供基于关系链的信息分享、社交互动服务，自 2009 年上线以来持续完善功能，市场地位不断巩固。微博的核心竞争力在于长期沉淀并不断增长的围绕社交关系链的内容生产、分发和消费，同时，在基础设施不断完善的情况下，通过技术支持与运营支持强化平台富媒体内容的渗透度。

2020 年，新浪微博受新冠肺炎疫情冲击较大，宏观经济形势恶化影响广告主投放，尤其上半年，微博营收出现较大下滑，下半年，随着经济形势的好转，营收和利润在第四季度恢复了稳健增长的态势。

在视频领域，微博于 2020 年 7 月正式推出视频号计划。视频号既给予了创作者在微博积累粉丝、打破圈层的机会，又拉动了微博 KOL 规模的增长，为微博生态注入了更多活力。视频号计划上线后，微博头部作者加速"视频化"转型，包括"左拆家""硬核看板""正义路人胖虎"等在内的外站优质作者大量入驻微博进行视频创作，构建全网影响力、实现出圈，过去一年微博新增大 V 用户中接近一半为视频大 V。在品牌客户层面，新浪微博整合内容生态优势、发挥品效合一的营销能力，进一步打开局面，品牌广告客户数连创新高。

3. 知乎

知乎以免费问答社区为核心，同时提供专栏、电子书等知识信息服务。2016 年起，知乎积极拓展知识付费业务，逐步推出"值乎""知乎 Live""私家课""付费专栏"（后改为"付费咨询"）等多种付费业务形态。出于增长和变现的战略需求，知乎的定位几经变迁。2021 年，基于十周年品牌焕新战略，知乎在 App Store 上线 V7.0.0 版本，推出新 slogan"有问题，就会有答案"。该版本以兴趣/生活类问答和社会热点讨论为核心内容，并提供视频和社交模块。知乎凭借其内容属性，吸引大量高净值人群，整体呈现小而美的用户特征。

知乎的会员模块集成了丰富的付费业务形态，包括知识付费服务和电商服务（福利社）。其中，知识付费服务包括电子书（读书会、小说）、优质文章（盐选专栏）、讲座（知乎 Live）。大部分服务为订阅制，用户只需订阅盐选会员即可免费享用；少数服务以秒杀/折扣的方式出现，会员仍需再次付费。这种设计方式主要有两个好处：一是将会员权益一目了然地展示给用户，可以提升用户的付费意愿；二是付费用户比起免费用户往往更愿意进行再度付费，因此付费转化率也可得到提升。

优质内容是知乎的"护城河"，而优质内容来自优秀的创作者。经历了 3 次"大 V 出逃"后，知乎近年来对创作者的扶持与激励力度逐年增强，覆盖了网购种草、科学、社科人文、游戏、技能分享等领域。此外，知乎还通过创作者成长体系来鼓励用户生产内容，即等级更高的创作者可以获得更多权益，如内容分析、直播、好物推荐、赞赏功能、圆桌主持人、知乎 Live、品牌任务等。

14.6　发展挑战

1. 社交服务个人隐私要求越发严格

社交平台依托用户数据分析用户使用偏好，以升级、优化产品，部分平台基于此进行精准广告投放，但在实际操作中存在用户风险问题。近年来，我国监管部门对社交服务的个人隐私保护要求越来越高，许多社交应用仍然存在非法获取用户个人隐私信息等问题，监管部门也在逐渐加大有关违法行为的处罚力度。因此，社交平台应以审慎的态度收集、管理用户数据，有效保护用户的个人隐私信息及各类行为数据。

2. "社交+"的产品模式将全面加强市场竞争

当前，中国社交网络服务市场已经全面进入存量竞争阶段，各类社交产品为了进一步占据用户访问时长，持续扩展产品服务边界，补全细分社交属性，增强用户黏性。在综合性社交网络服务平台已经处于产品成熟期的情况下，将通过"社交+"进一步丰富社交产品属性，以满足更多不同类型的用户需求。

（付彪、马世聪）

第15章　2020年中国网络音视频发展状况

15.1　发展环境

1. 网络音视频监管要求日益明晰

2020年，监管部门对网络音视频市场的健康有序发展提出了更高的要求，针对未成年人用户保护、内容创作、收视（播放）统计、直播规范方面的政策监管更加严明，主要包括加大内容监管力度、倡导网络剧"提质减量"、明确直播主体社会责任等，为音视频平台落实社会责任提出了更具体的要求。同时，政策对超高清视频、互联网电视等市场的具体发展也提出明晰规划。2020年中国网络音视频行业主要政策如表15.1所示。

表 15.1　2020年中国网络音视频行业主要政策

时间	监管方向	政策/规定及发布单位	核心内容
2019年12月	未成年保护	《健康中国行动——儿童青少年心理健康行动方案（2019—2022年）》，国家卫生健康委、中宣部、广电总局、中央网信办等	管理部门要加大对网络内容的监管力度，及时发现清理网上与儿童青少年有关的非法有害出版物及信息，重点清查问题较多的网络游戏、网络直播、短视频、教育类App等，打击网络赌博、血腥暴力、色情低俗等网站和App，为儿童青少年营造良好的网络环境
2020年2月	内容创作	《关于进一步加强电视剧网络剧创作生产管理有关工作的通知》，广电总局	电视剧拍摄制作提倡不超过40集，鼓励30集以内的短剧创作。如确需超过40集，制作机构需提交书面说明，详细阐述剧集超过40集的必要性并承诺无"注水"情况
2020年5月	收视统计	《广播电视行业统计管理规定》，广电总局	明确任何机构和个人不得干扰、破坏收视收听率（点击率）统计工作，不得制造虚假的收视收听率（点击率）
2020年5月	超高清视频	《超高清视频标准体系建设指南（2020版）》，工业和信息化部、广电总局	预计到2022年，我国超高清视频产业总规模将超过4万亿元。到2020年，初步形成超高清视频标准体系，制定急需标准20项以上，重点研制基础通用、内容制播、终端呈现、行业应用等关键技术标准及测试标准。到2022年，进一步完善超高清视频标准体系，制定标准50项以上，重点推进广播电视、文教娱乐、安防监控、医疗健康、智能交通、工业制造等重点领域行业应用的标准化工作

（续表）

时间	监管方向	政策/规定及发布单位	核心内容
2020年5月	互联网电视	《互联网电视总体技术要求》，广电总局科技司	对五项广播电视行业标准报批稿进行公示，规定了互联网电视的总体技术架构，互联网电视集成平台、互联网电视内容服务平台、互联网电视终端之间的对接要求，以及与监管平台对接的基本要求
2020年6月	直播规范	网络直播行业专项整治和规范管理行动，中央网信办、全国"扫黄打非"办等	旨在督促主要平台切实履行主体责任和社会责任，守牢法律底线、道德底线和安全底线，自觉完善平台规则，优化系统功能，改进算法推荐，强化主播管理，最大限度压缩低俗不良信息生存空间，不断提升直播内容质量，为广大网民提供更多更好的文化产品和服务，推动网络直播行业健康有序发展
2020年8月	未成年保护	《关于联合开展未成年人网络环境专项治理行动的通知》，教育部、国家新闻出版署、中央网信办、工业和信息化部等	进一步推动网络直播和视频平台开发使用青少年网络防沉迷模式。完善实名实证认证、功能限制、时长限定、内容审核、算法推荐等运行机制。坚决清理网站平台少儿、动画、动漫等频道涉低俗色情、校园霸凌、拜金主义、封建迷信等导向不良内容。严格处置直播、短视频网站平台存在的色情、暴力、恐怖等低俗不良信息
2020年9月	顶层设计	《中共中央关于制定国民经济和社会发展第十四个五年规划和二〇三五年远景目标的建议》	中央提出了到2035年建成文化强国，首次明确建成文化强国的具体时间表
2020年11月	直播营销	《互联网直播营销信息内容服务管理规定（征求意见稿）》，中央网信办	提出直播营销平台应当依法依规履行备案手续，制定直播营销目录，防范和制止违法广告、价格欺诈等侵害用户权益的行为，对直播间运营者账号建立分级管理制度，建立健全未成年人保护机制

2. 宏观环境影响产业投资规模缩减

2020年，中国文化娱乐领域投融资金额仅为154亿元，成为自2014年以来的历史新低（见图15.1），且2020年文化娱乐产业投融资案例数仅有178起，相比往年同样出现明显下滑。

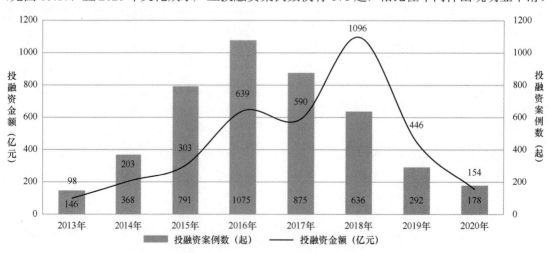

图15.1　2013—2020年中国文化娱乐领域投融资情况

资料来源：易观千帆。

3. 人均文娱消费支出攀升，带动文化娱乐市场长期发展

受新冠肺炎疫情影响，2020 年文化娱乐消费支出有所下滑。统计数据显示，2020 年中国居民人均教育、文化和娱乐消费支出仅为 2032 元，相比 2019 年降低 19.1%，低于 2016 年后的各年水平。随着社会逐渐进入后疫情时代，居民日常消费需求恢复，文化娱乐消费有望积极反弹，为中国文化娱乐相关产业的可持续发展提供后续动能。

15.2　发展现状

1. 细分内容创新发展，激活市场活力

网络音视频市场与互联网、移动互联网发展基本同步，在步入流量红利逐渐消退的宏观新常态下，用户对于音视频内容和服务创新仍然有较高需求和期待，市场坚持依托技术升级、用户代际更迭、消费模式转换等要素推动创新，努力挖掘更多的市场增长空间，推动产业效能持续提升。2020 年，音视频市场多个细分品类的微创新效应叠加，市场活力进一步迸发。

播客发展进入上行拐点。播客虽然最初出现并快速成长于十余年前的海外市场，但受益于海外成熟市场的发展带动，以及国内网络、设备等基础设施的成熟、大量优质创新内容的积累和头部平台的发展推动，国内音频播客市场从 2019 年开始逐渐壮大，尤其在 2020 年播客内容端大量覆盖科技创业、文化艺术、新闻评论、教育研究等细分领域的专业音频创作团队出现并获得用户热捧，在平台端泛用型播客平台小宇宙、皮艇的出现，以及 QQ 音乐、网易云音乐、喜马拉雅等头部平台将"播客"页面提到更显要位置，都代表着国内播客市场发展正进入上行拐点。

微短剧提供新的短视频消费方式。2020 年，多个短视频平台加紧布局微短剧赛道，如快手除上线"快手小剧场"之外，还通过"星芒计划""剧星计划"扶持创作者；抖音推出"百亿巨好看计划"后，宣布 2021 年与头部制作公司、经纪公司深度合作，打造更多优质剧集内容；微视也宣布在 2021 年向微剧赛道投资 10 亿元现金、100 亿流量扶持。微短剧紧扣年轻用户碎片化、追求快速刺激的内容消费特点，内容题材多为甜宠、悬疑、搞笑等，并依靠用户付费、营销植入、内容定制等方式实现内容变现。目前，微短剧正处于初期起步阶段，对平台政策有较高依赖，并且尚未形成稳定的商业闭环，未来发展有待更长期的市场检验。

网剧剧场掀开网剧制作的工业化侧面。2020 年，以《隐秘的角落》开启、以《沉默的真相》推高热度的爱奇艺"迷雾剧场"开启了视频平台剧场化运营的模式升级。2.0 时代的视频平台剧场模式基于剧集内容本身的高水准、高品质，叠加精准受众定位、快节奏排播方式、分层化付费产品设计、全方位营销推广的运营思路，实现剧场口碑打造并形成长尾效应，也体现了网剧工业化水平的显著提升。2021 年，爱奇艺"迷雾剧场"、芒果 TV"季风计划"、优酷"悬疑剧场"等多个平台的竞争加码有望进一步提升剧场模式升级和网剧内容行业的成熟度。

2. 网络直播技术和商业模式持续创新，拓宽行业应用新模式

智能终端的升级、人工智能算法的应用、云计算、CDN 等网络技术的提升为直播提供了良好的技术条件。新冠肺炎疫情期间，钟南山院士通过 5G 视频远程连线，为危重病人进行远程会诊。2020 年全国两会前夕，新华社首次采用 5G+全息成像技术，让远隔千里的主持人和全国人大代表也能实时"面对面"交流。在娱乐领域，虎牙、B 站等在虚拟主播方面进行前瞻性布局，以 AI 解决方案创造模拟真人主播的形象，以创意实现主播在不同时空、场景下直播的可能性。在电商领域，京东、天猫等开始引入"虚拟主播"进行线上直播带货。未来，真人主播、虚拟主播可以互相赋能、优势互补，共同塑造全新的主播生态。未来，高速率、大带宽、低时延的 5G 网络技术与网络直播的融合，将带来更大的价值空间。

3. 电商直播爆发式增长，成为拉动经济增长的新引擎

电商直播重塑了"人货场"的相互关系。与传统电商相比，电商直播场景聚集效应更强，营销效率更高，效果更明显。阿里巴巴、京东、拼多多等电商平台，抖音、快手等短视频平台，微信、微博等社交平台，都开始将电商直播作为拉动营收增长的战略重点。据商务部数据，2020 年，重点监测电商平台累计直播场次超过 2400 万场。2020 年，电商直播市场规模超过 1 万亿元，近 40%的网购用户有直播购物经历，电商直播成为网购消费增长的新动能。

4. 内容+服务+技术多环节助力全民线上抗疫

在疫情期间，综合视频平台充分发挥媒体平台作用，给平台核心内容资产添加了更多社会责任价值。从 1 月 27 日开始，各视频平台纷纷增设"战疫情"频道专页，整合与疫情相关的新闻纪实、科普辟谣、公益等各类内容，做好疫情防控宣传工作；此外，芒果 TV 对全平台内容进行特别编排，通过制定错峰编排、免费活动、会员定制等策略，打造多元内容矩阵，最大限度地满足用户观看需求。

同时，为了保障广大中小学生能有一个有意义的悠长假期，综合视频平台也免费提供大量教育内容资源。例如，爱奇艺知识联合近百家头部教育机构发起"停课不停学"计划，提供超过 2000 场免费直播课，以及近万门免费精品录播课，课程内容涵盖疫情防护科普、少儿科普、幼儿素养、儿童英语、艺术兴趣等多领域。

面对疫情防控的需求，短视频平台快速响应推出多项举措参与到"战疫"舆论场中，在内容层面，一方面邀请相关领域专家以"短视频+直播"的形式进行科普答疑，缓解公众焦虑，并与各个媒体机构协同合作，助力权威内容快速触达用户；另一方面鼓励用户录制 Vlog，记录武汉本地生活、医护防治工作、众人支援前线等不同视角下的特殊时期日常。在传播分发层面，以算法见长的短视频平台汇总聚合多链路来源内容，对优质内容加大推广权重，同时对虚假内容快速屏蔽，及时、准确地为公众传播信息内容。此外，快手、抖音等平台也快速调整了既定的"春节红包营销"活动，如快手在春晚直播间上线了"武汉加油"公益礼物，礼物收入全部捐入武汉慈善总会，用户还可选择将自己所获得的春晚红包通过"公益支持武汉"功能捐赠，快手也会在用户捐赠红包的同时额外捐赠 10%用以助力武汉。

央视旗下一款上线不久的视频产品"央视频"也迅速发挥 5G+4K、5G+8K 技术的应

用优势，从 1 月 27 日开通"与疫情赛跑"慢直播，将 24 小时监控镜头对准火神山医院与雷神山医院的施工现场，与广大用户共同见证 10 天内医院从无到有拔地而起的全过程。这样的直播内容让"宅家战疫"的用户看到了每个建设者、志愿者夜以继日争分夺秒的身影，也为公众打下了"众志成城抗大疫"的一剂强心针。除了直播之外，"央视频"还推出"疫情防控"频道页，补充优质 PGC 内容，多方位、多角度呈现疫情信息，吸引了大量用户。

15.3　市场与用户规模

1. 市场规模

2020 年，中国网络视频市场规模达到 2412 亿元，同比增长 44%（见图 15.2）。在需求端的主力推动下，视频产业链精细化升级速度加快，各环节变现能力和变现效率都有不同程度提升，尤其在平台端。视频平台已长期积累了充沛的用户资源（用户规模与行为数据）、内容资源（内容供给及分发能力）、客户资源（C 端客户与 B 端客户），并依托数智化、精细化、差异化运营实现高效率变现。

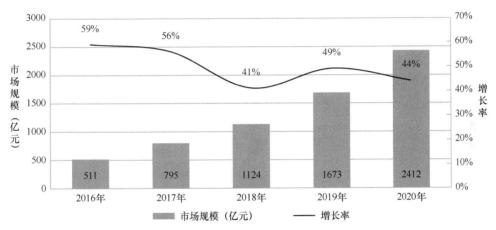

图15.2　2016—2020年中国网络视频市场规模

资料来源：易观千帆。

随着互联网用户消费行为娱乐化、内容形态视频化的趋势加深，视频场景的全网渗透率还将继续提高，头部视频平台业务生态的延展空间拓宽，助推平台解锁更多样化的商业变现能力。

2020 年，中国数字音乐产业市场规模达 732 亿元，同比增长 10%（见图 15.3）。伴随着有序版权环境下互联网音乐产业的健康发展，用户对于在线音乐订阅服务、数字专辑等方面的付费行为接受度在稳步提升，用户付费习惯深入形成。此外，数字音乐平台的社交娱乐业务的变现转化能力也为市场营收贡献稳定业绩。未来，随着头部平台以庞大用户基数和丰富版权内容为基础的平台生态建设的进一步纵深展开，音乐与多个泛娱乐行业的融合程度将加深，将更全面地激发产业能效，实现市场规模持续增长。

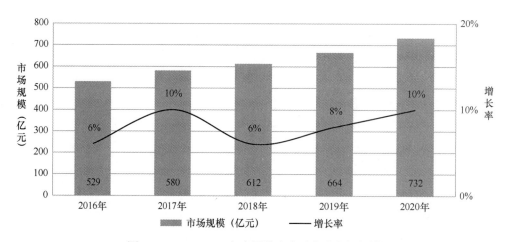

图15.3　2016—2020年中国数字音乐产业市场规模

资料来源：易观千帆。

2. 用户规模

在整体用户规模方面，网络视频与音频娱乐活跃用户规模均处在市场上游，网络视频、音频娱乐市场用户的全网渗透率分别达到96.5%、76.6%。从全年表现来看，网络视频与音频娱乐市场用户规模保持高位稳定增长态势，到2020年12月，网络视频活跃用户规模达到10.01亿人，网络音频娱乐市场活跃用户规模达到 8.17 亿人（见图 15.4），相比 2019 年分别增长2.14%、7.22%。

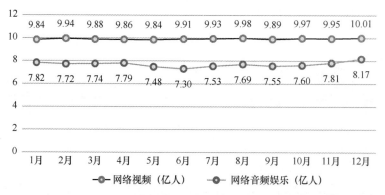

图15.4　2020年中国网络视频和音频娱乐活跃用户规模对比

资料来源：易观千帆。

3. 用户行为

从用户使用行为来看，网络视频市场用户黏性显著高于网络音频娱乐市场用户数据。根据易观千帆的数据，2020 年 12 月网络视频市场人均单日启动次数达到 17.5 次，人均单日使用时长达到 241.7 分钟。新冠肺炎疫情显著提升了网络视频用户的访问黏性，尤其在使用时长方面，2 月网络视频人均单日使用时长达到 262.7 分钟（见图 15.5）。

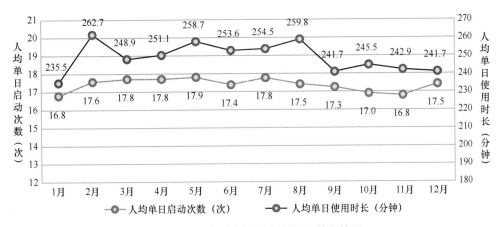

图15.5　2020年中国网络视频用户使用情况

资料来源：易观千帆。

网络音频娱乐市场用户黏性相对平稳，但随着下半年复工复产的平稳推进，用户使用数据有逐渐下探的趋势。2020 年 12 月，网络音频娱乐市场用户人均单日启动次数达到 5.8 次，人均单日使用时长达到 29.4 分钟，人均单日使用时长较年初水平有所下降（见图 15.6）。

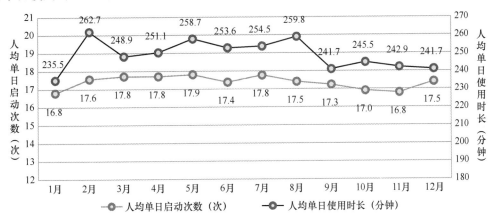

图15.6　2020年中国网络音频用户使用情况

资料来源：易观千帆。

15.4　细分领域

15.4.1　细分行业结构

从细分行业情况来看，网络音视频行业以综合视频、短视频综合平台、移动音乐为三大头部细分行业，到 2020 年 12 月的月均活跃用户规模均在 7 亿人以上，而综合视频与短视频综合平台的日均活跃用户数在 4 亿人上下，尤其是短视频综合平台日均活跃用户数达到 4.43 亿人，可见短视频已成为用户最经常使用的音视频娱乐平台之一（见图 15.7）。

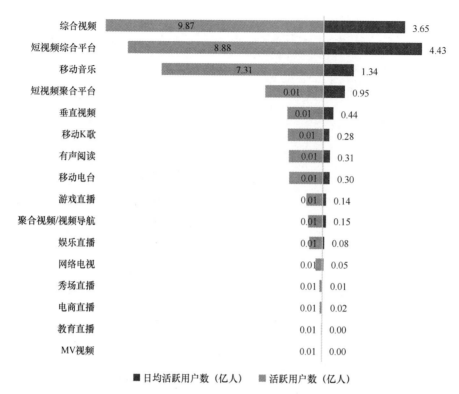

图15.7　2020年中国网络音视频细分市场用户规模

资料来源：易观千帆。

垂直视频、移动 K 歌、有声阅读、移动电台等面向用户细分娱乐场景的行业活跃用户规模也已突破亿级，日均活跃用户数在 3000 万人左右。直播类行业在短视频迅猛发展和其对直播内容生态的快速开发下"天花板"显现，而聚合视频/视频导航、网络电视、MV 视频等细分行业受到市场整体发展模式升级的影响，活跃用户规模逐渐走低。

15.4.2　综合视频

2020 年，中国移动综合视频行业用户规模保持稳定小幅增长态势，到 2020 年 12 月综合视频行业活跃用户规模达到 9.87 亿人，日均活跃用户达到 3.65 亿人，如图 15.8 所示。2020年，长视频内容生产机制的完善、产业化能力的升级和服务生态的延展拉升综合视频整体发展成熟度，并在商业变现方面取得较大成果。

在竞争格局方面，综合视频行业目前呈现梯队式竞争格局，各梯队分化明显，腰部平台破圈突围态势向好。第一梯队以爱奇艺、腾讯视频为主，用户规模稳定且实现小幅增长，作为行业标杆在内容和模式方面引领创新方向。

第二梯队寻求破圈突围，如哔哩哔哩不断扩大内容供给，扩充多种来源、形态的内容生态，同时创新内容体验形式，在深度满足用户偏好的同时，实现从二次元到泛娱乐的用户圈层跨越，2020 年 12 月活跃用户规模增至 1.31 亿人，同比增长 19.2%，是 TOP10 综合视频App 中同比增长最快的应用。

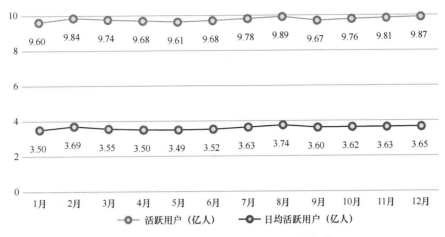

图15.8　2020年中国网络综合视频用户规模

资料来源：易观千帆。

第三梯队则以差异化保持竞争力，如华为视频积极与头部平台合作，扩大内容供给；搜狐深耕类型化内容，坚持"小而美"的发展模式。

2020 年中国网络综合视频产品用户规模对比如图 15.9 所示。

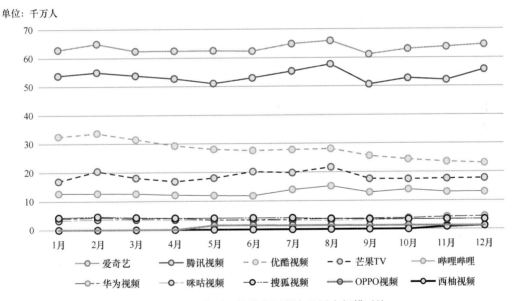

图15.9　2020年中国网络综合视频产品用户规模对比

资料来源：易观千帆。

15.4.3　短视频

2020 年，短视频领域用户规模在上半年经历小幅波动后持续增长，2020 年 12 月活跃用户规模达 8.88 亿人，同比增长 12.4%，增长动力十足；日均活跃用户规模持续增长，年末突破 4.4 亿人，带动视频行业整体水平实现增长（见图 15.10）。

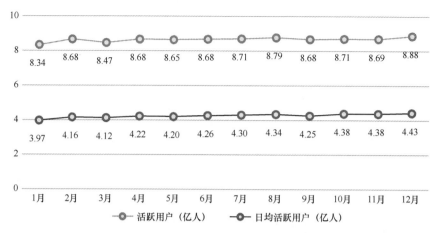

图15.10　2020年中国短视频用户规模

资料来源：易观千帆。

短视频赛道逐渐成熟，大量流量聚集，短视频逐渐成为众多用户的日常生活中的常规应用。同时，短视频整体使用时长较长，占据较多用户碎片化时间，且随着 5G 的推广、算法的升级，短视频越来越被大众所依赖。

在竞争格局方面，短视频领域呈现互联网巨头把握流量阵地，头部割据的局面。一方面，短视频市场长期由字节跳动、快手、百度、腾讯旗下 App 占领；另一方面，在量级上，相比于其他短视频 App，抖音和快手有着用户规模的绝对优势，并依靠海量数据资源优化运营效率，形成更加牢固的竞争壁垒。

另外，抖音、快手等还推出了多种衍生应用，包括年初火山小视频宣布进行品牌升级，并更名为抖音火山版。而抖音极速版、快手极速版等背靠主 App 本身的引流效应及对下沉市场用户的精细运营，用户规模获得惊人增长。

2020 年中国短视频产品用户规模对比如图 15.11 所示。

单位：千万人

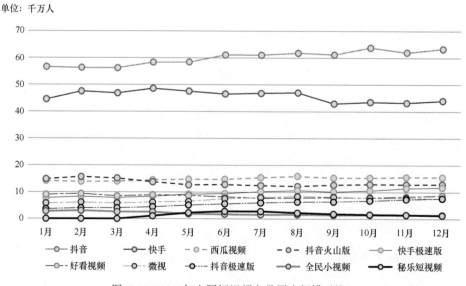

图15.11　2020年中国短视频产品用户规模对比

资料来源：易观千帆。

15.4.4　网络直播

1. 市场规模

2020 年，网络直播行业市场规模达到 1502 亿元，同比增长 42%，增长率有所下降但仍保持了较快增速[1]（见图 15.12）。在需求侧，用户网上社交及娱乐需求不断增长，网络直播持续渗透到人们的日常生活中。在供给侧，各大传统直播平台持续进行技术和产品升级，推动优质内容的生产，头部短视频平台及垂直领域应用不遗余力地向直播渗透，为直播行业注入更大发展动力。

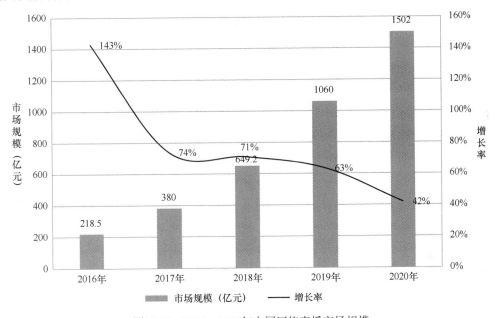

图15.12　2016—2020年中国网络直播市场规模

资料来源：根据公开资料整理。

2020 年，中国游戏直播市场增速有所放缓，但仍处于快速扩张阶段。一方面，虎牙、斗鱼等头部游戏平台创新技术与玩法，拓展直播带货、云游戏、付费直播等新业务，推动付费用户规模持续增长；另一方面，哔哩哔哩、快手等平台加大游戏直播投入，增强了整体游戏直播市场的竞争活力。真人秀直播整体进入平稳发展期，各平台通过挖掘优质主播、丰富平台内容，推进直播内容优质化、多元化。

2. 市场格局

在游戏直播领域，"两超多强"格局保持稳定，虎牙、斗鱼持续领跑游戏直播行业。从营收规模来看，2020 年虎牙营收 109.14 亿元，净利润 12.62 亿元；斗鱼营收 96.02 亿元，净利润 5.42 亿元。从用户规模来看，2020 年第四季度，虎牙直播 MAU 再创新高，达 1.785 亿

---

[1] 该市场规模包括游戏直播、真人秀直播及其他垂直行业直播的打赏、游戏联运、广告等收入，未包括电商直播收入。

人，移动端 MAU 达 7950 万人，呈稳健增长态势；斗鱼直播 MAU 达 1.744 亿人，移动端 MAU 达 5820 万人。此外，快手、哔哩哔哩等流量平台在原有业务基础上向游戏直播领域延伸，给传统游戏直播平台带来新的挑战，行业竞争仍然十分激烈，同时也拓宽了赛道，有利于行业整体规模的扩大。

在电商直播领域，已形成淘宝、抖音、快手头部三强竞争格局，三者各具优势，淘宝供应链体系完善，抖音具有算法优势，快手深耕社区。2020 年，淘宝直播 GMV 超过 4000 亿元，抖音电商直播 GMV 超过 5000 亿元，快手直播 GMV 达到 3812 亿元。此外，微信、京东、拼多多、小红书等各类型平台，以及各大品牌方、代理商发力布局电商直播，群雄逐鹿。

在真人秀直播领域，老牌的 YY 直播依然居行业第一梯队，2020 年收入达到 99.5 亿元，相比 2019 年有所下降。映客、花椒等平台居行业第二梯队，凭借多年的深耕及在内容和玩法上的创新，沉淀了一批忠实用户。

从商业模式来看，游戏直播和真人秀直播主要的收入来源仍然是用户打赏，占比超过 90%，电商直播收入来源以佣金分成为主。目前，直播平台正探索广告、游戏推广、会员订阅等多种收入来源，网络直播商业模式不断趋于多元化。

15.4.5 移动音乐

2020 年，移动音乐行业用户规模无明显增长（见图 15.13），在存量竞争环境中，头部厂商除了连续在音乐版权这一垂直领域与各大音乐公司加深合作之外，移动音乐平台与各泛娱乐平台互动频繁、跨界合作，以期实现流量互通。

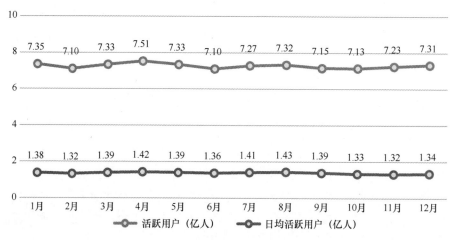

图15.13 2020年中国移动音乐行业用户规模

资料来源：易观千帆。

在行业竞争方面，腾讯音乐集团旗下酷狗音乐、QQ 音乐、酷我音乐占据强势领导地位，网易云音乐加速向阿里系靠拢，自 2019 年 7 月阿里巴巴入股网易云音乐后，2020 年 8 月网易云音乐又宣布与阿里巴巴达成战略合作。至此，国内音乐流媒体市场由腾讯系（TME）和阿里系（网易云音乐）把控，二分之势已定。

2020 年中国移动音乐产品用户规模对比如图 15.14 所示。

单位：千万人

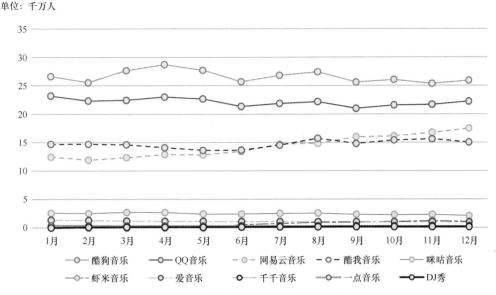

图15.14　2020年中国移动音乐产品用户规模对比

资料来源：易观千帆。

15.5　典型案例

1. 爱奇艺

爱奇艺持续以科技创新和娱乐创意的双螺旋驱动，充分释放以优质内容为核心的娱乐生态价值。在内容创作方面，爱奇艺推出悬疑类型剧场"迷雾剧场"，通过系列剧的形式打造剧场品牌，开创了短剧集形式，以精品化的内容带动会员付费变现；同时，《青春有你2》《隐秘的角落》《爱情公寓5》《奇葩说》系列等头部剧综引领年轻潮流文化，互动视频《唐人街探案》也获得广泛好评，形成动漫、影视、综艺、纪录片、体育、儿童等多方位纵深布局。

在商业化方面，爱奇艺推出全新会员业务"星钻 VIP 会员"，附加多种权益，实现会员等级分化上的突破，并将爱奇艺文学会员纳入爱奇艺 VIP 会员权益体系，加快变现速度，反哺内容生态；IP 生态打通了完整商业链条，"一鱼多吃"模式成熟，释放、延展了内容价值。除此之外，爱奇艺还发布视频社区产品"随刻"App、内容电商平台的"斩颜"App、潮流短视频"晃呗"App 及 Vlog 产品"PAO"，丰富了产品矩阵。在终端方面，除了多端产品升级之外，爱奇艺还发布了奇遇 2Pro 6DoF VR 一体机，主打游戏体验。

2. 腾讯视频

腾讯视频持续提供优质的内容服务，并迅速开发多元内容，营造线上娱乐新场景。在内容创作方面，《三十而已》《大江大河 2》《传闻中的陈芊芊》《有翡》等剧集获得市场强烈反响，《创造营》系列、《明日之子》系列继续领跑综艺市场；上线单点付费服务"云首发"，打通从内容引入与联合制作到票务发行的链条，提升了用户体验；NBA 赛事内容加入也进一步完善了平台内容光谱，在诸如阅文集团、腾讯影业和腾讯动漫等腾讯系资源池的支持下，腾讯视频依靠丰富的垂直内容满足了用户的不同需求。

在短视频方面，腾讯视频推出"腾讯视频号"，扶持创作者，优化变现模式，建设短视频生态。另外，腾讯视频的VIP开放平台以分账生态建设的方式，为合作方打通从内容到用户的第三条通路，创新了合作模式。

3. 虎牙直播

虎牙以游戏直播为核心业务，致力于打造全球领先的直播平台。截至2020年年底，虎牙直播覆盖超过3800款游戏，国内平均MAU突破1.78亿人，移动端MAU达7950万人，海外产品MAU达3000万人。2020年，虎牙共直播版权电竞赛事400多项，直播自制赛事及PGC节目130多档。

在技术研发方面，虎牙不断迭代直播及开播技术、推荐算法，于业界首创虚实同台互动直播。虎牙研发的游戏打点回放、AI弹幕、数字人、千人千面直播推荐等技术获得业内广泛好评。虎牙在2019年推出了小程序开放平台，在经过将近一年的努力搭建后，构建了小游戏和AI能力，增加了包括肢体、脸部识别等功能，并打通了平台的付费模式，直播间营收实现闭环。截至2020年年底，小程序开放平台已先后上线大约200个虎牙小程序工具，累计40多万名主播安装使用。

在内容建设方面，虎牙在2020年持续打磨了一批精品IP，如综艺IP《GodLie》、自办赛事IP《天命杯》、跨界格斗IP《功夫嘉年华》等，推动了内容的"破圈"。同时，虎牙引入了IG、SN、NAVI等顶级战队及剑仙、文森特等头部主播，巩固了自身在电竞、游戏、娱乐内容生态上的优势。

在海外市场方面，虎牙公司旗下Nimo TV月活跃用户已突破3000万人，在东南亚、中东、西语国家等市场表现亮眼，在2020年印尼游戏直播领域居市场份额首位。未来，虎牙将在东南亚等市场重点布局，构建正循环的海外营收并打造多个稳固的全球化支点。

在平台安全方面，虎牙基于人工智能和大数据，自主研发了一套业务风险识别系统，加强与各类网络黑灰产的实时动态对抗。虎牙积极推动警企合作，形成安全防护闭环。2020年，虎牙安全团队协助公安机关侦破涉疫情诈骗、游戏装备交易诈骗、刷单诈骗、敲诈勒索等各类案件818起，抓获嫌疑人66人，涉案金额413余万元，有力地震慑了寄生在虎牙平台上的黑灰产犯罪分子。

在公益事业方面，虎牙长久以来致力于扶贫公益行动，持续释放社会效益。虎牙在2020年累计开展正能量直播4200余场，总时长超过3.6万小时，参与主播达6400余名，直播内容覆盖抗疫宣传、扶贫助农等十多个领域。新冠肺炎疫情期间，虎牙总计捐赠1000万元专项防疫资金，平台主播和直播公会捐出资金和物资总计超过900万元。虎牙还联合新华社、央视新闻、人民视频等媒体搭建"共同战疫"专题页，直播时长超过11200小时，共有超过3.5亿人次观看。此外，虎牙重点打造了"虎牙'益'家人"等公益助农IP，不断探索拓展公益助农新路径。

4. TT语音

TT语音是广州趣丸网络科技有限公司旗下的核心产品，也是国内最早期的移动游戏语音工具之一。它通过精准定位各层次用户的个性化需求，为广大用户提供即时语音、游戏社交等应用服务，目前已成为国内用户最多的游戏社交平台之一，是王者荣耀职业联赛（KPL）、英雄联盟职业联赛（LPL）、绝地求生冠军联赛（PCL）三大全球顶级电竞职业联赛官方指定语音平台。截至 2020 年年底，TT 语音累计注册用户数超过 2 亿人，月活跃用户数达 2000 万人，其中 75%以上的用户是头部电竞赛事的忠实粉丝。

2018 年以来，TT 语音逐步打造"电竞+社交"的新型社交模式，通过精准定位年轻一代等群体的个性化需求，为用户量身定制集语音通信、游戏社交、语音娱乐、电子竞技等服务于一体的电竞社交直播平台，利用多元化的互动应用场景为用户提供游戏社交服务，通过实时语音房间的互动场景，寻找兴趣爱好相似的玩家进行匹配，让用户彼此可以找到合适的玩伴，帮助陌生但拥有相似偏好的用户之间形成关系链。

2020 年，为秉承"连接全球 10 亿玩家，打造文化生活新方式"的新愿景，趣丸网络加快构建游戏语音社交产业生态，成立全新品牌"TT 电竞"，开展战队运营、赛事运营、内容传播、电竞教育等业务。TT 电竞先后组建 TT 英雄联盟战队、广州 TTG 王者荣耀战队，并成功打入《英雄联盟》《王者荣耀》两大顶级职业联赛，成为华南地区首家同时拥有两支顶级职业战队的电竞俱乐部。其中，广州 TTG 战队于 2020 年 2 月正式落户广州市，并在 2020 年 KPL 春季赛和世界冠军杯分别斩获全国四强、全球八强的优异成绩，刷新了广州电竞战队参加国际电竞比赛的最优成绩，让全国乃至全球重新了解了广州电竞产业。TT 语音依托电竞积极推动产业融合，与广汽传祺、广州富力足球俱乐部、周黑鸭、南越王博物馆等跨界业态合力打造一系列"电竞+"产业融合案例。围绕在电竞领域的纵深布局，TT 语音进一步完善游戏语音社交的产业生态链，逐步构建起从泛娱乐到数字文创的产业生态圈。

15.6　发展挑战

1. 网络营销模式与用户服务权益平衡水平有待进一步提升

从营收规模来看，网络音视频产业已经连续多年实现规模增长，尤其是网络视频行业在收入结构上更是实现了从以广告营销为主到广告营销+用户付费双轮驱动的动力转换。但在目前产业规模持续扩张的背景下，作为产业链核心环节的视频平台尚不能兼顾规模化水平与盈利能力，平台厂商的内容成本、营销成本、技术成本在新常态竞争中始终高企，以何种方式更快实现从量变（营收规模扩张）到质变（实现正向盈利）将是未来视频市场面临的关键问题。

在当前及未来一段时间内，网络音视频市场盈利结果可能会面临几对关系的处理：一是广告营销投放资源与精准匹配之间的关系，二是平台会员提价与付费用户规模之间的关系，三是内容成本与优质内容产出之间的关系。

2. 网络直播刷单乱象亟待整治规范

电商直播中刷流量、刷单、虚假宣传、售假等行业乱象屡见不鲜。直播带货在给消费者带来便利的同时，产品质量低劣、虚假宣传、售后服务不到位等问题非常突出。直播间售假司空见惯，部分网红主播通过购买刷单服务虚构自己的人气和带货能力，继而抬高身价以获取更多的"坑位费"。2020 年，在全国 12315 平台受理的 2.55 万件直播投诉举报案中，将近 80%的诉求与"直播带货"相关。多个国家部门相继出手，制定行业规范，多地市场监管部门已经将直播带货作为重点监管对象。只有在法律、行政监管之上形成一整套社会制约机制，才能让电商直播行业健康有序地发展。

（马世聪、李达伟、刘静雯、黎秋月、周佳翔）

第 16 章　2020 年中国搜索引擎发展状况

16.1　发展环境

1. 反垄断规范搜索市场发展环境，促进产业创新

自 2017 年起，国家监管部门明显开始加大对互联网的治理力度，2019 年国家在虚假广告治理、用户隐私保护、传播导向等方面重点发力，持续加强对互联网内容平台的管控，一方面是监管、处罚力度的增加，另一方面则是监管的细化，相关的配套管理条例和细则也在出台。

2020 年，随着互联网市场的进一步成熟，国家对搜索市场的管理也开始升级，反垄断成为政策监管的重点，反垄断调查对行业发展产生了积极促进作用，一是对超大型搜索引擎企业的竞争进行规范，二是进一步保护中小搜索引擎企业的发展，搜索引擎市场有可能重新焕发生机。

2. 新冠肺炎疫情冲击市场，对商业搜索营收影响巨大

2020 年，新冠肺炎疫情对搜索市场主要产生了两方面影响，一方面是宏观经济低迷，大量企业收紧预算，在市场推广和广告投放方面收缩明显，对搜索广告影响巨大；另一方面是疫情助推线上搜索行为的激增，对低迷的搜索市场起到了一定的支撑作用。

3. 5G 技术助力搜索服务模式创新

5G 正处于快速商业化阶段，物联网发展机会显现，过去互联网市场主要以消费互联网为主，5G 兴起将会带动产业互联网的全面发展，产业互联网市场具有较大发展。具体来看，人机交互和语音识别技术有望成为产业互联网的基础性功能，以智能终端为代表的物联网将呈现多样化表现形态，从而衍生出众多新形式的物联网搜索广告应用场景，广告形式也将迎来创新突破。

16.2　发展现状

1. 高度成熟的商业搜索市场规模和基本固定的竞争格局

搜索是网民在访问网络过程中的刚性需求，经过多年发展，以关键词广告为核心的商业

模式已经高度成熟，市场创新在近些年发展缓慢，整体上更多是技术引进和产品优化，通过引入 AI 技术来提升搜索效率和用户理解能力，在底层技术范畴提升搜索能力。在扩大搜索的产品范畴方面，从文字搜索扩展到图片搜索、语音搜索，从综合搜索扩展到医疗、知识等垂直搜索领域，为用户提供更加多元化的搜索体验。

商业搜索引擎高度依赖用户搜索频率，从 PC 时代到移动互联网时代，用户的搜索行为被算法进行流量分发，形成需求对冲，同时移动 App 的内部内容壁垒限制了移动搜索的内容范围，自 2019 年开始，中国商业搜索市场已经进入了存量阶段。2014—2020 年中国移动搜索市场规模如图 16.1 所示。

图16.1　2014—2020年中国移动搜索市场规模

资料来源：易观千帆。

从商业营收角度分析市场格局，可以发现百度仍然占据大部分市场份额，但整体市场占比在逐年下滑，搜狗、360 基本保持稳定市场地位，整体市场格局变化不大。2020 年中国移动引擎市场份额如图 16.2 所示。

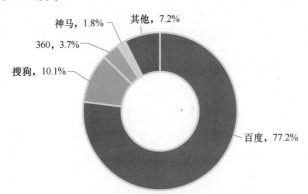

图16.2　2020年中国移动引擎市场份额

资料来源：易观千帆。

2. 搜索市场格局变更，产品竞争加剧

搜索市场由于成熟已久，近年来更多是存量市场内的竞争。2020 年 9 月，腾讯全面收购

搜狗，成为业内大事件，腾讯通过收购全面获取搜狗技术、数据、用户，考虑过去搜狗和腾讯的亲密合作关系，本次收购更多是对腾讯自身搜索技术能力的强化，预计搜狗未来将成为腾讯搜索技术的核心力量，用以支持浏览器、微信、QQ 等产品的搜索商业化任务。

2020 年年底，字节跳动面向市场推出商业化搜索产品，以抖音、字节跳动、西瓜视频等国民级产品为依托，覆盖超过 80%的互联网用户，以新兴商业搜索模式开拓市场，进一步加剧了搜索市场竞争。

3. 搜索服务帮助用户及时获取疫情资讯

2020 年突发的新冠肺炎疫情对搜索市场影响较大，而在抗击疫情和复工复产的关键时期，搜索引擎也成为重要工具。一方面，在疫情期间，用户通过搜索获取新冠肺炎疫情的实时情况，当用户看到陌生的词汇、半信半疑的谣言及任何引起担忧的事件时，很多人的第一反应往往是直接在搜索引擎上寻找有价值的信息。在这一特殊时期，这种用户习惯让搜索成为信息防疫的入口。另一方面，在复工复产期间，大量企业依托搜索广告对外宣传产品和服务，如何精准触达用户并促成转化是中小广告主的核心诉求，而搜索广告则依托人工智能、大数据等技术，帮助中小企业精准触达用户，推动复工复产。

4. 用户规模趋于稳定，未来增长空间较为有限

搜索作为网民在访问网络过程中的刚性需求，整体用户规模保持稳定，2020 年受新冠肺炎疫情影响推动，各类搜索应用的访问频率显著增长，搜索行为激增，搜索服务用户规模达到 7.7 亿人，同比增长 6.8%（见图 16.3）。但由于整体移动端用户基数的扩大及 App 内置搜索的对冲，移动端搜索使用率相比 2019 年出现下滑，下降到 77.9%。

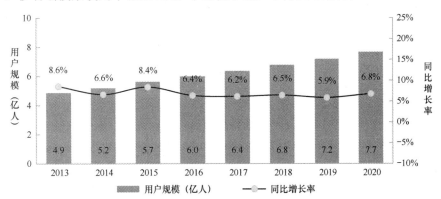

图16.3　2013—2020年中国移动引擎用户规模

资料来源：易观千帆。

考虑中国互联网存量现状和未来趋势，预计未来几年中国搜索用户体量将保持稳定，短期内不会出现较大增长，尤其是高度成熟的搜索引擎市场，已经触摸到增长"天花板"。

16.3　商业模式

商业搜索商业模式相对比较简单，广告变现是厂商最主要的商业化手段。目前搜索广告

形式主要包括固定排名、竞价排名、网络实名及搜索信息流广告等。

固定排名：是指广告主购买固定关键词，用户在进行相关关键词搜索时，广告主以图文形式进行品牌展示或以其他广告形式在买断时间内保持搜索第一展示位置，相比竞价排名，固定排名有广告投放费用固定、展示位置固定的特点。

竞价排名：竞价排名是相对固定排名而言的，属于典型的效果广告，采用 CPC 付费方式，广告主购买竞价排名广告后，注册一定数量的关键词，按照付费越高排名越靠前原则，购买了同一关键词的网站按出价高低进行排名，出现在用户相应的搜索结果中。

目前，竞价排名是搜索广告的最主要投放形式，整体占比超过 80%，竞价排名广告拥有成本低、时效性强、投放相对精准等特点。

网络实名：是指由网络实名（无须 http://、www、.com、.net，企业、产品、品牌的名称就是实名，输入中英文、拼音及其简称均可直达目标）产生的广告，网络实名广告主要在 PC 端出现，整体收入占比较低。

搜索信息流广告：搜索信息流广告是在移动终端快速发展的背景下产生的，相比传统搜索广告形式，搜索信息流广告将搜索与信息流广告相结合，在用户进行搜索行为时，除了固定排名、竞价排名外，在第 3～4 帧的位置，插入匹配用户关键的信息流广告，在用户没有进行搜索行为时，在碎片化时间刷新的使用过程中，则结合用户数据和近期搜索数据进行分析，推送相匹配的广告。

中国商业搜索模式起源于海外搜索巨头谷歌，国内典型代表为百度、搜狗、360 等企业，可归类为传统搜索厂商，而近年来随着 App 成为用户搜索新渠道，以字节跳动、小红书等企业为代表的应用内搜索模式开始出现，2020 年年底，字节跳动全面推出自有搜索商业化产品，成为商业搜索市场有力的竞争者，预计将继续分割传统搜索模式的市场份额。

16.4 典型案例

1. 百度

百度在商业搜索引擎市场虽然稳定处于领先地位，但由于近年来创新步伐略有放缓，加之经济环境和疫情影响，发展势头出现下降态势。作为国内头部科技公司，百度在 AI 领域已布局 10 年，但投入仍未给企业带来丰厚营收和利润，目前对广告营销仍具有较高的依赖程度。受疫情影响，广告主营销预算大幅缩减，因此，百度在 2020 年整体发展情况较为艰难。

2020 年，百度 App 年度活跃用户达到 4.11 亿人，相比 2019 年增长 23.7%，增速明显加快。当下，互联网搜索引擎以移动端为主流，百度围绕百度 App，在传统搜索优势上，不断进行创新与探索，使百度在搜索引擎市场的领先地位得到进一步稳固。

百度 App 的技术全面性和领先程度均稳居搜索领域的第一梯队。依靠多年在技术领域的深耕与探索，百度的人工智能应用已处于市场领先位置，也是持有 AI 专利最多的国内公司，截至 2020 年 10 月 30 日，百度持有 AI 专利 2682 项。此外，百度还拥有国内最大、全球第二大的开源社区，其自动驾驶平台 Apollo 被列为全球自动驾驶领域领导者之一。

依托母公司给予的重量资源支持和其在市场上长期积累的稳定用户，百度有望持续保持搜索市场的绝对市场份额。考虑到用户在搜索领域的使用习惯和刚性需求，搜索市场整体竞争态势维持基本稳定的状态，百度也将继续长期占据市场头部位置。此外，百度 App 也在不断优化创新，满足用户日趋复杂的需求，如在 2020 年 9 月，百度搜索资源平台发出公告，计划新增百度热议资源接入服务，满足用户对短文本动态内容的使用需求。

百度搜索广告类型丰富，成为众多广告主的优选营销资源，并为不同需求的营销活动匹配合理的展示方式。目前，百度已形成集品牌广告、效果广告、本地营销、广告监测等服务于一体的综合数字营销产品体系，并通过生态化布局扩展搜索广告库存，最大限度地开发并利用自身广告资源服务广告主。

2. 搜狗搜索

搜狗搜索是搜狗公司于 2004 年 8 月 3 日推出的全球首个第三代互动式中文搜索引擎。2013 年，腾讯入股搜狗，并将自身搜索业务——搜搜与搜狗合并，同时提供巨大的流量支持，从此搜狗进入高速发展期。搜狗以输入法、浏览器、搜索三级业务模式迅速打开市场，2020年腾讯全资收购搜狗搜索，纳入腾讯生态。近年来，搜狗搜索陆续上线不同垂直类的搜索服务，如垃圾分类智能查询、母婴系列功能和急救指南功能等。但 2020 年受宏观经济、商业模式和新冠肺炎疫情影响，搜狗搜索营收规模大幅下滑，全年营收 54.9 亿元，同比下降19.1%。

2020 年，搜狗搜索年度活跃用户为 2761.9 万人，相比 2019 年下降 14.1%。腾讯将借助搜狗搜索完善成熟的搜索技术，加之自身丰富的内容体系和庞大的产品生态，更加高效地将不同内容形式分发给用户。

搜狗搜索拥有强大的外部流量支持，应用场景更加丰富。一直以来，依托腾讯强大的流量支持，搜狗搜索稳定维持市场第二的位置，在搜索引擎市场占据了不小的市场份额。同时，腾讯也通过搜狗搜索的赋能不断优化产品，为广大用户提供更加人性化和更加便捷的服务。例如，搜狗按照投资协议接入了微信。借助搜狗搜索，微信搜索团队于 2019 年年底推出了"微信搜一搜"功能，该功能发展成一个连接账号、服务、商品、音乐、小说、品牌、视频号等各类内容的综合搜索引擎，其触点逐步覆盖微信生态的各个方面。

相比百度，搜狗更专注 AI 领域，以技术驱动为核心，积极打造"AI+服务"互联网搜索生态圈。例如，2020 年 2 月 9 日，搜狗依托在 AI 技术领域的研发能力，上线了"新冠肺炎 AI 自测机器人"。用户只需在搜狗搜索"新冠肺炎"等相关关键词即可进入"全国实时疫情动态"专题页。AI 自测机器人还可以帮助用户初步排查新冠肺炎感染的可能性，为用户提供智能、科学、便捷的诊疗咨询服务。

16.5　发展挑战

1. 用户搜索习惯变迁，IN App 搜索功能发展使搜索引擎平台流量被分流

当前，几乎各类 App 和网站均具备内部搜索功能，一些头部的互联网产品也在近年布局搜索业务，并已收录了丰富的信息源，成功提供了多样的搜索方式，搜索引擎平台未来将直面这些互联网产品的竞争。此外，用户在搜索不同内容的时候会有不同搜索服务平台喜好倾向，如小红书、马蜂窝、大众点评等，这些垂直类平台也将对搜索引擎平台用户造成分流。

2. 搜索引擎同质化严重，市场需进一步提升差异性竞争以巩固行业健康良性发展

不少搜索引擎平台，特别是商业化平台，存在信息源重合、产品功能雷同、界面设计相似等问题，从而导致产品差异性较低。但随着用户搜索需求的不断提升，搜索引擎市场格局将发生一定变化，各平台需要不断探索市场机会点，深入洞察用户，以稳固或抢夺市场竞争地位。

3. 提供高质量搜索结果是搜索引擎平台的业务核心，庞大的数据源筛查工作仍旧是挑战

各大平台都在不断丰富信息源以提供更全面的搜索结果，但这也为搜索结果的质量保障带来了挑战。为了丰富信息内容，多个平台邀请了自媒体内容创作平台入驻。但与此同时，大量的软文、"标题党"、低质量文章影响了平台声誉。因此，如何甄别高质量内容是各大平台需要重点思考的方向。

（付彪）

第 17 章　2020 年中国共享经济发展状况

2020 年，在新冠肺炎疫情的冲击下，共享经济整体市场规模增速大幅放缓，细分领域发展的不平衡状况更加突出。与此同时，共享经济在稳就业、保市场主体等方面发挥了积极作用，成为应对疫情冲击的缓冲器。"十四五"期间，共享经济的政策环境和监管体制机制将进一步完善，有望激发新的发展活力与动力。

17.1　发展环境

1. 党中央、国务院高度重视共享经济健康发展

2020 年《政府工作报告》指出，要坚持包容审慎监管，发展平台经济、共享经济，更大激发社会创造力。《中华人民共和国国民经济和社会发展第十四个五年规划和 2035 年远景目标纲要》强调，要促进共享经济、平台经济健康发展。健全共享经济、平台经济和新个体经济管理规范，清理不合理的行政许可、资质资格事项，支持平台企业创新发展、增强国际竞争力。依法依规加强互联网平台经济监管，明确平台企业定位和监管规则，完善垄断认定法律规范，打击垄断和不正当竞争行为。

2. 地方政府积极完善共享经济发展政策环境

天津市印发了全国首个《共享经济综合服务平台管理暂行办法》，从业务管理、风险管理、监督管理等方面制定了 33 条规定，进一步规范共享经济综合服务行业市场主体的行为，促进新就业形态健康和可持续发展。安徽、湖北、广东等省份相继出台支持灵活就业的政策文件，支持共享经济新就业形态发展，鼓励个体经营、非全日制及新就业形态等灵活多样的就业方式，支持灵活就业人员开办小微实体。

3. 全国共享经济标准化技术委员会筹备成立

2020 年 5 月，国家标准化管理委员会正式批准全国共享经济标准化技术委员会成立。该委员会主要负责共享经济领域国家标准制修订工作，与国际标准化组织共享经济技术委员工作领域相对应，秘书处由国家市场监督管理总局（以下简称国家市场监管总局）发展研究中心承担。在全国共享经济标准化技术委员会的组织指导下，相关机构编制形成国家标准《共享经济 指导原则与基础框架》，目前该标准正在征求各方意见，力争尽快发布实施。

4.《关于平台经济领域的反垄断指南》正式出台

2020 年 11 月，国家市场监管总局发布《关于平台经济领域的反垄断指南（征求意见稿）》，并于 2021 年年初正式印发出台。针对共享经济领域的平台型企业，重点规制了垄断协议、滥用市场支配地位、经营者集中及排除和限制竞争等行为。其充分考虑我国平台经济发展的阶段和水平，以保护市场公平竞争为出发点，以完善反垄断监管规则和提升反垄断监管效能为落脚点，将总结国内执法实践与借鉴国际经验相结合，提出切实可行的工作举措。

17.2　发展现状

1.积极应对新冠肺炎疫情冲击，生活服务类新业态快速崛起

共享经济企业大多属于服务行业，受新冠肺炎疫情影响很大，但疫情在改变人们消费习惯的同时，也催生了新的机遇。自疫情发生以来，共享医疗、教育、外卖餐饮等领域，平台用户数量和交易量猛增。平安好医生累计访问人次达 11.1 亿，新注册用户量比疫情之前增长了 10 倍，日均问诊量比疫情之前增长了 9 倍；猿辅导推出免费直播课，开课当天报名者就达 400 万人；京东到家春节期间销售额同比增长 540%。在此特殊背景下，共享教育等新业态加速完成了用户规模积累和消费习惯培育，逐渐步入发展快车道。

2.行业转型加速推进，ToB 领域的应用探索初见端倪

作为共享制造重要基础的工业互联网，如今也迎来了新的发展契机。工业和信息化部印发《工业互联网创新发展行动计划（2021—2023 年）》，在基础设施建设、持续深化融合应用、强化技术创新能力、培育壮大产业生态等方面，部署了一系列重点行动和重点工程，着力解决工业互联网发展中的深层次难点、痛点问题，推动产业数字化，带动数字产业化。截至 2020 年年底，工业互联网应用已覆盖原材料、装备制造等 30 余个国民经济重点行业，连接 18 万家工业企业，数字化研发、智能化生产、网络化协同等新模式创新活跃，降本增效成效明显，有力推动共享制造行稳致远。

17.3　市场规模

2020 年，共享经济市场规模保持增长，但增速放缓，在线教育、在线办公、互联网医疗等新兴领域逆势增长，网约车、共享住宿等传统领域受新冠肺炎疫情影响规模有所收缩。

1.总体情况

2020 年，我国共享经济市场交易规模为 33773 亿元，同比增长 2.9%（见图 17.1）。受新冠肺炎疫情和行业转型升级等多重因素影响，2020 年市场规模增速有所下降，2019 年和 2018 年的增速分别为 11.6% 和 41.6%。预计 2021 年共享经济市场将进入平稳发展期。初步估算，2020 年我国共享经济参与者人数为 8.3 亿人，其中服务提供者约为 8400 万人，同比增长 7.7%；平台企业员工数约为 631 万人，同比增长约 1.3%[1]。

---

[1] 资料来源：《中国共享经济发展报告（2021）》，国家信息中心。

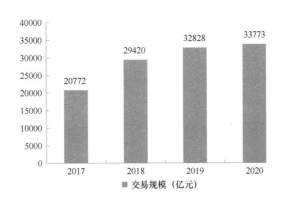

图17.1　2017—2020年我国共享经济市场规模与增速

2. 市场结构

从市场结构来看,生活服务、生产能力、知识技能 3 个领域共享经济市场规模位居前三,分别为 16175 亿元、10848 亿元和 4010 亿元,在市场交易总规模中的占比分别为 47.9%、32.1% 和 11.9%(见图 17.2)。交通出行、共享办公、共享住宿和共享医疗的市场规模分别为 2276 亿元、168 亿元、158 亿元和 138 亿元。

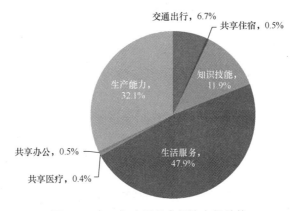

图17.2　2020年中国共享经济市场结构

资料来源:国家信息中心。

17.4　行业应用

17.4.1　共享出行

2020 年,共享出行的细分市场从早期野蛮生长逐步回归理性发展,行业内部洗牌整合资源,运营企业进行精细化管理,有序实现盈利。整体来看,共享出行行业将健康有序地步入良性发展轨道,移动出行用户规模持续扩大,共享出行细分领域规范化水平提升。目前,中国共享出行细分领域及产品服务极具多元性,包括自行车、电动车、汽车、公共交通等;其共享模式包括合乘、分时租赁、互联网租赁自行车、私人汽车共享、网约车等。中国共享出行细分领域情况如图 17.3 所示。

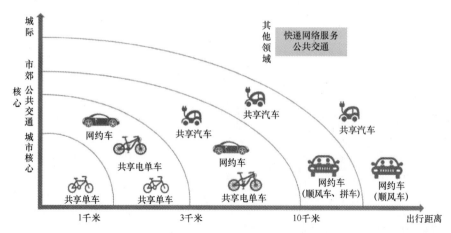

图17.3　中国共享出行细分领域情况

资料来源：艾媒咨询。

2020 年，席卷全球的新冠肺炎疫情给共享出行领域带来了巨大冲击。据不完全统计，全国有超过 30 个城市暂停了网约车运营服务，网约车订单量骤减，仅春节期间，我国网约车市场每日直接订单损失就超过 5.8 亿元。交通运输部发布的数据显示，2 月，出租汽车包括网约车接单量下降 85%。不过，随着国内疫情逐渐被控制，复工复产有序推进，3 月以来，各网约车平台数据稳步回升，行业发展活力逐步恢复。截至 2020 年 12 月，我国网约车市场月活用户规模达 9850 万人，同比增长 12.2%。

17.4.2　共享办公

2020 年，新冠肺炎疫情带来的居家办公初体验，唤醒了企业和社会对办公模式变革的需求。共享办公行业短期虽受到疫情冲击，但其高效率、灵活便利、智能化等特点，符合办公效率和体验升级的长期趋势，前景广阔。在共享办公行业经历深度洗牌后，品牌之间的分化越来越明显，少数依靠轻资产模式精细化运营的品牌实现了逆势扩张，综合竞争力不断提升。2020 年，中国共享办公行业市场规模达 1368.2 亿元，预计 2022 年规模将达到 2273.5 亿元（见图 17.4）。中国办公市场消费升级的趋势依然存在，且共享办公企业占办公行业比例仍然较低，因此未来市场发展潜力巨大。

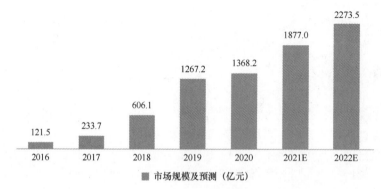

图17.4　2016—2022年中国共享办公市场规模及预测

资料来源：《2020—2021 中国联合办公行业白皮书》。

17.4.3　共享用工

新冠肺炎疫情期间，"共享用工"帮助人力成本压力大的企业渡过难关，也为人手不足的企业解了燃眉之急。通过人力资源的再分配，实现了企业、员工的双赢，发挥了保障民生、促进生产、提升劳动力技能水平、提高人力资源配置效率等作用，可谓一举多得。京东集团探索兼职配送的模式，在全国吸纳了 3.5 万名骑手就业，美团有 30% 的骑手来自传统产业转岗的灵活就业工人，"滴滴出行"平台上的司机有一半以上是自由职业者，设计创意等服务众包平台"猪八戒"注册用户已超过 1900 万人，可提供覆盖企业生命周期的 800 多种服务[1]。在疫情大背景下，灵活用工模式在助力就业保民生、保稳定等方面的作用逐渐显现，疫情后，灵活用工或延续该发展趋势，迎来新的发展机遇。劳动者选择灵活就业的主要原因如图 17.5 所示。

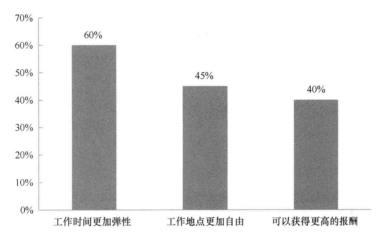

图17.5　劳动者选择灵活就业的主要原因

资料来源：《2020 中国灵活用工现状与成熟度报告》。

17.5　发展挑战

近年来，"鼓励创新、包容审慎"的政策环境有力地推动了共享经济领域快速发展，共享经济逐渐进入行业整合期与制度变革深水期，面临的监管挑战进一步升级，亟待高度关注。

1. 监管制度供给不足

我国当前的经济管理制度和产业政策主要建立在工业文明的基础上，管理方式具有集中管理、层级管理、按区域和条块分割等特点。相对来说，共享经济具有去中心化、跨区域和跨行业的特征，现有监管制度难以完全适用，部分传统的管理方式和行业许可制度在一定程度上制约了新业态的发展，新业态监管治理体系有待进一步完善。

---

[1]　《2020 年中国社会化用工发展白皮书》，易观分析。

2. 监管技术能力不强

共享经济的本质特征是基于互联网、大数据、人工智能等现代信息技术的资源配置方式，具有技术密集型典型特征，且监管对象众多，监管部门现有能力水平较难适应实际监管需求。例如，有些部门和地方政府积极建设监管平台并利用信息技术手段提高监管能力水平，但由于没有法律法规支撑且部分企业不配合，监管平台较难获得共享单车、共享民宿、互联网医疗等共享经济平台企业的经营数据，不能对行业整体发展进行及时调控。

3. 监管执法力度不足

共享经济涉及领域众多，需要各部门明确责任、协同监管。目前，部分行业管理部门、地方政府在对共享经济实施监管的过程中，仍然存在监管不到位等问题。例如，在网约车领域，由于执法力量有限、执法手段欠缺、执法水平不高等因素，许多地方对车辆套牌、人员信息不符、恶意刷单、虚假车辆等违规现象并未给予及时监管和处罚，新兴业态的快速发展与监管执法力度滞后之间形成鲜明对比，亟待破解。

（李强治、王海鹏）

第三篇

领域应用与服务篇

第18章 2020年中国农业互联网发展状况

18.1 发展现状

农业互联网是指传统农业与互联网技术相结合,利用大数据、物联网、云计算、区块链等新型的信息技术,将农业的计划、生产、销售、储存、流通、售后等各个环节联结起来并进行改造和升级,从而实现农业发展的数字化、智能化,形成新型、高效的农业发展模式。随着经济、技术的发展,消费侧的推动,5G、物联网、智联网等新兴技术的发展,以及政策的大力支持,农业互联网迎来了跃升发展的良好时期,引起了全社会广泛的关注。

1. 国家进一步加大乡村振兴政策力度

2021年1月4日,党的十九届五中全会审议通过了《中共中央 国务院关于全面推进乡村振兴加快农业农村现代化的意见》,提出要实施数字乡村建设发展工程。推动农村千兆光网、第五代移动通信(5G)、移动物联网与城市同步规划建设。发展智慧农业,建立农业农村大数据体系,推动新一代信息技术与农业生产经营深度融合。加强乡村公共服务、社会治理等数字化智能化建设。实施村级综合服务设施提升工程。

2021年2月23日,中共中央办公厅、国务院办公厅印发《关于加快推进乡村人才振兴的意见》,强调加强农村电商人才培育。提升电子商务进农村效果,开展电商专家下乡活动。依托全国电子商务公共服务平台,加快建立农村电商人才培养载体及师资、标准、认证体系,开展线上线下相结合的多层次人才培训。

2021年3月1日,《农业农村部关于落实好党中央、国务院2021年农业农村重点工作部署的实施意见》中表示,要加快发展智慧农业。建设一批国家数字农业农村创新中心和数字农业应用推广基地,推进物联网、人工智能、区块链等信息技术集成应用。开展智慧农(牧、渔)场建设、智慧农机应用示范。建设农业农村大数据中心,完善重要农产品监测预警体系。深入推进"互联网+"农产品出村进城工程,加快110个试点县建设。强化益农信息社服务功能,发挥电商平台作用,推动绿色优质农产品生产与消费有效对接。

2. 农产品社会需求日益增强

2020年,新冠肺炎疫情的暴发与蔓延考验着中国及全世界人民,同时也给农村地区及农民生活带来了诸多不便,人员流通及农产品生产、流通和加工受阻。在此期间,企业结合政府的扶持政策，将数字化技术应用于疫情之下的"三农"变革，运用大数据、物联网、人工智能等数据资源，不仅实现了农村地区的精准化、高效化疫情防控，充分印证了数字动能在乡村经济社会发展和社会治理中的现实价值，同时还帮助农民规避了疫情带来的负面影响。

在此次疫情中，依托数字技术使农业摆脱信息闭塞、劳动力分散、交易单一、量化和规模化程度差、稳定性和可控程度低等难点，如在生产环节，借助电商平台实现线上采购农资产品、生产工具等，解决农资生产资料下行的问题，帮助农民复工复产；在销售环节，借助直播平台实现线上展示产品、线上下单、智能物流配送、线上售后服务等，实现农副产品销量上行，减少农产品滞销卖难等问题。农业农村部总经济师、发展规划司司长魏百刚公布数据显示，2020年农产品线上销售保持了两位数增长，预计前三季度网络零售额超过3000亿元。

数字化技术逐渐深入农业产业的各个环节，从销售深入到供应链，甚至已经开始从源头上改变传统的农业生产方式，为农业产业化带来了新的变革。为此习近平总书记在2020年视察时，曾多次肯定了电商"新业态"和直播带货的新销售模式对于推销农副产品、群众脱贫致富和推动乡村振兴的价值。

3. 农业互联网竞争开始呈现多元化

2020年10月，华为在农牧数智生态发展论坛上发表了《5G引领现代猪场 AI使能智慧养猪》的报告，认为未来数据是现代养猪的核心要素，更是养猪智能升级的核心驱动力。从以前以"人管"为主到未来以"数据管"猪场为主，在数据管理猪场的过程中再运用AI技术做更多的科学决策，从而实现养猪的标准化和程序化。

为了提高农产品产地商品化处理的效率和水平，阿里巴巴加速推进"产地仓/直管仓+销地仓"的生鲜农产品冷链物流加工设施建设。2020年11月，全国五大阿里数字农业集运加工中心（区域大型数字化产地仓）全部建成并投入使用，分别位于云南昆明、广西南宁、四川成都（蒲江）、山东淄博（沂源）和陕西西安。此外，阿里巴巴（盒马）还在上海、武汉等城市建立了41个销地常温和冷链仓、六大销地活鲜暂养仓及16个销地加工中心。五大产地仓和县域乡村直管仓，与遍布全国的城市销地仓，淘宝天猫、盒马、大润发等线上线下零售渠道，共同构成一张数字化的仓配矩阵及分销网络，一年可将100万吨生鲜农产品直供全国餐桌。每个一万多平方米的产地仓，是农产品转化为标准"农商品"、从田间走向餐桌的核心枢纽。农产品进入产地仓后，要经过品质检测、清洗、分选分级、预冷和冷藏、自动化包装等一系列操作，与物流无缝对接发往全国。果品90秒钟变为商品，48小时内从田间抵达餐桌。

2020年9月，农业互联网独角兽企业农信互联将其核心产品猪联网升级至5.0版本，以养猪大脑为中央处理器，包含"猪企网+猪小智+猪交易+猪金融+猪服务"五大核心板块。围绕猪场企业的业务闭环进行全程在线化管理，实时分析猪场的核心指标，精准核算猪场的经营成本；并将生产和财务数据全面打通，科学提升猪场生产成绩与运营效率，实现对市场需求变化的精准响应和企业管理的智能决策。其中，"猪小智"是猪联网5.0基于LOKI与农芯边缘网关平台，形成猪小智八大智慧能力，利用多维度、多功能的预警能力，赋能猪的一生，构建从出生到出栏的全生产周期落地应用。通过猪小智十大产品系统，打造养猪数字化能力的底座，实现 AI 巡检预警、生物安全防控、疫病监管、精准饲喂管理、自动盘估管理、智能环境控制、远程卖猪、远程风控监管、农户代养、员工行为管理等全流程、精准化管理。不仅成为连接上游"饲联网"、下游"食联网"的中心枢纽，还全线打通了生猪产购销的全产业链，开创了数字经济时代的智慧养猪新生态。

2021 年 3 月，腾讯云宣布与新希望成立合资公司新腾数致网络科技有限公司，战略布局农业互联网、智慧城乡等领域。该公司将作为腾讯云和新希望落地农业互联网、智慧城乡和数字政府等重大项目的实体单位。基于新希望在农牧业领域的积累和技术能力，以及腾讯在云计算、大数据、物联网等方面的技术积累，双方将进一步深化合作，实现在产业互联网时代的长期发展战略。

18.2 涉农电商

1. 农村电商再迎政策利好

2021 年 2 月 21 日，《中共中央 国务院关于全面推进乡村振兴加快农业农村现代化的意见》即 2021 年中央一号文件发布。该文件提出，全面促进农村消费。加快完善县乡村三级农村物流体系，改造提升农村寄递物流基础设施，深入推进电子商务进农村和农产品出村进城，推动城乡生产与消费的有效对接。促进农村居民耐用消费品更新换代。加快实施农产品仓储保鲜冷链物流设施建设工程，推进田头小型仓储保鲜冷链设施、产地低温直销配送中心、国家骨干冷链物流基地建设。完善农村生活性服务业支持政策，发展线上线下相结合的服务网点，推动便利化、精细化、品质化发展，满足农村居民消费升级需要，吸引城市居民下乡消费。

农村网民持续增加。随着城镇化进程的推进及农村地区网络通信基础设施的不断完善，我国农村网民规模持续扩大。中国互联网络信息中心（CNNIC）发布的第 47 次《中国互联网络发展状况统计报告》显示，截至 2020 年 12 月，我国农村网民规模为 3.09 亿人，较 2020 年 3 月增长 5471 万人；农村地区互联网普及率为 55.9%，较 2020 年 3 月提升 9.7 个百分点。

农业电商规模稳步增长。商务大数据监测显示，2020 年全国农村网络零售额达 1.79 万亿元，同比增长 8.9%。电商加速赋能农业产业化、数字化发展，一系列适应电商市场的农产品持续热销，有力地推动了乡村振兴和脱贫攻坚。

截至 2020 年 6 月，中国涌现了 5425 个淘宝村、1756 个淘宝镇，年交易额突破 1 万亿元，活跃网店 296 万个，带动 828 万个就业机会。

2. 互联网平台助力农产品营销

新冠肺炎疫情发生后，2 月 6 日，阿里巴巴在全国率先发起爱心助农计划，推出"爱心助农专线"、农产品特卖专区、增加核心产地农产品集中采购、加大农产品绿色物流专线投入力度、降低农产品平台销售成本、免费开通淘宝直播、推动原产地农产品标准化等 10 项措施，帮助滞销农产品打开销路。3 月 2 日，阿里巴巴成为第一家挺进湖北农村的大型电商平台，将秭归脐橙从湖北发往全国。截至 4 月 25 日，淘宝天猫平台累计为全国农民售出超过 25 万吨滞销农产品。

2020 年新冠肺炎疫情期间，抖音利用平台优势，推出"抖音有好物，县长来直播"线上助农活动，汇聚全国各地优质的特色农产品，打破买卖双方信息不对称的局面，帮助农户解决滞销问题，也让消费者直接从原产地购买到优质产品。

2020 年 4 月，美团买菜与上海市青浦区绿椰农业种植专业合作社合作，推介青浦优质农产品登陆电商平台；2020 年 5 月，拼多多与山东省寿光市打造的"寿光蔬菜馆"开馆上线，借助线上展销及社交电商的超短链模式，使寿光蔬菜加速面向全国消费者。截至 2020 年 6 月底，拼多多平台通过农产品上行的"模式创新+人才培育"两大核心体系，已经直接带动全国超过 10 万名新农人返乡创业。

3. 电商直播助力脱贫攻坚

新冠肺炎疫情期间，农业农村部采取了电商直播等新模式，带动包括贫困地区在内的农村优质特色农产品网上销售，销售额超过 200 亿元。2020 年上半年，20 家电商扶贫联盟成员与 418 家贫困地区企业或个体工商户开展了帮扶合作，采销帮扶金额 16.6 亿元。2019 年，"村村直接通邮"任务提前一年多完成，通过开展"快递进村"试点，快递网点已覆盖全国 3 万多个乡镇，覆盖率达 97.6%，其中全国 27 个省（区、市）实现了快递网点乡镇全覆盖。

2019 年 3 月，阿里巴巴启动"村播计划"，目前已覆盖全国各省份的 2900 多个县（市、区），累计孵化 11 万农民主播，开展直播 330 万场，带动农产品上行约 150 亿元，直播成为真正的新农活。

18.3 农业信息服务

近年来，农业农村部农业信息化标准化委员会研究制定了《农业信息化标准体系（暂行）》，正式制发《农业信息基础元数据》《农业数据共享技术规范》2 项标准，《农业农村行业数据交换标准》《农业地理信息平台数据管理规范》《数字苹果园建设规范》3 项标准进入征求意见环节，另有 24 项标准已进入起草编制阶段。

党中央、国务院高度重视网络安全和信息化工作，把农业农村作为一个重要领域，做出了实施"互联网+"现代农业行动、数字乡村发展战略等一系列决策部署。截至 2020 年 11 月，全国共建设运营益农信息社 41.1 万个，累计培训村级信息员 98.8 万人次，为农民和新型经营主体提供公益服务 1.1 亿人次、开展便民服务近 3 亿人次，实现电子商务交易额 312.2 亿元。建成国家农业物联网公共服务平台，对接近 5 万个物联网监测点。梳理编制了农业农村部全口径政务信息资源目录，清理"僵尸"系统 35 个，核销"孤岛"系统 62 个，整合"零散"系统 57 个。农业农村部门户网站建立重点农产品市场信息平台，实现一站式对外信息服务。

18.4 智慧农业

智慧农业是以信息、知识与智能化装备为核心科技要素的现代农业生产方式，是现代农业科技竞争的制高点与未来农业发展的新业态。智慧农业的目标是实现农业全过程智能化，其本质是借助"数字技术"实现知识与决策的互换。近几年农业数字化快速推进，大数据、云计算、遥感技术、区块链、人工智能等数字技术深入应用到农业生产、加工、经营、管理和服务等农业产业链各环节，形成了以自动化、精准化和智能化为基本特征的现代农业发展形态。

天津市委以产业园为平台载体，建立智慧农业大数据中心和综合管理服务系统，布局 186 个物联网点位，完成农业云基础平台、农产品质量追溯、专家在线、移动 App、农业遥感大数据监测等系统板块的设计开发。2020 年，"智慧农业平台"为宁河区 13 万亩农田和 40 家农业企业提供数据支撑服务，覆盖面达 52%。

山东省临沂市兰山区建立完善食用农产品合格证制度，创新探索农产品质量安全监管新模式，在全市率先启用智慧农业监管平台，平台内置检查、信用体系评分、统计分析等功能，将农兽药、饲料、种养殖生产经营共 512 家主体纳入监管范围。智慧农业监管平台不仅加强了村级监督管理，进一步推进了监管制度的落实，而且实现了农产品从基地到市场的全程质量跟踪可追溯，切实保障了人民群众"舌尖上的安全"。

广西横县以融媒体指挥调度中心为依托，搭建涵盖茉莉花种植、交易、流通等全产业链的茉莉花产业大数据平台，实现智慧管理。其中，智慧农业云平台通过分布在茉莉花田间地头的传感器，将土壤温度、水分、降水量、光照强度等数据经物联网系统回传到后台，再根据生长需要通过水肥一体化系统来施肥施水，从而做到远程轻松监控管理，科学作业生产。

阿里巴巴正在全国建设 1000 个数字农业基地，同时已经孵化出超过 120 个盒马村。基地模式下，阿里巴巴输出新标准、新技术、新品种，并进行直采分销，确保农产品产量、质量的稳定和销售的可持续。在数字农业基地，农民按订单组织生产、按标准种植养殖。2020 年 8 月起，云南百香果在淘宝、盒马平台连续三个月销量环比增长超过 200%，带动 300 个村庄果农增收。

18.5 数字乡村

2020 年，瑞士世界经济论坛网站在题为《数字化的中国农民如何创造后疫情时代的未来》的报道中指出，2020 年年初，中国政府公布国家"数字乡村"试点计划，这是迈向"数字中国"的最新努力。

2019 年 4 月 27 日，农业农村部办公厅印发《2019 年农业农村部网络安全和信息化工作要点》，指出大力实施数字乡村战略，深入推进"互联网+"现代农业，强化信息技术在农业农村领域创新应用，增强网络安全防护能力，以信息化带动和提升农业农村现代化发展。

2020 年中央一号文件再次提出"开展数字乡村试点""加强现代农业设施建设""发展富农乡村产业"等重要任务。该文件还要求中央网信办、农业农村部、工业和信息化部等 7 个部门印发《关于开展国家数字乡村试点工作的通知》，部署开展国家数字乡村试点工作。

1. "数字乡村"信息基础设施建设全面升级

截至 2020 年 11 月，全国行政村通光纤和 4G 比例均超过 98%，贫困村通宽带比例超过 94%。农村每百户有计算机和移动电话分别达到 29.2 台和 246.1 部。农业遥感、导航和通信卫星应用体系初步确立，适合农业观测的高分辨率遥感卫星"高分六号"成功发射。物联网监测设施加速推广，应用于农机深松整地作业面积累计超过 1.5 亿亩。开展了 6 批电信普遍服务试点，共支持 13 万个行政村光纤网络建设和 5 万个 4G 基站建设，推动信息化与现代农业全面深度融合。

2. 地方加强数字乡村战略实施

河南省推进数字乡村建设，建设"数字田园"，发展"数字牧业""智慧农机"，实施"互联网+农产品"出村进城工程，打造具有全国影响力的河南省农业农村大数据服务平台；积极发展农村新产业、新业态，创建全国休闲农业与乡村旅游示范县 16 个，中国美丽田园 6 处；建设数字乡村，新创建 4 个国家级和 10 个省级数字乡村示范县。

四川省在广汉试点打造数字乡村运营支持中心，建立了京东广汉馆，已有 22 个品牌 105 种商品进驻特产馆，年销售额达 3600 余万元；开展"党建+为村"工作，借助腾讯"为村"，打造智慧乡村平台，覆盖 11.4 万名注册人员，实现了党建服务、便民服务、法治宣传线上线下联动。

截至 2021 年 3 月，浙江德清、河北辛集、江苏丰县、甘肃临洮等 150 多个县域与阿里巴巴合作开展数字乡村实践，以云计算为基础平台，提供数字兴业、数字治理方案，并为县域经济发展提供科学决策的系统支持，核心目标是让农民通过数字化增收、享受生活便利，帮助地方政府切准数字化发展方向。

18.6　发展挑战

1. 基础设施建设仍需完善，信息技术标准化水平有待提升

虽然我国的互联网基础设施建设的范围逐渐扩大，如全国行政村通光纤和 4G 比例均超过 98%，但是由于我国幅员辽阔，目前仍有一部分地区的基础设施和技术急需建设更新。

另外，由于建设涉及多家运营商，使得硬件设备、规模技术及标准等方面并未统一，相关建设与制度的制定相对滞后，网络管理和运营维护的能力不足，全国农业互联网并没有全面实现互联互通。

2. 农业互联网专业人才缺乏

"农业互联网"模式，离不开同时具有专业互联网知识和农业知识的人才，虽然培训的村级信息员有所增加，但是由于我国农民基数大，培养的村级信息员在现阶段提供的服务，无法覆盖我国所有农村地区。

另外，村级信息员受教育的程度参差不齐、综合素质也有待提高，导致无法很好地掌握农业互联网技术，影响了农民接受农业互联网知识的程度，使得互联网在农业中的运用远没有发挥其应有的价值。

3. 农业互联网监管尚需完善

互联网是一把双刃剑，一方面能够快速提高农业生产效率，另一方面在数据安全、隐私保护等安全性隐患方面仍有不少问题。这就需要将农业互联网和监管部门相互融合，健全农

业信息化平台系统。

4. 品牌意识有待提升

近些年，消费者崇尚高品质农产品的需要是构成农产品品牌意识和发展的主要背景。农产品品牌不仅是一种产品的标识，还是一种承载乡村文化的商标，它在某些场合中代表着乡村的形象，展示着乡村的文化与实力。

然而，由于我国农产品自身局限性及人才、科技、设备等条件的限制，使得我国农产品品牌的发展呈现地区和种类分布不均衡、品牌培育管理体系不规范、品牌评比标准不统一、品牌保护不到位等问题，导致我国农产品品牌竞争力不强，多数品牌影响力还停留在局部地域，跨省跨区域的品牌不多，国际知名品牌则更少。

5. 农业与互联网深度融合存在挑战

农业作为国民经济的基础，是个庞大的传统产业，涉及政治、经济、社会等各个方面。农业问题纷繁复杂，如何利用互联网实现农业现代化，将新一代信息技术渗透到农产品生产销售、农村综合信息服务、农业管理等环节，迫切需要制定一套可行性强的实施方案，从而推动互联网农业高效发展。

（贾艳艳、孙波、于莹）

第19章 2020年中国智慧城市发展状况

19.1 发展现状

1. 疫情期间智慧城市重要性凸显，战略地位进一步提升

2020 年，新冠肺炎疫情肆虐，社会生产生活一度停摆，疫情防控压力巨大。在此期间，我国多个城市基于智慧城市建设成果，快速推出健康码、行踪查询、疫情小区地图等疫情防控应用，通过网络化管理、大数据分析等技术手段助力政府资源调度和决策指挥，展现了智慧城市建设的意义和重要性。2020 年以来，智慧城市的战略地位显著提升：习近平总书记在考察杭州城市大脑运营指挥中心时指出，让城市更聪明一些、更智慧一些，是推动城市治理体系和治理能力现代化的必由之路；在浦东开发开放 30 周年庆祝大会上，习近平总书记强调要推动治理手段、治理模式、治理理念创新，加快建设智慧城市，率先构建经济治理、社会治理、城市治理统筹推进和有机衔接的治理体系；国家"十四五"规划纲要提出要建设智慧城市和数字乡村，以数字化助推城乡发展和治理模式创新，全面提高运行效率和宜居度；上海、深圳、重庆、海南、山东、武汉、长沙、苏州等省市密集出台系统性、纲领性政策，为智慧城市建设谋篇布局；此外，还有许多省市也将智慧城市建设作为 2021 年的首要发展任务，并紧锣密鼓地面向"十四五"制定智慧城市或信息化规划。可以预见，智慧城市将会成为未来一段时间城市建设的重中之重。

2. 基层治理存在短板，数据融通、一网统管成为建设重点

新冠肺炎疫情期间，居家隔离、复工复产防护等要求使基层治理成为疫情管控的关键。各地主要采用人员拉网式摸排、人工测温等人工手段开展防控，缺数据、协同差等问题严重，暴露出智慧城市建设中基层治理领域的短板。目前，数据孤岛、政府部门之间协调统筹不畅依然是智慧城市建设中的老大难问题。我国区县、乡镇地区的智慧化建设相对滞后，部分城市尚未形成跨部门、跨领域和跨系统的信息共享交换，而在智慧城市建设水平较高的地区，数据的精准性和全面性、政府部门的协同性和联动性也大体欠佳，故在局势瞬息万变的疫情初期，基层治理防控显得十分吃力。在此背景下，国家"十四五"规划和 2035 年远景目标建议提出"推动社会治理重心向基层下移，构建网格化管理、精细化服务、信息化支撑、开放共享的基层管理服务平台"，国家"十四五"规划纲要提出构建城市数据资源体系，推进

城市数据大脑建设，探索建设数字孪生城市。国家发展改革委、农业农村部陆续发布了《加快落实新型城镇化建设补短板强弱项工作，有序推进县城智慧化改造的通知》《关于开展国家数字乡村试点工作的通知》等政策，上海的城市运行"一网统管"模式成为全国各地纷纷效仿的对象，科技企业也积极围绕智慧城市治理发布"一网统管""政务协同""未来社区"等解决方案，加强基层治理、推动数据融通和一网统管已然成为政府推进智慧城市建设的重点。

3. 在线服务需求爆发，医疗、教育、政务、办公成为发展热点

新冠肺炎疫情期间，社会生产生活一度处于停摆状态，全民居家隔离使老百姓史无前例地依赖网络和各类在线服务。外卖订餐、网上购物、社区拼团等互联网消费发展已久、模式成熟，在疫情期间极大地满足了个人的日常需求。在线的政务、教育、医疗、办公等服务进一步走进民众视线，"狠狠刷了一波存在感"，及时、有效地助力恢复生产生活秩序，展现了信息时代的优越性。在医疗方面，远程医疗为抗击疫情一线提供了强有力的后方支持，普通民众则可在家使用各类互联网医院平台、第三方问诊平台进行普通疾病的问诊，国家卫生健康委也先后发布《加强信息化支撑新冠肺炎防控的通知》《关于在疫情防控中做好互联网诊疗咨询服务工作的通知》，明确指出要充分发挥互联网医院、互联网诊疗的独特优势。在教育方面，各地结合三通两平台建设基础和各类教育教学资源，快速组织网络直播课堂、电视课堂等，使广大学生"停课不停学"。在政务方面，得益于长期以来简政放权改革和数字政府建设，大部分民众可以通过网上办事大厅，享受"不见面办事"政务服务。在办公方面，钉钉、腾讯会议、Zoom 等平台向社会免费提供在线会议、协同办公等服务，助力政府、企业等组织一定程度上实现了复工复产。

4. 数字孪生技术纳入国家和地方发展战略体系，数字孪生城市从概念培育期进入建设实施期

国家发展改革委、科技部、工业和信息化部、自然资源部、住建部等部委密集出台政策文件，有力推动城市信息模型（CIM）及建筑信息模型（BIM）相关技术、产业与应用快速发展，助力数字孪生城市建设。随着数字孪生城市在雄安新区先行先试，数字孪生建设理念深入到各地新型智慧城市及新基建规划中。省级层面，上海市发布《关于进一步加快智慧城市建设的若干意见》，明确提出"探索建设数字孪生城市"；海南省发布《智慧海南总体方案》，提出"到 2025 年年底，基本建成'数字孪生第一省'"；浙江省提出建设数字孪生社区。在市级层面，贵阳、南京、合肥、福州、成都等地纷纷提出以数字孪生城市为导向推进新型智慧城市建设。自 2017 年"数字孪生城市"建设理念问世以来，各地政府和产业各界加紧布局。中国信息通信研究院统计，2018 年城市信息模型（CIM）相关投标项目全国仅有 2 项，2019 年新增 8 项，2020 年（截至 2020 年 10 月）新增 19 项，增长迅猛，标志着城市信息模型已加速进入规模实施阶段。上海市花木街道、北京市商务中心区、贵阳市经济技术开发区、武汉市智慧城市基础平台（一期）项目已经开展数字孪生城市相关项目实践[1]。

---

[1] 中国信息通信研究院：《数字孪生城市白皮书（2020 年）》，2020 年。

5. 智慧城市群建设持续发力，迈入区域协同发展新阶段

当前，我国智慧城市建设正向区域协同、打造智慧城市群方向发展，根据各城市群的发展阶段，大致可分为 3 个梯队，其中长三角、珠三角智慧城市群为第一梯队，京津冀、成渝、长江中游为第二梯队，其他城市群则为第三梯队。珠三角、长三角在智慧城市群建设方面走在前列，尤以政务服务的便捷著称，长三角地区于 2019 年建立长三角地区政务服务用户跨省身份认证体系，率先实现 14 个城市政务服务异地办理；广东省于 2020 年在广东政务服务网上线泛珠三角区域"跨省通办"专栏，实现广西、海南、湖南、福建等地共 470 项政务服务事项异地办事"马上办、网上办、就近办、一地办"，部分城市已探索实现港澳地区政务服务异地办理。第二梯队主要是初步开展区域协同化发展，已实现城市单点互联互通的智慧城市群，如在京津冀城市群，天津市于 2020 年年底发布《加快推进政务服务"跨省通办"工作方案的通知》，并于 2021 年年初实现北京、天津经开区政务服务"跨省通办"；在成渝城市群，重庆、四川两地于 2020 年年初步建立公积金跨区域转移接续和互认互贷机制，推行重庆、成都两市公交和地铁"一卡通"；在长江中游城市群，湖北监利市与湖南岳阳市于 2020 年年底率先在长江中游城市群建立"跨省通办"窗口，实现 58 个高频事项跨省异地受理。第三梯队则为以呼包鄂乌为代表的其他城市群，大体处于智慧城市群前期规划阶段，如呼包鄂榆城市群及呼包鄂乌协同发展党政联席会议于 2020 年 9 月议定《呼包鄂乌智慧城市群一体化建设行动计划》，提出加强 4 市智慧城市项目一体化建设。

19.2 应用场景

1. 城市运行管理

智慧城市运行管理中心是城市运行管理的核心载体，是新型数字基础设施和开放创新平台，是数据治理与运营的关键抓手。当前智慧城市运行管理中心在实现"数字化""智能化"的基础上，围绕跨行业、跨部门、跨层级的协同业务创新应用场景，逐步打通横向各部门、纵向各层级的业务壁垒，推进城市数据资源集约化整合、高效化开发、全面化赋能，实现城市运行体征泛在充分感知、公共要素资源快速配置优化、重大事件敏捷预测预警、决策指挥智能协同调度。

例如，以城市运行管理中心数据中台为基础，结合物联网数据、地理基础数据、遥感数据、视频数据、物资装备数据等，形成应急信息数据库，提高城市感知和监测预警能力，完善多级应急指挥调度体系，实现"应急指挥一键调度"。城市运行管理中心围绕城市特色产业，聚焦经济领域主要指标和重点任务，构建以亩均税收、亩均固定资产投资总额、亩均工业增加值等为关键指标的企业亩产效益综合评价体系，建立健全分类分档、动态治理的企业综合评价机制，通过税收大数据全面了解企业复工复产情况，实现"产业发展一图统揽"。

2. 基层治理

基层治理智能化是实现社会治理体系和治理能力现代化的重要组成部分和实现方式。基层治理智能化以智慧党建为引领，完善基层信息化基础设施，充分利用云计算、大数据、人工智能等技术统筹整合基层数据资源、服务资源等，在基层建设和部署公共服务智能终

端和信息系统，畅通基层沟通渠道，实现政府决策科学化、社会治理精准化、公共服务高效化。

例如，南京市浦口区汤泉街道研发"汤泉党建云库"大数据应用平台作为基层治理的大脑中枢，全力推动全街党员、村干部、网格员等各类服务主体形成"共同体"，通过志愿活动次数、党组织服务对比、党员指数排名等 256 个维度，动态了解基层治理情况，打造党建引领良治善治"基层样本"。浙江温州打造"智慧村社通"平台，集政府监管、村级日常事务管理、村民参政议政、线上开展公共服务于一体，实现"码上参与""码上管理""码上协商""码上监督""码上服务"等功能，有效推动基层治理微改革。

3. 生态环保

智慧生态环保依靠技术创新，不断推进更为精准精细的生态监测，探索更加绿色低碳的生产、生活方式，将绿色环保、绿色生活融入公众日常，不断提升新型智慧城市生态文明建设水平。近年来，我国大力推进生态环境监测网络建设，依托卫星、无人机、地面监测站等，逐步建成陆海统筹、天地一体、上下协同、信息共享的生态环境监测网络。2020 年，随着物联网、人工智能、5G 等新型基础设施建设的深入推进，天地一体生态环境监测网络可实现信息共享、多类监测、多维度数据分析，在全面深化环境质量和污染源监测的基础上，逐步向生态状况监测和环境风险预警拓展。

例如，上海市搭建了集现场巡视、实验室监测、在线监测和遥感监测于一体的水生态监测预警体系框架，建成了完整覆盖水、气、土、声、生态等领域的崇明世界级生态岛生态环境监测评估预警体系，并探索构建覆盖全要素的生态环境遥感监测体系框架。利用互联网促进生产生活方式绿色化，是智慧生态环保的重要内容之一，共享出行、无纸化办公、旧物垃圾回收、手机种树等绿色生活服务模式正借助信息化手段得以规模化推广。北京市部分街道推广应用智能垃圾桶，居民用家庭垃圾分类账户对应的纸质或电子二维码，在智能垃圾桶上扫码，完成分类投放后即可积分，积分可用来兑换垃圾袋、扑克牌、纸巾等，大大提高了居民参与垃圾分类的积极性。

4. 疫情防控

智慧城市建设在新冠肺炎疫情防控中发挥了重要作用。依托智慧城市建设过程中多源融合的数据资源，形成的大数据、人工智能分析能力及城市级应用开发部署能力等，全面支撑疫情综合监测、资源调配优化、疫情预测分析和宏观决策。疫情前期发展迅速，急需快速实现疫情监测、人口排查、防控指挥等抗疫功能，智慧城市运行管理中心作为城市数字化基础设施，支撑城市快速搭建疫情防控信息平台。

例如，济南市依托智慧泉城运行管理中心快速搭建全市疫情监测信息平台，利用大数据、人工智能等手段加强疫情溯源和监测，在一天内完成采集、整理、摸排、上报等疫情数据处理工作，上海市依托智慧城市"数字地图"底座和"一网统管"跨部门、跨层级、跨区域扁平化运行体系，改变了数据采集慢、融合困难、整理耗时、效率低下的顽疾。疫情后期有所缓解，各地纷纷依托疫情综合监测数据和城市级服务平台因地施策，出台精细化复工复产和经济提振政策。例如，浙江省充分利用"健康码""五色图""精密智控指数""企业电力复工指数"等综合监测数据，出台针对性扶持政策，组织企业复工复产。珠海市利用"最珠海"城市生活服务平台向珠海市民及游客发放消费券，共兑现政府补贴 7000 余万元，成功拉动消费 5.4 亿元，为疫情后经济复苏带来较大的提振作用。

19.3 运营模式

如何解决好政府与市场、全面与聚焦、应用与创新的关系，建立可持续的智慧城市运营模式，成为现阶段各地推进新型智慧城市建设的核心关注点和探索方向。当前智慧城市呈现以下态势。

1. 建设运营模式从重建设向长效运营转变

智慧城市具有复杂巨系统的特征，是各类层级、行业系统、平台的综合利用、融合创新，而非传统信息化项目的简单集成，需要从数据融通、系统联动、配套机制、生态培育等多个方向系统谋划，亟须具有定制化服务、长效运营增值、生态伙伴培引等能力的本地运营机构支撑。缺乏系统思维、运营思维推进智慧城市建设，只会舍本逐末，造成新一轮资产泡沫与投资浪费，未来智慧城市的项目系统集成不过是整体运营的组成部分。新型智慧城市要树立长效运营理念，建立与技术支撑、制度建设相匹配的城市级智慧运营服务体系。

2. 本地化国资智慧城市运营商日渐增多

在新型智慧城市建设过程中，各地更加重视服务外包与特许经营，纷纷成立本地化智慧城市运营服务商，推动智慧城市建设从政府主导、大包大揽，走向专业化、市场化协同运作，持续丰富智慧城市资金筹措渠道和运营机制。但由于涉及信息安全问题、PPP 项目盈利模式不清晰蜕变为政府买单等原因，全国多个智慧城市 PPP 项目被财政部调出示范并退库。近年来，多地政府为了更好地确保政务数据资源的安全利用，确保网络安全，更高效地推进智慧城市的专业化运作，纷纷探索成立国资背景企业作为智慧城市运营商，统筹推进城市数据资产治理与智慧城市建设。

3. 新型政企关系成为智慧城市运营商长效运营的体制保障

在新型政企关系中，政府部门对业务需求和服务评价担负起更重的"管理端责任"，运营商承担"运营端"责任，负责从标准制定、项目建设、平台运营、股权投资到生态构建等一系列工作。部分地区政企协调不畅的矛盾，成为困扰运营商长效发展的"绊脚石"。一方面，由于市场化的逐利内在要求，部分地区出现智慧城市建设未能精确按照城市长期规划来执行，出现两者的结构性矛盾，亟待理顺运营机制，明确双方权责关系。此外，对于无监督、缺监管的本地智慧城市运营商，甚至可能形成新的地区信息化垄断主体。另一方面，对于政府成立的国资背景智慧城市运营商，往往起步阶段面临人力资本、技术经验、资金投入等挑战，有可能蜕化为只贴牌、做转手交易的"二道贩子"，反而抬高了智慧城市外部合作成本。

4. 智慧城市运营商模式持续探索中

当前各级政府的系统性智能化稳步推进、逐步成型，但纵强横弱的格局尚未根本改变。智慧城市建设是实现横强、纵通的重要途径，务必要将城市作为整体，强化智慧城市中枢（大脑）、共性平台、城市云（城市级 IT 设施）等核心要素的统筹布局和赋能建设，夯实智慧城市发展引擎与数字底座。仅凭政府机构的人员或纯依赖第三方服务机构是远远不够的，亟须组建本地化的专业运营团队或企业，针对智慧城市特定问题，提供定制化服务，不断迭代优化解决方案，长期支撑智慧城市有序运行。这种需求催生了"智慧城市运营商"角色，帮助政府统筹推进智慧城市的建设、运营和管理，一般在自主建设型和合资建设型投资建设模式下出现。智慧城市运营服务商能有效弥补政府在专业人员支持、持续资金投入、科学规划、管理和运营经验等方面的不足，盘活各类城市资源，整体推动城市迈向智慧化。

我国智慧城市运营商主要分为以下四大类：国资系运营商，以大型央企、国企为代表的国资系运营商，民营类运营商，政企合作类（PPP）运营商（见表 19.1）。目前，在开展数据监测的 657 个城市（地级及以上城市和重点区县）中，探索开展以社会为主体推动智慧城市项目建设和运营的城市数量达到 433 个，占比为 65.91%。地方政府成立或引入本地化运营企业占所有智慧城市的比例达 50%，其中国资背景的智慧城市运营商占所有智慧城市运营商的比例超过 80%。

表 19.1　智慧城市运营商模式特征

类　别	特　征	公 司 代 表
国资系运营商	地方政府充分发挥国有企业基础性、引导性和功能性主体作用，成立国有独资的智慧城市基础运营商，促进产、城、人和谐融合	中国雄安集团数字城市科技有限公司、成都大数据股份有限公司、深圳市智慧城市科技发展集团有限公司、数字重庆大数据应用发展有限公司
以大型央企、国企为代表的国资系运营商	通过与当地政府签订战略协议，成立本地子公司开展智慧城市建设运营	根据公司业务及切入点不同，又可细分为中国电信、中国移动、中国联通、中国广电等通信运营商，中国电子系统公司、浪潮集团、中科曙光等大型国企和启迪集团、泛华集团等地产企业 3 类
民营类运营商	依托自身技术、连接优势，打造以自身平台为核心的产业生态，开展智慧城市建设运营	阿里巴巴、华为、百度
政企合作类（PPP）运营商	通过引入专业化公司成立政企合作企业，开展智慧城市建设运营	丝绸之路信息港集团有限公司、数字阳泉有限公司、数字青岛有限公司、智慧泉城智能科技有限公司

19.4　典型案例

1. 城市群——智慧长三角

1）重点举措

一是明确了长三角一体化发展的任务、时间表和路线图、聚焦交通互联互通、产业协同创新、信息网络高速泛在、环境整治联防联控、公共服务普惠便利 7 个重点领域，形成一批项目化、可实施的任务。

二是推进一体化、智能化交通管理，加强基础设施互联互通与共享共用，全面推行长三角地区联网售票一网通、交通一卡通，提升区域内居民畅行长三角的感受度和体验度。

三是打破区域界限，促进跨区域科技资源共享共用，推动数据共享，苏浙沪皖四地科技主管部门围绕长三角产业与区域共性发展需求，在浦江论坛上启动了长三角科技资源共享服务平台建设工作。

2）建设成效

通过政府、社会和市场的合力推动和共同努力，长三角一体化发展已取得明显进展，地区的综合竞争力显著提升。信息化建设方面，已基本形成区域信息化合作体系，特别是在社会民生、航运交通、城市安全等重要领域的信息化应用成效初显，与此同时，正在积极地向社会保险、医疗保险、教育等民生领域拓展。区域信息基础设施体系初步建成，正在推进重大信息基础设施的共同开发和应用，加强功能性信息基础设施的区域性共享使用，包括大力推行区域的公交一卡通、ETC 等电子系统的应用。借助物联网、云计算、移动通信等新技术带来的产业发展机遇，正在全力打造以自主技术标准为核心的区域性信息技术产业集群。

2. 省级行政区——智慧海南岛

1）重点举措

一是推动"四梁八柱"和"地基"建设。"四梁"指国际信息通信开放试验区、精细智能社会治理样板区、国际旅游消费智能体验岛、开放型数字经济创新高地 4 个战略定位；"八柱"包括打造 5G 和物联网等新型基础设施、提升国际信息通信服务能力、创新现代化治理和智慧监管新模式、构建立体防控智慧生态治理体系、优化国际旅游消费服务智慧化体验、推动数字政府和智能公共服务创新、加快优势产业数字化转型、数字新产业做优做强等内容。"地基"包括智慧大脑、能力中台、支撑体系及机制体制等共性设施。

二是探索建设国际数据中心试点。建立数据跨境交易、跨境传输安全管理试点。通过国际（离岸）数据中心开展相关信息服务，吸引海外 IDC 业务向海南迁移，增强数据服务产业的国际竞争力。试点制定完善的数据跨境传输、利用、保护、流转等方面的规则体系，建立健全数据出境安全管理制度体系，完善与国际衔接的个人信息和重要数据出境安全评估标准、数据出境"白名单"机制、安全评估机制等，选择封闭园区率先开展数据跨境流动监管试点。

2）建设成效

一是新一代信息网络积极部署。海南省积极推进 5G 实验网络建设，截至 2020 年年底海南全省累计建成 5G 逻辑基站 10823 个，基本实现海口、三亚主城区室外覆盖，其他市县城区热点覆盖、5G 应用项目区域全覆盖。网络覆盖方面，全省固定宽带家庭普及率达到 118.8%，全国排名第 4 位，移动宽带用户普及率达到 100%，全国排名第 11 位。

二是现代服务业实现创新发展。2020 年，海南省网络交易额达 2288 亿元，网络零售额为 752.7 亿元。在网络零售额中，实物型网络零售额 439.43 亿元，同比增长 22.05%。互联网、大数据、人工智能、AR/VR 等技术显著提升旅游服务体验，旅游电商、旅游扶贫、旅游康养等新模式、新业态不断涌现，助力海南国际旅游岛建设。

三是产业创新和公共服务能力不断完善。建成由省枢纽平台、市县窗口平台和行业窗口平台构成的中小企业公共服务平台网络体系，省政府每年安排 5 亿元专项资金支持互联网产业发展，建设了海南生态软件园、海口复兴城创新创业园、海南数据谷等互联网产业园区和创新创业基地，海南微软创新中心、阿里云创新中心等互联网众创空间。

四是大数据精准扶贫成效明显。海南省委、省政府积极部署精准扶贫、精准脱贫工作，建立了海南精准扶贫平台。探索形成"电视+夜校+961017 服务热线"精准扶贫模式。深入开展"企业帮扶"精准扶贫行动，充分发挥全域旅游、名贵树木种植等产业带动效应，为贫困户脱贫摘帽创造有利条件。

3. 地级市——智慧珠海

1）重点举措

一是加强智慧城市顶层设计。2013 年以来，珠海市相继印发了《珠海市智慧城市建设总体规划（2013—2020 年）》《"十三五"珠海智慧城市行动计划》，持续提升各领域信息化水平。2018 年之后，珠海市委、市政府深刻把握新一代信息技术和数字技术快速发展的机遇，将智慧城市建设工作列为"一把手"工程，编制了《珠海市新型智慧城市"十四五"规划》。

二是完善智慧城市体制机制建设。设立智慧城市建设领导小组、工作推进组、领导小组办公室，明确智慧城市统筹推进部门、专责小组和各相关参与部门主要职责和具体分工，制定了《珠海市智慧城市项目立项、建设、运维操作规程》。不定期会商研讨珠海新型智慧城市推进过程中遇到的重点问题并研究制定解决方案，组建智慧城市建设运营平台公司，引入国家级信息化咨询机构，为政府部门提供城市运行监测、技术支撑及咨询等服务。

三是将智慧产业打造成珠海的一大战略性新兴产业体系。珠海不仅有东信和平、远光软件、蓉胜超微等涉及智慧产业的上市公司，而且又有金融数据中心、惠普智慧城市等项目入驻或动工，在发展应用软件开发、应用管理服务、云计算服务、企业信息移动化服务、应用现代化、信息管理和商业智能等多个领域有很好的产业基础。

四是将智能城市管理体系纳入智慧城市建设的核心内容。珠海在公共服务项目上相继推出了网上办事大厅、市民网页、企业网页、政务微博统一平台等，全省率先开通 12345 市民综合服务热线，24 小时集中受理市民的咨询、投诉、求助、举报、意见及建议。围绕家庭生活需求，开展电子投票选业委会、网上支付物管费、社保卡支撑下的网上看病、网上购物、居家养老信息化服务、网上图书馆等，使智能家庭与智慧社区的整合成为人人享受智慧城市的普遍化切入点。

2）建设成效

信息通信基础设施相对完善。截至 2020 年年底，珠海市光纤入户率达 165.6%，位居全省第一；珠海市 394 个 20 户以上自然村实现光纤、4G 网络 100% 覆盖，主要海岛实现光纤上岛、4G 网络覆盖率 100%，全市累计建成 5G 基站 6590 座。基本建成省、市、区三级联通的电子政务外网，实现 170 多个单位接入。

信息产业稳步增长。2020 年，珠海市软件和信息技术服务业实现主营业务收入 796.2 亿元，同比增长 4.4%，其中软件业务收入 463.6 亿元，同比增长 9.9%。集成电路设计行业收入 86.5 亿元，同比增长 28.1%，产业规模位列全国第 9，拥有金山软件、杰理科技、远光软件、东信和平、艾派克等 10 家营收规模超过 10 亿元的企业，成立了中国先进半导体一站式芯片 IP 及量产中心和珠海先进集成电路创新研究院。

珠港澳数字经济共融发展。商贸物流方面，珠澳跨境电商基地引入了电商直播、港澳选品、跨境电商知识培训等模块。跨境金融方面，横琴从建设粤澳跨境金融合作（珠海）示范区、打造与澳门趋同的金融监管机制、探索实行"单一通行证"制度、建设保险创新产业园等方面进行积极尝试和实践。文化创意方面，珠海国际设计周为珠海与澳门在设计领域实现系统性对接创造了有利条件。

4. 市辖区——智慧双流

1）重点举措

一是重点推进一个智慧城市大脑建设。打造数据中台、技术中台、业务中台，建设数字孪生城市平台，打造深度学习、智能优化、智能决策的城市大脑，形成以数据为驱动的城市运行指挥中枢。

二是推进营商环境、治理、服务、经济 4 类业务应用场景。围绕优化营商环境、推进社会治理、构建民生体系、发展数字经济的业务需求，创新部署智慧城市应用。

三是强化两大基础保障能力。布局云网边端一体化融合的泛在数字基础设施，构建管理机制、技术手段、应急策略等全方位的安全防护体系。

四是构建智慧城市建设产业生态。构建一个牵头政府部门+一个综合运营商+N 个企业的 1+1+N 智慧城市服务体系，形成"政府引导、企业参与、生态合作、产城共荣"的总体格局。

2）建设成效

信息化助力营商环境不断优化。双流区通过多点着力，以短板突破优化营商环境，在 2020 年中国营商环境百佳示范区排名中升至第 14 位，取得历史最好成绩。企业开办时限仅需 2.5 小时，在全省率先达到世界银行前沿水平；率先在全市推行"蓉票儿"无纸化扫码开票，水电气报装办理时限压缩 90%以上，181 项审批服务下沉产业功能区办理，建设项目开工前审批时间压减 70%。

城市治理智慧化、精细化效果凸显。双流区智慧治理中心已接入视频会议系统、"一键通"网上审批服务监督平台、网络理政服务平台、"大联动"系统、雪亮工程、天眼和鹰眼系统、应急防汛智能指挥系统、数字化城市管理系统、"双随机，一公开"平台等平台，初步具备集中监测和协同指挥功能。网格化治理水平稳步提升，"大联动·网格化"信息系统上报网格事件全市第一，办结率 95%以上。

数字经济发展动能显著增强。双流区按照"强三优三"新经济发展思路，不断培育新动能，打造世界级电子信息产业生态圈，电子信息主业"芯屏网终云"稳步发展，成都芯谷是成都市电子信息产业的重要承载区，2020 年双流区电子信息产值达 700 亿元。在产业数字化方面，两化融合稳步推进，双流区拥有邮政、综保和空港三大跨境电商园区，全区跨境电商交易额达到全市总交易额的 75%以上。

19.5 发展挑战

随着智慧城市建设的逐步深化，其面临的问题与挑战也不容忽视，有待政府与业界共同探讨解决之道。总的来说，目前智慧城市建设面临的挑战主要有以下几方面。

1. 城市数据资源共享汇聚、挖掘利用有待深入，数据治理难度提升

随着物联网、智能终端及各类信息平台的快速普及发展，智慧城市产生了海量的视频、音频、图像、文字等数据，其中包含大量非结构化数据。在共享汇聚层面，如何突破行业、部门和地域壁垒，加强政府和企业间的协调联动性，实现城市大数据资源的全面融通，为城

市治理积累多维度、时效强的数据资源池,目前在体制机制方面还有较大的障碍。在挖掘利用层面,如何从海量非结构化数据中分析提炼出关键信息来支撑决策,实现对城市全域的智能分析决策和协同指挥调度,还需对大数据和人工智能技术进行深入应用。在数据治理层面,数据成为当代重要资产之一,但在法律体系中缺乏明确定位,数据的权属尚不明晰,导致数据的流转、交易面临障碍,限制了数据的价值化发展。

2. 智慧城市建设投资规模巨大,长效运营模式有待探索

智慧城市建设包含了大量基础性、公益类项目,前期投资基本为地方财政资金,因建设金额巨大,对地方财政特别是经济水平不高的城市造成不小的资金压力,有的城市因此放缓或搁置了智慧城市建设。此外,智慧城市项目建成后,还存在运营维护问题,特别是如何利用其市场化能力实现市场驱动,目前各地还在探索中。部分城市已采用组建智慧城市平台公司或推行 PPP 模式开展智慧城市项目的建设运营,但在探索盈利模式、激发智慧城市内生动力方面仍未找到最佳答案。

3. 网络与信息安全隐忧突出,安全监管挑战增大

智慧城市涉及的系统、部门繁多,从基础设施、数据资源到管理决策、应用服务,各层面均面临网络与信息安全风险,随着数字孪生城市的进一步落地实践,信息安全监管将更加成为系统性工程,牵一发而动全身。此外,移动互联网、物联网、人工智能等技术在智慧城市中广泛应用,人脸识别技术在生活中应用存在一定风险、平台经济掌握大量消费者个人隐私数据,都使个人隐私信息泄露风险剧增,对智慧城市的网络与信息安全体系建设和信息安全监管提出新的挑战。

(陈婉玲、刘梦、储君慧、陈鹏)

第 20 章　2020 年中国电子政务发展状况

20.1　发展现状

1. 电子政务国际排名大幅提升

近年来，党中央、国务院陆续出台审批服务便民化、"互联网+政务服务"、优化营商环境等一系列政策文件，全国一体化政务服务平台初步建成并发挥作用，政务服务"一网通办"深入推进，各地区、各部门积极开展政务服务改革探索和创新实践，政务服务便捷度和群众获得感显著提升，我国电子政务国际排名显著提升。《2020 联合国电子政务调查报告》显示，我国电子政务发展指数从 2018 年的 0.6811 提高到 2020 年的 0.7948，排名提升至全球第 45 位，比 2018 年提升了 20 位，取得历史新高，达到全球电子政务发展"非常高"的水平。其中，作为衡量国家电子政务发展水平核心指标的在线服务指数上升为 0.9059，指数排名大幅提升至全球第 9 位，达到全球"非常高"的水平。

2. 电子政务进入以数字化驱动政府整体转型的关键阶段

"十四五"期间我国数字化转型加速，电子政务也将进入数字化驱动整体转型的关键阶段，该阶段具有以下特点：一是问题导向，围绕电子政务中存在的异地办事难、便民热线号码分散等痛点、难点问题，2020 年国务院办公厅印发了《关于加快推进政务服务"跨省通办"的指导意见》《关于进一步优化地方政务服务便民热线的指导意见》等政策文件，推动更多政务服务事项"跨省通办"，以"12345"一个号码服务企业和群众；二是数据驱动，以数据流带动业务流改造，推动政务服务从政府部门供给导向向企业和群众需求导向转变，全面提升政府治理能力和政务服务能力；三是共建共用，政务信息系统整合持续深化，依托全国一体化政务服务平台和各级政务服务机构，着力打通业务链条和数据共享堵点成为关键。

3. 数字政府成为"十四五"期间数字中国战略的重要组成

近年来，全国多个省份发布数字政府相关规划，党的十九届四中全会明确提出推进数字政府建设，将数字政府从实践探索提升为国家顶层设计。党的十九届五中全会提出，"加强数字社会、数字政府建设，提升公共服务、社会治理等数字化智能化水平"，凸显了数字化转型中数字政府建设的重要意义。2021 年 3 月，十三届全国人大四次会议通过的《中华人民共和国国民经济和社会发展第十四个五年规划和 2035 年远景目标纲要》中，首次将数字化独立成篇，将数字政府作为数字中国建设的核心之一，明确要求"提高数字政府建设水平"，"将数字技术广泛应用于政府管理服务，推动政府治理流程再造和模式优化，不断提高决策科学性和服务效率"，为"十四五"期间电子政务发展指明了方向。

4. 各省市以数字政府为重点加快数字化转型

中央党校（国家行政学院）电子政务研究中心发布的《省级政府和重点城市网上政务服务能力（政务服务"好差评"）调查评估报告（2020）》显示，浙江、广东、上海、江苏、贵州、北京、安徽、福建 8 个地区的网上政务服务能力总体指数为"非常高"（超过 90），如表 20.1 所示。全国多省市发布数字政府相关政策文件，数字政府迎来建设热潮，并进一步提升为驱动数字化整体转型的抓手。2021 年 1 月，上海发布《关于全面推进上海城市数字化转型的意见》，提出推动政府以数据驱动流程再造，践行"整体政府"服务理念，以数据为基础精准施策和科学治理，变"人找政策"为"政策找人"，变被动响应为主动发现。2021年 3 月，浙江发布《浙江省数字化改革总体方案》，提出打造"整体智治、唯实惟先"的现代政府。

表 20.1　省级政府网上政务服务能力总体指数前 10 位

地　区	在线服务成效度指数	在线办理成熟度指数	服务方式完备度指数	服务事项覆盖度指数	办事指南准确度指数	总体指数	排　名
浙江	97.23	95.46	96.95	96.98	97.55	96.73	1
广东	98.09	95.97	96.05	96.19	97.85	96.73	1
上海	95.17	89.83	93.97	95.61	96.81	93.93	3
江苏	92.43	87.89	93.43	90.7	97.47	91.9	4
贵州	90.04	88.51	94.02	90.58	98.97	91.9	4
北京	88.33	90.38	93.57	90.61	94.9	91.33	6
安徽	86.26	86.06	94.36	91.89	98.68	90.82	7
福建	85.92	85.51	93.89	90.8	97.4	90.11	8
四川	83.52	84.33	89.67	89.92	97.35	88.31	9
湖北	78.75	87.86	88.57	89.78	96.81	87.91	10

20.2　政府网站建设

清华大学国家治理研究院发布的《2020 年中国政府网站绩效评估报告》显示：各部委网站中，税务总局跃升至第一名，国家市场监督管理总局保持第二名，商务部降至第三名，国家林业和草原局、国家药品监督管理局、交通运输部、海关总署、农业农村部/工业和信息化部（并列第八名）、国家发展改革委分列第四名至第十名。省（自治区）政府门户网站中，广东和贵州位列前两名，四川和海南并列第三名，湖南、安徽、湖北、陕西、浙江位列第五名至第九名，吉林和内蒙古并列第十名。直辖市政府门户网站中，上海和北京分别位列第一名和第二名。副省级城市政府门户网站中，广州、深圳、济南位列前三名，西安、成都、青岛、南京、杭州分列第四名至第八名，武汉和宁波并列第九名。省会城市政府网站中，广州、济南和西安位列前三名，成都、南京、贵阳、长沙、杭州、武汉、海口分列第四名至第十名。地级市政府门户网站中，东莞、佛山、郴州位列前三名，苏州、惠州、威海/温州/珠海（并列第六名）、鄂尔多斯、宿迁分列第四名至第十名，烟台、江门、黔南、洛阳/泉州（并列第十四名）、宜昌、常德、安顺、三亚、马鞍山分列第十一名至第二十名。

2020年，我国政府网站建设和服务主要呈现四大特征[1]。

1. 各类网站绩效稳步提升，直辖市晋升尤为显著

同2019年相比，2020年各类政府网站的平均绩效得分均有提升，特别是直辖市政府网站平均分首次超过80分，成为仅低于副省级城市的网站类型，进步幅度显著。此外，各类政府网站"优秀+良好"数量占比总体不断攀升。部委网站中，"优秀+良好"数量占比由51%提升至55%。省级网站中，"优秀+良好"数量占比由72%提升到75%。地市网站中，"优秀+良好"数量占比由46%增长到50%。

2. 网站集约纵深推进，一体化建设成效凸显

《2020年数字政府服务能力评估》显示，全国政府网站数量由2015年的84094个精简至2020年11月底的14475个，精简率达82.8%。北京、安徽、湖北、湖南、广东、广西、贵州等11个政府网站集约化试点地区，已基本完成各项任务，集约化效果显著。交通运输部、江苏省、云南省等，通过政府网站集约化建设实现全网统一搜索。湖北省、贵州省、厦门市、宜昌市等，已实现各类政务新媒体的统一建设、统一管理、统一运维。

3. 基础信息公开较好，重点信息质量较低

信息公开方面，基础信息公开普遍表现较好，而重点领域信息质量相对成为短板。在国家政务公开工作的部署和推动下，各类政府网站信息公开专栏开通率较高，如省级政务网站中财政资金、环境保护、食品药品、重大建设项目类专栏开通率超过98%。但与较高的专栏开通率相比，专栏内信息公开的内容深度和质量还有待加强，主要体现在较多涉及面广、社会关注度高、需广泛知晓的政策文件，相关解读不足，已解读的政策文件占比较低。

4. 在线办事能力明显提升，省市网站成为中流砥柱

办事服务方面，省市级网站的在线服务指数明显高于部委级网站。当前，我国各地普遍采取了省级统建模式，地市和区县一般不再新建单独平台，保障了技术平台和服务标准的统一性。2020年9月，四川省按照"省级统筹、部门协同、整体联动、分级负责"的模式，打造"1+5"（1个省级主站点，省级部门、市、县、乡、村5类站点）新体系，推出新版"天府通办"政务服务品牌，实现全省"全域可办"。

20.3 信息惠民建设

近年来，我国各省市积极推动数字政府建设，对外推动政务服务质量和流程改善，对内推动跨区域、跨部门及部门内部的协同办公，迭代升级"互联网+政务服务"模式，全国政

---

[1] 除特别注明外，本节数据均来源于《2020年中国政府网站绩效评估报告》。

务服务逐步实现从低效到高效、从被动到主动、从粗放到精准的转变，企业和群众办事满意度显著增强。

1. "一网通办、异地可办"从省域走向全国

2020 年 9 月，国务院办公厅发布《国务院办公厅关于加快推进政务服务"跨省通办"的指导意见》，依托全国一体化政务服务平台，企业和群众可直接通达全国各地区各部门政务服务，实现了政务服务在全国范围内"一网通办、异地可办"，并提出了"2020 年年底前实现第一批事项'跨省通办'"的工作目标。截至 2020 年年底，全国一体化政务服务平台已实现社保卡申领等 58 项高频事项和 190 多个便民服务"跨省通办"。目前，全国一体化政务服务平台已开发"跨省通办"专区及京津冀、长三角、粤港澳大湾区、川渝通办专区等区域服务专区。例如，京津冀区域政务服务"一网通办"专区上线 30 余项高频事项，长三角政务服务"一网通办"网站上线 60 余项高频事项，全国政务服务"一张网"整体服务能力显著增强。

2. 移动政务服务进入快速发展期

随着移动互联网的普及和技术的发展，各省市积极推进覆盖范围广、应用频率高的政务服务事项向移动端延伸，以政务服务 App、小程序、公众号为代表的移动政务服务渠道不断扩展，"掌上办""指尖办"等新的政务服务模式应运而生。截至 2020 年年底，全国 31 个省、自治区、直辖市和新疆建设兵团已建设 31 个省级政务服务移动端，在各渠道发布的小程序已超过 20 余个，如粤省事、苏服办、浙里办、赣服通、闽政通、渝快办等一批具有地方特色的移动政务服务端下载注册量持续攀升。此外，各地市陆续开通支付宝城市服务、微信城市服务平台，让指尖上的政务服务更加触手可及。

3. 智能政务推动服务再升级

各地智慧政务服务大厅建设不断推进，大屏显示、3D 智能导引、智能排队、自助填单、自助打印、离台评价等系列服务持续升级，"刷脸办""无感申办"等政务服务新体验更好地满足了企业和群众对政务服务的需求。此外，以人工智能、区块链等为代表的数字技术在政务服务中的创新应用日渐成熟，推动政务服务模式不断推陈出新。例如，上海浦东于 2020 年 3 月上线"政务智能办"服务新模式，在全国率先开发人工智能辅助审批系统，实现审批要素、审批要件、审批逻辑的标准化、颗粒化和可视化，大大提升了行政审批准确度和效率；深圳市统一政务服务 App"i 深圳"集成了区块链电子证照应用平台，实现了居民身份证、居民户口簿等 24 类常用电子证照上链，在个人隐私得到最大限度保护的基础之上，增强了电子证照的安全性与可信度，大大提高了办事效率。

20.4　数字化社会治理建设

随着物联网、大数据、人工智能等数字技术全链条、全周期融入社会治理，社会治理模式逐步从单向管理转向双向互动，从线下转向线上线下融合，从单纯的政府监管转向更加注重社会协同治理，不同场景需求下的社会治理现代化能力显著提升。

1. "一网统管"城市治理模式全面铺开

自上海探索城市运行"一网统管"以来，各省市纷纷推进"一网统管"管理模式创新与机制流程再造，国家"十四五"规划纲要更是明确提出推行城市运行"一网统管"。从各地实践来看，依托城市大脑、城市信息模型平台（CIM）、城市运行管理中心等平台，推动城市管理全要素数字化和虚拟化，使得数字技术在公共卫生、自然灾害、事故灾难、社会安全、交通治理等领域中的赋能效应进一步释放。目前，上海城市运行管理系统正从 1.0 版向 2.0 版更新，推出了全新"一网统管"轻应用开发与赋能中心，面向各级城运基层应用单位和应用市场开发者提供综合服务，已上线运行 200 多款轻应用，包括防疫管控、营商管理、协同办公、联勤联动等各类应用服务，逐步形成了良好的"一网统管"应用生态。

2. 社会治理重心逐步向社区下沉

近年来，我国对社区治理越来越重视，2020 年 7 月，习近平总书记在吉林长春社区干部学院视察时指出："推进国家治理体系和治理能力现代化，社区治理只能加强、不能削弱。"各级政府及相关部门在实践中形成了以党建为引领、科技为支撑的社区治理模式。例如，西安探索"党组织+网格+智慧管理"的社区治理模式，以智慧化手段、网格化管理解决问题、服务居民；上海推行"五权下放"等下沉式改革，提出对社区治理进行"加减乘除"，切实为基层"赋权增能"。随着治理重心下移基层、资源和服务下沉社区、职责和权力下放街道，社区治理根基进一步夯实，"纵向到底、横向到边、共建共治共享"的社区治理体系将不断完善。

3. 数字治理新格局正加速构建

党的十九大以来，党中央高度重视数字化转型，提出实施国家大数据战略，加快建设数字中国，党的十九届五中全会进一步提出我国要加快"数字化发展"，而数字治理发挥着全方位赋能数字化转型的不可或缺的作用。目前，我国数字治理已经有很多有效的、成功的研究和实践。例如，各级政府加快构建政务数据开放平台，规范数据开放的领域、格式、协议等，提升数据开放质量，截至 2020 年 10 月，我国已有 142 个省级、副省级和地级政府上线了数据开放平台[1]，政府数据开放平台日渐成为地方数字政府建设和公共数据治理的标配。此外，促进数据共享开放、保障数据安全和个人隐私的政策法规不断出台。例如，2020 年 12 月，贵州省正式实施《贵州省政府数据共享开放条例》，这是全国首部省级层面政府数据共享开放地方性法规，从政府数据管理、政府数据共享、政府数据开放、监督管理等方面明确了贵州省政府数据共享开放事项。

20.5　全国一体化政务服务平台进展

按照党中央、国务院的决策部署，国务院办公厅会同各地区、各部门，积极推进全国一体化政务服务平台建设，在 2018 年明确了工作目标，于 2019 年形成了平台框架。2020 年，

---

[1] 数据来源：复旦大学数字与移动治理实验室，《中国地方政府数据开放报告（2020 下半年）》。

全国一体化政务服务平台基本建成，形成了以国家政务服务平台为总枢纽、各地区各部门衔接汇通的全国一体化政务服务平台体系。数据显示，截至 2020 年 12 月，全国一体化政务服务平台已联通 31 个省（自治区、直辖市）及新疆生产建设兵团和 46 个国务院部门，实名用户超过 4 亿人，浏览量超过 100 亿人次。

2020 年，全国一体化政务服务平台在功能开发、数据共享、标准建设和机制保障等方面，均取得了显著进展。

1. 平台系统再添新功能

"好差评"管理系统建成应用。按照《关于建立政务服务"好差评"制度提高政务服务水平的意见》要求，2020 年，全国一体化政务服务平台建成了"好差评"管理系统，推动省市县三级"好差评"全覆盖。自然资源部、农业农村部、人力资源社会保障部等部门及北京、天津、广东、黑龙江、山东、山西、甘肃、云南、江西等地区相继发布了政务服务"好差评"工作管理办法。目前，各地区"好差评"系统已基本建设完成并实现与国家平台对接，评价数据汇聚的地市覆盖率达到 91.33%，区县覆盖率达到 87.95%。42 个国务院部门已基本完成"好差评"管理系统建设并与国家平台初步对接，26 个部门已实现数据汇聚。

2. 数据共享交换范围极大拓展

一是国家层级政务数据供需渠道更加畅通。围绕高频政务服务事项，编制国家层面政务数据资源目录，进一步明确了政务数据的目录、字段、代码、应用场景、共享方式、提供渠道、责任单位等。建设了全国一体化政务服务平台数据供需对接系统、共享服务受理系统和通道。截至 2020 年 12 月，全国一体化政务服务平台已发布 53 个国务院部门的数据资源 9942 项。

二是支撑地方数据互通共享成效显著。依托全国一体化政务服务平台，推动国务院有关部门 40 余个垂直管理业务系统与各地区政务服务平台互联互通，支撑地方部门共享调用 540 多亿次。在北京、河北、上海、江苏等 12 个省市开展电子证照共享，推动了驾驶证、结婚证、道路运输证等证照跨地区应用场景落地，为长三角"一网通办"、上海"一业一证"改革等提供电子证照互认支撑。

3. 标准规范体系初步建立

2020 年 6 月，国务院办公厅联合国家市场监管总局等 5 个部门印发了《国家电子政务标准体系建设指南》，推动建设涵盖基础设施、业务、服务、管理、安全等方面的电子政务标准体系，加强了标准化顶层设计。同月，《全国一体化在线政务服务平台电子证照有关工程标准》公布，为在不动产权证书、电子社保卡、出生医学证明等政务服务高频应用领域开展"互联网+政务服务"工作提供了全国性电子证照标准。目前，全国一体化政务服务平台标准规范已涵盖数据共享、电子证照、事项管理、身份认证等多个方面，为平台建设和电子证照共享互认提供了标准规范支撑。

4. 机制保障高效、顺畅、有力

全国一体化政务服务平台建设和管理协调小组在平台建设管理等工作中发挥了重要组织领导作用。各地区各有关部门纷纷成立了高规格的领导协调机构，大力推进数字政府建设、

"互联网+政务服务"等工作。全国已有 25 个地区成立了政务服务或数据管理工作机构,各地区各部门加强协同配合,形成了全国"一盘棋"的发展局面。

20.6 电子政务助力疫情防控与复工复产

1. 疫情防控专题快速上线

电子政务网站、小程序等成为及时、准确发布疫情信息的重要平台。早在 2020 年 2 月初,"国家政务服务平台"微信小程序即上线"新型肺炎疫情防控专题",提供疫情督查、疫情消息(权威发布、部门消息和防控指南等)和疫情服务(发热就医、医用口罩和心理援助)功能,让公众实时了解最新疫情动态和应对处置工作进展。各省市同步开通当地疫情专题,如湖北政务服务平台整合鄂汇办 App、湖北政务服务网、鄂汇办支付宝小程序、鄂汇办微信小程序四大服务入口,上线"疫情专区",推出"疫情实时动态""医疗救治信息""应急通讯录""疫情防控信息""疫情相关线上办理事项""在线义诊""患者同程查询"七大功能模块,帮助民众及时获取有效防疫信息。

2. "无接触""不见面"政务服务全面推广

新冠肺炎疫情影响广泛深远,深刻改变政务服务模式,"无接触""不见面"服务成为常态。国家多部委积极出台举措,鼓励各地引导企业和群众办事从"线下"到"线上",保障疫情期间政务服务"不打烊"。国家卫生健康委发布《加强信息化支撑新型冠状病毒感染的肺炎疫情防控工作的通知》,提出要强化政务服务一网通办,以网上办、自助办、掌上办、咨询办实现"不见面审批",以"远距离、不接触"最大限度隔绝病毒的传播途径。在此基础上,基于自然语言处理技术的智能语音服务能够完成包括疫情进展通报、智能对话查询、智能外呼寻访等个性化信息采集及交互任务,减少信息宣贯及采集人员流动接触带来的感染风险,提升信息采集的精度和效率。北京、上海、厦门、泉州、三明等多个城市都已经采用智能语音平台来收集和核实个人身份、健康状况和行踪等信息。智能语音平台在 5 分钟内可完成约 200 个语音呼叫,提高了重点人群筛查、防控与宣教的效率。

3. 健康码助力疫情"精准防控"

健康码代替纸质通行证,助力疫情防控。2020 年春节过后,深圳和杭州为满足企业复工、人员返城等疫情防控需求,分别依托腾讯和阿里巴巴在两地推出了个人疫情信息登记的健康码,2 月 29 日,国家政务服务平台推出"防疫健康信息码"。健康码的出现,代替了纸质通行证,成为证明居民身份和健康状况的电子化路条,手机填报代替了手动填写纸质记录单,避免了登记点的交叉感染。后期基于健康码进行活动轨迹耦合发现疫情人员流向,如在疫情高风险区域,公众可以通过健康码,并结合个人过去 14 天手机支付数据、手机信令数据、健康码登记时空数据,与确诊病例和疑似病例活动轨迹数据进行耦合,分析个人患病概率,方便公众有序就医。国家卫生健康委、交通运输部等多家部委的数据资源深度共享,以"密切接触者测量仪"App 的形式提供是否与相关人员同乘火车或者航班的准确数据。随着全球疫情持续严峻,世界经济亟待恢复,便利人员有序往来需求迫切,2020 年年底,中国提出了建立国际防疫健康信息互认机制的倡议，未来将为搭建国际人员有序往来的"快捷通道"提供可能。

4. 信息化助力疫情防控常态化后的复工复产

疫情防控常态化后，各地积极通过信息化助力有序复工复产。2020 年 2 月中旬，浙江在全国率先推出"企业复工率指数""复工率五色图"等创新应用，能够分区域、分时段、分行业有序开展复工复产，精细治理与精密智控并进，有效实现了疫情防控和经济社会发展"两手抓、两手硬"。多地地铁、火车站、机场等大型公共场所，部署超高精度红外人体热成像测温系统，社区部署人脸识别卡口、门禁、非接触式人体测温、智能门锁等系统，实现公共区域无感监测和快速排查。

20.7　发展挑战

1. "数据壁垒""信息烟囱"尚未完全拆除

一是数据采集缺乏成型标准规范和技术支撑，造成数据多头采集、归集困难、融合不足等问题。例如，此次疫情期间，由于以往政府部门更偏重采集传统城市运行宏观数据、静态空间和设施数据，对社会高频时空信息采集不够，当本次疫情突然来袭时，有限的数据数量和质量不能支撑决策应用，而运营商、互联网企业产生的动态数据没有形成及时利用，导致态势研判和指挥调度陷入困局。二是跨层级、跨地域、跨系统、跨部门、跨业务数据共享机制仍需完善，大数据治理协同能力没有得到有效整合和充分释放。疫情期间，各省（自治区、直辖市）健康码由于标准不统一、数据不共享等原因，给人员跨地区流动带来了不便，直到2020 年年中，依托全国一体化政务服务平台，各地加快推进健康码跨地区互通互认，基本实现健康码"全国一盘棋"，目前绝大部分地区已做到"一码通行"。

2. 政务网站公众使用体验仍存在较多不足

一是部分政府网站在留言回复的时效性、回复内容质量等方面还有待提高。虽然已有约37.5%的政府网站开通了智能问答机器人，但互动质量不高，提升空间较大。二是在内容搜索方面，仍存在搜不到、搜不全、搜不准等问题。例如，对于部分网站已经发布的信息或服务，通过搜索引擎却无法搜到；多数政府网站搜索仍采取传统的基于关键词检索，缺乏对搜索关键词的语义理解，不能准确理解公众搜索对应的实际需求。

3. 基层治理信息化支撑水平不足

一是基层数据采集仍然过多依赖系统填报、网格员登记等，对物联感知、自动获取等新技术手段利用不足。二是数据流通"只上不下"问题严重，各类采集统计数据上报多，整合融合后的数据下沉少，基层治理服务缺乏数据支撑。三是基层社区缺乏得心应手的需求采集、交互反馈平台，市民通过 12345 热线、智慧城市 App 等反馈问题的周期较长，有关问题长期堆积在基层环节，基层信息化治理效率较为有限。

4. 大数据精准动态监测预测预警水平不高

一是数据分析以统计报表、运行展示为主，后台深度学习和模拟预测能力不足。二是注重阶段化、常态化运作，对综合分析和融合应用支撑不足。例如，当决策者对公安、交通、卫生、电信等多领域提出更实时、更综合的数据分析和融合应用需求时，业务响应不快，难以发挥作用。三是各地应急信息化建设相对滞后，距离应急风险点全面监测、深度覆盖的基本要求相去甚远；针对自然灾害、重大事故灾害等核心职能的支撑平台尚不完备，在应急态下，无法为应急救援业务提供有效支撑，大数据驱动的智能决策、高效响应难以实现。

（崔颖、张佳宁、李燕）

第 21 章　2020 年中国电子商务发展状况

21.1　发展环境

1. 政策环境

2020 年，我国电子商务发展的政策环境进一步规范化。在推动《电子商务法》落实的基础上，监管部门针对电子商务领域的突出问题，如平台垄断、专利侵权、数据安全、不正当竞争等方面出台了一系列政策法规，强化了对平台经济、直播电商、跨境电商等领域的规范性要求。2020 年 10 月 20 日，国家市场监管总局发布《网络交易监督管理办法（征求意见稿）》，加大了对网络社交、网络直播等网络交易新业态、新模式的监管，聚焦平台二选一、违法评价、小额零星交易界定等交易秩序问题做出了明确规定。11 月 10 日，国家市场监管总局发布《关于平台经济领域的反垄断指南（征求意见稿）》。随后，国务院反垄断委员会印发并实施《国务院反垄断委员会关于平台经济领域的反垄断指南》，明确预防和制止平台经济领域垄断行为，保护市场公平竞争，包括垄断协议、滥用市场支配地位、经营者集中、滥用行政权力排除限制竞争等内容。一系列文件的出台实施，标志着电子商务市场的规范化要求从局部走向了整体，有助于推动平台有序竞争，促进电子商务市场健康规范发展。

2. 经济环境

2020 年，全球经济受到新冠肺炎疫情不同程度的冲击影响，我国率先控制疫情，实现经济稳定恢复，为电子商务市场持续增长提供了坚实动力。2020 年我国 GDP 达到 101.6 万亿元，成为全球唯一实现经济正增长的主要经济体。服务业生产经营在年初大幅下滑后，下半年实现稳步复苏，主要经济指标持续改善，新动能表现活跃，市场信心不断增强，全年呈稳定恢复态势。从服务业增加值来看，2020 年信息传输、软件和信息技术服务业增加值比上年增长 16.9%，有力地支撑了整体经济的恢复。2020 年，全国居民人均可支配收入 32189 元，比上年名义增长 4.7%，扣除价格因素实际增长 2.1%。

3. 社会环境

全社会线上化步伐加快，网民规模快速增长。截至 2020 年 12 月，我国网民规模为 9.89 亿人，互联网普及率达 70.4%，较 2020 年 3 月提升 5.9 个百分点。农村地区互联网普及率为

55.9%，较 2020 年 3 月提升 9.7 个百分点，城乡互联网普及率差距缩小 6.4 个百分点。互联网使用广度和深度进一步拓展，1—11 月，全国移动互联网累计流量达 1495.0 亿 GB，同比增长 35.1%。互联网产业规模和影响力持续增大，规模以上互联网和相关服务、软件和信息技术服务业企业营业收入同比分别增长 20.7% 和 15.7%，增速分别快于规模以上服务业企业 19.1 个和 14.1 个百分点。新冠肺炎疫情加速了全社会数字化的步伐，激发了新消费需求的释放和新经济形态的涌现。

4. 技术环境

5G、人工智能、区块链等新技术应用为电子商务发展带来新机遇。2020 年，技术领域的政策支持不断强化，技术研发不断创新，技术应用取得积极进展，产业规模与企业数量快速增长。我国 5G 商用步伐持续加快，区块链等技术不断用于产品追溯，人工智能的消费场景应用探索不断，多样化应用推动技术层产业步入快速增长期，产业智能化升级带动应用层产业发展势头强劲。在短期内，技术应用提速带来交互方式、消费场景变革和商业模式再创新，带动消费市场提质扩容；从中长期来看，通过在生产端场景应用落地形成更强大的产业基础技术支撑，推动电子商务的新发展和产业运行效率的全面提升。

21.2 发展现状

1. 疫情助推电子商务行业呈现快速发展态势

新冠肺炎疫情发生以来，企业和消费者越来越多地"数字化"，在线提供和购买更多的商品和服务，线上交易的便利性推动电子商务行业激增式发展。2020 年 1—10 月，我国新增超过 133 万家电商相关企业，同比增长 79.22%。电子商务在扩大消费、拉动内需方面发挥着日趋重要的作用。2020 年，全国网上零售额占社会消费品零售总额的近 1/4，增速超过 10%，成为疫情期间拉动消费的重要力量。网络直播成为"线上引流+实体消费"的数字经济新模式，直播电商成为广受用户喜爱的购物方式，66.2%的直播电商用户购买过直播商品。互联网整合社区周边超市、便利店等商业资源的"新零售"模式保持强劲发展势头，"新零售"平台交易额同比增长了 50.5%。

2. 电商企业成为抗疫保供、复工复产的重要助手

电商平台通过消费模式创新促进市场复苏，在保供需、助复产，加速推动消费内循环方面发挥着日趋重要的作用。线上线下零售业态日趋深度融合，推动多种渠道融合消费模式发展。商务部等部门组织电商平台开展线上"双品网购节"，带动同期全国网络零售额超过 4300 亿元。电商企业通过智能货柜、无人机送货等智能设备，开展"无接触"配送、"无人零售"，推动了线上线下数智化融合发展。同时，电商模式创新也成为抗疫复工的重要助手。疫情初期，主要电商平台启动紧急响应，充分发挥自身供应链优势，通过海外直采、协调国内品牌商家等方式保障口罩等防疫物资和生活必需品的供给，社区前置仓、无人配送、无接触物流等新模式帮助商品和服务精准触达消费者。此外，电子商务为线下企业和

商家加快复工复产提供了新渠道，中小企业通过云办公、云交易等方式，利用线上运营缓解运营压力。

3. 电商扶贫助力脱贫攻坚和乡村振兴平稳衔接

电商扶贫作为网络扶贫的重要组成，在推动精准扶贫、精准脱贫、让农产品通过互联网走出乡村等方面取得了明显成效，助力脱贫攻坚与乡村振兴平稳衔接。一方面，农产品电商打通城乡循环出路。截至 2020 年年末，电子商务进农村实现对 832 个贫困县全覆盖。全国农村网络零售额由 2014 年的 1800 亿元，增长到 2020 年的 1.79 万亿元，规模扩大了近 10 倍[1]。电商平台打造"产地仓+销地仓"、县长直播带货拓展农产品销路等多种形式，共同助力农产品上行。另一方面，电商消费激活农村消费循环末梢。以低价拼团、小程序直播等方式为代表的电商消费业态，为农村广大用户提供了价廉质优的生活消费品，带动农村市场消费升级。数据显示，农村地区年收投快件量达 120 亿件，电商带动农产品进城和工业品下乡年总销售额超过 7000 亿元[2]。

4. 直播经济推动电商新流量争夺更加激烈

直播经济成为激活潜在消费、辅助商家运营的新抓手，形成了从主播到商家，再到品牌企业及县长干部参与的直播热潮，成为刺激复购的新渠道。商务部数据显示，2020 年电商直播场次超过 2400 万场，新增直播相关企业超过 2.8 万家，为 2019 年全年新增数量的 5 倍。随着直播经济的快速发展，电商行业的流量入口也更加分散，"中心化"和"去中心化"的电子商务发展模式并驾齐驱，竞争更加激烈。以淘宝、京东为代表的中心化平台电商持续发展，在直播、短视频、社交电商领域发力。以抖音、快手为代表的短视频持续增加电商领域投入，在电商领域实现流量的价值转化。2020 年 1—8 月，抖音开店商家数量增长 16.3 倍，电商网站成交金额（GMV）增加了 6.5 倍。抖音小店 GMV 增长了 36.1 倍。电商与短视频、直播等领域的跨界竞争和交叉融合，使电商市场对新流量的争夺更加激烈。

5. 在线服务市场成为电子商务增长新空间

2020 年，网上外卖、网上问诊等各类以无接触为特征的新型服务消费迅速发展，医疗、教育等领域在线服务驶入快车道。在线医疗方面，截至 2020 年 10 月，全国建成 900 多家互联网医院，远程医疗协作网已覆盖所有地级市的 2.4 万余家医疗机构[3]。2020 年第四季度，在线医疗平台交易额增长 87.6%；在线医疗咨询人数达 9274.07 万人，同比增长 16.7%；在线处方单数 4103.62 万个，同比增长 268.5%；远程会诊人次数 2.09 次，同比增长 68.7%。在线教育方面，截至 5 月 11 日，国家中小学网络云平台浏览次数达 20.73 亿，访问人次达 17.11 亿[4]。2020 年第四季度，在线教育类平台交易额同比增长 153.5%；月均交易额超过 1 亿元的互联网教育平台达 16 个，同比增长 100%。在线服务方面，与居民生活密切相关的

---

[1] 资料来源：商务部。

[2] 资料来源：国家邮政局。

[3] 资料来源：国务院新闻办公室 10 月 28 日举行的新闻发布会。

[4] 资料来源：2020 年 5 月 14 日教育部新闻发布会。

煤气水电缴费、住宿预订和餐饮外卖等各项服务线上交易增幅持续扩大。统计局数据显示，2020 年第四季度，全国被调查的 310 家居民服务交易平台交易额同比增长 55.5%，增幅较第三季度扩大 11.5 个百分点。住宿餐饮类电商平台交易额同比增长 13.0%，增幅扩大 8.5 个百分点。

21.3 市场与用户规模

21.3.1 电子商务交易规模

1. 总体电子商务交易规模

"十三五"时期，我国电子商务交易规模达到"十二五"时期的 2.4 倍，电子商务在助推经济社会数字化转型和消费扩容方面扮演了助推器和倍增器角色。根据国家统计局数据，2020 年，全国电子商务交易额达到 37.21 万亿元，比上年增长 4.5%（见图 21.1）。电子商务平台在助力抗击疫情、拉动消费回补、畅通产业链供应链方面发挥了重要作用。

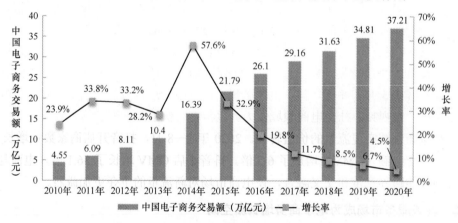

图21.1　2010—2020年中国电子商务交易额及增长率
资料来源：国家统计局。

分类别看，商品类电商交易额 27.95 万亿元，同比增长 7.9%；服务类电商交易额 8.08 万亿元，同比下降 6.5%；合约类电商交易额 1.18 万亿元，同比增长 10.4%。

分季度看，第四季度电商交易额 11.29 万亿元，同比增长 9.8%。随着制造业生产活动恢复增长，从线上原材料采购、生产制造到消费端的供应恢复畅通，单位商品类电商交易额 5.39 万亿元，同比增长 9.2%；服务交易增速转正，第四季度增长 6.6%，与居民生活密切相关的煤气水电缴费、住宿预订和餐饮外卖等各项服务线上交易增幅持续扩大[1]。

2. 网络零售交易规模

作为电子商务市场最活跃的组成部分，我国网络零售市场保持稳健增长。2020 年，全国

---

[1] 资料来源：中国信息报（http://www.zgxxb.com.cn/xwzx/202102030007.shtml）。

网上零售额达到 11.76 万亿元，同比增长 10.9%（见图 21.2）。其中，实物商品网上零售额约 9.76 万亿元，同比增长 14.5%，占社会消费品零售总额的 24.9%，较上年提升 4.2 个百分点（见图 21.3）。

图21.2　2011—2020年中国网上零售额

资料来源：国家统计局。

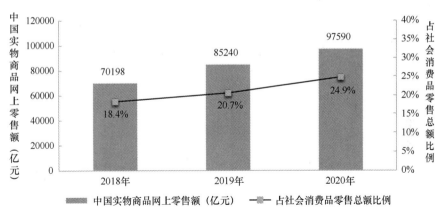

图21.3　2018—2020年中国实物商品网上零售额及占社会消费品零售总额比例

资料来源：国家统计局。

3. 非银行支付机构网络支付规模

网络支付服务和应用的进一步渗透，支撑了电子商务的繁荣发展。中国人民银行数据显示，2020 年，全国非银行支付机构处理网络支付业务 8272.97 亿笔，金额 294.56 万亿元，同比分别增长 14.9% 和 17.88%（见图 21.4）。银行共处理电子支付业务 2352.25 亿笔，金额 2711.81 万亿元。其中，移动支付业务 1232.2 亿笔，金额 432.16 万亿元，同比分别增长 21.48% 和 24.5%。移动端网络支付改变传统支付习惯，渗透到消费者购物、出行、就餐、就医等应用场景。中国互联网络信息中心数据显示，截至 2020 年 12 月，我国网络支付用户规模达到 8.54 亿人，占网民总数的 86.4%，手机网络支付用户规模达到 8.53 亿人，占手机网民总数的 86.5%。

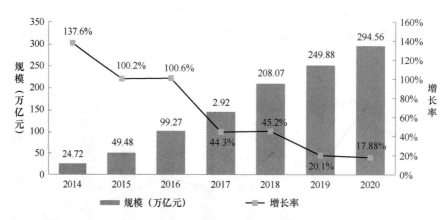

图21.4　2014—2020年非银行支付机构网络支付规模及占比

资料来源：中国人民银行。

21.3.2　市场结构

从全球看，中国和美国的电子商务企业占据了全球主要市场份额。2020 年，全球电子商务主要平台市场份额中，我国电子商务平台占了近一半。其中，淘宝网占 15%，天猫占 14%，京东占 9%，拼多多占 4%（见图 21.5），大型电子商务平台企业推动了我国连续 8 年成为全球最大的网络零售市场。

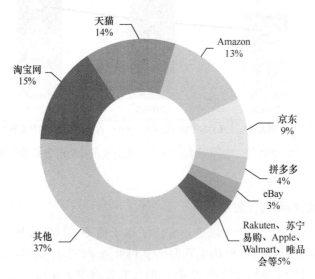

图21.5　2020年全球电子商务主要平台市场份额

资料来源：Activate Consulting。

从地区看，东部地区网络零售交易额遥遥领先，占全国的 84.5%，依然保持较高增速。中部、西部和东北地区的网络零售额占比分别为 8.4%、5.7% 和 1.4%（见图 21.6），同比增速分别为 6.2%、4.1%、7.4%。

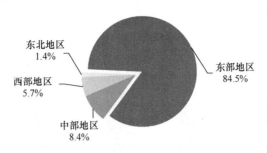

图21.6　2020年我国网络零售交易额的地区占比

资料来源：商务部。

从品类看，网络零售品类增速出现分化。国家统计局数据显示，2020 年实物商品网络消费中，吃类、穿类和用类商品同比分别增长 30.6%、5.8%和 16.2%。商务部数据显示，从销售规模看，服装鞋帽、针纺织品，日用品，家用电器和音像制品排名前三，分别占实物商品交易的 22.27%、14.53%和 10.8%（见图 21.7）。

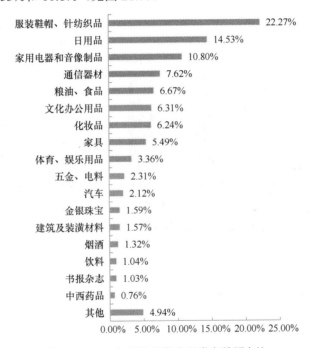

图21.7　2020年网络零售分品类交易额占比

资料来源：商务部。

21.3.3　用户数量

网络购物用户规模依然呈现较快增长。截至 2020 年 12 月，我国网络购物用户规模达到约 7.82 亿人，较 2020 年 3 月增长 7214 万人（见图 21.8），占网民整体的 79.1%。手机网络购物用户数量达到约 7.81 亿人（见图 21.9），占到整体手机网民的 79.2%，庞大的用户规模缔造了电子商务的巨大市场。

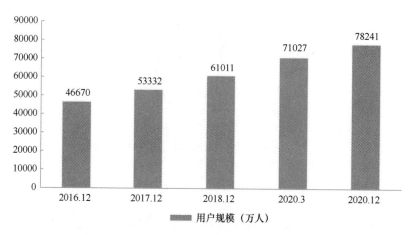

图21.8　2016—2020年我国网络购物用户规模

资料来源：中国互联网络信息中心。

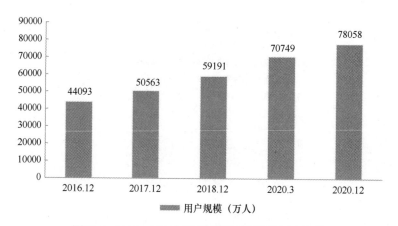

图21.9　2016—2020年我国手机网络购物用户规模

资料来源：中国互联网络信息中心。

21.4　细分市场

1. 跨境电商

2020 年，我国跨境电商规模发展迅速。据艾瑞咨询数据，2020 年中国跨境电商行业规模达到 6 万亿元左右（见图 21.10），其中 B2B 跨境电商规模达到 4.5 万亿元。B2C 方面，据海关总署数据，2020 年通过海关跨境电子商务管理平台验放进出口清单 24.5 亿票，同比增长 63.3%。2020 年，我国跨境电商进出口 1.69 万亿元，同比增长 31.1%，其中出口 1.12 万亿元，同比增长 40.1%，进口 0.57 万亿元，同比增长 16.5%，成为稳外贸的重要力量[1]。

---

[1] 资料来源：海关总署。

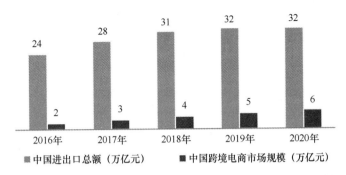

图21.10　2016—2020年中国跨境电商市场规模及中国进出口总额

资料来源：艾瑞咨询。

　　从外部环境来看，疫情加速推动全球线上消费习惯的形成，为跨境电商提供了更广阔的市场。受疫情影响，海外许多工厂处于半停产状态，海外消费者对"中国制造"的需求上升，电子产品、日用品等受到海外消费者的青睐。海关数据显示，2020 年中国出口笔记本电脑等"宅经济"产品 2.51 万亿元，同比增长 8.5%。从内部环境来看，我国经济回暖、政策支持和产业发展是推动跨境电商增长的重要内因。我国率先控制住疫情复工复产，为跨境电商新业态参与国际分工、扩大出口创造了良好条件。

　　跨境电商产业政策红利不断积累释放。2020 年新增 46 个跨境电商综合试验区，海关总署增列海关监管方式代码"9710"和"9810"，引导企业把原来从普通货物通关转为通过跨境电商 B2B 出口管理模式通关，便利海关直接按照相应监管方式汇总统计这部分跨境电商出口数据，有效解决跨境电商出口统计问题。新增上海、福州、青岛、重庆、成都、西安等 12 个直属海关开展跨境电商 B2B 出口监管试点，2020 年我国跨境电商 B2B 出口监管试点已扩容至 22 家，进一步推动了跨境通关便利化。

　　跨境电商产业发展日趋走向成熟，一是跨境电商产业链数字化水平提升。跨境电商推动传统外贸企业加速数字化转型，通过开展在线营销、在线洽谈、在线交易转变经营方式，在提升贸易效率的同时，更好地响应疫情期间的贸易需求。二是海外仓模式快速发展。海外疫情反复在一定程度上加快了海外仓的发展。商务部数据显示，到 2020 年已经建设有 1800 多个海外仓，成为海外营销重要节点和外贸新型基础设施。三是跨境电商营销智能化能力不断提升。跨境电商平台推进营销的智能化与精细化，如目前国内主流的跨境电商平台均开通直播功能，杭州等地也陆续成立全球跨境电商直播基地，直播已成为跨境电商重要的营销方式。四是跨境电商平台生态赋能中小商家。跨境电商平台已初步形成产业生态，通过提供仓储物流、推广营销、供应链金融等增值创新服务，为平台供应商提供一站式服务，缩短贸易链条，简化贸易环节，实现多环节打通和融合，助力推动外贸产业结构化升级。

2. 农村电商

　　商务部数据显示，2020 年全国农村网络零售额达 1.79 万亿元，同比增长 8.9%，其中农村实物商品交易额 1.63 万亿元，同比增长 10.5%，分别低于全国增速 2.0 个和 4.3 个百分点。

分品类看，服装鞋帽、针纺织品，日用品和家具销售额占比居前三位，分别为 28.4%、17.7% 和 8.9%（见图 21.11）；中西药品，烟酒，通信器材，粮油、食品商品零售额同比增速均超过 30%。

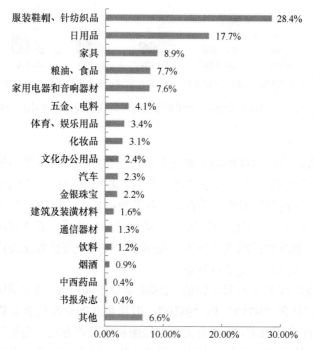

图21.11　2020年农村网络零售分品类交易额占比

资料来源：商务部。

分地区看，东部、中部、西部和东北地区农村网络零售额占全国农村网络零售额比重分别为 77.9%、14.1%、6.4% 和 1.6%（见图 21.12），同比增速分别为 8.1%、9.1%、15.8% 和 21.5%。

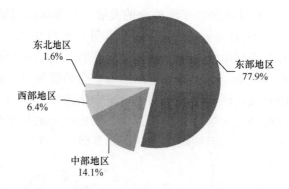

图21.12　2020年农村网络零售分地区交易额占比

资料来源：商务部。

同时，电商加速赋能农业产业化、数字化发展，一系列适应电商市场的农产品持续热销，有力推动乡村振兴和脱贫攻坚。电子商务进农村实现对 832 个贫困县全覆盖。国家级贫困县农产品交易额为 406.6 亿元，同比增长 43.5%。新业态、新模式广泛应用促进城乡双向消费循环。电商平台通过低价拼团、小程序电商和直播电商等多种新模式，加速向下沉市场渗透，形成了电商+社交、电商+直播、电商+游戏等多种营销模式，推动工业消费品和农产品在城乡间双向消费。

3. 生鲜电商

2020 年新冠肺炎疫情期间消费者足不出户，线上买菜、购买生鲜商品的购物习惯加速形成。根据艾瑞数据，2019 年中国生鲜电商行业市场规模达 2796.2 亿元，同比增长 36.7%。2020年受疫情影响，消费者对于生鲜到家的需求急速增长，生鲜电商市场规模显著提升，超过 4000亿元（见图 21.13）。

图21.13　2015—2020年中国生鲜电商行业市场规模

资料来源：艾瑞咨询。

生鲜 B2C、社区团购等模式保障了疫情期间的供应需求，无接触配送、商品品质及商品丰富度是用户选择生鲜电商最为看重的三大因素。疫情期间，半成品市场加速发展，半成品菜+线上销售打开了餐饮新零售局面，在众多餐饮企业推出半成品菜的同时，一些主流生鲜电商平台也开始对半成品市场进行拓展。

随着网络零售的日益发展，生鲜电商行业也从传统的生鲜模式突破出来，陆续出现前置仓、店仓一体化、社区拼团、门店到家、冷柜自提等新模式，现阶段生鲜电商行业多种商业模式并存，竞争愈发激烈。生鲜电商行业竞争持续升级，传统零售商超加速拓展线上渠道，巨头企业在生鲜电商的布局也在持续扩大。在激烈的市场竞争中，社区团购平台不乏通过低价补贴、哄抬价格、强迫商户二选一等不正当手段抢占市场，扰乱市场价格体系和市场经营秩序。2020 年，商务部、国家市场监管总局等相关部门组织召开规范社区团购秩序的行政指导会，对社区团购商品价格、市场垄断、限制竞争、大数据杀熟等方面做出限制，推动了新业态、新模式有序良性发展。

4. 直播电商

2020 年，直播电商保持高速发展势头。疫情期间，直播电商成为很多行业复工复产、弥补销售损失的重要手段。各平台也加大直播扶持力度，随着直播电商行业"人货场"的持续扩大，直播将逐步渗透至电商的各个领域。各地政府积极搭建网红与当地企业间的桥梁，助力地方产业发展。政府对关键意见领袖（KOL）的人才激励，推动了直播电商市场的蓬勃发展。

市场规模方面，2020 年我国直播电商市场规模达到 9610 亿元，同比大幅增长 121.5%。根据毕马威、阿里研究院预测，直播电商在电商市场中的渗透率持续快速提升，从 2017 年的 0.5%，到 2018 年的 1.6%，再到 2019 年的 4.1%，2020 年达到 8.6%（见图 21.14），预计 2021 年将达到 14.3%。

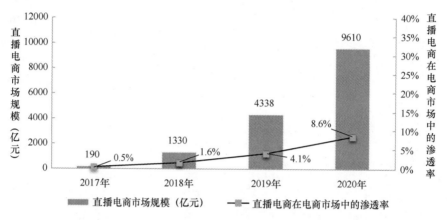

图21.14　2017—2020年直播电商市场规模及在电商市场中的渗透率

资料来源：毕马威、阿里研究院。

用户方面，截至 2020 年 12 月，我国直播电商用户规模达到 3.88 亿人（见图 21.15）。在电商直播中购买过商品的用户已经占到整体电商直播用户的 66.2%。其中，17.8% 的用户的电商直播消费金额占其所有网上购物消费额的 30% 以上。

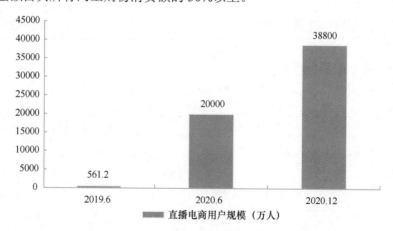

图21.15　2019—2020年我国直播电商用户规模

资料来源：中国互联网络信息中心。

在直播电商快速发展的同时，假货、刷单、售后无保障等行业问题也日趋暴露，行业规范性亟须进一步加强。国家市场监管总局、国家互联网信息办公室及国家广播电视总局等相关部门陆续出台管理办法和规定[1]，为行业规范发展指明方向，保障了行业健康发展。

21.5　典型案例

数字权益平台是由江苏瑞祥科技集团基于"瑞祥智慧新零售"生态打造的定制化线上服务方案。"瑞祥智慧新零售"生态是指以互联网为依托，通过运用大数据、人工智能等先进技术手段，对商品的流通与销售过程进行升级改造，进而重塑零售业态结构与生态圈，并对线上服务、线下体验及现代物流进行深度融合的零售新模式。

数字权益平台旨在帮助企业客户改变传统的实物福利发放模式，以互联网为抓手，定制场景化、人性化、高效能的线上福利礼品集采平台，实现员工福利礼品选择从线下到线上、从单一通用到多元个性的跨越，为企业高效稳健发展提供强有力的保障。数字权益平台解决方案流程如图 21.16 所示。

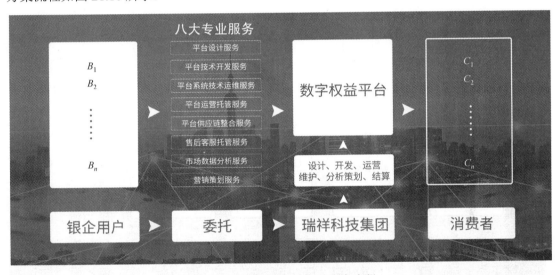

图21.16　数字权益平台解决方案流程

以数字化链接企业管理全流程。某人民医院是一家三级甲等综合医院，江苏瑞祥科技集团应医院需求为医院定制专属的线上数字权益平台，开创性地运用以技术开发为先连带商品供应链输出的一站式营销模式，为医院提供集福利权益规划方案、福利权益发放管理系统、福利权益消费管理系统、供应商管理系统及系统运维管理服务于一体的企业福利数字权益解决方案。标准数字权益福利体系搭建流程如图 21.17 所示，个性化数字权益服务体系设计流程如图 21.18 所示。

---

[1] 2020 年 10 月，国家市场监管总局发布《网络交易监督管理办法（征求意见稿）》。11 月 13 日，国家互联网信息办公室关于《互联网直播营销信息内容服务管理规定（征求意见稿）》公开征求意见。11 月 23 日，国家广播电视总局发布《国家广播电视总局关于加强网络秀场直播和电商直播管理的通知》，对网络直播和电商直播的登记、内容、审核、主播、打赏等方面提出了具体管理细则。监管政策传递出直播带货急需合规化的明确信息。

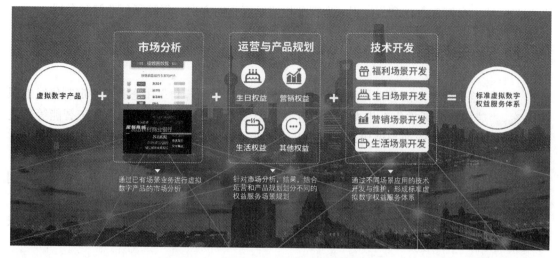

图21.17　标准数字权益福利体系搭建流程

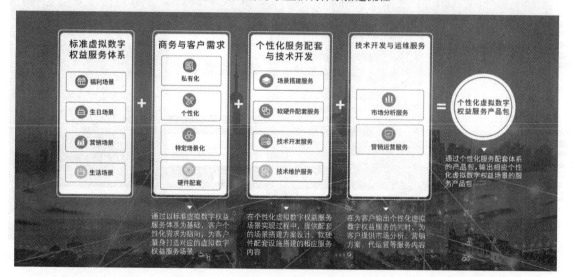

图21.18　个性化数字权益服务体系设计流程

医院通过互联网系统随时随地了解本单位人员的福利选择偏好，助力医院进行未来福利品相的规划。同时，闭环式的福利发放、管理、消费场景，为医院降低了福利发放成本。

完善的供应链管理体系。 数字权益平台的供应链输出，则是江苏瑞祥科技集团在为企业客户输出技术服务同时的又一开创性举动。例如，某人民医院过去发放员工福利时，需要经历招标、选品、定价、配送、发放等多个环节，而瑞祥数字权益平台除了直签的品牌方，还集合了京东、天猫、网易严选等第三方平台供应商，企业仅需确认集采品类即可实现快速上架，员工通过专属平台即可享受订单配送到家的服务。瑞祥数字权益平台在为企业客户提供更多元、更便捷的福利管理发放方式的同时，也更好地提升了员工的福利体验感，增强了员工对企业的归属感。

21.6　发展趋势

1. 企业电商有望快速发展

"十三五"时期，移动互联网快速发展，推动了消费端电子商务市场的迅猛发展。与此同时，B2B 市场发展相对滞后、高品质商品供给不足、供应链效率相对较低等问题较为突出。在疫情推动下，越来越多的企业加快数字化转型，企业电商服务对象逐步从大企业、规模以上企业向中小微企业不断扩展，未来电子商务增长重点有望从 C 端个人用户的社会消费品消费，逐步向更大市场规模的工业品、大宗农产品、企业商业服务及商品等 B 端采购市场转移。电子商务从消费互联网向产业互联网拓展，通过提升产业基础能力和全产业链塑造来提升产业运行效率，推动电子商务更好地服务高质量发展和高品质生活。

2. 融合创新推动消费新业态持续涌现

零售市场各类融合创新还将不断涌现，小程序、社区团购、短视频平台等新购物渠道与电子商务平台的融合协同将不断深化，电商市场主体将更加多元。线上线下消费场景融合更加紧密，将推动实体门店发生结构性变化。无人零售、实体店、快闪店、新零售连锁品牌集合店等新的零售业态将得到进一步发展。同时，随着生鲜电商、外卖等平台的快速发展，线上线下协同的供应链、仓储配送等基础设施持续完善，同城零售、社区团购、生鲜到家、新零售门店等数字化的模式将继续加速渗透，在线餐饮、在线教育、云办公、云旅游等新的在线生产生活服务加速增长。

3. 电商赋能加速产业数字化转型

电子商务将加速推动制造业数字化升级。随着 5G 持续落地应用，各类新型信息技术将与实体经济深度融合并发挥乘数效应，电子商务通过推动数据驱动的产品研发、数字化工厂和供应链数字化水平提升，赋能产业升级。电子商务通过反向定制、柔性生产等模式高效触达消费端，促进供给消费两侧精准适配，产业链资源整合步伐将有所加快。同时，通过对产品、设计、营销、体验等各环节的深耕与发力，将推动国有品牌崛起。

4. 反垄断监管和数据保护立法加快

"十三五"时期，电子商务发展进一步走向法治化、常态化和有序化，但发展的规范性、监管体制的适应性、市场主体权益保护的有效性还有待提升。平台垄断、大数据杀熟等不正当竞争行为屡禁不止，平台治理日益成为各方关注焦点，推动数字治理和监管进一步落地。随着新的《中华人民共和国反垄断法》和《国务院反垄断委员会关于平台经济领域的反垄断指南》等法律法规逐步完善和执法逐步落地，不正当竞争、滥用市场支配地位等问题将进一步得到有效监管。《个人信息保护法》《数据安全法》立法已提速，数据保护领域有望形成立体、纵深发展的法律体系。未来，各地方数据保护方面的先行政策和监管规则有望跟进，各行业数据保护规则将进一步细化，数据跨境流动监管也将进一步明确。

（孟凡新、左翌）

第22章　2020年中国网络金融发展状况

网络金融包含互联网平台的金融板块和金融机构的网络板块。中国网络金融行业起步于1997年，至今已发展近25年，随着科技不断创新，除互联网技术外，5G、云计算、大数据、人工智能、区块链等技术与金融业的融合程度也在不断加深。

从金融行业的信息科技应用发展历程来看，金融行业的信息科技应用可以分为3个阶段：第一阶段是金融电子化，第二阶段是互联网金融，第三阶段是金融科技[1]，如图22.1所示。

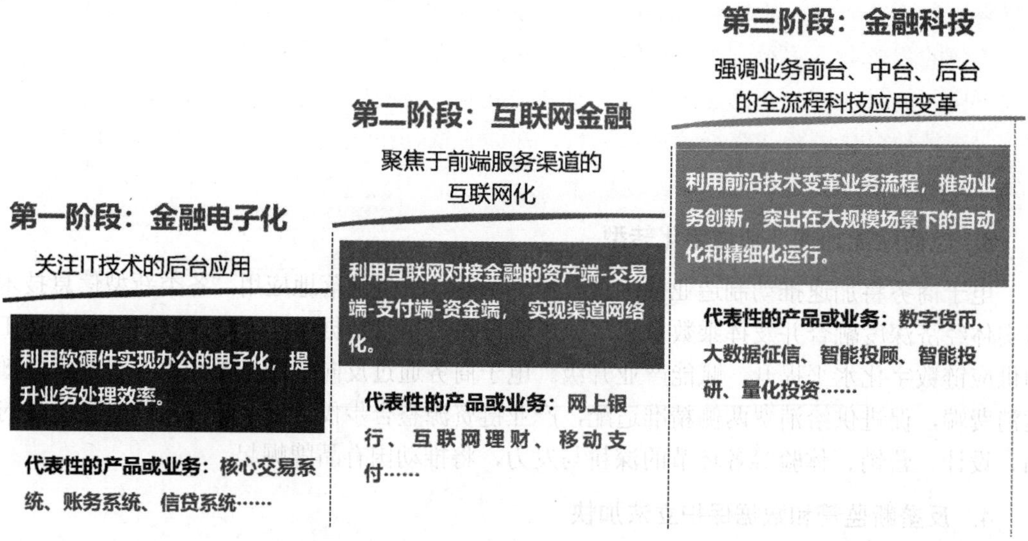

第一阶段：金融电子化
关注IT技术的后台应用

利用软硬件实现办公的电子化，提升业务处理效率。

代表性的产品或业务：核心交易系统、账务系统、信贷系统……

第二阶段：互联网金融
聚焦于前端服务渠道的互联网化

利用互联网对接金融的资产端-交易端-支付端-资金端，实现渠道网络化。

代表性的产品或业务：网上银行、互联网理财、移动支付……

第三阶段：金融科技
强调业务前台、中台、后台的全流程科技应用变革

利用前沿技术变革业务流程，推动业务创新，突出在大规模场景下的自动化和精细化运行。

代表性的产品或业务：数字货币、大数据征信、智能投顾、智能投研、量化投资……

图22.1　中国网络金融发展趋势

2020年是网络金融发展的分水岭，不同于过去，2020年政府工作报告中罕有"互联网金融"字样，"新基建""互联网+""数字经济""金融科技"等内容成为最新热点。此外，2020年新冠肺炎疫情对社会经济各领域都产生了广泛而深刻的影响。面对疫情的冲击，在"零接触式"服务方式的要求下，金融科技得到了更加广泛的重视和应用，完善监管协调机制、强化反垄断、增强金融普惠性、提升服务实体经济能力成为金融科技发展最新导向。

---

[1] 本章在表述中将按照各个阶段使用"互联网金融""金融科技"等不同提法。

22.1　发展环境

1. 顶层规划趋于完善，试点先行的政策导向逐步明确

首先，以中国人民银行发布金融科技规划为标志，我国金融科技政策顶层规划趋于完善。2019 年 9 月，中国人民银行发布《金融科技（FinTech）发展规划（2019—2021 年）》，首次从国家层面对金融科技发展做出全局性规划，明确提出了未来 3 年我国金融科技工作的指导思想、基本原则、发展目标、重点任务和保障措施。与此同时，银行、证券、保险细分领域的金融科技顶层规划与管理机制也在不断完善。2020 年 6 月，证监会新部门"科技监管局"正式入列，履行证券期货行业金融科技发展与监管相关的八大职能，展现了其"一体两翼"[1]的科技监管体制。

其次，国内金融科技发展在多领域采取"试点先行"的探索模式，体现了"先试点，再推广"的政策导向。一是组织金融科技应用试点。2019 年以来，中国人民银行等 6 个部门在北京、上海等 10 个省（市）开展金融科技应用试点，探索金融科技应用新模式和新空间。此次试点制定了应急与退出机制，采用风险拨备资金、保险计划等补偿措施，建立了多层次、立体化的综合风控体系。二是开展金融科技创新监管试点。2019 年 12 月，中国人民银行在北京市率先启动金融科技创新监管试点，提出建立刚柔并济、富有弹性的创新试错容错机制，打造符合国情的中国版"监管沙箱"。2020 年 4 月，监管试点扩大到上海、重庆、深圳、河北雄安新区、杭州、苏州 6 个市（区）。三是开展数字货币等金融科技相关试点。2020 年 8 月，商务部提出在京津冀、长三角、粤港澳大湾区及中西部具备条件的地区开展数字人民币试点。同时，相关部门积极组织小微企业数字征信试验区等各类金融科技相关试点，推动金融科技应用落地。

2. 疫情影响下，利用金融科技服务实体经济成为政策热点

新冠肺炎疫情影响下，发挥金融支持作用，为企业复工复产和经济平稳运行提供金融资源支持的需求更加凸显。在此背景下，利用金融科技提升金融服务实体经济能力，成为金融科技相关政策关注的新热点。

一是强调运用金融科技手段落实企业信贷支持政策，助力企业融资。银保监会、工业和信息化部等 6 个部门出台《关于进一步规范信贷融资收费　降低企业融资综合成本的通知》，要求银行利用金融科技手段为供应链上下游企业提供快捷的增信服务；中国人民银行、工业和信息化部等 8 个部门出台《关于进一步强化中小微企业金融服务的指导意见》，鼓励商业银行运用大数据、云计算等技术建立风险定价和管控模型，改造信贷审批流程。二是鼓励通过金融科技赋能产融合作，强化产业与金融信息交流共享。疫情期间，为支持扩内需、助复产、保就业，工业和信息化部及相关部委出台《中小企业数字化赋能专项行动方案》《关于

---

[1] 一体两翼：指的是证监会以科技监管局、信息中心为一体，中证数据公司、中证技术公司为两翼的科技监管体制。

组织申报第二批产融合作试点城市的通知》等政策，明确提出深化产融合作，提高产融对接平台服务水平，为企业获得低成本融资增信，提升中小企业融资能力和效率。

3. 金融科技细分领域增多，支付科技占比近一半

受新冠肺炎疫情影响，2020 年第一季度中国金融科技领域投融资有 129 笔交易，投融资总额仅 1.75 亿美元，为 5 年来最低[1]。但是，随着金融科技在各垂直细分领域的深化应用，投融资细分领域增多。其中，支付科技领域投资规模最大，该领域获得的投资金额占中国金融科技投资总额的 46%。紧随其后的是互联网贷款、投资和交易、财富科技三大领域，共占总投资比重的 35%（见图 22.2）。其他领域包括保险科技、数据与分析、基础设施和企业软件、区块链和加密货币及融资平台。

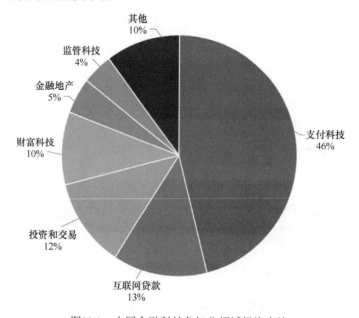

图22.2　中国金融科技各细分领域投资占比

资料来源：Fintech Global。

4. 金融科技企业上市热度持续，融资金额增加

截至 2020 年上半年，一共有 118 家金融科技公司在沪深两市实现 IPO 上市，其中登陆科创板的 46 家公司总计募资 501 亿元，在上市公司总数和总募资金额中的占比分别达到 39% 和 36%。除了寻求在内地证券市场上市的金融科技企业外，另有多家金融科技企业成功在美国、中国香港交易所上市，包括已在美国纳斯达克上市的金山云、慧择保险、亿邦通信，以及已登陆中国香港交易所的移卡科技等。

从 2019 年的情况来看，国内新增上市金融科技企业融资表现优异。2019 年上市的 9 家金融科技企业在 2019 年的融资金额合计约 9.2 亿美元，同比增长 24.6%[2]。9 家新增上市金

---

[1] 资料来源：CB Insights《2020 年 1 季度全球金融科技报告》，投资和值得关注的重点领域部分。

[2] 2018 年新上市的金融科技企业当年融资额为 7.38 亿美元。

融科技企业中，金融壹账通募资金额最高，为 3.12 亿美元。除拉卡拉在深交所上市外，其余 8 家均在美国上市。金融科技上市企业融资规模及市值如表 22.1 所示。

表 22.1　金融科技上市企业融资规模及市值

公 司 名 称	上 市 时 间	交 易 所	主 营 业 务	融资规模（亿美元）	市值（亿美元）
美美证券	2019/1/8	纳斯达克	互联网证券	0.072	0.4
富途控股	2019/3/8	纳斯达克	互联网证券	0.9	11
老虎证券	2019/3/20	纳斯达克	互联网证券	1.04	5.1
普益财富	2019/3/29	纳斯达克	财富管理	0.26	3.2
拉卡拉	2019/4/25	深交所	支付	1.88	33.3
嘉银金科	2019/5/10	纳斯达克	网络借贷	0.37	2.7
玖富	2019/8/15	纳斯达克	网络借贷	0.64	18.5
嘉楠科技	2019/11/21	纳斯达克	矿机生产	0.9	8.4
金融壹账通	2019/12/13	纽交所	金融科技输出	3.12	36.2

资料来源：Wind。

注：融资规模中不包括股东售股。

22.2　发展现状

1. 金融与科技深度融合，市场规模增长迅速

随着网络金融行业垂直化程度逐步提高，网络金融行业业态更加丰富，普惠金融和消费升级政策稳步落地，2020 年我国金融科技市场规模达到 3958 亿元，预计未来 5 年增速为 17.7%，到 2025 年我国金融科技市场整体规模将达到 8900 亿元（见图 22.3）。

图22.3　2017—2025年中国金融科技市场规模与增速[1]

2. 疫情影响下，网络金融助力疫情防控和复工复产

线上金融服务减少人员流动，有力支撑疫情防控。在新冠肺炎疫情影响下，金融行业线下服务场景受限，线下网点及营业部流量大幅下降，外拓营销、线下活动等传统线下获客方式受阻，金融机构线下获客留客能力受到了较大冲击。在此情况下，"零接触式"金融服务正在成为行业趋势。

---

[1] 资料来源：赛迪顾问、华西证券研究所。

银行业协会统计数据显示，疫情期间，各银行机构线上业务服务替代率平均水平达到96%，移动支付业务量较疫情前呈增长态势。2020 年第一季度，银行业金融机构线上支付业务笔数达 176.83 亿笔，同比增长 8.58%，移动端交易笔数达 225.03 亿笔，交易金额达 90.81万亿元。证监会数据显示，疫情期间通过互联网渠道进行的证券交易占比超过 95%。保险方面，国寿、泰康、平安等多家保险企业开通绿色服务通道，实现全流程线上作业。线上渠道成为金融服务触达客户的主渠道。

在此次疫情中，存在大量口罩、防护服、护目镜、医药类企业需要注入资金、倍速运转，以满足医疗物资的需求；此外，许多酒店、旅游、工厂、培训、养殖类企业，由于停工停产的影响，面临极大的资金断裂风险。银行等金融机构借助金融科技力量，一方面为防疫物资生产企业提供定向信贷支持，确保这些企业的生产能够满足防疫物资需求，并为其产能提升提供资金扶持；另一方面通过打通多种资料来源，基于对企业工商、税务、订单、存款、出口等多维度数据的信贷模型分析，迅速完成对企业和企业主信用及风险的评估，从而给予受疫情影响的中小企业以精准的信贷支持，助力中小企业尽快恢复正常经营状态。

22.3 网络支付

2020 年，网络支付彰显出巨大发展潜力。网络支付助力我国中小企业数字化转型，有力地推动了数字经济发展。网络支付与普惠金融深度融合，通过普及化应用缩小了我国东西部差距和城乡差距，助力数字经济红利普惠大众，有力地提升了金融服务的可获得性。

截至 2020 年 12 月，我国网络支付用户规模达 8.54 亿人，占网民整体的 86.4%，较 2020年 3 月增长 8636 万人；手机网络支付用户规模达 8.53 亿人，占手机网民的 86.5%，较 2020年 3 月增长 8744 万人[1]。

当前，中国网络支付可根据主体和功能进行划分。其中，按主体可分为银行支付机构和第三方支付机构。银行支付机构有中国银行、招商银行、建设银行、民生银行等银行金融机构，第三方支付有支付宝、财付通等具有支付牌照的第三方支付机构。

按功能划分，网络支付包含收单侧、账户侧等组成部分。收单侧以拉卡拉、银联商务和中国银行等为代表，主要业务包括银行收单、POS 机收单、第三方支付收单和二维码聚合支付收单。账户侧以支付宝、微信支付（财付通）等第三方支付账户和中国银行、招商银行等银行的账户型支付工具为市场主体。

中国网络支付市场划分如图 22.4 所示。

银行在网络支付中仍占绝对优势。在 2019 年网络支付业务市场份额中，银行占 90.9%（包含银行的电子银行、网上银行、手机银行等渠道的支付、转账交易），支付宝占 4.8%，财付通占 3.4%。因为第三方支付交易的迅速发展，对银行的网络支付交易形成冲击，银行所占市场份额迅速下降，从 2015 年的 97.7%下降到 2019 年的 90.9%（见图 22.5）。

---

[1] 资料来源：中国互联网络信息中心（CNNIC）发布的第 47 次《中国互联网络发展状况统计报告》。

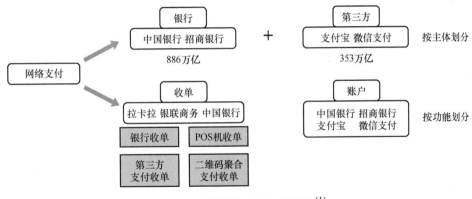

图22.4   中国网络支付市场划分[1]

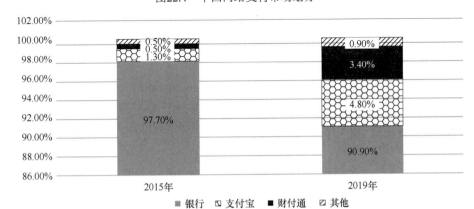

图22.5   账户支付业务市场份额[2]

第三方支付增速较快,面向消费者的支付市场已形成支付宝、财付通两强的市场格局。在 2020 年第二季度的中国第三方移动支付市场规模中,支付宝占 54.4%,财付通占 39.4%。

尽管如此,面向行业的支付市场及基于新兴互联网平台的支付产品仍存在较大发展潜力,支付牌照依然抢手。连连支付、盛付通等第三方支付公司纷纷发力行业解决方案。2020 年 9 月,字节跳动获得武汉合众易宝科技有限公司支付牌照;2020 年 11 月,快手通过收购持牌支付机构易联支付间接获得支付牌照;2021 年 3 月,华为收购持牌支付机构讯联智付。国内互联网头部企业针对各自细分领域继续加紧收购稀缺的支付牌照,以巩固支付业务护城河,并作为未来发展金融科技的重要战略资源储备。

1. 移动支付爆发式增长,成为数字经济时代的晴雨表

作为网络支付的重要组成部分,移动支付从发展初期就备受各界关注。数据显示[3],2019 年亚洲移动支付普及率已达 52%,在全球移动支付普及率排名前十的地区中,有 8 个来自亚太地区。中国移动支付虽起步较晚,但发展迅猛,在全球具有领先优势。全球主要经济体中,

---

[1] 资料来源:光大证券研究所《科技金融系列报告之一:第三方支付》。

[2] 资料来源:中金公司,《数字银行重构金融供给 场景/生态经营提升触达和洞察力》。

[3] 资料来源:普华永道。

中国国内移动钱包消费占比最高，其中电子商务消费中移动钱包消费占比高达65%。2019年，中国移动支付业务约1014.31亿笔，金额从2014年的6万亿元快速增长到347.11万亿元，整体交易规模连续6年高速增长[1]。英国、德国、美国位列其后。

2. 网络支付模式不断创新，持续服务数字经济高质量发展

自1994年中国正式接入国际互联网以来，数字经济发展依次跨越了互联网时代和电子商务时代，如今正在朝着产业数字化时代快速演进。无独有偶，中国数字支付腾飞的起点也正是源于1994年"金卡工程"在12个省市的落地试点。自此开始，支付产业发展驶入了从现金到银行卡，再到网络支付的数字化转型快车道。

从历史演进的发展脉络看，数字经济与数字支付的发展是相辅相成的。在中国，网络支付行业的飞速发展大力推动了共享经济、互联网金融、跨境贸易、一带一路等社会经济热点应用增长。各支付机构也同步积极参与了基金销售、跨境支付、企业征信、网络小贷、保险代理等相关业务资质申请。但有所不同的是，数字经济方兴未艾，而网络支付已较为成熟。网络支付作为数字经济发展的"传动轴"，应重点把握3个方向，持续延展壮大，助推数字经济发展。

一是网络支付下沉，让老人和农村不"掉队"。农村、老人和青年客群将成为网络支付未来三大市场，面对全球社会的老龄化趋势、面对大而分散的农村，如何响应国务院部署，解决老年人"数字鸿沟"问题，让老年人也充分享受到网络支付的便利成为当务之急。

二是利用网络支付改善跨境支付体系能力，在支持国内国际双循环中发挥更大作用。2021年1月，中国人民银行等6个部门联合发布《进一步优化跨境人民币政策支持稳外贸稳外资的通知》，指出支持境内银行与合法转接清算机构、非银行支付机构在依法合规的前提下合作为跨境电子商务、市场采购贸易方式、外贸综合服务等贸易新业态相关市场主体提供跨境人民币收付服务。这对于正在积极尝试业务创新的各家支付机构与整个网络支付行业而言，可谓是重大政策利好。

三是加强网络支付过程中的数据安全与个人信息保护。监管部门应强化对网络支付行业的监管力度，严控准入标准，完善持续经营的管理要求和不合格企业的稳步退出机制。网络支付平台更应提高自身技术水平，研发更为安全的支付系统，强化信息安全建设，为用户安全保驾护航。

22.4 网络小贷

1. 监管部门开展系统性整治，银行网络贷款业务规模占比扩大

我国小贷公司发展起源于2005年，自2017年起进行系统性整治。2005年10月，我国在5个省份成立了小额贷款公司试点，2008年5月，中国人民银行和中国银监会出台的《关于小额贷款公司试点的指导意见》中对小贷公司的定义做了明确。2015年发布的《关于促进互联网金融健康发展的指导意见》提出，要推动互联网小贷蓬勃发展。自2017年起，因互

---

[1] 资料来源：中国人民银行《中国普惠金融指标分析报告（2019年）》。

联网贷款风险蔓延，国家开始对包括部分小贷公司在内的互联网金融行业进行整治。2020 年
9 月，《关于加强小额贷款公司监管管理的通知》出台，从控制分层杠杆率、控制集中度风险、
属地化规范经营等多方面对小贷业务做出要求。截至 2020 年年中，存量小贷公司为 7333 家
（见图 22.6），贷款余额为 8841 亿元，其中绝大多数为传统小贷公司，小贷行业整体处在收
缩状态。

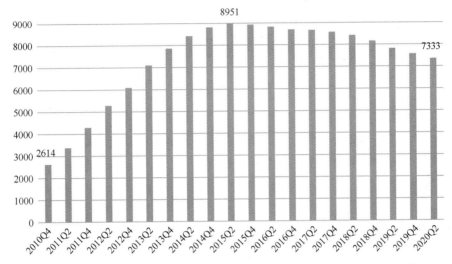

图22.6　2010年第四季度—2020年第二季度全国小贷公司数量变化（家）[1]

　　网络小贷公司数量及贷款整体规模同步回落。根据融360大数据研究院的统计，截至2019
年 1 月 20 日，全国范围内共有网络小贷牌照 300 张，其中完成工商注册的有 279 张。考虑
整体已不再新发放网络小贷牌照的因素，现存牌照数量推测或已降至 250 张以下。根据网贷
之家统计的网贷行业整体规模，互联网贷款（含 P2P 贷款及网络小贷成交贷款）整体规模已
由 2017 年高峰时期整体回落至 4915.91 亿元。

2. 传统小贷属地化展业，网络小贷经历业务转型

　　地方信贷资源未来将向有限的头部小贷公司或银行业、消费金融公司等持牌机构倾斜。
由于传统小贷公司的风控及资金实力有限，且受限于最高法对于 4 倍 LPR 利率上限的规定，
未来地方性小贷公司或将逐步退出高风险业务，典型的"高利贷"模式将结束。互联网公司
的小贷或可通过获取民营银行牌照、消费金融牌照或发展助贷业务进行业务转型。2019 年，
已 2 年暂停发放的消费金融牌照重新开始发放，多家互联网公司积极获得消费金融牌照；2020
年 7 月，《商业银行互联网贷款管理暂行办法》从监管层面明确了助贷业务的合法地位。申
请民营银行牌照、消费金融牌照或转型成为助贷机构等一系列举措逐渐成为网络小贷公司的
主要转型方向。

3. 银行机构发力数字金融，银行网络金融合规发展

　　在电子银行、征信科技、智能信贷模型、互联网风险控制技术、云计算、大数据等新兴

---

[1] 资料来源：中国人民银行。

技术的支持下,中信银行、建设银行、广发银行等国内领先的银行机构陆续推出符合监管合规要求的基于互联网的贷款产品。银行业通过网上银行、手机银行、直销银行、开放银行等电子银行渠道敏捷地为客户提供普惠金融服务,通过数字化的方式便利企业客户和个人客户,且在新冠肺炎疫情期间通过网络金融的方式为广大企业和个人提供金融支持,助力大量客户度过疫情难关。

同时,银行机构也通过平台级创新产品发展场景金融,以招商银行"掌上生活"App、广发银行"发现精彩"App为典型性代表的银行系优质平台,聚合生态资源,发展零售业务场景金融,通过互联网的方式为客户提供一站式金融产品服务,为"银行+互联网"的场景金融创新提供了银行业的优秀案例。

22.5 数字货币

1. 积极布局数字货币,稳妥推进数字货币研发

中国人民银行(以下简称央行)数字货币方面的研究最早可追溯到 2014 年,在中国人民银行行长周小川先生的倡导下,央行成立法定数字货币专门研究小组。在过去的 6 年多时间里,央行以数字货币研究所为核心,联合数家商业银行,从数字货币方案原型、数字票据等多维度研究央行数字货币的可行性。

《中共中央关于制定国民经济和社会发展第十四个五年规划和二〇三五年远景目标的建议》中提出稳妥推进数字货币研发。商务部发文[1],明确在京津冀、长三角、粤港澳大湾区及中西部具备条件的试点地区开展数字人民币试点。在流通层面,中国人民银行发行的数字人民币以替代流通现金为起步点,采用双层投放模式,有效维持金融市场稳定。在应用层面,我国数字人民币试点进程全球领先,测试内容集中在零售支付场景,覆盖诸多日常生活领域,兼容条码支付、进场支付等多元化支付方式。

2. 保持技术中性,多元化研发路线助力 DC/EP 发行流通

数字货币的最终实现涉及多种技术问题,其关键技术主要包括密码技术、区块链技术、移动支付技术等。为支撑上层的交易(在线交易技术与离线交易技术),关键技术需要涵盖交易安全、数据安全、基础安全。

密码技术作为数字货币的核心,为数字货币的发展奠定了技术基础。密码技术不仅提供信息的加密与解密功能,还能有效地保护信息的完整性和不可否认性等。区块链技术架构多年来保持稳定,其特殊的技术特性,如可实现多方共建、数据流通、定向留痕等,将赋能典型的数字货币应用场景,包括零售端的现金数字化、批发端的支付结算、法定数字货币验钞等。

央行数字货币采用混合式架构,其发行和流通离不开密码、区块链、移动支付等多项新兴技术的积极支持。在遵循技术中立的原则下,央行不干预商业机构研发技术路线的选择,通过"赛马"机制调动各试点单位的积极性,推动各金融机构选择场景先行先试,以市场化

---

[1] 商务部:2020 年 8 月,《关于印发全面深化服务贸易创新发展试点总体方案的通知》。

手段公平竞争选出最优推行路线，最终实现 DC/EP 的全面发行流通。

3. 城市+银行双路径并行，数字人民币应用试点加速

央行数字货币设计了双层的运营投放体系，上层是央行，由央行对发行的法定数字货币做信用担保，因此央行的数字货币与人民币一样具有无限的法偿性；运营投放体系的下面一层由不同商业银行构成，商业银行等机构在负责面向公众发行央行数字货币的同时，需要向央行百分之百缴纳全额准备金，以保证央行数字货币不超发。同时，央行数字货币采用了中心化的管理模式，这与以比特币为代表的去中心化数字货币有着本质区别。对一个需要支持广泛公众使用的央行数字货币体系来说，如果采用纯区块链技术的架构，尚无法实现零售层面所需要的高并发性能。

央行数字货币应用试点的推行速度一直走在世界前列，试点的选择可按城市和银行线条进行划分。在试点城市方面，2020 年已陆续在深圳、雄安、成都、苏州 4 个城市进行试点测试。在试点银行方面，四大行首先开始进行 DC/EP 钱包内测，采用独立的央行数字钱包 App 模式，农业银行、中国银行、建设银行及工商银行数字钱包 App 界面陆续曝光。同时，其他各大商业银行也纷纷加快数字货币试点运营步伐，积极备战数字货币运营。

4. 央行数字货币助推人民币国际化进程

央行数字货币的应用落地将影响全球金融格局，提升人民币国际影响力。当前，跨境间支付普遍存在周期长、费用高、效率低等问题，而基于数字货币的跨境支付不仅能提高跨境转账速度且能降低汇款手续费。此外，央行数字货币采用松耦合账户设计，用户无须绑定银行账户即可使用央行数字货币进行转账支付，这对于海外缺少传统金融基础设施的不发达地区民众具有很高的吸引力，有利于提升人民币在国际贸易中的交易比重，通过数字化的方式进一步提升人民币的国际化水平。

22.6　供应链金融

供应链金融指以真实贸易背景为依托，通过应收账款质押登记、第三方监管等专业手段封闭资金流或控制物权，对供应链上下游企业提供的综合性金融产品和服务。当前，我国经济已由高速增长阶段转向高质量发展阶段，经济增长方式更加注重平衡发展和结构优化，供应链金融通过跨界融合和协同发展，成为推进供给侧结构性改革的重要抓手。

1. 政策驱动供应链金融发展，网络金融向 B 端布局

2016 年以来，有关部门相继出台了多项政策促进供应链金融发展，旨在解决中小企业融资难、融资贵等难题，加速中小企业资金周转和降低融资成本。2018 年 10 月，财政部发布《关于下达 2018 年度普惠金融发展专项资金预算的通知》，下拨 2018 年普惠金融发展专项资金 100 亿元，比 2017 年增加 23 亿元，同比增长 29.85%，扶植普惠金融的决心可见一斑。

近年来，随着消费类业务监管趋严，许多商业银行、P2P 公司的主营业务从 C 端的消费金融转向 B 端的供应链金融来进行布局，以对接中小企业融资需求，供应链金融就此迎来快速发展期。根据中国中小企业协会数据，2018 年全国应收账款融资需求超过 13 万亿元，仅

有 1 万亿元融资需求得以满足，2020 年供应链金融市场规模测算为 15.86 万亿元，到 2022 年市场规模将达到 19.19 万亿元（见图 22.7）。

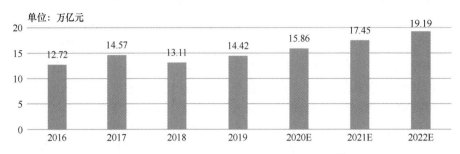

图22.7　2016—2022年供应链金融市场规模[1]

2. 区块链+供应链金融开辟新的市场空间

区块链具有数据不可篡改、可追溯等特点，是解决供应链金融痛点问题的关键技术。区块链不仅解决了信息化的问题，供应链金融的业务上链后，区块链还能解决企业（尤其是中小企业）和金融机构之间的互信问题，极大地拓展了供应链金融的业务空间、升级了行业模式。这正是供应链金融市场的核心痛点问题，也是解决中小企业融资难的关键点。区块链为供应链金融行业开辟了新的模式，打开了新的市场空间。区块链+供应链金融解决方案让核心企业信用多级传递、增强对货物监控能力及授信风险定价能力，企业贷款门槛大幅降低，供应链金融的市场渗透率进一步增强。

以区块链为基础平台，结合物联网、AIoT 等技术解决贸易全流程可信，是行业发展的大方向。2019 年 7 月，银保监会向各大银行、保险公司下发《中国银保监会办公厅关于推动供应链金融服务实体经济的指导意见》，提出鼓励银行保险机构将物联网、区块链等新技术嵌入交易环节。区块链与 AIoT 等技术结合，线上线下联动是行业发展的大方向。

22.7　开放银行

1. 开放银行重塑银行发展模式，是未来银行业的重要发展方向

关于"开放银行"的新兴概念，业界尚未形成完全统一的定义，目前 Gartner 公司的阐述得到了较多业界认可，其认为开放银行是"一种与商业生态系统共享数据、算法、交易、流程和其他业务功能的平台化商业模式"。在 Gartner 的定义中，"生态""共享"和"平台化" 3 个关键词从本质上揭示了开放银行模式的核心特征。

相比于目前所熟知的"电子银行""直销银行""互联网银行""数字银行"，开放银行不再仅仅只是在服务渠道或单一业务领域的数字化转型，而是银行整体能力的深度开放与生态伙伴的全面合作。在开放银行模式下，银行与生态合作伙伴能够在共享信息服务资源的基础上，将金融服务资源与合作伙伴服务能力进行深度合作，给客户带来更加高效、便捷和精准的服务体验。正如布莱特·金在 *Bank4.0* 一书中所指出的，"面向未来的银行 4.0 时代，要实

---

[1] 资料来源：中国服务贸易协会。

现实时智能、嵌入式、无处不在的金融服务的银行模式。"

2. 全球开放银行呈现蓬勃发展态势，我国进入高速发展阶段

从概念萌芽到如今成为行业热点，开放银行只用了短短的几年时间，而且在全球各地呈现蓬勃发展态势。目前，全球已有 30 多个国家或地区正在探索开放银行模式。其中，以美国、英国、欧盟为代表的欧美国家属于监管驱动型，发展较为领先。英国最先发布开放银行标准框架，欧盟推出的 PSD2 率先通过立法推进数据开放，加速了全球开放银行的探索发展。以新加坡为代表的亚太地区，体现为政府引导开放。新加坡政府引导银行自主开放，鼓励银行与生态层大型企业直接对接，通过 API 将触角深入生态层场景。

我国银行业对于开放银行的探索，最早是在直销银行、电子银行等在线银行模式的基础上，推出的开放式银行架构。此后，随着金融科技迅速发展，开放银行日渐成为银行业重要发展方向。自 2015 年起，微众银行、网商银行、新网银行、亿联银行 4 家互联网银行获得银监会备案，这 4 家互联网银行普遍采用了开放式银行的系统架构，并以 API、SDK、H5 为主要的外联数据交互方式，是中国开放银行的先行者。2018 年至今，中国的开放银行进入快速发展阶段，大型国有银行、股份制银行和大中型商业银行纷纷加快了开放银行的发展步伐，多家银行机构将开放银行列为全行级战略重点。以建设银行、浦发银行、广发银行、平安银行为典型性代表的头部银行已在开放银行领域做出突出成果，国内银行业已有数十家银行正在建设和发展开放银行。

3. 开放银行是"未来银行"的发展趋势，但需要具备一流技术能力

在银行数据与能力开放的同时，也必然带来新的挑战。一是安全方面，相对于传统银行的封闭式系统，开放银行连接银行与外部机构，对数据安全和信息安全的技术有了更高的要求。二是连接效率方面，开放银行使银行的合作伙伴数量增多，接口标准化、技术协同化重要性凸显，开放银行平台需要使合作企业能够便捷、高效地部署和联调接入。三是业务连续性方面，开放银行模式给金融业务的连续性带来了新的影响和要求，必须要有相适应的技术能力和管理制度来匹配和支持。

虽然面临一系列挑战，但随着云计算、大数据、人工智能和区块链等金融科技新技术在开放银行领域的深入应用，开放式架构的技术实现和保障能力不断提升，金融科技已成为开放银行发展的重要驱动力。无论是融入 B 端场景还是 C 端场景，在金融科技赋能下，API 开发、调用与支持的效率更高，账户开放、支付开放、科技开放、金融能力开放等领域的银行开放步伐进一步加快，银行对公业务、零售业务、中间业务都陆续有开放银行的创新模式和成功案例出现，尽早开放、尽快开放已经成为银行抢占未来战略制高点的必然选择。

22.8　互联网理财

1. 互联网理财作为传统理财的重要补充，是数字时代的大势所趋

近年来，我国居民个人可投资资产规模从 2008 年的 31 万亿元快速增至 2020 年的 182 亿元，增长了 4.8 倍，居民理财意识不断增强，为线上财富管理带来市场潜力。2019 年，剔除个人存款（约占可投资资产的 60%）后，理财规模约为 60 万亿元，通过在线渠道销售的

规模达到 21 万亿元，由于数字化技术的广泛应用，预计 2025 年通过在线渠道销售的规模将达到 69 万亿元，年复合增长率达 21.6%。截至 2019 年 6 月，我国购买互联网理财产品的网民数量已达到 1.69 亿人，占全国网民的 19.9%，互联网理财市场空间广阔。

2. 资产管理市场监管体系逐步完善

2018 年，《关于规范金融机构资产管理业务的指导意见》发布，推动资产管理行业不断走向有序规范发展。2021 年 1 月 15 日，银保监会、中国人民银行联合印发《关于规范商业银行通过互联网开展个人存款业务有关事项的通知》，将存在易引发流动性隐患、突破利率定价上限、资产匹配风险、账户管理合规风险等问题的互联网存款产品纷纷下架，互联网理财途径收窄。

3. 智能技术加速深度应用，互联网理财智能化转型成为趋势

从当前来看，人工智能+大数据等智能化技术在财富管理领域的应用不断加速，将助力财富管理实现更精准的客户分群、更清晰的客户画像和更契合的价值主张。智能获客、智能投顾、智能风控、智能催收等体现了智能技术在财富管理全流程、全场景的深度应用：通过智能客服将客服能力从"被动响应"变成"主动响应"，完善客户的交互体验；通过大数据分析、合规机器人等技术，提升投资组合全周期风险监测及应对能力，确保财富管理机构能够应对复杂多变的市场环境，并保持稳健合规的发展。总体而言，新一代信息技术的发展将促进整个财富管理行业智能化转型。

22.9　互联网保险

1. 保费收入持续增长，保险科技投入进一步扩大，保险市场前景广阔

2013—2019 年中国保费收入年复合增长率为 13.89%，预计 2029 年保费规模将超过 10 万亿元。中国内地的保险深度及保险密度均低于全球平均水平，互联网保险的未来增长前景广阔。

2. 多家企业布局保险科技，发展迅速

2019 年，中国保险机构的科技投入达 319 亿元，预计 2022 年将增长到 534 亿元[1]。头部保险企业和互联网保险公司的科技布局不断加速，中国人寿、中国平安、中国太保、中国人保等传统大型保险机构，均将"保险+科技"提到战略高度，主要措施包括增加技术资金投入、出资设立保险科技子公司等。从一级市场投融资数据来看，在全球金融科技投融资额下降的趋势下，2019 年中国保险科技行业融资金额依然实现正增长，达到 39.8 亿元，这表明保险科技依然是资本关注的热点。同时，众安保险、水滴公司等保险科技新兴企业也正成为金融科技领域的重要参与者。

3. 保险科技推动保险业"供给侧"数字化升级

保险的核心价值链可以分为产品设计、营销分销、核保承保、理赔服务、资产管理 5 个

---

[1] 资料来源：艾瑞咨询，《中国保险科技行业研究报告 2020 年》。

环节（见图 22.8），以人工智能、云计算、大数据、区块链等新一代信息技术应用为代表的保险科技，正在深刻改变保险业务模式，重塑保险业务的核心价值链。

资料来源：中国信息通信研究院。

图22.8　智能化技术在保险核心环节的应用

例如，在产品设计环节，通过大数据分析建立客户数据库，辅助精算师进行风险定价及定制保险产品的开发，产品更加简单化，新型实用的产品更受欢迎；在营销分销环节，通过AI 与大数据基于用户画像进行精准营销，实现多个保险营销触达渠道的精细化管理；在核保承保环节，保险科技的价值在于帮助企业提升风控能力，同时实现流程自动化，电子保单与自动核保技术的应用有效实现了降本增效；在理赔服务环节，保险科技改善了传统理赔流程割裂的情况，通过大数据反欺诈、机器人客服改善用户体验，推动理赔决策自动化。在资产管理环节，保险公司只有充分利用金融科技，通过更专业的金融产品设计和投资策略选择，才能实现更优的投资管理。

22.10　金融征信

1. 国家高度重视征信产业发展，行业成熟度提升

早在 2003 年的政府工作报告中，我国就提出"加快建立社会信用体系"，经过 2013 年管理条例颁布、2015 年开展试点、2020 年管理办法征求意见等关键节点，我国征信监管体系不断完善。作为政府主导的征信机构，央行征信中心运维的国家金融信用信息基础数据库在覆盖面上有先天优势，互联网金融、消费金融等非银行金融业务的爆发式增长带来了长尾用户数据的海量增长，市场化征信机构为央行带来了有效的数据库的补充，使国家金融信用信息基础数据库取得了长足的发展。截至 2020 年 7 月末，全国共有 22 个省（市）的 133 家企业征信机构在央行分支机构完成备案。在金融科技的加持下，企业征信机构利用大数据、区块链等技术深入挖掘企业经营信息，为需求方提供信息支持和参考。在个人征信方面，2018 年 2 月，百行征信获得国内首张个人征信牌照；2020 年 12 月，朴道征信获得国内第二张个人征信牌照。

2. 多力量推动征信市场崛起，市场空间广阔

近年来，消费信贷场景日趋丰富，覆盖率越来越高，各种垂直细分市场的消费信贷快速发展。消费信贷市场需求旺盛，推动我国个人征信行业快速发展。与此同时，征信应用移动端趋势明显。移动端应用的供与需推动征信服务产品呈指数级增长。

按每个成年人 7 次/年的查询频率，再根据人口总数、城镇化率、成年人占比、查询单价、收费策略来测算，2020 年我国个人征信行业潜在市场空间可达千亿元级。

3. 金融科技加持，数字征信已成发展趋势

在大数据时代，传统征信模式时效性低、手续烦冗等问题不断暴露，数字征信利用大数据、人工智能等高新科技，通过对个人和企业交易行为等信息的搜集、整理及分析，评估个人和企业的信用等级，有效预防风险。同时，可以预见的是，替代数据在产业数字金融中的应用将得到快速发展。利用企业工商、司法、税务、知识产权等基础数据，叠加商流、物流、资金流、信息流等企业生产、经营过程数据，通过企业授权、数据建模、风控分析，在核心企业供应链金融中的应收账款质押、仓单质押、中小企业抵押、信用融资等场景中，数字征信会逐步得到更多应用。

22.11 互联网金融信息安全与监管

当前，国内金融科技细分领域的相关政策不断完善，监管机制逐步建立。2019 年以来，国务院、"一行两会"相继发布了一系列金融科技细分领域的监管政策，涉及金融科技技术标准、业务规范、风险管控等多个方面。通过金融科技产品认证和备案管理等措施，结合金融科技产品认证管理平台建设等信息化管理工具，不断强化对金融科技细分领域技术、业务和产品的有效监管。

细分领域监管政策不断深入，金融科技信息安全是关注重点。"一行两会"发布的金融科技安全相关政策中，涵盖了金融信息与数据安全、网络安全、移动应用安全、平台安全、业务安全等多个方面，同时配套相关专项行动，采取重点检查、随时抽查等多种举措，对金融科技产业相关主体进行点对点监管核查，体现了对金融科技安全的高度重视。"一行两会"发布的金融科技政策如表 22.2 所示。

表 22.2 "一行两会"发布的金融科技政策

发文机构	发布时间	政策名称
人民银行	2020.4.2	《关于开展金融科技应用风险专项摸排工作的通知》
	2020.2.3	《关于发布金融行业标准 做好个人金融信息保护技术管理工作的通知》
	2020.2.3	《关于发布金融行业标准 加强商业银行应用程序接口安全管理的通知》
	2020.2.5	《网上银行系统信息安全通用规范》
	2019.10.28	《金融科技产品认证目录（第一批）》《金融科技产品认证规则》
	2019.9.27	《关于发布金融行业标准 加强移动金融客户端应用软件安全管理的通知》
银保监会	2020.7.17	《商业银行互联网贷款管理暂行办法》
证监会	2020.8.14	《证券公司租用第三方网络平台开展证券业务活动管理规定（试行）》征求意见
	2020.7.24	《证券服务机构从事证券服务业务备案管理规定》
	2020.3.20	《关于加强对利用"荐股软件"从事证券投资咨询业务监管的暂行规定（2020 年修订）》
	2020.2.26	《证券期货业投资者权益相关数据的内容和格式》
	2020.1.23	《证券公司风险控制指标计算标准规定》
	2019.9.30	《证券期货业软件测试规范》
	2018.12.19	《证券基金经营机构信息技术管理办法》

资料来源：根据公开资料整理。

2020 年 10 月，国务院金融委专题会议重磅发声，指出当前金融科技与金融创新快速发展，必须处理好金融发展、金融稳定和金融安全的关系。要落实党的十九届五中全会精神，坚持市场化、法治化、国际化原则，尊重国际共识和规则，正确处理好政府与市场的关系。既要鼓励创新、弘扬企业家精神，也要加强监管，依法将金融活动全面纳入监管，有效防范风险。监管部门要认真做好工作，对同类业务、同类主体一视同仁。要监督市场主体依法合规经营，遵守监管规则，完善公司治理，履行社会责任。要增强业务信息披露全面性和透明度，保护金融消费者合法权益，加强投资者教育。要督促上市公司规范使用募集资金，依法披露资金用途。要健全公平竞争审查机制，加强反垄断和反不正当竞争的执法司法，提升市场综合监管能力。要建立数据资源产权、交易流通等基础制度和标准规范，加强个人信息保护。

22.12　发展趋势与挑战

1. 主体类型不断丰富，多元融合趋势日益凸显

自 2019 年以来，随着金融科技市场的进一步发展，金融科技产业格局出现了很多新的变化，总体来看市场主体的类型将进一步丰富，不同类型主体之间的合作对接和场景融合正在成为重要发展趋势。

一是金融科技市场主体的来源和类型将更加多元化。截至 2020 年年底，十余家国有大型银行、股份制银行相继成立了金融科技子公司，传统金融机构设立金融科技子公司已经成为趋势。除此之外，监管部门主导推动成立金融科技机构成为新风向，如央行体系中新成立了多个金融科技公司，涉及数字货币、区块链等多个方向。同时，大型央企和其他行业龙头企业，也基于自身行业优势，布局金融科技市场，如国家电网成立了国网雄安金融科技集团，顺丰旗下成立了专注于供应链金融科技平台建设的子公司融易链等。

二是金融科技各类市场主体之间的对接合作不断深化扩展。跨领域的金融科技市场主体合作正在成为重要趋势，既有互联网金融科技公司与传统金融机构的合作，如腾讯与中金公司合作，成立金融科技合资公司；也有传统行业巨头与金融机构的深度合作，如国网金融科技集团与中国邮储银行合作打造"国网智能图谱风控产品"，且成功入选央行金融科技创新监管试点。

2. 金融科技应用深化，金融"新基建"加速转型

金融业基础设施（包括证券交收系统、中央对手方、系统重要性支付系统等）涵盖支付、清算、结算和征信等多个方面，是现代金融体系的关键节点。随着金融科技在各类型金融机构和多领域金融业务方面的广泛普及和深入应用，金融业基础设施的传统信息系统能力面临系统性风险监管、大规模交易支撑等多重压力和挑战，金融业基础设施的数字化转型和能力提升正在成为下一步金融科技应用深化的重要趋势。

尤其随着"零接触式"金融服务方式的加速推进，线上化金融业务规模不断提升，全国支付清算、国库收支、货币发行、征信系统等重要金融业基础设施的业务运行规模也越来越大，运用科技提升系统运营能力成为各大承担金融业基础设施建设机构的必然选择。

3. 风险防范和合规经营成为监管关注要点

金融科技外溢风险将受到重点监管。2020 年是我国金融科技监管领域里程碑式的一年，金融监管部门领导公开提出："强调金融科技的金融属性，把所有的金融活动纳入统一的监管范围中。"刘鹤副总理也明确表态："当前金融科技与金融创新快速发展，必须处理好金融发展、金融稳定和金融安全的关系。"随着《商业银行互联网贷款管理暂行办法》《网络小额贷款业务管理暂行办法（征求意见稿）》《互联网保险业务监管办法》《金融控股公司监督管理试行办法》《商业银行理财子公司理财产品销售管理暂行办法（征求意见稿）》《消费金融公司监管评级办法（试行）》《非银行支付机构条例（征求意见稿）》等的出台，金融科技业务的合规经营已成为我国监管层的普遍共识。

4. 金融开放程度不断加深，国内企业面临更大的外部竞争压力

自 2019 年以来，国务院金融稳定委、银保监会、证监会相继发布银行保险业及资本市场对外开放措施，外资金融机构在华商业展业形式不断丰富、业务范围进一步扩大，外资准入条件及持股比例进一步放宽。在此背景下，国际金融机构在中国金融市场的参与深度将不断提升，国内金融市场竞争格局也将迎来多元化发展。

以摩根大通为例，其 2019 年科技投入占公司营收的 10%，技术人员占比超过 20%，拥有全球 31 个数据中心、近 67000 台物理服务器及近 28000 个数据库。在强大的科技力量支撑下，摩根大通的净资产收益率（ROE）从 2015 年的 10.2%提升至 2019 年的 19%，在业内推出免佣金交易 App，并成为美国首家成功测试数字货币的银行。

相比摩根大通全面而强大的金融科技能力，国内金融机构的实力还有进一步提升的空间。根据中国银行业协会发布的《中国上市银行分析报告 2020》，2019 年，国内大中型上市银行平均科技投入占营业收入的比例仅约 2%，平均科技人员占比近 4%。摩根大通等基于科技能力所实现的免佣金等业务模式，对国内证券等金融机构的核心业务模式会带来严峻挑战。发展和提升金融科技能力，已经不仅仅只停留在国内企业应对外部竞争压力的策略层面，而是关系到未来金融市场主导能力和企业发展前景的核心命题。

（赵小飞、冯橙、李京、邓审言）

第 23 章　2020 年中国网络游戏发展状况

23.1　发展环境

1. 政策环境

2020 年，在新冠肺炎疫情背景下，我国版号发放保持稳定有序，产业链各环节监管加强。国家新闻出版署首次公布了版号撤销，对游戏运营商来说获得版号不再是"保险"，政策对各环节的监管渐进式增强。为解决版号与企业之间的需求问题，北京市全国文化中心建设领导小组办公室印发的《关于推动北京游戏产业健康发展的若干意见》中提道，规范游戏出版：加强规划引导，建立游戏出版选题计划制度，设立游戏出版重点选题库，提升我市游戏出版选题策划水平。

我国的游戏分级制度取得了阶段性的进展，未成年人保护机制成为我国游戏政策监管的重中之重。2020 年，国家新闻出版署指导、中国音数协游戏工委联合研究机构、媒体和游戏企业编制的《网络游戏适龄提示》团体标准正式发布。该标准将未成年人游戏适龄范围划分为"8+""12+""16+"3 个阶段，为未成年人、监护人、社会公众和游戏企业提供参考。

未成年人行为保护机制的建设正在不断完善，针对相关问题的查处力度不断加大。十三届全国人大常委会第二十二次会议表决通过了新修订的未成年人保护法，新增了"网络保护"专章。中宣部出版局负责人表示：要加强网络游戏事中事后监管，落实《未成年人保护法》有关"网络保护"要求，加快网络游戏实名验证平台的企业对接，开展防沉迷检查巡查，加大对问题网络游戏和违法违规行为的查处力度。

2. 产业环境

国内游戏市场产品生命周期变长，刺激买量市场的大幅增长。现阶段国内游戏市场已经完全进入存量市场，并且在新游戏总量有限的客观情况下，游戏产品的"长寿"成为发展关键。随着市场运营和推广的需求，买量市场在目前游戏市场的商业模式中占据重要位置，促使买量市场不断增长，间接带动了广告行业的收入。

相关数据显示，2020 年有近 20 万款游戏产品进行了广告投放，共计 530 万条广告，在 App 渠道的投放中，游戏应用数量占比为 62.21%，广告数量占比为 23.51%，广告投放金额占比为 35.68%。全年游戏广告素材投放量同比涨幅达 96.55%，视频素材投放量同比增长 240%，连续 3 年涨幅超过 200%。

我国"游戏出海"成为发展的主旋律。2020 年，国内游戏产业在产品存量、技术、商业模式等核心因素没有重大变革的前提下，国内市场的竞争格局已经稳定。在版号和新冠肺炎疫情影响的大环境下，"游戏出海"成为大势所趋。

数据显示，2020 年中国自主研发的游戏市场总销售收入达到了 2401.92 亿元，占游戏产业市场销售总量的 86.18%，中国自主研发的游戏海外市场销售总量达到了 154.5 亿美元，按照商务部给出的年均汇率 6.89 计算，中国自主研发的游戏出海成绩大约为 1065.65 亿元，约占中国游戏市场销售总量的 38.24%，自主研发游戏销售量的 44.37%。中国游戏产业 2020 年在国外的业务收入约占当年总收入的 1/3，而且在近千亿元的海外销售成绩中，近 60% 是来自于美国、日本、韩国三大传统游戏强国。

3. 社会环境

我国的游戏企业逐步担当社会公益责任，游戏产业社会影响力不断提升。2020 年疫情期间，游戏企业除开展支边、支教、助农、基建等大量的公益事业外，游戏企业还积极响应国家号召，捐款捐物，截至 2020 年 3 月 5 日，80 余家游戏企业合计捐款 22.29 亿元。此外，游戏企业依托自身平台，推出抗疫题材的网络游戏，传播防疫知识，提高网民抗疫信心。在面对国家复工复产号召时，游戏企业快速响应，有序开展生产经营活动，部分头部游戏企业基本不裁员、不减薪，为经济的提升、社会的安定做出了贡献，提升了行业的服务水平，使游戏行业整体形象获得大幅提升。

伴随我国互联网时代发展的 80 后、90 后目前已经成长为我国社会阶层的中坚力量。他们对整体网络游戏具有高度认知与共情，为网络游戏产业发展提供了生长土壤，也为网络游戏行业输送了大量的人才。

通过游戏可以释放现实世界中的压力和不良情绪，寄托用户对美好生活的向往。我国网民在快速的现实生活中进行生活更迭的同时，在心里寄托的压力、想法、失望等情绪化内容在游戏世界中得到释放，从而解放了网民生理上的文娱需求及对完美世界观的向往，并且可以借助网络游戏重塑或修复价值观、人生观等。

23.2 发展现状

1. 网络游戏市场结构稳定，厂商加大技术驱动突破现状

2020 年，我国网络游戏市场结构表现仍旧持续稳定，移动游戏市场仍旧是最大的收入来源，收入占比达到近 80%，客户端游戏市场仍旧持续下滑，网页游戏市场快速下滑，移动游戏市场竞争格局在未来很长一段时间内难以发生改变。结合目前产业发展的壁垒，游戏厂商可以通过 VR、AR、云游戏等技术化方式驱动游戏部署来寻求新的增长点。

2. 网络游戏市场细分市场洗牌进入尾声

2020 年，我国网络游戏市场基本完成了第一阶段的洗牌，头部企业具备通过产品升级和

深度运营提升收益，并依靠资源优化成本的能力，20 家头部企业就可掌控大约 90% 的市场。而拥有各自核心优势的中等实力企业，将以专业和专注的姿态在创新游戏、小游戏、下沉市场、棋牌出海、女性向游戏等细分市场中找到生存空间，补全头部企业难以顾及的细分市场。此外，当产品品质无法升级以提升收益，而流量价格又持续走高时，大部分以流量为生的企业将走向末路。最终将会留下能够灵活运营的渠道创新团队与能够灵活试错的产品创新团队两类游戏团队。

3. 网络游戏出现多维度的市场竞争

2020 年，中国整体的网络游戏市场竞争态势不再是以点到面，而是多面化发展的，产业内的跨角色竞争、同业内的点对点竞争等都将成为未来竞争的要素。例如，企业与企业之间的竞争、企业与用户之间的竞争、行业与行业之间的竞争、行业与企业之间的竞争等。此外，在竞争维度上，内容竞争、技术竞争、用户竞争、运营竞争等表现得更加多元化。

4. 未来休闲游戏具有较大的成长空间

2019 年过审游戏数量总计 1570 款，其中移动游戏总计过审 1462 款。从厂商层面来说，雷兽互动是作为除腾讯、网易外，获取版号最多的运营单位，旗下过审的 21 款游戏皆为轻度休闲类游戏。休闲游戏的受众群体更多、更广泛。从 2020 年各类型移动游戏用户渗透率方面来看，休闲游戏和棋牌游戏仍保持前两位，表明中国游戏市场中仍存在大量的轻度用户。基于游戏版号的限制+无内购游戏在部分情况下可以无须申请版号+2019 年超休闲游戏的崛起+小游戏/H5 游戏的逐步成熟，在多重因素的叠加影响下，轻度休闲类游戏未来在我国网络游戏市场仍将具备较大的成长空间。

23.3 市场与用户规模

1. 市场规模

从我国网络游戏市场来看，2020 年全国网络游戏市场规模达到了 3405.9 亿元，增长率为 26.27%（见图 23.1）。预计 2021 年整体的网络游戏市场将达到 3801.1 亿元，并在 2022 年达到 4000 亿元。在头部厂商逐渐适应游戏版号紧缩政策，以及持续加强对海外市场探索的双重因素影响之下，中国网络游戏市场在 2020 年实现了较大幅度的增长。

2. 游戏用户规模

2020 年，中国网络游戏整体用户规模为 6.48 亿人，增速为 2.01%（见图 23.2）。受新冠肺炎疫情影响，我国网民有了大量的线上娱乐时间及线上文娱方式可以选择，而游戏产业优质产品的断层使不少网络游戏用户被短视频、音乐、阅读等文娱方式所抢占，整体增速放缓。预计 2021 年随着技术突破及游戏方式的改进，中国网络游戏用户将达到 7.10 亿人。

图23.1　2016—2022年中国网络游戏市场规模及预测[1]

资料来源：易观国际。

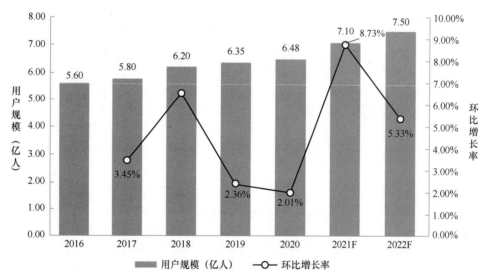

图23.2　2016—2022年中国网络游戏用户规模

资料来源：易观国际。

中国网络游戏用户呈现女性用户与青年用户的主导作用不断上升的态势。女性用户占比及 30 岁以上的青年用户占比持续保持上升态势。从用户特征来说，女性玩家和青年玩家都具备忠诚度较高、消费能力较强的特征。

---

[1] 网络游戏市场规模是指网络游戏（不包括主机游戏）在中国大陆境内所产生的全部收益规模，包括版权分成、自主研发及代理产品运营所产生的充值卡、虚拟道具付费、游戏内广告收入等线上收入在内的全部收益规模。

23.4　细分领域

23.4.1　市场结构

目前，我国网络游戏市场主要存在 3 类游戏产品：通过客户端形式在个人电脑中下载、安装和运行的客户端游戏；通过网页形式在个人电脑中通过浏览器等工具直接打开和运行的网页游戏；在以手机为主、平板电脑为辅的移动个人设备中运行的移动游戏。

从市场规模占比来看，自 2016 年起，移动游戏超越客户端游戏占据最大的市场份额。2020 年，移动游戏在整体网络游戏市场中的占比接近八成，达到 77.70%，客户端游戏占比为 20.20%，网页游戏占比为 2.10%。预计到 2021 年年底，移动游戏占比将超过 80%，达到 81.20%，客户端游戏和网页游戏占比将持续下滑，占比分别为 19.30% 和 1.50%（见图 23.3）。

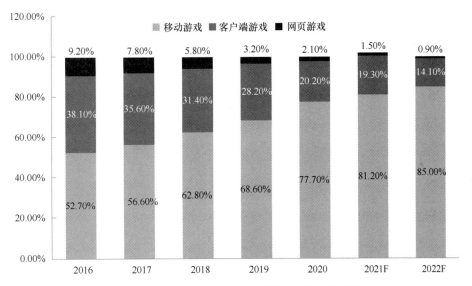

图23.3　2016—2022年中国网络游戏市场细分占比

资料来源：易观国际。

23.4.2　客户端游戏

客户端游戏在 2020 年市场份额持续下滑，主要原因在于客户端游戏产品竞争力表现不足及用户的客户端游戏场景持续减少。但依托电子竞技的蓬勃发展，客户端游戏的市场规模占比下滑速度已有所减缓。再辅以单机游戏在最近两年的逐步兴起，未来客户端游戏仍将稳定占据中国游戏市场的部分份额。2020 年，中国客户端游戏市场仍以发展原有产品为核心，目的在于拉长传统产品的生命周期。客户端游戏在我国网络游戏历史上具有悠久的历史，也在网络游戏产业发展中具有一定的历史意义。而现阶段客户端游戏研发成本较高、用户需求内容更加多元、市场需求量减少，游戏厂商的战略中心早已经发生改变。现阶段对于客户端游戏来说，企业更加注重传统客户端游戏的 IP 变现及长远价值的实现，如客户端游戏移植手游、改编影视等娱乐产品扩大收益。

23.4.3　网页游戏

网页游戏的市场规模占比将持续下降。从 2018 年开始，大量的网页游戏用户转移至 H5 游戏和移动微端。但网页游戏存在其本身无法替代的特殊性（可用键盘和鼠标操控的快速游戏窗口），最终将演变为客户端游戏、手机游戏甚至主机游戏的延伸及补充。随着现阶段用户的游戏习惯及产业发展的更迭，网页游戏的产品质量和运营模式已经落后于现阶段时代的发展。在产品层面，网页游戏市场产品自 2016 年起并未有技术、内容、玩法等方面的变革，并且产品与产品之间同质化严重的现象依然没有改变。随着时代的发展，用户对产品的需求更高，网页游戏产品已经难以满足当下网络游戏用户的需求。在用户层面，以浏览器为主要网络访问途径的 80 后、90 后已经逐渐在游戏习惯上发生改变，并且相对于 PC 浏览器的使用场景受限，而当下网络游戏的主要力量集中在 95 后、00 后，他们对 PC 浏览器的使用习惯黏性较低，网页游戏更加受限。在企业层面，随着游戏市场的门槛逐渐提高，厂商对于网页游戏市场的投入逐步减少，而将更多资源投入客户端游戏改编及移动游戏的研发中。

23.4.4　移动游戏

2020 年，移动游戏仍是目前中国网络游戏市场规模占比最大的市场，并且移动游戏未来仍旧会保持增长。移动游戏目前的整体体验已十分成熟和优秀，并且手机性能的高速发展也基本满足了开发者和用户的游戏需求。即便进入云游戏时代，手机屏幕也将是最重要的游戏场景之一。随着智能机的普及和设备的功能逐渐丰富，移动游戏积累了大规模的用户，但是在 2020 年，移动游戏用户的红利已经消失，进入存量市场。移动游戏市场驱动也由外因转变为内因。现阶段，移动游戏市场的增长更多来源于精品内容的增长及游戏出海的增长。在内容层面，虽然受制于版号的影响，但是精品化的内容仍旧会在用户中产生共鸣并且成为热门，版号在一定程度上保护了内容开发者的知识产权，也更加激励厂商耐心打磨产品内容。在出海方面，我国目前游戏出海取得了较大的成就，并且已经成为文化输出的名片，在政策的激励下，也吸引了许多新兴入局者。

23.4.5　电子竞技

1. 电竞市场和用户规模增速有所放缓，步入平稳发展阶段

2020 年，我国电子竞技（以下简称电竞）市场增速虽然放缓，但是仍旧保持较大的市场增长，市场份额达到 1398.55 亿元，增速为 19.74%。预计 2021 年我国电竞市场规模将达到 1586.56 亿元（见图 23.4）。尽管新冠肺炎疫情对 2020 年的电竞行业，尤其是线下环节造成一定影响，但得益于电竞市场的稳定发展及游戏直播平台的收入增长，整体电竞市场规模仍将保持平稳的上升趋势。

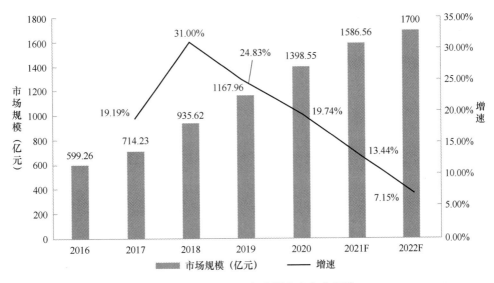

图23.4　2016—2022年中国电竞产业规模

资料来源：易观国际。

2020 年，我国电竞用户规模达到 5.1 亿人，增长率为 4.08%（见图 23.5）。近年来，电竞产业在政策支持与产业链配套环境越发成熟等利好因素影响下，电子竞技产业逐渐走向成熟发展阶段，预计未来用户规模将出现大幅增长。

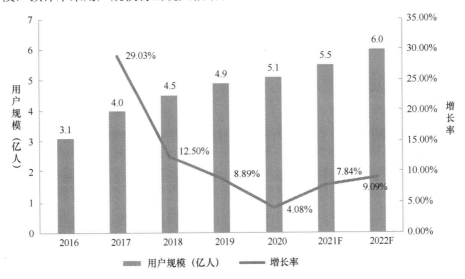

图23.5　2016—2022年中国电竞用户规模

资料来源：易观国际

2. 电竞赛制体系完善，主客场制度初见成效

2020 年，我国电竞产业空前发展，成为下沉游戏产品最优质的衍生市场，围绕着游戏产品的赛制体系逐步完善。第一方赛事与第三方赛事取得不错的成绩，其中第一方赛事仿照NBA、CBA 等国际体育赛事的主客场制度初见成效，如王者荣耀的 KPL 联赛。此外，传统的

PC电竞赛事经过逐步探索转型已经进入流量变现时期，不少电竞赛事体系及电竞产品已经具备大IP的属性范畴。围绕着电竞游戏产品的赛事体系生态的各个环节步入了良性运营阶段。

3. 传统体育与电竞愈加紧密结合

相比于2020年以前，传统体育与电竞体育之间仍旧存在着行业割裂。如今，传统体育与电竞产业结合更加紧密，无论是在赛制体系上，还是人才储备培养上，电竞体育都有着传统体育的借鉴痕迹。部分传统体育俱乐部也已经纷纷成立了电竞赛事战队，如山东鲁能成立了鲁能泰山SC战队、曼城足球俱乐部成立了曼城电竞（中国），电竞战队正在借鉴传统体育发展经验，走向正规发展道路。

4. 电竞社会认知提升，新兴产业魅力显现

2020年，电竞产业在快速发展的同时，社会认知度也随之提升。2020年3月14日，发现之旅与腾讯电竞联合拍摄的《电子竞技在中国》纪录片在央视播出，这也是继2003年后电子竞技再次登上央视的舞台。此外，随着中国电竞团队在世界大型赛事上取得了出色成绩，越来越多的人对电竞这一新兴行业产生兴趣。

5. 技术数字化赋能电竞转播

2020年，受新冠肺炎疫情影响，电竞用户在电竞内容上消耗的时间变长，从而促进了电竞转播的技术升级。电竞产品无论是在内容呈现、平台功能，还是在人性化设置上都取得了长足的进步。并且由于疫情原因，云端概念更加深入人心，更多的技术手段与电竞转播相结合，如远程集成制作技术、云演播厅等，提升了赛事制作效率及用户观看体验。

技术数字化也带动了游戏直播这一产业的迅速发展。从游戏和娱乐直播内容出发，各大游戏直播平台已发展出众多垂直细分直播领域。而随着游戏直播平台用户流量和整体影响力的稳步提升，直播将越来越重要，各类内容与直播结合将产生新的能量。这一点在疫情期间表现得尤为明显，借助直播，可以触达更多的用户群体。未来，更多的细分内容将加入直播中，以满足越来越个性化的用户需求。游戏直播平台在进入云游戏领域时，同样有自身优势，一方面，游戏直播平台本身是十分重要的游戏内容渠道，原本只观看直播的"云玩家"可通过云游戏快速成为真正的云游戏玩家；另一方面，云游戏和直播场景的打通，将给游戏直播创造更大的想象空间，为用户提供更好的游戏娱乐体验。

6. 电竞IP化将成为未来的主要态势

随着电竞影响力的不断提升，电竞与其他产业的创新融合越来越广泛，呈现出众多的"电竞+"新业态。2019年以来，频有优秀的跨界合作案例出现，如《全职高手》《亲爱的，热爱的》等电竞题材电视剧备受关注，《全职高手》24小时播放量破亿次，《亲爱的，热爱的》2019年全网总播放量高达89亿次。电竞IP化将成为未来发展的主要态势，将推动电竞商业化持续发展。

23.5 典型案例

1. 腾讯游戏

腾讯游戏在2020年继续发挥自身的资源和能力优势，在长线产品方面体现了其强势的

产品长线运营能力，同时也在新产品方面保持了较为稳定的发行节奏。在境内市场方面，腾讯游戏 2020 年发行移动游戏数量基本稳定，其中包括多款精品产品，进一步向市场展示了其精品计划的市场统治力。腾讯游戏的移动游戏业务正在进入稳定的发展阶段，长线产品运营稳定，同时自研产品储备和发行体系仍旧具备市场领先的竞争力。在可预见的短期内，如无新的现象级玩法和产品出现，腾讯游戏的战略重心将逐渐从国内移动游戏业务转向全面升级。腾讯游戏全球化发行品牌和涉及内容、平台与形态的全面升级，将成为腾讯游戏发展的新方向，有望促进腾讯游戏收入的进一步增长。

腾讯游戏拥有全球顶尖的移动游戏研运经验，在投资的护航下，有望成为国际化 IP 移动化大潮受益最大的厂商之一，将承担众多国际化 IP 的移动化任务。同时，长线产品仍未有进入晚期的趋势，新产品储备丰富，国内游戏业务仍具备持续增长的基础。此外，腾讯已经在云游戏方面布局了多个团队进行探索，也坚持大型游戏工业化体系的搭建，即腾讯游戏将在创新市场保持领先，同时不断加强跨平台、跨品类研运能力的建设，促进游戏业务全面升级。

2. 网易游戏

2020 年，网易游戏的境内外产品均取得了强劲的业绩成果，其中《梦幻西游》更是展现了网易的 IP 产品多元运营和优秀的推广能力。同时，《荒野行动》亦多次登顶日本 AppStore 畅销榜榜首，进一步展现了网易游戏在日本市场的成功。《梦幻西游》《一梦江湖》等长线产品新资料片已经陆续上线，内容更新和运营将继续维持长线产品的稳健成绩。有望陆续上线《阴阳师》《天谕》《哈利波特》等备受玩家关注的重磅 IP 的手游产品，此类产品在 IP 和研运能力的加持下，将带来新的市场增量。整体上，网易游戏拥有领先的研运能力、强大的 IP 储备和在日本市场的优秀表现，有望持续扩大游戏市场的影响力。

《梦幻西游》《大话西游》等经典 IP 的产品更新和 IP 衍生内容开发仍是网易游戏的主要业务之一，此类 IP 作为市场顶级 IP，能够提供稳健的业绩。同时，网易游戏近年来已在日本取得了突破性的成功，将继续深入挖掘日本市场，并有望在其他市场复制经验，从而进一步提升海外市场的收入占比。此外，网易游戏还在云游戏、VR 游戏、大型游戏等领域均有布局，并逐步取得进展。可以预见，网易游戏将在运营经典 IP 的同时持续挖掘和拓展市场。

3. 三七互娱

三七互娱此前在移动游戏市场中以 ARPG 游戏为主，而随着 ARPG 游戏发展所积累的研发能力和发行经验，其在业务成熟后逐渐开始寻求更大的发展空间。自 2018 年起，三七互娱已经开始在题材多元化方面取得了出色的突破，而在研发和发行两大核心能力的驱动下，其多元化布局将在产品方面走出 ARPG 品类，向 SLG、卡牌、二次元等品类进发，并在市场方面积极推动国内优秀产品出海。这将进一步发挥三七互娱的能力优势，助力移动游戏市场升级发展。2020 年，三七互娱在自研和发行方面的积极投入迎来收获期，在长线产品稳定运营的基础上，大量精品产品上线，在产品质量、发行策略等方面均处于市场领先水平，从而促进了其市场地位的进一步提升。

由于拥有行业领先的研发、发行和运营经验，三七互娱的现有游戏业务具备长期稳定发展的基础。在此基础上，三七互娱积极借助大数据优化研运效率，积累优化引擎等基础技术，进行创新业务的布局。在云游戏方面，三七互娱已上线《永恒纪元》云游戏版，并将继续加

强云游戏研发和运营。同时，三七互娱还积极进行赛道布局，不仅拥有优质在线教育品牌妙小程，还在 VR/AR、音乐、影视、动漫等赛道有所布局。

23.6 发展挑战

1. 厂商大力布局云游戏，新型模式尚未形成

云游戏是指绝大部分运算工作由云端服务器负责，用户不受设备限制，即点即玩的游戏。市场普遍认为，云游戏会是 5G 商用建设推动较为明显的市场之一。虽然云游戏除网络技术的基础之外，还需要芯片、云计算等技术的助力和产品供应、服务模式等商业模式的探索空间，云游戏真正形成基本成熟的市场仍需努力，同时伴随着很多的不确定性。但是，在目前国内各类厂商积极参与布局的市场环境下，云游戏将进一步打开游戏产业的市场发展空间。但云游戏仍面临许多问题，如操作延迟、画面压缩、商业模式不清晰、运营成本高昂等云游戏存在的痛点问题都尚未得到有效解决。

2. 产业大融合趋势显现，融合成熟度有待进一步提升

随着游戏产业的不断成熟，主流游戏厂商在战略布局的驱动下正在逐渐形成各自的差异化的竞争优势，同时整体的综合竞争力正在持续增强。因此，在差异化竞争优势的基础上，主流厂商之间逐渐开始寻求积极的产业合作，以求与更多的产业伙伴之间形成优势互补的深度合作关系。目前，通过相互投资、战略合作、研运合作、共同投资、IP 授权、产业联盟等诸多方式，游戏主流厂商的产业合作格局正在持续形成。而随着市场的进一步发展，将有更多的主流厂商继续推进产业合作，发挥各自能力优势，共同为用户打造更高质量的游戏产品和提供更优质的服务。但是在产业相互促进融合与合作中，涉及的版权问题、监管问题、商业模式、分成模式等仍旧处于探索阶段。

3. 技术数字化成为主旋律，数据中台技术仍需探索

游戏市场洗牌的持续进行，推动了"换皮团队"的退场，同时也给各个具备创新或深耕能力的研发团队提供了发展机会。同时，产品竞争加剧导致发行商获取产品难度加大，促使各大头部厂商不断增加对外部研发商的投资，布局构建产品资源池，构建属于大型发行商的"自研自发"体系。研发中台化是主流大型研运公司的技术发展重要方向之一。通过中台化建设，将测试运维、数据分析、美术和通用系统等部分模块进行统一整合，从而有效提高研运效率。研发中台可以为产品团队提供模块组件和工作支持，解放产品团队在基础模块方面的生产力，将更多的资源和精力投入产品创新中去。数据中台不完全等同于研发中台，因为数据中台对接的某些数据分析系统可能不是用于研发的，而是用于推广的（投放数据平台）、运营的（行为分析平台），但是，数据中台的研发可能是由研发中台负责，或者是基于同样的中台思维进行搭建的。相比于更加系统化和抽象化的研发中台，良性地运用数据中台进行驱动仍需进一步探索。

4. "渠道为王"的市场行情已成过去式，厂商话语权仍有提升空间

随着以抖音、快手、微博等为代表的具备游戏分发能力的超级 App 的崛起，游戏厂商在

买量发行上具备了更多的选择空间。虽然相较于传统游戏渠道来说，买量发行有着天然的弱势——游戏宣传阶段需要投入大量的成本进行推广，但通过买量获取的用户，其付费所产生的流水无须与渠道方进行分成，研发方能获取更多的收益。而在中国游戏市场产品生命周期越来越长的大背景下，买量发行所能提供的长远利润空间更为广阔。另外，在功能上与传统游戏渠道更为接近的"TapTap"平台，区别于其他安卓渠道，不参与游戏的流水分成，从根本上保证了平台的客观性和公正性，所以平台上的内容更受用户的认可，也更受游戏厂商的青睐。近两年来，《明日方舟》《最强蜗牛》《原神》等爆款游戏，在登陆了 TapTap 平台的情况下，却都没有选择与传统安卓游戏渠道合作，这也充分体现了游戏厂商话语权的提升。

5. 网络游戏赛事受到疫情影响，电竞数字化有待挖掘

2020 年本应是体育大年，但随着全球新冠肺炎疫情蔓延，大量传统线下体育赛事停摆，欧洲杯、奥运会延期举办，全球体坛被迫按下暂停键。线下体育赛事延期或取消，对赛事联盟、俱乐部、赞助商、转播商及体育工作者而言，都是巨大的经济损失：赞助商权益无法兑现、转播商拒付版权费用、工作者降薪甚至失业等。受疫情影响，我国网络游戏的产业链各环节受到不同程度的冲击，但与传统体育赛事无法正常开展不同，主流电竞赛事纷纷在线上开赛，降低了疫情对电竞行业的影响。线上办赛对电竞行业是挑战也是机遇，如何保障赛事公平性、观赏性及人员防疫安全，是赛事暂回线上的挑战；利用线上赛维持赛事整体商业营收，在布局线下主场化、体育化的同时，重新挖掘电竞数字化的线上娱乐化优势，是疫情下电竞产业的发展机遇。

（董振）

第 24 章　2020 年中国网络出行服务发展状况

24.1　发展环境

1. 政策环境

2020 年，受新冠肺炎疫情影响，全国多地相关部门下发紧急通知，暂时停运包括网约车在内的市内公共交通。2 月 27 日，交通运输部印发《关于分区分级科学做好疫情防控期间城乡道路运输服务保障工作的通知》，要求落实分区分级管控要求，有序恢复出租汽车（含网约车）等城乡道路运输服务。4 月 9 日，中央应对新型冠状病毒感染肺炎疫情工作领导小组印发《关于在有效防控疫情的同时积极有序推进复工复产的指导意见》，要求低风险地区取消出租汽车（含巡游车、网约车）停运政策，做好客运恢复和返岗服务，确保人员流动有序畅通，在防控常态化条件下加快恢复生产生活秩序，积极有序推进复工复产。

2 月 10 日，国家发展改革委等 11 个部门联合印发《智能汽车创新发展战略》，为中国智能汽车的创新发展提供了清晰的路线。12 月 30 日，交通运输部印发《关于促进道路交通自动驾驶技术发展和应用的指导意见》，针对道路交通自动驾驶发展应用，专门制定了具体政策，提出要加强自动驾驶技术研发，提升道路基础设施智能化水平，推动自动驾驶技术试点和示范应用，健全适应自动驾驶的支撑体系。

8 月 25 日，交通运输部印发《关于加强和规范事中事后监管的指导意见》，提出对于网约车、共享单车、汽车分时租赁等新业态，按照鼓励创新、趋利避害、规范发展、包容审慎原则，分领域量身定制监管规则和标准，积极培植发展新动能，维护公平竞争市场秩序，促进新老业态深度融合发展；坚守质量和安全发展底线，严禁简单封杀或放任不管，对出现的问题及时引导或处置。对潜在风险大、可能造成严重不良后果的，依法严格监管。

11 月 24 日，国务院办公厅印发《关于切实解决老年人运用智能技术困难实施方案》，提出要优化老年人打车出行服务。12 月 28 日，交通运输部等 7 个部门联合印发《关于切实解决老年人运用智能技术困难便利老年人日常交通出行的通知》，提出各级交通运输主管部门要引导网约车平台公司优化约车软件，增设"一键叫车"功能，鼓励提供电召服务，对老年人订单优先派车。

12 月 20 日，交通运输部公布《小微型客车租赁经营服务管理办法》，指出国家鼓励小微型客车租赁实行规模化、网络化经营；要求提供相关服务的电子商务平台公司应当遵守相关法律法规，依法收集相关信息和数据，严格保护个人信息和重要数据，维护网络数据安全，支持配合有关部门开展相关监管工作。

2. 产业环境

网络出行行业在经过前几年快速扩张阶段后，发展步伐减缓，2020 年融资事件较少，资本市场逐渐回归理性。尽管如此，由于网络出行契合中国城市建设及居民出行需求，能有效解决交通拥堵等城市发展问题，网络出行的发展前景依然明朗；同时，网络出行企业的经营目的将由全投入市场份额的竞争逐步转向盈利。

2020 年，网约车行业仍处于你追我赶的赛跑状态。过去一年，滴滴出行上线了新的网约车品牌花小猪，拼车业务升级为青菜拼车，并重启快的出租车业务。首汽约车和旗下 GOFUN 获得新的融资，聚焦顺风车业务的嘀嗒出行也正式向港交所递交了招股书，拟在港交所挂牌上市。互联网行业中的高德、哈啰和美团等网络出行聚合平台逐渐站稳了脚跟，而拥有整车企业背景的传统车企也在网约车市场持续发力。从整体来看，监管政策逐渐严格与精细，市场规范化仍是行业关注重点，全行业处于健康发展状态。

共享两轮车市场延续 2019 年格局，竞争不断加剧。青桔单车获得新的融资，实现与滴滴出行纵深化协同；美团单车协同美团众多服务场景，发挥其流量导向与营销协同的价值；而哈啰单车则强调"去支付宝化"的独立发展。除此之外，共享电单车领域成为新的竞争点，青桔、哈啰、美团分别居前三位。从长期来看，共享两轮车平台企业间的竞争，将持续聚焦全链路智能化运营、生态化协同、线下规范化车辆管理三大维度。

3. 社会环境

2020 年，网络出行市场因新冠肺炎疫情遭受短期冲击，但中长期发展势头向好。受到疫情影响，宏观经济增长放缓、收入低于预期，用户消费更为谨慎，同时疫情防控抑制部分出行需求释放。但是伴随着国内疫情控制趋稳、经济活力恢复及主流平台在供给、安全管控和营销层面的努力，中国网络出行市场中长期发展态势良好，很快将回归增长快车道。

与此同时，汽车价格与人均可支配收入比值在不断降低，但土地与道路资源稀缺，交通拥堵问题凸显，现有的城市道路基础设施未能满足城市居民不断增长的需求。因此，为了缓解交通压力，网络共享出行方式将会被倡导。此外，主流消费群体的改变，使人群消费习惯和偏好正在发生变化，按需租车、以租代买、随停随去的理念逐渐深入，促使网络出行呈现多业态发展，行业迎来快速发展的时机。

24.2　发展现状

1. 网络出行助力疫情防控

新冠肺炎疫情防控期间，大部分城市减少或者暂停了公共交通的运营，网络出行作为城市公共交通的重要组成部分，也受到了较大影响。在重点疫区，公共交通的停运为疫情防控带来了新的挑战。网络出行承担起了部分物流配送、室内外消杀、病人送餐送药等重任，有效降低人群接触频次，减轻一线防疫工作者负担。

而后随着疫情逐步得到控制，政府工作重点从单纯疫情防控转移到统筹疫情防控和复工复产阶段上来。非疫情防控重点地区企业通勤需要低风险交通工具的支持，网络共享出行成为职工出行的重要选择，有效缓解复工复产期间的交通瓶颈问题。网络平台依托互联网基础设施资源，在支持乘客信息登记、行前乘客健康审查、车辆消杀在线查询等方面凸显较大优势，有效抑制疫情蔓延，提高城市出行防疫效率。网络出行成为疫情防控与复工复产的重要保障。

2. 网络出行转向企业服务市场

过去几年，网络出行的服务对象主要是面向 C 端消费者用户，随着这些业务逐步进入相对成熟阶段，行业领先企业积极拓展企业服务等新业务领域。与此同时，在疫情冲击下，数字化水平高的企业的抗风险能力进一步凸显，传统企业数字化和平台化转型的意愿大大提升，这为平台企业从消费者业务转向企业服务业务提供了机会。

滴滴出行的出租车业务升级为"快的新出租"，并投入专项补贴为出租车乘客发放打车券，已在 360 多个城市提供服务，出租车业务在该公司整体业务中被提升至新的高度。嘀嗒出行与西安、沈阳、徐州、南京等多个城市开展合作，通过打通乘客、司机、计价器、车辆及出租车公司和管理部门之间的数据，推动传统出租车业务数字化转型，用户打车后，一次扫码即可实现行程实时查询与分享、服务评价与投诉、聚合支付、使用多种出行工具、电子发票等一系列线上功能，使得乘客享受更为便捷、智能的乘车体验。高德打车启动"好的出租"计划，计划一年内完成 100 万辆出租车巡网融合改造，帮助 300 家出租车企业实现数字化升级；与新月联合、北方北创、北汽出租、金银建出行等北京多家大型出租车企业达成巡游车网约化合作。T3 出行的新战略在传统出租车业务方面推出了"T3 新享出租"，意在匹配线上需求和线下出租车。一些城市也开始探索网约车与传统出租车融合发展的途径，如深圳、贵阳等地出租车驾驶证和网约车驾驶证合二为一，济南符合条件的出租车可以申请转为网约车等。

24.3 市场规模

1. 市场交易规模

初步估算，2020 年我国网络出行市场交易规模为 2886 亿元，同比增长-15.7%（见图 24.1），主要受新冠肺炎疫情影响，人们出行活动减少，导致多年以来网络出行市场交易规模首次出现负增长。

2. 支出情况

截至 2020 年年底，网络出行服务支出占居民交通支出的比重为 11.3%，较 2019 年下降 0.1 个百分点（见图 24.2）。相比较而言，2018—2019 年网络出行服务支出占城镇居民交通支出的比重保持稳定增长。

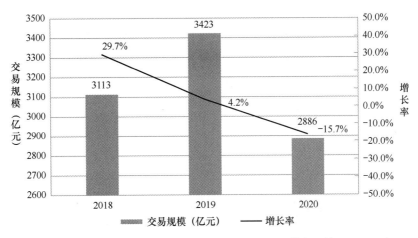

图24.1　2018—2020年我国网络出行市场交易规模发展情况

资料来源：根据公开数据整理。

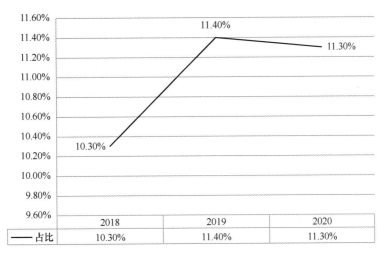

	2018	2019	2020
——占比	10.30%	11.40%	11.30%

图24.2　2018—2020年网络出行服务支出占城镇居民交通支出的比重

资料来源：国家信息中心。

24.4　细分领域

24.4.1　网约车

1. 市场规模

公开数据显示，2020 年中国网约车市场整体交易规模为 2499.1 亿元，同比下降 17.90%，网约车市场交易规模增速连年放缓以来首次出现负增长（见图 24.3）。新冠肺炎疫情发生后，餐饮业、线下休闲娱乐等生活服务消费受到严重冲击，如 2020 年第一季度餐饮业收入下降 44.3%。受此影响，市民出行需求减少，进而影响到网约车市场交易规模。而随着线下实体经济的复苏，网约车市场状况也会相应改观，并恢复到平稳有序的发展之中。

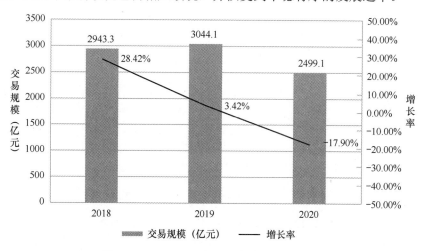

图24.3　2018—2020年网约车市场交易规模

资料来源：Analysys 易观。

从网约车具体业务模块来看，网约专快车业务 2020 年交易规模为 1803.4 亿元，同比下滑 25.1%（见图 24.4），除因疫情防控和安全顾虑抑制需求外，服务端亦承压，运力供给下降。顺风车业务 2020 年同比下滑 17.4%，随着滴滴顺风车全面回归及哈啰出行、如祺出行等企业新入局，未来增速或将高于网约车市场整体。出租车 App 端 2020 年交易规模达 613.0 亿元，同比增长 14.5%，主要原因在于传统巡游出租车网约化进程加快。2020 年，多方出行平台纷纷通过数字化赋能传统出租车行业，促进出租车与网约车进一步融合。未来，随着疫情防控渐趋常态化，整体经济日趋稳定，行业将重新恢复往日风采。

图24.4　2018—2020年网约车具体业务交易规模

资料来源：Analysys 易观。

2. 用户规模

截至 2020 年 12 月，我国网约车用户规模达 3.65 亿人，较 2020 年 3 月增长约 300 万人（见图 24.5），较 2018 年 12 月下降 6.21%，网约车用户规模明显下降。与此同时，受新冠肺炎疫情引发的诸多不确定因素影响，如上班族集中开展远程办公、公众对网约车安全防护信心不足等，网约车使用率亦有所下降。

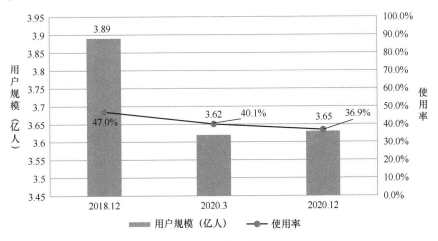

图24.5 2018—2020年网约车用户规模及使用率

资料来源：中国互联网络信息中心。

中国网约车市场当前维持"一超多强"的竞争格局：滴滴出行凭借 8157.3 万用户规模处于绝对领先地位；花小猪打车通过市场下沉和裂变营销策略，后来居上，位居第三；独立专车 App 中，首汽约车活跃用户规模领先（见图 24.6）。此外，2020 年 T3 出行、曹操出行、享道出行、如祺出行等主机厂背景平台，作为市场重资产方持续发展中，并进入网约车市场乘客端活跃用户 TOP10 榜单。

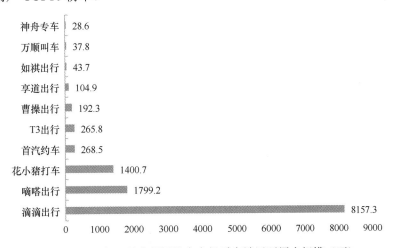

图24.6 2020年12月中国网约车市场乘客端活跃用户规模（万）

资料来源：Analysys 易观。

3. 客运量

2020 年，网约车客运量占出租车总客运量的比重为 36.2%，占比较上年小幅下降 0.3 个百分点（见图 24.7）。主要原因是出于疫情防控的需要，在居民出行意愿明显下滑的情况下，很多城市在一定时间段内暂停网约车平台服务。一些地方甚至因为网约车停运或客流停滞，造成大量网约车司机向线下运营服务公司申请退车事件。

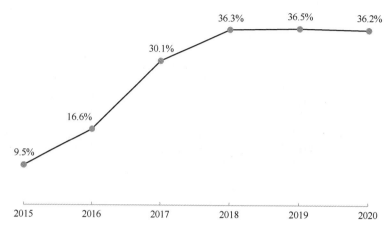

图24.7　2015—2020 年网约车与巡游出租车客运量占比情况

资料来源：国家信息中心。

24.4.2　共享两轮车

2020 年，共享两轮车（共享单车和共享电单车）市场交易规模达到 291.27 亿元，整体市场保持较快发展速度。共享单车领域，2020 年的整体交易规模达到 218.27 亿元，同比增长 51.80%；共享电单车领域，2020 年的整体交易规模达到 73.00 亿元，同比增长 75.14%（见图 24.8）。

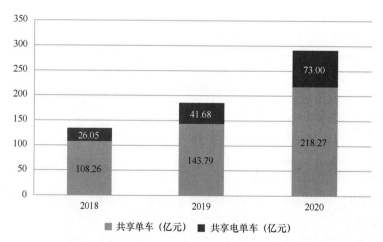

图24.8　2018—2020年中国共享两轮车市场交易规模

资料来源：Analysys 易观。

2020 年，共享两轮车市场用户规模为 2.53 亿人，较去年同期相比略有下降，整体市场相对稳定（见图 24.9）。综合来看，尽管 2020 年共享两轮车市场用户规模没有提升，交易规模却实现了明显增长。由此看来，用户需求增加、客单价提高是交易规模增长的主要原因。

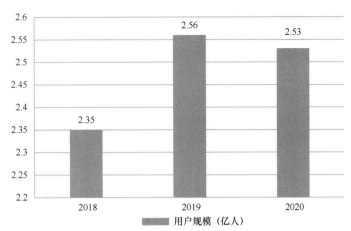

图24.9　2018—2020 年中国共享两轮车市场用户规模

资料来源：艾媒咨询。

24.4.3　共享汽车

在政策引导、资本加注、平台企业创新升级运营策略与服务、持续推进营销传播的共同作用之下，公众对共享汽车的知晓度与认可度不断提升。2020 年，以共享汽车作为日常出行方式的用户占比较 2019 年增长 7%，用户需求动机以"替补"刚需与追求"经济"为主导。

具体来看，共享汽车作为交通出行方式的补充，可以满足用户多样化的场景需求。其中，通勤补充是最主要的场景，购物、娱乐、聚会、自驾出游等休闲时段用车为渗透率次高的场景。因此，用户进行平台选择时，会重点结合对应场景下的用车诉求进行对比。

用户在选择共享平台时，主要从出行便捷性、经济性、舒适安全性与服务灵活性方面进行考量。在出行便捷性、经济性、服务灵活性 3 个维度中，EVCARD 与 GoFun 出行整体满意度较高。而在舒适安全性方面，联动云与 GoFun 出行分别占了满意度前两位，EVCARD 稍落后。

24.5　典型案例

1. 健康出行，助力抗击新冠肺炎疫情

2020 年 1 月 23 日，面对严峻的疫情形势，公共交通停摆，各类网约车平台的叫车业务下线，武汉被强制按下了暂停键。更严峻的是，坚守一线的医护人员上下班无车可乘。在看到网上医护人员的求助后，原本暂停了武汉服务的滴滴，筹备上线了"医护保障车队"方案。

除夕当天，滴滴连夜在武汉组建滴滴医护车队，开始为医护人员的出行提供免费服务，先后有 300 多位司机参加医护车队工作；大年初一，再次紧急组建了由 1336 位司机组成的社区保障车队。医护车队累计为 16 家医院、近 2 万名医护人员提供了近 50 万单服务；社区

保障车队为 402 个社区的市民提供了近 15 万次服务。同一时间，东风、首汽、曹操、T3、风韵、万顺等 7 家网约车平台企业也都积极参加了防疫应急保障工作。网约车平台的一系列行动，赢得了武汉各医院、社区居民和社会各界的认可和表扬。

疫情防控的关键时刻，滴滴推出"司乘必须戴口罩、司机上报体温、车内勤消毒和勤通风" 4 项防疫标准，并在全国百余个城市设置防疫服务站，为坚守在服务一线的司机师傅们免费发放口罩、消毒液等防疫物资，并帮助大家为车辆消毒。后来，还在车内加装前后排防护膜，防止飞沫传播。用实际行动切实保障市民和医护人员安全出行。

除了武汉，新冠肺炎疫情期间，滴滴还在上海、北京等 15 个城市，组建"医护保障车队"。其间，有近 16 万名司机自愿报名加入，总计服务 37987 名医务工作者，行驶总里程超过 1500 万千米。

新冠肺炎疫情期间网约车平台打造的"健康出行"的体验和要求在未来会成为一种刚性需求。打造网约车出行在准公共交通中的品质出行、健康出行形象，是未来网约车出行进一步发展的新契机。

2. 出行新纪元，滴滴发布定制网约车 D1

2020 年，滴滴出行和比亚迪共同设计开发的 D1 正式发布。这款车是基于滴滴平台上 5.5 亿乘客、上千万司机需求、百亿次出行数据，针对网约车出行场景，在车内人机交互、司乘体验、车联网等多方面进行定制化设计的。这是国内第一款专门为共享出行打造的电动汽车，不论外观内饰、软硬件配置、性能安全，还是购车、用车成本，都充分考虑了司机、乘客、资产公司和运营企业的需求，将多方痛点逐一解决。

除了为用户（司机和乘客）专属设计，该车通过数据赋能，智能可迭代。D1 首次在数据层面将整车数据与滴滴平台数据打通，实现了线下交通工具与线上运营平台的结合。与此同时，随着定制车的出现，滴滴变化的不仅仅是对于汽车的定制理念，而是与之相伴的商业模式。

滴滴与比亚迪合作开发出的 D1，可以说是其定制化网约车的典范。目前传统汽车厂商一直在寻求变革，更是大范围地布局共享出行领域，想要成为面向未来的出行科技服务企业。此外，传统车企也一直在讲"需求定义汽车"，但传统车企面向的更多是购买私家车的车主，而 D1 则是一款真正面向共享出行市场的定制车。因此，滴滴可以说是真正开启了共享出行定制网约车时代。

3. 智能出行，自动驾驶开放示范应用

2020 年 10 月，继长沙、沧州等体验城市之后，百度的无人车正式开进了一线城市——北京。10 月 11 日起，百度自动驾驶出租车服务在北京全面开放，市民可在北京经济技术开发区、海淀区、顺义区的数十个自动驾驶出租车站点，无须预约，直接下单即可免费试乘自动驾驶出租车。

在为乘客准备的屏幕上，会提示此次行程的基本信息，如起终点、预计时间、行程距离等。乘客还可以自行点击查看路线。当一切信息确认无误后，乘客需要点击面前屏幕右下角的"开始行程"，车辆便进入自动驾驶状态。启动之后车辆自动从停靠点进入行驶车道。此时屏幕上开始显示实时路况的界面，其中包括当前车速、路段限速、所处车道等元素，同时

周边车辆、斑马线等情况也一览无余。屏幕右下角还有"点赞"与"不满"按钮。乘客在乘坐期间可随时对行驶体验进行反馈。在行驶过程中，Robotaxi 可完成多次变道、左右转弯、紧急制动等动作。总体来说，它在速度控制、变道等方面都趋于保守。目前，百度 Robotaxi 已经测试了数年，能够保障足够的安全性。

与此同时，11 月上海自动驾驶测试道路新增 404 千米，总里程达 530.57 千米，其中嘉定区 315 千米、临港新片区 118.2 千米、奉贤区 97.37 千米。滴滴自动驾驶成为首家获得上海 3 个测试区牌照的企业，并向民众开放试乘体验。另外，滴滴自动驾驶在上海市设立了国内首个自动驾驶安全护航中心，实时获取路况动态和监控测试车辆，并提供远程安全协助。

自动驾驶网约车的常态化运营，标志着中国自动驾驶汽车行业走上了一个新台阶。随着行业的发展，毫无疑问，未来将会有更多企业加入其中。

24.6　发展机遇与挑战

1. 健康出行常态化

在新冠肺炎疫情防控期间，各网络出行平台企业采取诸多措施来保障健康出行，在健康出行领域有较多投入。通过这次疫情，消费者将对安全与健康出行有了更高要求。

与其他集聚性出行方式相比，共享出行在健康出行保障方面做得更好。民众对健康出行的需求提升，将有利于共享出行的发展。这种对安全健康的追求，会随着疫情防控常态化而继续下去。换句话说，出行平台在疫情防控期间创新出来的一些技术、手段、方法、制度等，将来会有一部分留存下来，并且常态化。这种围绕着健康、安全出行方面的品质及用户体验的提升，可能会成为下一步竞争的关键。

2. 运维服务成为单车业务的关键

近几年，共享单车在一二线城市的市场已经趋于饱和，现在只能依靠下沉市场规模的扩大来保证平台的持续稳定增长。在向下沉市场扩张的过程中，目前各平台企业采取的用钱换规模的模式，不利于平台长期可持续发展。因此，后期的运维服务已经成为现阶段单车业务发展的新挑战。在单车投放配额受限的大前提之下，平台需要通过更加精细化的运营来刺激每一辆单车的最大价值。如何进一步精细化运营单车分配，是每个从业者需要考虑的问题。

后期运维服务的改善，会帮助提升平台的服务，提高品牌在消费者心中的形象，潜移默化地培养忠实用户。应通过提高运维服务能力，让共享单车真正成为便捷的产品，提升消费者对品牌的认可度。

（西京京）

第 25 章　2020 年中国网络教育发展状况

25.1　发展环境

2020 年，教育科技领域继续成为国际资本的关注热点，新兴经济体在线教育逆势发展，我国教育科技领域融资加速增长。在线教育、"互联网+教育"、教育信息化得到国家政策重点关注和支持，其中教育督导评价和优质教育资源共享成为在线教育政策推进重点。面对突如其来的新冠肺炎疫情，我国各级各类学校和机构充分发挥"互联网+教育"优势，改变传统教育方式，形成了在线教学新范式，最大限度地保障了全国范围内各区域、各学段"停课不停学"，为积极应对全球性停学难题、推动世界范围内在线教育发展贡献了中国智慧和中国方案。

1. 全球教育科技风投逆势增长，我国风投总额全球占比超过 60%

2020 年，全球教育科技领域融资额 161 亿美元，是 2010 年 5 亿美元的 32 倍，是 2019 年 70 亿美元的 2.3 倍，创近 10 年融资额历史新高。其中，我国教育科技领域风投总额 102 亿美元，较 2019 年 40 亿美元增长 62 亿美元，在全球风投总额中占比超过 60%，位列第一，继续保持主体地位。美国教育科技领域融资额 25 亿美元，较 2019 年 8 亿美元增长 17 亿美元，约占全球总额的 16%，位列第二。印度教育科技市场融资额约 23 亿美元，是 2019 年 4.5 亿美元的 5 倍，约占全球总额的 14%，位列第三。欧盟教育科技领域融资额 8 亿美元，较 2019 年增长超过 50%，连续 10 年保持增长。

2. 教育督导评价和优质教育资源共享成为教育产业发展重点

2020 年 2 月，中共中央、国务院印发《关于深化新时代教育督导体制机制改革的意见》，这是党中央出台的第一个聚焦深化教育督导体制机制改革的纲领性文件，该意见指出要大力强化信息技术手段应用，充分利用互联网、大数据、云计算等开展督导评估监测工作。3 月，教育部印发《关于加强"三个课堂"应用的指导意见》，强调到 2022 年，全面实现"专递课堂""名师课堂"和"名校网络课堂"3 个课堂在广大中小学校的常态化按需应用，建立健全利用信息化手段扩大优质教育资源覆盖面的有效机制，推动实现教育优质均衡发展。5 月，人力资源和社会保障部发布《关于对拟发布新职业信息进行公示的公告》，"在线学习服务师"

正式成为国家认可的新职业类型，主要工作职责被定义为：运用数字化学习平台（工具），为学习者提供个性、精准、及时、有效的学习规划、学习指导、支持服务和评价反馈。7 月，教育部等 13 个部门联合发布《关于支持新业态新模式健康发展 激活消费市场带动扩大就业的意见》，提出大力发展融合化在线教育，允许购买并适当使用符合条件的社会化、市场化优秀在线课程资源，探索纳入部分教育阶段的日常教学体系。9 月，教育部等 8 个部门发布《关于进一步激发中小学办学活力的若干意见》，提出加快推进基础教育信息化，积极开发优质学校名师网络课程、专递课堂资源，促进优质教育资源共享，发挥突出学校带动辐射作用。10 月，中共中央、国务院印发《深化新时代教育评价改革总体方案》，指出利用人工智能、大数据等现代信息技术，探索开展学生各年级学习情况全过程纵向评价、德智体美劳全要素横向评价。2021 年 1 月，教育部等 5 个部门联合发布《关于大力加强中小学线上教育教学资源建设与应用的意见》，提出到 2025 年基本形成定位清晰、互联互通、共建共享的线上教育平台体系。

3. 疫情促进在线教育大规模应用实践

2020 年 8 月 4 日，联合国发布了《COVID-19 期间及以后的教育政策简报》。该报告显示，疫情影响到全球超过 190 个国家和地区的近 16 亿名学生，其中在低收入和中低收入国家，高达 99% 的学生由于学校和教育机构的关闭而受到影响。面对突如其来的疫情，中国 1700 余万名大中小学教师面向 2.8 亿名学生成功地开展了一场规模空前的在线教育实践，有效实现了"停课不停教、停课不停学"，为各学段学生居家学习提供了优质的教育指导服务，为全球教育抗击疫情贡献了中国智慧和中国方案。

在中小学教育方面，新冠肺炎疫情暴发后，教育部整合国家、有关省市和学校优质教学资源，迅速建设开通了国家中小学网络云平台和中国教育电视台"空中课堂"，开发了一大批专题教育资源和覆盖中小学各个年级、各个学科的课程教学资源，及时总结推广各地线上教学有益经验；积极帮助困难家庭学生解决线上学习条件问题，保障农村及边远贫困等无网络或网速慢地区学生居家学习；组织教师开展家访、开好家长会，研制《家庭教育指导手册》，密切家校沟通协作，强化家庭教育指导针对性。上述一系列措施，切实满足了 1.8 亿名中小学生的居家学习需要，截至 2020 年 10 月，相关学习平台的网络浏览次数累计达到 24.27 亿次。截至 2020 年 5 月，全国有 27 个省份开通省级网络学习平台，为学生居家学习提供托底服务，并指导确有条件的市县和学校用好本地本校优质资源；中国教育电视台空中课堂收视率大幅跃升，在全国卫视关注度排名进入前十。

在高等院校教育方面，2020 年春季学期，全国所有普通本科高校全部实施在线教学，108 万名教师开出 110 万门课程，合计 1719 万门次；参加在线学习的大学生达 2259 万人，合计 35 亿人次。全国高校教学大数据监测显示，全国高校春季学期在线课程开出率达 91%，教师在线教学认可率达 80%，学生在线教学满意率达 85%，实现了在线教学与课堂教学质量实质等效。教育部推出了英文版的"学堂在线"和"爱课程"两个在线教学国际平台，目前已上线英文课程 505 门，覆盖 100 多个国家，向全世界上亿名大学生和全球学习者免费开放；教育部还与联合国教科文组织等国际机构，与巴基斯坦、斯里兰卡、坦桑尼亚等国教育部门开展了抗疫经验视频交流，黑龙江省教育厅与俄罗斯萨哈（雅库特）共和国进行了在线教学经验交流，清华大学举办了国际高校在线教学"云分享"，与亚欧十几所高校共享中国的经验和成果[1]。

25.2 发展现状

1. 加强合规治理力度，严厉打击侵权盗版、有毒有害信息传播等违法违规行为

2020 年 6—10 月，国家版权局、工业和信息化部、公安部、国家互联网信息办公室 4 个部门联合启动打击网络侵权盗版"剑网 2020"专项行动，强化对短视频、音像制品、电子出版物、数据库、知识分享等平台的版权治理，并首次专门针对在线教育领域的侵权盗版乱象开展专项整治，切断盗版网课的灰色产业链条。专项行动期间，共删除侵权盗版链接 323.94 万条，关闭侵权盗版网站（App）2884 个，查办网络侵权盗版案件 724 件，发布的专项行动十大案件中有两件和在线教育有关，分别是通过微店销售 10 万余个侵权盗版网课课件、通过自营 App 向公众传播人民教育出版社出版的教材。

2020 年 8 月，教育部等 6 个部门印发《关于联合开展未成年人网络环境专项治理行动的通知》，围绕未成年人沉迷网络问题、不良网络社交行为、低俗有害信息开展治理，督促企业严格落实主体责任，净化未成年人网络环境，建立健全长效保护机制。

为配合专项治理行动，公安机关同步开展了为期 4 个月的"中小学网课网络环境专项整治"，依法严厉打击网课平台传播危害国家安全、淫秽色情、网络赌博、教授教唆制作、贩卖毒品等内容的行为，以及违法违规收集使用个人信息、敲诈勒索、诱骗未成年人充值等其他行为。在专项整治期间，对 4900 余项属地教育类 App 和网课平台进行排查，共下达行政处罚 423 项，责令整改 1058 次，下架 636 款 App。

2020 年 10 月，中央网信办持续深入推进 2020"清朗"专项行动，联合教育部开展涉未成年人网课平台专项整治，依法严厉打击推送游戏、直播、影视剧、诱导不良行为、涉黄图文等影响青少年身心健康的违法违规行为。中央网信办视违规情节和问题性质，依法分别采取约谈、责令限期整改、停止相关功能、全面下架等处罚措施，坚决维护保障青少年合法权益，营造风清气正的网络学习生态环境。截至 2020 年 10 月，全国网信系统累计暂停更新相关板块功能网站 99 家，会同电信主管部门取消违法网站许可或备案、关闭违法网站 13942 家；有关网站平台依据用户服务协议关闭各类违法违规账号 578 万余个。

2. 在线教育企业数量稳步增长，创新能力持续提升

《2020 教育行业发展报告》显示，2011—2020 年，教育相关企业年注册量平稳上升，企业数量从 78 万家上升到 412 万家，在线教育相关企业数量从 15 万家上升到 70 万家，在线教育行业与教育培训行业呈现稳定同步增长态势。2020 年 1—11 月，新增教育相关企业 47.6 万家，其中新增在线教育企业 8.2 万家，在新增教育行业企业数中占比达 17.3%，疫情驱动在线教育行业获得更多快速发展的内生动力。

区别于传统教育培训行业，以互联网为代表的新一代信息技术为在线教育行业注入更多

---

[1] 资料来源：教育部。

的科技基因和创新血液，整个行业更加注重深化创新实践、激发创造活力。2011 年，在线教育相关企业的专利数量在整个教育行业中占比为 30%左右，而 2016—2020 年的 5 年间，教育行业约有一半的专利来自在线教育相关企业。

3. 经营风险成为制约行业可持续发展的难点、痛点

在线教育行业连续多年存在退费难、虚假宣传、师资不符合条件等经营风险和问题，虽经持续整治但仍未有根本好转，不仅影响社会各界对教育培训行业的认知判断，也成为制约行业健康可持续发展的瓶颈。天眼查数据显示，2020 年教育行业报风险提示的企业占到所有教育相关企业的 17.8%，全年法律诉讼近 17.5 万件，其中，侵害作品信息网络传播权纠纷的案件数量最多，达到 6.7 万件，其次为买卖合同纠纷，案件数量为 3.7 万件，著作权权属、侵权纠纷和劳动纠纷的案件数量超过 1 万件。《2020 年教育培训消费舆情数据分析》显示，退费难、虚假宣传、培训质量、合同纠纷成为负面舆情聚焦的四大热点。

4. 在线教育产业进入聚变裂变整合期，广告营销越发白热化

受资本强势注入、盈利模式持续探索等因素影响，在线教育产业进入了企业内部架构调整、企业之间并购整合、互联网巨头企业延伸拓展教育业务的聚变裂变发展阶段。

在企业内部架构调整方面，网易为提升内部沟通协作效率、强化教育资源集中管理，将教育业务事业部旗下产品"网易云课堂"和"中国大学 MOOC"等并入网易有道产品体系中，网易有道也被其负责人定位为一家全链条的教育科技公司。腾讯在 2019 年启动腾讯教育品牌后，为满足疫情"停课不停学"的市场需求，在在线教育领域相继引入或推出腾讯会议、钉钉、腾讯作业君等产品。在企业之间并购整合方面，字节跳动收购在线数理思维教育公司"你拍一"。在线少儿英语机构魔力耳朵原持股股东猿辅导和创始人等均退出股东序列，由豌豆思维百分之百控股。在互联网巨头企业延伸拓展教育业务方面，字节跳动宣布启用全新教育品牌"大力教育"，业务领域覆盖 Pre-k、K12、成人等多年龄段，涉及多个学科、多类课程，产品形式包括智能学习硬件和学习软件（App），旗下产品包括清北网校、GOGOKID、瓜瓜龙启蒙、开言英语、极课大数据、Ai 学等。阿里巴巴推出针对中小学生课业问题的付费问答平台"帮帮答"，学生通过拍照、语音、视频等方式发布难题，将得到平台教师的解答帮助。拼多多发布"数学公式宝典"独立快应用，帮助中小学生查阅数学公式定理。拼多多还通过旗下公司推出一款名为"必备诗词名句"的快应用，面向 3 岁以上儿童提供古诗词阅读鉴赏服务。疫情推动人们对在线教育的需求得到全面释放，进而促使企业以更大的成本和力度维持保有用户、抢夺新增用户。《2020 中国互联网广告数据报告》显示，所有行业中在线教育行业的广告增幅最为显著，达到 57.1%。在线教育企业在直播短视频平台、综艺晚会、公交地铁、电梯间等线上线下渠道全方位开打广告营销战，广告烧钱的速度赶上甚至超过融资的速度。白热化的营销手段在帮助在线教育企业获取流量、争得市场份额的同时，也引发社会各界关于企业是否能够可持续发展、中小企业是否有生存发展空间及如何保障教育教学质量的强烈担忧和质疑。

5. 教育智能硬件产品正在成为在线教育新蓝海

为了增加更多的用户流量、提升用户留存率，越来越多的教育科技企业将用户触点从校内学习场景延伸至家庭，纷纷布局教育智能硬件产品。当前，我国智能教育硬件处于起步阶段，产品多样，市场集中度低，行业未来面临千亿蓝海市场。猿辅导、作业帮、好未来等在

线教育头部企业，以及腾讯、百度等互联网巨头相继布局教育智能硬件，涉及智能台灯、教育平板、智能写字板等产品。作业帮发布新款 P3"喵喵机"错题打印机。网易有道发布网易有道词典笔，推出"超快点查"和"互动点读"两项新功能。在智能台灯领域，腾讯教育联合暗物智能发布 AILA 智能作业灯；字节跳动宣布启用全新教育品牌"大力教育"，推出首款教育智能硬件产品"大力智能作业灯"，提供护眼、辅导作业、纠正坐姿等功能。截至 2020 年 9 月底，网易有道第三季度净收入 8.96 亿元，其中智能学习硬件收入 1.63 亿元，同比增长 289.3%，成为网易有道缓解获客成本压力、增加用户留存率的载体。百度在 2020 年 3 月推出"小度智能学习平板"智能屏。除了传统的步步高、好记星、优学派等品牌外，华为、联想、科大讯飞等技术厂商也都打造各自的教育平板产品。IDC 数据显示，2020 年我国教育平板电脑出货量达 440 万台[1]，保持稳定增长。

25.3　市场和用户规模

1. 在线教育市场规模显著增长，低龄化和非学科化趋势明显

受疫情驱动、政策支持和技术赋能等因素影响，2020 年我国在线教育市场规模保持稳定增长，达 4858 亿元，同比增长 20.2%[2]（见图 25.1）。职业教育及成人语言、高等学历教育在线教育市场保持稳步增长，但由于非成人领域（低幼及素质教育、K12 学科培训）线上教育渗透率整体偏低，疫情背景下的"停课不停学"使得传统线下教学向线上迁移，非成人领域（低幼及素质教育、K12 学科培训）线上渗透率显著高于职业教育及成人语言、高等学历教育，市场规模占比由 2019 年的 33.5%增至 42.4%，其中低幼及素质教育增幅 6.5%，体现了在线教育低龄化和非学科化发展趋势（见图 25.2）。

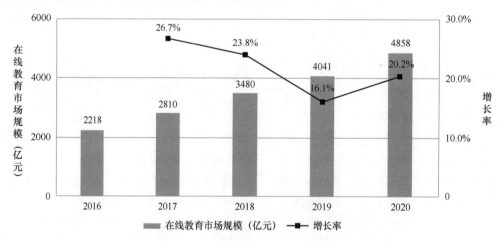

图25.1　2016—2020年中国在线教育市场规模

资料来源：艾媒数据。

---

[1] 资料来源：北京商报、央广网。

[2] 资料来源：艾媒。

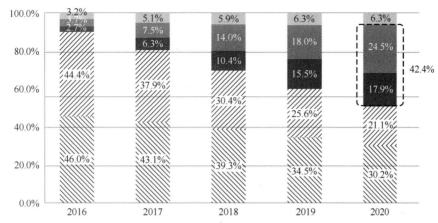

图25.2　2016—2020年中国在线教育细分市场结构

资料来源：艾瑞咨询研究院。

2. 在线教育资本市场保持理性热情，K12 领域和头部企业成为融资重点方向

2020 年，教育行业共发生 247 起融资事件，较 2019 年的 322 起减少 26%，但披露的融资金额却显著增加，达 646 亿元[1]，相比 2019 年的 300 亿元增长 65.4%。在线教育融资与教育行业类似，共发生超过 111 起融资，总金额超过 539.3 亿元，融资数量同比下降 27.93%，融资金额同比增长 2.67 倍[2]。2020 年，在线教育 TOP10 融资案例的融资总额达 462 亿元，占总融资额的 85.67%[3]。其中，猿辅导、作业帮经过 3 轮、2 轮融资，分别获得 35 亿美元、23.5 亿美元资本注入，折合人民币 380.1 亿元，占总融资额的 70.48%。毫无疑问，K12 继续成为资本下注的重点，此外，企业服务、素质教育、职业教育成为投资关注热点，翼鸥教育、编程猫、火花思维分别融资 2.65 亿美元、2.17 亿美元、1.5 亿美元，51CTO、开课吧分别融资 2000 万美元和 5.5 亿元。融资次数减少、总额度增加、单笔大额投资增加，表明资本更趋理性，更加注重赛道和头部企业的选择。

3. 在线教育用户规模冲高回落，总体保持稳步增长态势

随着疫情防控常态化，线下教育逐步恢复正常，全面在线教学转向实体课堂教学，相应地，疫情刺激下的在线教育用户规模出现冲高回落，恢复到正常增长水平。截至 2020 年 12 月，在线教育用户规模达约 3.42 亿人，较 2020 年 3 月减少 8125 万人，占网民整体的 34.6%（见图 25.3）。手机在线教育用户规模达 3.41 亿人，较 2020 年 3 月减少 7950 万人，占手机网民的 34.6%。在线教育用户的回落与线下教学秩序恢复密切相关，但较疫情之前 18 个月内仍增长 1.09 亿人，而上一次 18 个月的增长量为 0.77 亿人，手机在线教育用户两个周期的增长量分别为 1.41 亿人、0.81 亿人，表明在线教育依旧保持持续向好的发展态势。

---

[1] 资料来源：黑白洞察。

[2] 资料来源：中国青年报。

[3] 资料来源：网经社电子商务研究中心。

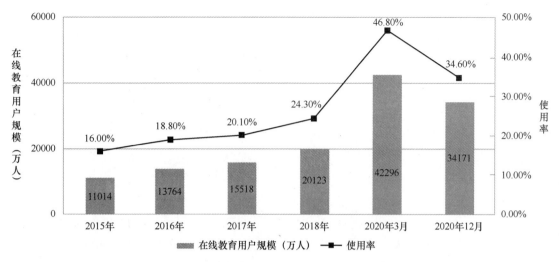

图25.3　2015—2020年中国互联网在线教育用户规模及使用率

资料来源：CNNIC。

4. 教育工具、K12 教育类移动应用规模最大，K12 用户线上消费意愿和能力均有所提升

截至 2020 年 9 月，教育工具类 App 独立设备数达 1.97 亿部，在各细分领域中仍位居第一；K12 教育 App 用户规模达到 1.61 亿人，位居第二（见图 25.4）。在教育工具类 App 中，查词类 App 有道词典用户规模最大，为 4860.6 万人，其次是学习强国、安全教育平台等官方教育类 App，其中，学习强国 App 用户使用时间最长，为 842.4 万小时；K12 教育类 App 中，作业帮用户规模和用户有效使用时长最长，分别为 7162.7 万小时和 669 万小时。K12 用户中，消费意愿和消费能力在 200 元以上的用户数量占比均略有增加，分别由 2019 年的 67.13%、61.6% 增至 69.5%、63.8%。

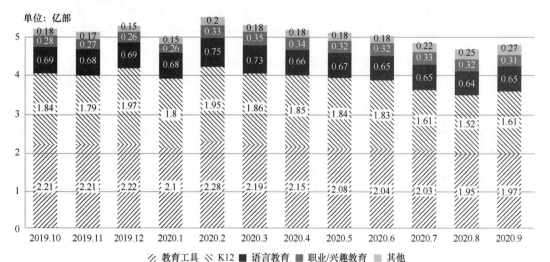

图25.4　2020年9月中国在线教育App月独立设备数

资料来源：艾瑞咨询。

25.4　发展趋势

1. 线上线下教学融合有望成为促进教育新型消费发展的新业态新模式

OMO（Online Merge Offline）指以用户为核心、数据为引擎，对资源进行重构和配置，使线上线下服务互为延伸，提升用户体验和运营效率[1]。教育 OMO 模式在 2017 年后开始在教育行业萌芽，2020 年在疫情推动下迎来爆发式增长。为推动线上线下教育教学融合，2020 年 7 月，国家发展改革委、中央网信办、工业和信息化部等 13 个部门联合印发的《关于支持新业态新模式健康发展　激活消费市场带动扩大就业的意见》中，明确指出要大力发展融合化在线教育，构建线上线下教育常态化融合发展机制，形成良性互动格局。2020 年 8 月，教育部基础教育司司长吕玉刚在新闻发布会上表示，新学期将进一步推进线上线下教育教学的紧密融合，促进学生自主学习、农村地区共享优质教育资源，提高教育教学质量。此前，教育部科技司司长雷朝滋在接受采访时指出，无论是哪个学习阶段，哪种教育类型和形式，都不可避免地"互联网化"，疫情后要大力推动线上线下教育的融合。2020 年 9 月，国务院办公厅发布的《关于以新业态新模式引领新型消费较快发展的意见》提出，推动线上线下消费有机融合，进一步培育壮大各类消费新业态新模式，有序发展在线教育。

2. 在线教育行业乱象将迎来严厉整治

多年以来，在线教育行业中存在的卷款跑路、退费难、师资不全、虚假宣传等社会关注度高、影响面广、性质恶劣、屡禁不止等一系列顽瘴痼疾始终没有得到根治。尤其是在 2021 年年初，4 家在线教育企业的广告同时出现了同一位资深"百变老师"，在一个广告里是"做了一辈子小学数学老师"，在另一个广告里是"做了 40 年英语老师"。如此毫无底线的造假，严重偏离事实，损害消费者的合法权益，给整个在线教育行业带来负面影响。上述乱象被中纪委网站以《资本漩涡下的在线教育》为名的文章严厉批评。在随后召开的 2021 年"两会"上，部分代表委员指出在线教育存在门槛较低、监管不严，广告泛滥、制造焦虑，重营销轻师资、教育属性不足等一系列问题。教育部 2021 年工作目标中明确，要把深化校外培训机构治理作为 2021 年的重点工作之一。治理整顿校外培训机构，目标是减轻学生和家庭负担，治理的重点是整治唯利是图、学科类培训、错误言论、虚假广告等行为。

（唐亮、高保琴）

---

[1] 资料来源：艾瑞咨询。

第26章 2020年中国网络医疗健康服务发展状况

26.1 发展环境

1. 政策环境

党中央、国务院高度重视网络医疗健康服务发展，将"面向人民群众生命健康"作为国家科技发展战略目标之一，持续营造有利于互联网医疗健康发展的政策环境。2020年10月，党中央在《关于制定国民经济和社会发展第十四个五年规划和二〇三五年远景目标的建议》中，将"全面推进健康中国建设"作为一项专门的任务提出来，并提出"织牢国家公共卫生防护网，为人民提供全方位全周期健康服务"，为我国下一个五年互联网医疗健康发展做出了全面部署。

此前，在2020年2月召开的中共中央政治局会议强调，加大试剂、药品、疫苗研发支持力度，推动生物医药、医疗设备、5G网络、工业互联网等加快发展；联防联控小组也在发布的《关于开展线上服务进一步加强湖北疫情防控工作的通知》（联防联控机制综发〔2020〕85号）中，大力倡导拓展线上服务空间，缓解线下诊疗压力，构建线上线下一体化服务模式，并就加强远程医疗服务、推进人工智能服务、提升中医诊疗服务、开展心理援助服务、规范网上诊疗服务、拓展对口支援服务、强化技术保障服务七大任务进行了具体的部署。

2. 产业环境

2020年以来，为推动网络医疗健康服务发展，尤其是为最大限度地保证人民群众生命健康安全免受新冠肺炎疫情的威胁，国家相关产业主管部门积极营造产业发展良好环境，从技术应用、体制创新、业务发展、设施建设等多个方面推动互联网医疗健康造福人民群众。

从技术应用方面，国家各相关部门高度重视发挥互联网技术在提高医疗健康服务效率和质量、便民惠民等方面的优势，保障人民群众生命健康安全。2020年7月，国家发展改革委、国家卫生健康委、国家医保局等13个部门联合发布《关于支持新业态新模式健康发展 激活消费市场带动扩大就业的意见》，明确提出要积极发展互联网医疗。以互联网优化就医体验，打造健康消费新生态。进一步加强智慧医院建设，推进线上预约检查检验。探索检查结果、线上处方信息等互认制度，探索建立健全患者主导的医疗数据共享方式和制度。探索完善线上医疗纠纷处理办法。将符合条件的"互联网+"医疗服务费用纳入医保支付范围。规范推广慢性病互联网复诊、远程医疗、互联网健康咨询等模式。支持平台在就医、健康管理、养老养生等领域协同发展，培养健康消费习惯。

从体制创新方面，国家各相关部门积极破除制度障碍，探索互联网医疗新模式。国家医保局、国家卫生健康委联合发布的《关于推进新冠肺炎疫情防控期间开展"互联网+"医保服务的指导意见》提出，经卫生健康行政部门批准设置互联网医院或批准开展互联网诊疗活动的医疗保障定点医疗机构，按照自愿原则，与统筹地区医保经办机构签订补充协议后，其为参保人员提供的常见病、慢性病"互联网+"复诊服务可纳入医保基金支付范围，并鼓励定点医疗机构提供"不见面"购药服务。这一举措直接打破了长期以来互联网医疗服务无法进行医保报销的局面，受到了广大人民群众的热烈欢迎。

从业务发展方面，国家各相关部门积极倡导互联网+医疗健康服务，推动网络医疗健康服务快速发展。国家卫生健康委发布的《关于在疫情防控中做好互联网诊疗咨询服务工作的通知》提出，要"大力开展互联网诊疗服务，特别是对发热患者的互联网诊疗咨询服务，进一步完善'互联网+医疗健康'服务功能，包括但不限于线上健康评估、健康指导、健康宣教、就诊指导、慢病复诊、心理疏导等，推动互联网诊疗咨询服务在疫情防控中发挥更为重要的作用。"

从设施建设方面，国家相关部委积极推动网络医疗信息通信基础设施和专业基础设施建设。工业和信息化部、国家卫生健康委在 2020 年 10 月联合发布了《关于进一步加强远程医疗网络能力建设的通知》，提出扩大网络覆盖、提高网络能力、推广网络应用等主要任务。工业和信息化部 2021 年 3 月发布了《"双千兆"网络协同发展行动计划（2021—2023年）》，开展"行业融合赋能行动"，鼓励基础电信企业、互联网企业和行业单位合作，支持医疗等行业开展千兆虚拟专网建设部署、业务与应用模式创新。国家卫生健康委在《关于深入推进"互联网+医疗健康""五个一"服务行动的通知》中提出了"推进'一体化'共享服务，提升便捷化智能化人性化服务水平"等五大任务，积极推动全民健康信息平台和医院信息平台、传染病智慧化多点触发监测预警平台、传染病流调分析平台及互联网医院建设。

3. 社会环境

2020 年，我国网络医疗健康服务社会环境整体上获得了大幅度的提升，疫情咨询、网络问诊、心理健康、智能影像、远程医疗等业务获得广泛应用，互联网+医疗应用规模和程度快速深化，网络医疗健康服务的优势在短时间内获得了社会的广泛认可。

首先，人民群众在新冠肺炎疫情期间逐渐养成了网络医疗健康服务的习惯。新冠肺炎疫情发生以后，人们的生活方式快速互联网化，包括问诊、办公、上学、娱乐等几乎所有活动都被迫在家进行，互联网服务的方式已经逐步深入人心，人们对互联网服务已经习惯成自然，网络医疗健康服务也随之开始获得了极高的社会认可度。

其次，企业积极参与疫情防控，有效提高了互联网企业在人民群众心目中的地位。在新冠肺炎疫情防控工作关键时期，中国互联网协会向互联网行业、企业和广大网民发布倡议书，倡议互联网行业把思想和行动统一到党中央、国务院对疫情防控工作的决策部署上来，开展了"疫情防控，互联网行业在行动"活动，陆续将大批互联网企业支持疫情防控的案例推送到广大群众面前，获得了广泛认可。中国人工智能产业发展联盟先后遴选并发布了两批《"AI＋先进制造业"助力疫情防控新技术新产品新服务推荐目录》，推荐了一系列的疫情防控和复工复产相关的技术、装备、系统和解决方案。互联网医疗健康产业联盟建设了"数字健康资源供给对接平台"，使社会各界在疫情防控、复工复产保障措施建设过程中能够快速选择最优解决方案。

最后，我国在疫情防控中的优异成绩使人民充分认识到了网络医疗健康服务的优势和潜力。在国家各部门和全体人民群众的共同努力下，互联网高效、远程的优势在疫情防控过程中得以充分发挥，大数据、人工智能、物联网等数字化、智能化的工具得到有效利用，使我国新冠肺炎疫情防控取得了举世瞩目的成绩，不仅满足了人民群众疫情防控和疾病诊疗的需求，最大限度地保护了人民群众的生命健康安全，还进一步推动了"互联网+医疗健康"的发展。

26.2　发展现状

1. "互联网+医疗健康"即将进入 3.0 时代

中国工程院院士李兰娟在一次会议上发表题为《疫情之下 AI 推动医疗健康新变革》的主旨演讲时提出，"互联网+医疗健康"即将进入 3.0 时代。

"互联网+医疗健康"1.0 时代主要提供预约挂号、疾病咨询等外围医疗服务，所采用的平台也全部都是医疗机构自己的网络服务平台；"互联网+医疗健康"2.0 时代则是医疗机构可以通过自己的网络服务平台开展疾病诊断、开具处方、费用结算等核心医疗服务，并提供药品邮寄等服务，互联网医院开始出现；"互联网+医疗健康"3.0 时代的主要特征是医疗机构几乎所有诊疗等核心医疗服务均可以通过线上进行，物联化、智能化医疗服务能力得到充分发展，医疗健康大数据、智能化辅助诊断系统广泛应用，医保结算实现线上线下一体化，"三医"联动实现线上自主化。"互联网+医疗健康"各阶段主要特征如表 26.1 所示。

表 26.1　"互联网+医疗健康"各阶段主要特征

阶段	特征
1.0 时代	医疗机构通过自己的网络服务平台为患者提供预约挂号、疾病咨询、风险评估、提出诊断建议、院外候诊等医疗服务
2.0 时代	互联网医院出现，医疗机构通过自己的网络服务平台开展互联网诊疗服务，医生可以线上开具处方
3.0 时代	通过互联网实现"三医"联动，医疗健康大数据、智能化辅助诊断系统广泛应用，形成线上与线下医疗双轨并行的服务体系

2020 年，"互联网+医疗健康"得到了快速发展，新一代信息网络通信技术在疫情防控、病情诊断、疾病治疗、卫生管理等领域发挥了越来越大的作用，"互联网+医疗健康"3.0 时代特征开始显现。第一，在原有人脸识别技术的基础上，快速开发出了基于人工智能技术的口罩识别技术，可对出行人员是否正确佩戴口罩进行精确识别，准确率超过 99%。第二，基

于深度学习的图像识别技术在新冠肺炎胸片 CT 图像排查中发挥了极大的作用，能够实现病灶快速识别和精准测量，大幅缩短了诊断结论得出的时间，降低了新冠病毒传播的概率。第三，大数据在疫情防控中充分发挥作用，快速准确筛查出疑似病例和确诊病例的出行路线及密切接触人员。第四，部分互联网诊疗服务开始纳入医保之中，打破了长期以来医疗、医药、医保之间互不相通、联动不足的坚冰，预期数据统一、标准统一、规范统一将会陆续推行，基于互联网的"三医"联动将会逐步实现。

2. 5G+互联网医疗成为产业发展热点

随着 5G 技术的成熟落地和各大运营商的 5G 网络建设工作的不断推进，5G 高带宽、低时延、大连接的特点逐步深入人心，使得方便快捷的远程会诊、远程医疗服务质量和体验质量得到了大幅提升，为互联网+医疗健康发展带来了新的动力。

一方面，5G+机器人在 2020 年新冠肺炎疫情防控中发挥了很大的作用。5G+机器人依托 5G 强大的技术，不仅能够稳定、可靠地自主行进，自动、高效、精准地完成送药、送餐、杀菌、消毒等工作，还出色地实现了通过录音录像、智能语音交互等能力协助人们完成音视频采集、心理疏导、辅助导医等工作，有效地缓解了人们紧张的情绪、阻断了病毒传播途径、提高了环境消杀效率和质量。

另一方面，5G+医疗健康应用试点项目申报工作进一步掀起了 5G+医疗健康发展的热潮。工业和信息化部与国家卫生健康委联合下发了《关于组织开展 5G+医疗健康应用试点项目申报工作的通知》，围绕急诊救治、远程诊断、远程治疗、远程重症监护（ICU）、中医诊疗、医院管理、智能疾控、健康管理 8 个重点方向，征集并遴选一批骨干单位协同攻关、揭榜挂帅，以促进形成一批技术先进、性能优越、效果明显的 5G+医疗健康标志性应用，为 5G+医疗健康创新发展树立标杆和方向，培育我国 5G 智慧医疗健康创新发展的主力军。此后，各地、各单位 5G+医疗健康研发建设热情高涨，纷纷开始加快步伐开展 5G+医疗健康基础设施建设，探索创新 5G 应用场景，研发 5G+智慧医疗健康设备与系统。

3. 互联网医疗健康领域国际标准化工作取得重要进展

一是在国际标准化组织中提交的文稿产生重大影响。在由联合国国际电信联盟（ITU）第十六研究组与世界卫生组织（WHO）联合成立的健康医疗人工智能焦点组第八次会议上，由中国信息通信研究院和世界卫生组织美洲办事处/泛美卫生组织联合牵头提出的《利用 ICT 技术帮助新冠肺炎疫情防控工作》等文稿，引起专家们的积极讨论和支持反馈，腾讯牵头成立内窥镜应用工作组，发布了《AI 在内窥镜领域的应用案例》，《眼底图像数据质控建议》和《眼底辅助诊断评估方法的建议》也被眼科应用工作组采纳，推想科技、百度、数坤科技等国内企业在工作组中的工作也都取得了较好的进展。

二是互联网医疗健康技术支撑工作获得广泛认可。在 ITU/WHO 健康医疗人工智能焦点组第八次会议上，中国信息通信研究院和世界卫生组织美洲办事处/泛美卫生组织联合成功推动成立并牵头了数字技术应对新冠肺炎疫情防控工作特设组。2021 年 3 月初，中国信息通信研究院还在工业和信息化部与国家卫生健康委的联合指导下，成功获批世界卫生组织（WHO）数字健康合作中心，成为 WHO 在西太平洋地区首个数字健康领域的合作中心。

26.3 市场与用户规模

1. 互联网医疗健康

2020 年，受新冠肺炎疫情影响，网络医疗健康行业因其独特的互联网优势在抗击疫情中发挥了重要的作用，人民群众对健康的关注度空前高涨，推动健康管理行业市场规模逐步增长。艾媒咨询数据显示，2020 年中国大健康产业整体营收规模达到 7.4 万亿元，增幅为 7.2%（见图 26.1）。

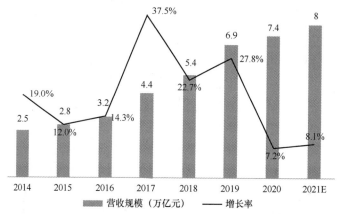

图26.1 2014—2021年中国大健康产业整体营收规模及预测

2020 年，互联网医疗健康市场规模快速扩大。据中商产业研究院统计，我国 2020 年互联网医疗市场规模达到 1961 亿元，同比增长 47%，并预测 2021 年将达到 2831 亿元，预期同比增长 45%。这是自 2019 年我国互联网医疗市场规模突破 1000 亿元以来，互联网医疗健康市场发展的又一个里程碑。

2. 医疗信息化建设

2020 年，我国医疗信息化建设市场规模持续增长。IDC 前瞻产业研究院整理的数据显示，2020 年我国医疗信息化市场规模突破 650 亿元，同比增长 18.6%，相比 2017 年的 16.1%、2018 年的 11.2%、2019 年的 11.5%，增速获得了大幅提升（见图 26.2）。随着医院信息化建设工作的逐步推进，以及电子健康档案与电子病历等一系列标准规范的出台，我国医院信息化系统建设逐渐开始由部门级应用向院级应用转变，建设重点开始由医院信息化管理系统向医疗影像系统、医嘱处理系统、医生工作站系统等临床管理信息化系统（CIS）转移，医疗信息化建设的脚步也将逐渐加快。

3. 医疗健康设备

随着新冠肺炎疫情的暴发，监护仪、呼吸机、输注泵和医学影像业务的便携彩超、移动数字化 X 光机等医疗器械的需求量大幅增长，医用防护用品、核酸提取试剂盒、ECMO 等医疗健康设备的订单量激增，部分医疗器械甚至出现脱销情况。据中商产业研究院统计，2020 年我国医疗器械市场规模达到 7765 亿元，同比大幅增长 22%，预计 2021 年将达到 8336 亿元（见图 26.3）。虽然我国医疗器械行业市场获得了大幅增长，但我们也应看到，高端医疗器械领域严重依赖进口的局面依然如旧。

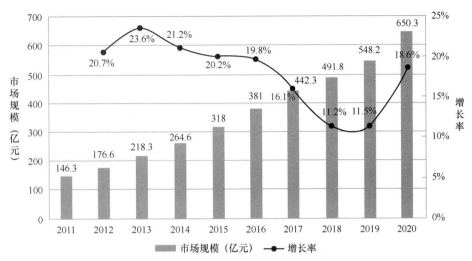

图26.2　2011—2020年中国医疗信息化行业市场规模

图26.3　2016—2021年中国医疗器械市场规模及预测

值得注意的是，我国在新冠肺炎疫情出现后，医用口罩、防护服、核酸提取试剂盒、消杀机器人等防疫用医疗器械在短暂的缺货之后，产能迅速提升，不仅及时满足了国内市场的需要，还为国际防疫做出了巨大的贡献。中国人工智能产业发展联盟发布的《"AI＋先进制造业"助力疫情防控新技术新产品新服务推荐目录》显示，短短 2 个月的时间，我国产业界就组织出了强大的生产力量，共有 57 家企业的 145 个优质项目获得推荐，涉及医药医疗工厂装备、建设装备与工具、信息化与智能、无人装备与物流、生活服务用品等各大品类。

4. 用户规模

2020 年，互联网医疗健康用户发展迅猛，尤其是国内疫情暴发初期，互联网医疗健康用户数更是飞速增长。调查结果显示，74.4%的受访网民在疫情期间参与过互联网医疗服务。《第 47 次中国互联网络发展状况统计报告》显示，截至 2020 年 12 月，我国互联网医疗健康用户规模已经达到 7.36 亿人。截至 2021 年 2 月 10 日，平安好医生累计访问人次达到 11.1 亿人，App 新注册用户量增长 10 倍，App 新增用户日均问诊量是平时的 9 倍，相关视频累计播放量

超过 9800 万次。

　　互联网医疗健康在 2020 年之所以发展如此迅猛，主要包括以下几个方面的原因：一是由于新冠肺炎疫情暴发，医院成为疫情传播的高位区域，因此大量医院在开设了发热门诊的同时，关闭了非急症门诊，除了发热以外的患者如想就医，只能通过互联网平台来进行。二是新冠肺炎疫情防控等原因，只能通过互联网获得医疗健康知识，或者通过医疗机构的网络平台获取医疗健康咨询服务，或者通过远程医疗网络获得诊疗服务。三是各大公立医院为缓解医疗资源紧张问题纷纷搭建互联网医院平台来开展线上诊疗服务，同时好大夫、微医、丁香园、阿里健康、有来医生等众多互联网医疗平台也积极参与抗疫行动来提供线上义诊，大大增强了人民群众在疫情笼罩下的安全感和医疗健康服务的获得感。

26.4　细分领域

1. 互联网医疗

　　互联网医疗健康市场发展之所以在 2020 年能够取得如此巨大的成绩，主要原因包括以下 4 个方面：一是我国互联网医疗健康政策持续利好，产业发展环境持续改善，产业链逐步成形，互联网医疗健康行业快速成长，吸引了越来越多的技术和资本玩家进入互联网医疗健康领域，创新创业气氛活跃，有些细分领域开始出现独角兽企业。二是随着新一代信息通信技术成熟度的逐步提高，5G、云计算、大数据、人工智能、物联网等技术陆续商用，并开始在医疗健康领域得到部署，互联网医疗基础设施支撑能力越来越强。三是各大医疗机构纷纷加快医疗信息化建设步伐，数据和服务进一步完善，智能化医疗健康设备开始陆续得到应用，保持了互联网医疗持续快速增长的态势。四是新冠肺炎疫情使广大人民群众使用网络医疗健康服务的意愿空前高涨，互联网医疗的认知度和认可度大幅提升，市场需求出现爆发式增长，为互联网医疗健康带来了快速发展的契机。

2. 健康管理

　　2020 年，我国健康管理行业发展迅速，尤其是受新冠肺炎疫情影响，人民群众对自身健康的关注度达到了非典疫情以来前所未有的高度，对健康管理也投入了更多的资源，主要表现出以下几个方面的特点：

　　一是大众对健康的关注度显著提升。艾媒咨询数据显示，我国 2020 年体检行业市场规模达 1767.3 亿元，体检人数突破 6 亿人次。亿欧智库《2021 年中国健康险行业创新研究报告》显示，与 2019 年相比，2020 年我国健康险和寿险原保费同比都获得了大幅的增长，显示出人们的投保意愿显著提升。

　　二是智能健康终端进入寻常百姓家。信息通信技术的发展在不断满足人们医疗健康需求的同时，也使人们对医疗健康服务有了更高的要求。人们不仅希望在生病时前往医疗机构获得良好的治疗服务，还希望能够随时随地获得健康监测、治疗等服务。因此，不仅对移动医疗车、远程医疗系统等产生了旺盛的需求，提供健身运动、心跳、睡眠质量等监测服务的智能终端也正在从医疗健康专业机构走向广大群众。

　　三是智能设备销量稳步增长。我国 2020 年共新增可穿戴设备相关企业 2800 家，华为、小米、苹果、步步高、奇虎 360 等市场上前五大可穿戴设备厂商出货量约为 1.07 亿台。其中华为表现最为抢眼，占据约 26.27% 的市场份额，仅 2020 年第四季度出货量就达到约 0.1 亿台，与 2019 年第四季度相比增长 7.60%。同时，膳食补充剂、保健品、褪黑素等与健康相关的消费品市场都呈现欣欣向荣的景象。

四是青年人开始成为健康管理消费的主力军。同往年老年人是关注健康的主要人群不同的是，2020 年有近 70% 的青年人表现出了健康管理的强烈意愿，按摩仪、筋膜枪等保健器械开始成为青年人的生活配套。青年人对健康管理的关注还体现在运动方面，在穿运动服和买运动健身科技设备上的投入均有较大提高。据统计，76.6% 的青年人在过去一年中购买过运动科技产品，78.4% 的青年消费者表示会在日常生活中穿搭健身服饰。

3. 医药电商

2020 年，随着人们网络购药的需求飞速增长，网络销售监管政策逐步放松，我国医药电商进入高质量发展阶段。

一是网络平台处方药开放销售。2020 年是我国新修订的《药品管理法》实施的第一年。由于新版《药品管理法》删除了 2019 年 4 月版《药品管理法（修订草案）》中的"药品上市许可持有人、药品生产企业不得通过药品网络销售第三方平台直接销售处方药"的规定。这一修改，使医药企业解放了以往所受的束缚，不管是医疗机构还是个人，医药企业都可以直接通过药品网络销售第三方平台向其进行药品销售，打通了药品生产和销售双环节，不仅增加了销售渠道，还大大节约了销售成本。

二是医药线上处方合规工作稳步推进。经过多年的不断尝试和试点，2020 年电子处方流转模式的探索实践取得了巨大进展，线上开具处方、院内处方线上化、旧处方线上化、慢病线上延方模式等线上处方合规流转模式为患者购药提供了巨大的便利。通过这些线上处方合规处理，不论是患者在医院直接拿到的处方，还是通过互联网医院获得的处方，或者是旧处方或慢性病处方，都可以通过网络平台方便、快捷地获取处方对应的医药，从而为医药电商带来巨大的用户流量和医药销售量。

三是药企数字化转型加速推动医药电商发展。受新冠肺炎疫情影响，医药企业 2020 年上半年线下拜访和线下会议基本处于停滞状态，极大地影响了医药企业业绩的发展。为了尽快摆脱这种尴尬局面，诸多医药企业纷纷开始数字化转型，快速启动了数字化平台的建设，将数字化手段从原来的业务辅助角色转变为主要抓手，全面提升医生教育、患者管理、线上购药等方面的数字化能力，并在疫情得到控制之后开启了线上线下并重的模式。此外，有些医药企业还通过申办互联网医院，并以互联网医院为切入点，开展医药服务工作。

四是第三方平台强势发力拓展医药电商业务。据统计，2020 年各大医药电商平台的销售业绩都取得了大幅增长。其中，阿里巴巴平台 OTC+处方类药品销售额达到 144.7 亿元，同比增长 151.5%，销量达到 2.07 亿件，同比增长 52.2%；京东平台 OTC+处方类药品销售额达到 110.6 亿元，同比增长 152.4%，销量达到 1.4 亿件，同比增长 89.4%。从这些数据可以看出，医药电商线上销售+线下配送的处方药流通模式逐渐得到认可。

4. 智慧养老

我国智慧养老服务在 2020 年迎来发展热潮，各类智慧养老企业增长迅猛，投融资活动极其活跃。智慧养老领域之所以能够取得如此巨大的成绩，主要包括以下几个方面的原因：

一是养老服务需求巨大。2020 年最新公布的第七次人口普查结果显示，我国 60 岁及以上老年人口占总人口数的 18.70%，与 2010 年相比，60 岁及以上人口的比重上升了 5.44 个百分点。数据表明，我国人口老龄化程度正在进一步加深，养老问题已经引起了广泛重视，但家庭养老功能减弱，老年人对医疗保健、生活服务的需求突出，对医疗健康保健的要求也将产生质的转变，从被动的、解决性的就诊医疗，慢慢转为积极、常态化性的疾病防治，随时随地获得医疗健康服务的需求正在不断增加。因此，与老龄化相关的智能康养服务也正在兴起。

二是智慧养老利好政策频发。党的十九届五中全会首次将积极应对人口老龄化上升到国家战略层面，提出"要实施积极应对人口老龄化国家战略"。国务院继 2019 年发布《关于推进养老服务发展的意见》之后，2020 年再次重磅发布了《关于促进养老托育服务健康发展的意见》，提出推进互联网、大数据、人工智能、5G 等信息技术和智能硬件的深度应用，促进养老托育用品制造向智能制造、柔性生产等数字化方式转型；推进智能服务机器人后发赶超，启动康复辅助器具应用推广工程，实施智慧老龄化技术推广应用工程，构建安全便捷的智能化养老基础设施体系。

三是智慧养老相关企业快速发展。在国家政策和巨大社会需求的引领下，产业界踊跃创新创业，积极研发智慧养老装备，提高线上线下养老服务技术，为老年人提供优质的养老服务。统计显示，目前我国 15 万余家"智能养老"相关企业中，有 4 万余家为 2020 年新注册企业，成立不足 5 年的智能养老企业占比达到 80% 以上。

5. 数字疗法

2020 年，我国数字疗法取得了突破性进展。国家药品监督管理局审批通过了国内首批数字疗法，术康 App、六六脑、芝兰、myPKFiT 等获得注册，正式进入商业化应用领域。数字疗法是由软件程序驱动、以循证医学为基础的用以治疗、管理或预防的疾病干预方案，通过信息、物理因子、药物等对患者施加影响，以优化患者护理和健康结果。其中，信息包括 App 上的文字、图片、视频等，物理因子包括声音、光线、 电流、磁场等。这些数字疗法既可以单独使用，也可以与药物、医疗器械或其他疗法配合使用。数字疗法没有物理形态，只是以智能手机端、台式机、Pad 等设备为载体，通过软件驱动的一系列按照特定顺序组织的数据和指令。与以前大家所熟知的疗法相比，数字疗法具有信息的记录、分析、可视化或者控制医疗器械等功能上的优势，是对传统治疗手段的补充和优化，无论对于患者还是医疗服务机构，都具有非常巨大的价值。

26.5 典型案例

1. 慧影医疗的新冠肺炎智慧影像三位一体解决方案

慧影医疗的新冠肺炎智慧影像三位一体解决方案利用医学人工智能影像技术和新冠肺

炎优化 AI 算法，能够快速完成肺炎征象筛查、疑似病例标记等任务，自动定位病灶位置并精准分割；能够提供个人原始 Dicom 影像数据的云存储，检查后影像数据无须人工参与直接上云，实现手机、PC 等多终端智能阅览和分享，加载云端新冠 AI 筛查算法，帮助医务工作者高效、精准地完成新冠肺炎筛查诊断病况评估工作，有效提升诊疗效率和水平；实现取片零排队，提供以患者为中心的智能影像服务，形成患者个人的影像健康档案管理，方便进行病情追踪和个人及家庭成员的健康管理，在线获取专家咨询服务；还具有智能远程会诊的能力，提供多终端移动阅片、人工智能辅助诊断、多方在线会诊、可视化数据统计分析等核心功能。该方案具有部署灵活快速、诊断速度快、病灶检出准确率高、全自动量化对比、可视化数据统计分析、智能报告解读等特点，500 多幅 CT 影像在 2～3 秒即可完成诊断，准确率可达 92%以上。该方案在山东省千佛山医院、烟台毓璜顶医院等应用部署，大大降低了患者的经济压力和医院的管理压力。

2. 达闼科技的 5G 云端防疫机器人

达闼科技的 5G 云端防疫机器人包括 5G 云端医护助理机器人、5G 云端巡逻防疫机器人、5G 云端消毒清洁机器人、5G 云端智能运输机器人等产品。其中，5G 云端医护助理机器人设置有高清视频系统、5G 云端管理平台及精准导航定位、实时语音交互系统等模块，可以完成导诊分诊、高清视频对讲、体温检测、实时动态监控病房、病房送药、疫情相关问答交互任务；5G 云端巡逻防疫机器人具有云端智能控制、汽车 4 轮底盘仿真、大负载驱动及控制、精准室外激光导航、远距离人脸识别+体温检测等功能，可以执行体温识别、人脸识别抓拍、未戴口罩识别、消毒喷洒、防疫广播等任务；5G 云端消毒清洁机器人具有高效群控管理、精准导航定位、超大地图创建、自动寻路部署、移动连接、自动充电等功能，能够完成无人驾驶、安全避障、云平台监控、上下电梯等任务，清洁能力为 20～50L 消毒液弥雾，覆盖 1000m²/4h 喷洒量，能够替代 3～5 人的人工作业；5G 云端智能运输机器人具有承重量大、自主完成送餐、激光雷达与自主视觉传感结合、灵活避障、自动充电、人脸识别、电梯控制、多机器人同时运行等功能特点，可通过远程控制、人机协作和自动导航路径规划，代替医护人员进入隔离病房，将药品、食品或物品准确送到相应的患者手中。这些 5G 云端防疫机器人 2020 年在武汉协和医院、同济天佑医院、北京地坛医院等机构的疫情防控中均发挥了巨大的作用。

3. 北京玖典科技的出入口人脸测温设备及防疫监控系统

北京玖典科技的出入口人脸测温设备及防疫监控系统是专门为新冠肺炎疫情防控研发的疫情监控与管理系统，主要具备发热、疑似、确诊病例管理、定点医院与物资管理、排查对象登记管理、运营商信令数据分析、隔离人员登记管理、人员排查监测驾驶舱、疫情与物资监测驾驶舱等多种功能，可实现对排查对象的建档立卡、跟踪随访等功能，并为后继与医疗救治、疾病控制等业务协同做好准备工作。该系统解决了基层疫情信息上报烦琐、区县市级收集信息耗时耗力等问题，为及时掌握排查对象信息、有效控制疫情提供了信息化支撑，为政府部门的科学决策提供了直观的数据支持。该系统可以在 12 小时内完成快速部署、账号分发、角色预制，具有历史数据批量导入、增量数据辅助维护等扩展功能，能够做到核心数据加密存储，保护公民数据隐私，可以支持手机、PC、Pad 等多平台使用。该系统先后在包头市、彦淖尔市、呼和浩特市、铜川市、韩城市、保山市等新冠肺炎疫情监控与管理中得到了应用，获得了用户的广泛好评。

26.6 互联网医疗健康服务助力疫情防控

2020年，互联网医疗健康服务在疫情防控中表现抢眼，人工智能、机器人、大数据、物联网等技术在新冠肺炎疫情阻击战中发挥了巨大的作用，远程诊断设备、智能化医疗器械、可穿戴健康监测设备、医学影像辅助诊断系统、临床决策支持系统、医用机器人等新产品新业态加速普及应用，基于数字技术的互联网医疗健康服务凸显出其改变传统的疾病预防、监测、诊断、治疗模式的巨大潜力。

1. 智能医学影像加快新冠肺炎诊断效率

在新冠肺炎疫情阻击战中，医学影像得以率先突破与落地应用。医生们利用图像识别和深度学习技术，对患者的肺部X光、CT、MRI等影像进行图像分割、特征提取、定量分析和对比，极大地减轻了医生阅片的压力，使得原来需要一周的时间才能出具的胸片诊断结论，可以缩短至几个小时甚至几十分钟之内就可以拿到检测结果的报告。另外，通过人工智能技术对胸片影像数据进行识别与标注，仅需单次拍摄，即可反映病人的大部分病情状况，为医生提供确定治疗方案的直接依据。智能医学影像技术还可以帮助医生发现肉眼难以识别的病灶，降低假阴性诊断发生率，同时提高读片效率。可以说，人工智能在医学影像中的应用，深刻改变了我国疫情防控的进程。

2. 大数据筛查精准确定患者和密接人员

北京新发地批发市场新冠肺炎疫情暴发后，大数据在确定患者和密接人员过程中发挥了极其重要的作用，使得短短3天之内就精准地确定了到过新发地批发市场或与发病患者有密切接触的30多万人，并快速进行了核酸检测。在此次筛查过程中，北京市充分利用了大数据的技术优势来分析相关风险人群的位置和路径，利用相关人员的出行轨迹、流动信息、社交信息、消费信息、暴露接触史等大量数据进行科学建模，结合所发现的感染者具体确诊时间及其密切接触者的空间位置信息，精准锁定早期病例和传染源，确定了可能存在交叉感染的时间点与具体传播路径，有效阻断了新冠肺炎病毒的传播途径，避免了一场大规模的暴发。

3. "互联网+医保"保证了疫情期间医疗费用无接触支付

由于新冠肺炎病毒可以通过飞沫等方式传播，人们在进行医疗费用支付时难免会发生小于1m安全距离的近距离接触，从而产生人与人之间的病毒传播的巨大的可能性。国家医保局联合国家卫生健康委及时出台并发布了《关于推进新冠肺炎疫情防控期间开展"互联网"+医保服务的指导意见》，提出包括明确各地可将符合条件的"互联网+"医疗服务费用纳入医保支付范围、鼓励定点医药机构提供"不见面"购药服务等多项便民惠民举措，数字医疗平台微医还在全国范围内打通了医保在线支付，疫情期间一度承担了武汉慢病重症患者中97%的复诊购药需求，极大地提高了人民群众的医疗健康服务获得感和幸福指数。阿里健康也联合支付宝开通了海外侨胞在线医疗咨询专区，使得意大利、日本等地的海外侨胞在当地就医不便时，可打开支付宝 App，连线国内医生进行在线免费健康咨询，大大推动了线上诊疗的海外业务扩展。

26.7　发展挑战

1. 网络医疗健康服务顶级规划亟待加强

新冠肺炎疫情的暴发对我国医疗健康卫生体系进行了一次全面的检验，也形成了一次严峻的挑战，从体制机制到医疗能力等各个方面都暴露出诸多的弱点和短板。2020 年发布的《中共中央关于制定国民经济和社会发展第十四个五年规划和二〇三五年远景目标的建议》中已经提出，要"把保障人民健康放在优先发展的战略位置，坚持预防为主的方针，深入实施健康中国行动，完善国民健康促进政策，织牢国家公共卫生防护网，为人民提供全方位全周期健康服务"，这为我国网络医疗健康服务发展指明了方向。2021 年是"十四五"规划编制的关键年份，迫切需要加快步伐开展网络医疗健康服务专项顶级规划设计，明确"十四五"期间的工作任务和重点。

2. 公共卫生安全智能化预警多点触发机制有待建立

目前，新冠肺炎病毒将与人类长期共存已经成为共识，而且未来还会出现更多未知的病毒危害人类的健康和生命安全。因此，需要充分利用新一代信息通信技术，构建疫情、传染病、重大公共卫生事件等突发健康事件的智能化预警多点触发机制，提高早期预警、应急处置、疾病判断与病源追溯能力，最大限度地减少人民群众健康损失。实践证明，打破公共卫生安全数据孤岛，构建跨部门密切配合、统一归口的公共卫生安全数据共享机制，形成智能化预警多点触发机制，可以最大限度地实现联防联控、群防群控、精准防控，防范化解重大疫情和突发公共卫生风险。

3. 智慧医疗新基建迫切需要快速发展

正如国家卫生健康委毛群安司长所说的那样，网络医疗健康服务依托强大的数字化技术，让患者能够享受到"线上+线下""院内+院外"全流程的医疗和健康管理服务，并形成部门协同、上下联动的良好发展态势。然而，目前智慧医疗基础设施还存在诸多的短板，智慧医疗健康标准尚未形成完整的体系，尚未基于 5G、光纤等先进技术建立起远程医疗专网，大多数医疗机构依然没有上马云计算，医疗健康大数据平台依然缺位，难以充分发挥网络医疗健康服务的优势，实现医疗健康资源优化配置，有效提高医疗健康服务能力和水平。因此，如何加快推动互联网与医疗健康深度融合，打造智慧医疗新型基础设施，成为医疗行业与互联网行业共同面临的问题。

4. 中医药领域依然是数字化技术的荒漠地带

2020 年新冠肺炎疫情防控中，中医中药做出了巨大的贡献，人们不得不重新认识中医中药的重要性，也暴露出了中医药资源总量仍然短缺，发展规模和水平与满足人民群众健康需求还有相当大的差距。同时，也让我们看到，中医药领域在数字化技术应用赋能方面严重不足，大多数中药企业生产环节工艺较为传统，中药生产线只实现了初步的机械化和自动化，离数字化、信息化和智能化程度还有较大差距，技术水平落后，中药有效成分提取比例低，对药品最终质量和疗效都有一定影响。因此，推动中药生产、质控与智能制造深度融合刻不容缓。

5. 网络医疗健康服务平台的责任有待进一步落实

随着信息通信技术的不断发展，医疗健康领域信息化、网络化、智能化趋势越来越凸显，智慧医疗领域广阔的发展空间也吸引了越来越多的互联网企业深度参与其中。互联网企业开始与医疗健康行业广泛合作，推动互联网与医疗健康深度融合。百度、阿里巴巴、腾讯、华为、小米、京东等都陆续推出了自己的医疗健康服务产品，甚至还产生了平安好医生、卫宁健康、微医等融合型、平台型企业。还有些医药企业开始建立起自己的互联网医院，开启了前院后厂的模式，自己直接将自己生产的药品销售给最终消费者。但是，我国目前还没有明确界定网络医疗健康服务平台应该承担哪些责任，一旦出现医疗事故，将会出现没有相应的法律法规可以依照的尴尬局面。

（闵栋、徐贵宝、魏佳园）

第27章 2020年中国网络广告发展状况

27.1 发展环境

1. 政策环境

回顾2020年我国广告产业的相关政策，我国对广告产业的监管更加严格细致。首先，国家对个人信息的保护规范更加重视，针对个人信息安全问题，国家相关政策规定个人信息控制者不得强迫收集用户个人信息，用户也有权拒绝个性化推送。其次，我国对广告传播内容监管依旧严苛，新兴电子商务直播及其他类型中的广告内容要求既要遵守广告管理法律法规，也要符合网络视听节目管理相关规定。

截至2020年，我国互联网普及率不断增长，用户使用习惯不断加固。而此次新冠肺炎疫情的发酵，导致线下消费场景受限，用户的线上网络消费习惯再一次被强化，未来随着消费者对线上消费渠道的深度依赖，以及消费者关键数据在电商平台的集中，电商平台的广告营销价值将再次被放大。

2020年新冠肺炎疫情导致我国的网络广告经营额增速短期下滑，但从长期来看，基于内部企业对营销结构的不断优化，外部环境经济复苏、5G技术广泛普及新型营销形式，如直播营销、短视频营销形成长期的有效增长效应后，会推进网络广告市场进入一个增速向上的发展阶段。

2. 技术环境

目前，我国的网络广告业正处在数字化升级大浪潮中，面临着更多的机遇和挑战。在数字升级的影响下，全产业各生产要素均可通过数字手段参与构建和连接，因此，全链路的触点互动和关键触点的转化成为广告投放方的重要诉求。基于数字网络下多维度的消费者品牌感知、行为感知、商品状态感知等洞察，可以使企业在全链路上保持连接和数据获取能力，并能在关键触点上实现交易转化。阿里巴巴、字节跳动等企业分别围绕链路营销提出相关概念，期望未来业务和服务能加速关键触点的交易和转化。

3. 行业环境

经济下行、流量红利不再明显之际，网络广告业已经向更精细的数字营销转型，此次新冠肺炎疫情加速了企业对营销数字化转型的重视和发展。在此行业背景下，虽然数字技术能提升网络广告的营销效率并给企业带来更多机遇，但也相对削弱了最基础的连接元素，如企业对同理心的体会和感悟，对价值观的深度共鸣等。未来，基于数字技术拓展的营销会持续升级，但更有温度的人性化体验营销依然是网络广告行业的高壁垒。

27.2 发展现状

1. 下沉用户线上触媒和消费习惯已形成，增量空间亟待挖掘

随着一二线城市发展日趋饱和与线上流量红利消减，下沉市场将成为突破的关键点。2020年下沉城市网络用户规模占比为48.6%，相较2017年增长接近10%，下沉市场用户线上触媒习惯已深度养成。聚焦企业视角，2020年拼多多、趣头条、快手、WiFi万能钥匙四大典型平台中的下沉市场用户规模占比也均在50%以上。阿里巴巴公布的财报显示，其新增1.02亿消费者中有77%来自下沉市场，下沉市场不仅在人口密度和城镇数量上具备地缘优势，下沉市场中的用户线上触媒和消费习惯也暗藏网络广告营销机遇和营销潜力。

2. "运营""内容"策略将成为未来的关注重点

广告需求方营销策略的相关调研情况显示，处在第一梯队的营销策略是"运营顾客，将顾客数字化""加大自有渠道建设（电商渠道、社交渠道等）"和"执行内容营销，打造硬核优质内容"。而其余策略均围绕流量、价格、资源、人效等关键词展开（见图27.1），与传统策略中重点关注的营销要素较为相似。中国互联网企业关于网络广告的认知已经逐渐脱离纯粹的流量、资源或价格竞争思维，进入将营销运营和内容营销作为竞争壁垒的认知思维中。

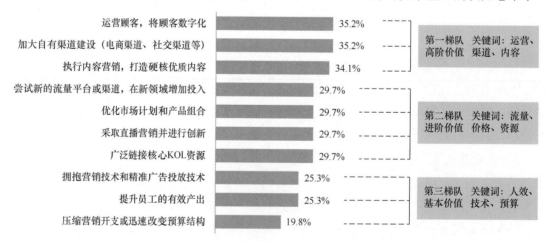

图27.1　2020年中国广告主正在采取的营销策略分布情况

资料来源：艾瑞咨询。

3. 数据资产化诉求明显，数据中台和自动化布局加速

调研数据显示，超过50%的广告需求方认为营销技术带来的价值是数据更好地流通和使用。数据资产化一直是企业重要的诉求，疫情的发生再一次凸显全面数据化的重要性。有关

广告需求方采取的营销技术分布调研情况中，数据中台和营销自动化的占比较大。数据中台可以满足企业内部不同平台间数据整合的诉求，当数据转化为标签后，零数据基础的运营人员、营销人员都可以使用形成数据运营平台并输出有效的数据洞察。而营销自动化支持精细化运营场景的构建和营销的自动触发。数据中台和营销自动化协作实现营销闭环，可以最大限度地借助数据的力量提升营销效率。

4. "直播电商营销"正在成为企业品牌销售流程范式

直播逐渐走入用户的视野，逐渐被用户接受，已经成为用户娱乐生活的重要内容形式。2018 年淘宝直播带货超过千亿元，随着淘宝直播、快手、抖音等直播电商模式的成熟，吸引了众多企业在直播电商上投入预算。2020 年，新冠肺炎疫情又为直播电商带来了时间分配红利、媒体介质迁移下的用户体验红利，多方因素造就直播电商的爆发。直播电商会成为多数企业品牌营销的通用功能，主播内容的打造和流量的持续性稳固，需要优秀的内容团队，也需要有供应链能力的流量，否则直播市场只会是少部分人的商业模式。

27.3　市场规模

1. 广告市场

2020 年，中国五大媒体广告收入规模测算达到 8996 亿元。在疫情的影响下，居民的触媒习惯和时间更多地集中在网络媒体，推动广告主将更多的广告预算向线上倾斜，网络广告收入占比进一步提高。

2020 年，中国网络广告市场规模测算达到 7932.4 亿元，受整体经济环境下行影响，2020 年中国网络广告市场规模同比增长 22.7%（见图 27.2）。未来几年，广告市场流量将面临红利消退，在 toB 产业互联网脉络逐渐清晰及营销工具化发展趋势的影响下，广告需求方的预算分配将更多地向营销运营和内容营销分配转移，因此预测未来几年网络广告的增速将呈现缓慢下降趋势。但从网络广告市场规模的绝对值来看，中国网络广告产业的生命力依然旺盛，预计 2022 年市场规模将突破万亿元大关。

图27.2　2015—2022年中国网络广告市场规模

资料来源：艾瑞咨询。

2. 网络广告

2020 年，网络广告与上年同期相比市场份额有所上升，市场份额占比为 37.8%，成为占比最大的广告投放形式。其次是信息流广告，市场份额占比为 27.3%，居第二位。网络广告直击用户购买诉求，满足了广告需求方的销售目标，嵌入在内容中的信息流广告增加了用户的体验流畅度，某种程度上抵消了用户对于广告的逆反心理。目前来看，两种广告形式都在基于核心壁垒做差异化的壁垒拓展，试图打造"销售+内容"壁垒的营销组合拳。

在外部政府监管和内部媒体自驱的双重努力下，我国网络广告内容生态变得更加规范化、成熟化、健康化。而网络广告内容生态的规范化也将带来更加稳定的网络媒体营销环境，成为网络广告增长的推动力之一。网络广告内容生态的建设，一方面减少了媒体自身的内容风险，增加了媒体品牌的影响力和信赖度；另一方面也使广告主在网络广告投放活动中，更加安心和稳定。未来以内容营销为代表的营销形式，将得到更大程度的关注和发展。

网络媒体在疫情时期不仅面临广告主营销策略变化带来的预算缩减压力，同时也面临更大用户需求量下的流量压力和内容供给压力。2020 年，中国网民人均每周上网时长为 30.8 小时，相比近几年有显著的提升。除在线办公之外，我国网民在直播、视频、阅读等网络媒体上的时间也越来越多，用户内容体验的稳定性和内容供给的丰富性，都成为各大网络媒体的重要竞争力。而在重压之下脱颖而出的媒体，在疫情期间积累的用户流量和口碑，也将在广告主营销逐渐恢复和放开的过程中，转化为商业变现的重要势能和机会。

2015—2022 年中国不同形式网络广告市场份额如图 27.3 所示。

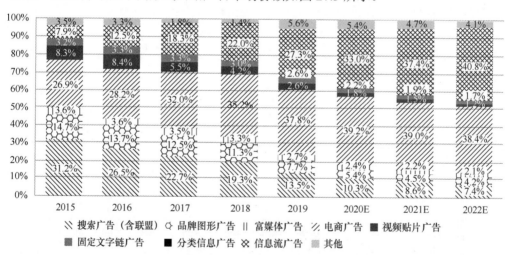

图27.3　2015—2022年中国不同形式网络广告市场份额

资料来源：艾瑞咨询。

3. 信息流广告

2020 年，信息流广告市场规模测算达 2617.9 亿元，预计 2022 年将超过 4500 亿元（见图 27.4）。从增速来看，信息流广告增速有所放缓，但信息流广告对于网络广告的推动作用仍旧明显。信息流广告具备内容原生性和精准触达的特点，充分适配媒体原生环境，较好地平衡了商业效果和用户体验，同时相对容易标准化和规模化。从长期视角来看，随着诸多广告形式向信息流的转化，信息流广告未来还有较大的增长空间。

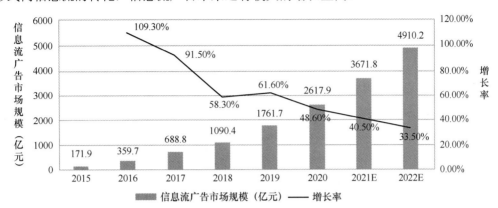

图27.4 2015—2022年中国信息流广告市场规模及预测

资料来源：艾瑞咨询。

27.4 细分市场

1. 电商广告

2020 年，电商广告市场份额占比为 **39.2%**，基于电商平台兼具媒体属性和消费属性的基础优势及直播电商红利，电商广告持续领跑网络广告市场。同时，短视频市场份额也快速增长，随着网络基础设施的稳定发展及短视频内容形态的全面普及，短视频广告市场增长潜力持续释放。而社交广告和搜索引擎广告，在短视频、电商等带货能力更强的广告形式的冲击下，市场份额有所下降，未来仍需为广告需求方提供多维度和精细化的服务，以实现广告收入增长。

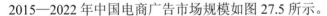

2015—2022 年中国电商广告市场规模如图 27.5 所示。

图27.5 2015—2022年中国电商广告市场规模

资料来源：艾瑞咨询。

电商广告市场头部集中度高，常年呈现以阿里巴巴为市场规模贡献主力、京东随其后领跑余下市场的格局，市场规模的增长和波动也较集中地受到头部企业经营情况和对营销体系布局方向的影响。阿里巴巴的快速成长与发展带动我国电商营销市场规模迅速扩大，随着拼团等新型电商的市场份额逐步被头部企业压缩，市场又将逐步回归于主要依托成熟头部企业带动发展的局面，预计规模的增长态势会放缓、波动率会减弱。

2. 社交广告

2020 年，中国社交广告市场规模为 829.6 亿元，同比增长 16.5%，总体保持平稳发展态势。随着数据领域的技术发展和应用，社会化营销通过精准洞察为用户提供更有价值的信息，提高投放效率。社交广告驱动因素由流量向技术转移，社交网络平台对于社会化营销的探索和创新为广告主提供了优质的营销土壤。受新冠肺炎疫情影响，广告主预算短期内大幅缩减，未来两到三年，社交广告市场整体增速较前几年将显著降低，而伴随经济复苏，将逐步恢复稳定增长。

3. 在线视频广告

广告收入是在线视频平台的主要收入来源之一，作为头部内容资源集中的内容型媒体，品牌类广告收入占比较大，其广告主资源也多集中于头部。2020 年受宏观市场环境影响，头部品牌广告主预算收缩，对整体在线视频行业影响较大，广告收入首次出现同比增长率为负的情况。但同时在线视频平台商业结构转型明显，优质内容驱动下用户付费意愿迅速提升，缓解了由于广告收入缩减对整体市场规模的影响。

2015—2022 年中国在线视频广告市场规模及预测如图 27.6 所示。

图27.6　2015—2022年中国在线视频广告市场规模及预测

资料来源：艾瑞咨询。

4. 短视频广告

2020 年，我国短视频广告市场规模达 1335.2 亿元，同比增长 67%，增速虽然有所下滑，但仍然保持较高增长态势。得益于近年来短视频用户规模的迅速扩大及短视频平台的加速商业化，短视频平台广告生态已趋于成熟，多种广告位支持不同广告投放方式，广告主关注度上升，广告成为各短视频平台最重要的收入来源。尽管从整体上看，广告市场上升空间有一定限制，但随着用户注意力向移动端视频类平台倾斜，广告主将更加重视短视频平台的营销投入及转化。

5. 新闻资讯广告

2020 年，我国新闻资讯广告市场规模测算达 645.7 亿元，同比增长 11.3%，市场增速趋于放缓（见图 27.7）。用户聚焦对于新闻资讯的注意力有所增长，受到各大企业广告投放态度变得更为谨慎、体育赛事宣发密度下降等多因素的影响，互联网新闻资讯行业在广告规模增长方面较为滞缓，品牌类广告受到的影响更为显著。

图27.7　2015—2022年中国新闻资讯广告市场规模

资料来源：艾瑞咨询。

6. 搜索广告

2020 年中国搜索引擎广告市场规模测算达 1470.3 亿元，同比增长 7.1%（见图 27.8）。搜索引擎头部企业一方面具备雄厚资本与技术实力，另一方面用户数据不断叠加、行为数据不断拆分，使其 AI 解决方案能力不断提升。头部企业的科技标签属性更加鲜明，同时带动营收结构持续转变，核心广告业务收入增速放缓，其他业务收入成为增长助推力。受新冠肺炎疫情影响，搜索引擎企业核心广告收入将由于垂直行业广告主投放意愿衰减短期承压。

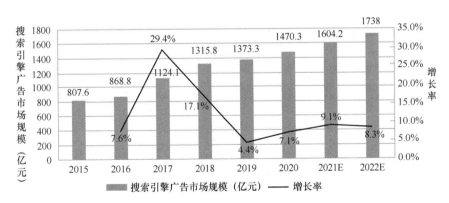

图27.8　2015—2022年中国搜索引擎广告市场规模

资料来源：艾瑞咨询。

27.5　发展挑战

1. 服务内容从流量"获取"向流量"运营"迈进

在网络广告产业发展的前期和中期，流量往往成为主导因素，获取用户/客户的企业会迅速做大，并形成平台性壁垒，这种优势就是流量优势。但流量红利消退后，高效率和低成本成为企业的重要诉求，因此企业运营被重视，从而形成运营优势。尽管流量优势和运营优势无法完全区分，但一定时期内总有一个要素最为重要。在运营优势主导时，甲方开始重视成本和效率，因此营销服务商的服务内容从流量"获取"向流量"运营"迈进（见图 27.9）。

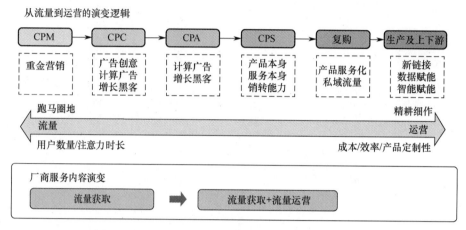

图27.9　服务内容从流量"获取"向流量"运营"迈进

资料来源：艾瑞咨询。

2. 疫情导致不确定性增加，服务商相互联合将成为突破点

网络广告是基于挖掘和满足用户需求并持续提供产品与服务的过程，是供需中实现平衡的闭环。因为疫情突然导致的供需失衡，打破了日常网络广告工作的节奏。电商营销、直播营销迅速崛起，企业内部的数字化转型陡然加速，而在新的营销方式和新的工作内容中，企业内部的组织架构也将面临调整。基于内部营销与其他部门及工作内容的融合性越来越强，网络广告多媒体融合的学科不断创新，外部的营销方法更加多样。营销服务商作为链接广告主、媒体平台、用户的关键角色，必然要求服务商打破多重壁垒，去深度了解疫情下新的网络广告知识和内容，选择和其他服务商抱团取暖、互相学习弥补短板，是应对营销不确定性最好的方法和手段（见图 27.10）。

3. 提升企业销售线上化能力，企业直播服务将成为关键

企业电商直播围绕企业客户销售的线上化展开，传统企业在长期业务中积累了大量的客户资源，在疫情期间原有线下场景受阻后，线上化转型成为企业维持客情关系、减少库存的新思路，在社会数字化浪潮下保持竞争力的必然选择。企业直播服务公司通过前端传播营销引流、中端直播平台技术支持和后端客情分析运营，贯穿企业产品线上销售全流程，为企业提供用户导流、转化、持续管理的一体化服务，一方面，助力企业实现私域流量盘活，提高用户黏性和付费转化率；另一方面，还可通过沉淀的用户数据还原用户消费路径，进而不断迭代互动及销售模式，契合用户偏好。

图27.10　疫情导致营销不确定性增加，激发营销服务商报团取暖

资料来源：艾瑞咨询。

4. MCN 以网络红人为中心的变现模式成为未来发展的新趋势

网络红人是网络红人经济产业链的中心，内容生产方作为网络红人"生产"、运营的核心支撑团队，肩负着承上启下的作用。该模式可根据广告主品牌调性，结合网络红人的个性化特征创作广告内容。支撑团队有目标地挑选合适的投放平台，根据平台的用户量、平台特征等进行内容投放，为网络红人增加曝光机会，同时为网络红人创造更多合作的商业机会，促进流量转化变现。目前产业链多方都注意到网络红人经济的商业价值，因此为打造更多网络红人，加速商业变现，随着更多平台流量的开放，内容生产方发展迅猛，机构数量越来越多，分类越来越细，围绕网络红人搭建的内容生产团队也越来越完善，更重要的是输出的内容质量逐渐提高，有利于打造更多优质的网络红人，从而提升网络红人经济的商业变现能力。

第 28 章　2020 年其他行业网络信息服务发展状况

28.1　在线旅游

28.1.1　发展现状

文化和旅游部官网公布的一项抽样调查结果显示[1]，受新冠肺炎疫情影响，2020 年国内旅游人数为 28.79 亿人次，比上年同期减少 30.22 亿人次，同比下降 52.1%。国内旅游收入 2.23 万亿元，比上年同期减少 3.50 万亿元，同比下降 61.1%。其中，城镇居民出游花费 1.80 万亿元，同比下降 62.2%；农村居民出游花费 0.43 万亿元，同比下降 55.7%。 人均每次出游花费 774.14 元，同比下降 18.8%。其中，城镇居民人均每次出游花费 870.25 元，同比下降 18.1%；农村居民人均每次出游花费 530.47 元，同比下降 16.4%。

受旅游经济全行业危机影响，国内在线旅游行业也受到了严重冲击，所有企业均经历了收入大幅下滑的情况，大部分企业出现了严重亏损。根据第三方机构极数发布的《2020 年中国在线旅游行业报告》，2020 年中国在线旅游行业的交易规模同比下降了 50.9%，基本相当于"腰斩"，据此估算，交易量损失在 1 万亿~1.2 万亿元。但是，在线旅游行业的下滑幅度显著低于国内旅游业大盘，表明疫情期间在线旅游渗透率依然保持了一定的上升势头。

在疫情影响下，国内旅游业中小型 B2B 平台、垂直平台等业务量大幅萎缩，部分平台被迫退出，从而导致业务量尤其是流量加速向大平台集中。极数发布的《2020 年中国在线旅游行业报告》显示，携程及其旗下平台去哪儿的市场份额达到了 58.2%（交易额口径），超过了第二至第三名的份额之和。实际上，主流 OTA 平台在疫情期间均不同程度地提升了市场份额，行业的集中度有一定程度的提升。分领域看，非标准的在线旅游度假市场受损严重，途牛、驴妈妈等专注旅游度假业务的平台在整个 OTA 市场的份额明显下滑。另外，在市场的空间格局上，疫情防控形势相对稳定的非一线城市的旅游消费线上化水平显著提升，在整个在线旅游行业增量市场中占据主导地位，成为新流量和新消费的主力。

---

[1] 2021 年 2 月 18 日文化和旅游部官方网站发布。

28.1.2　市场规模

综合中国旅游研究院、同程研究院、极数等业内机构的研究，2020 年中国在线旅游市场的交易规模同比下降了 50.9%，总交易规模大约在 8700 亿元。在交易规模大幅下滑的同时，中国在线旅游的渗透率（在线化率）依然保持了扩张趋势，总体渗透率达到了 45.0%左右，较前一年上升约 4 个百分点，主要得益于疫情防控措施（在线预约、无接触服务等）对于在线旅游服务需求的拉动。随着国内旅游经济的强势复苏，预计 2021 年在线旅游交易额同比增幅有望达到 95%以上，接近疫情前水平（见图 28.1）。

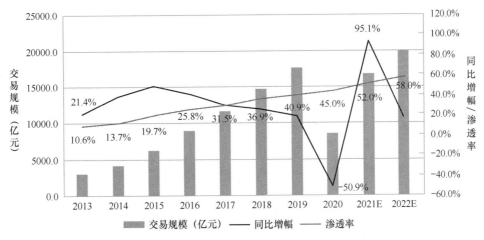

图28.1　2013—2022年中国在线旅游交易规模及渗透率

结构方面，受疫情影响较为严重的旅游度假及其他和住宿的交易规模占比有所下降，而有出行"刚需"支撑的交通票务业务（包含机票、火车票、汽车票和船票等交通客运票务预订服务）的交易规模占比则有所上升。具体来看，2020 年交通票务的交易额占比提升了 4.2个百分点至 72.3%，预计这一趋势将延续至 2021 年，预计 2021 年交通票务的交易额占比将升至近十年来最高水平，达到 78.6%。随着国内疫情形势进一步缓和，预计旅游度假及其他和住宿的交易额占比将逐渐恢复增长，其中，旅游度假及其他业务占比 2022 年有望达到 15%以上，住宿业务的交易额占比将达到 14.5%，基本恢复至疫情前水平（见图 28.2）。随着"后疫情时代"居民旅游消费升级趋势的延续，高品质旅游度假产品消费规模有望保持高速增长趋势，在线旅游行业度假板块的比重也有望进一步提升。

根据艾瑞咨询、极数、同程研究院等机构的研究，2020 年中国在线旅游行业住宿市场的交易额大约为 1200 亿元，同比下降 54%；交通票务市场的交易额大约为 6300 亿元，同比下降 47.5%；旅游度假市场的交易规模大约为 1200 亿元，同比下降 60%（见图 28.3）。值得注意的是，2020 年出境游几乎停摆（仅 1 月有业务发生），旅游度假业务交易额 90%以上由国内游贡献。随着疫情形势好转，预计 2021 年住宿及交通票务市场将快速恢复，交通票务市场有望基本恢复至疫情前水平，而旅游度假业务则因为出境游开放仍存不确定性而大概率继续保持在低位，国内游业务占比将进一步提升。

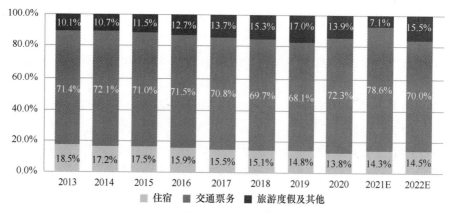

图28.2 2013—2022年中国在线旅游产业结构变化趋势

图28.3 2013—2022年中国在线旅游行业细分市场增长趋势

资料来源：综合多个机构研究报告。

随着国内疫情逐渐得到控制，中国在线旅游市场自 2020 年第二季度以来保持了稳定的恢复趋势。根据极数发布的《2020 年中国在线旅游行业报告》，受疫情影响，2020 年 2 月在线旅游行业月活跃用户规模环比下跌了近 60%。随着国内疫情形势趋于稳定，月活跃用户规模自 3 月开始保持稳定恢复趋势。

需要注意的是，中国旅游业及在线旅游市场 2021 年及 2022 年的高增长属于疫后恢复性增长，不具有可持续性。预计当疫情影响的增长曲线"缺口"被完全补上后，中国旅游业及在线旅游市场仍将延续疫情前的中低速增长，由高速增长阶段向高质量增长阶段的过渡趋势不会发生根本性改变。在高质量发展阶段，中国在线旅游行业的规模增量将主要来自低线城市（三线及以下，包含普通地级市及较大规模的县级城市）旅游产业的数字化和消费升级。

28.1.3 商业模式

经过 20 多年的发展，中国在线旅游行业的格局、产业图谱等均发生了巨大变化，相应的商业模式也基本趋于成熟。但是，随着拼多多、滴滴出行、抖音、快手、哔哩哔哩、小红书等流量新势力向旅游市场扩张，在线旅游行业正在迎来新一轮"跨界潮"，并有望推动产业生态的进一步演化。

目前，国内在线旅游企业的商业模式大体可划分为代理模式（OTA）和平台模式（OTP），前者以综合性电商平台为主，后者主要以传统的垂直搜索平台为主。在代理模式下，OTA 平台及其他电商平台通过分销供应商的产品按约定的佣金率获取佣金收益，平台可以选择买断包销（承担库存成本和相应的市场风险），也可以选择代销（不承担库存成本）。在平台模式下，平台方类似一个大型"商场"，符合条件的商家可以在"商场"内开店铺，按照 CPC（点击付费）模式、年费模式或分成模式向平台支付费用，平台方主要向"店主"们提供流量支持、运营支持、交易系统、支付结算系统、品牌展示等服务。

值得关注的是，随着短视频平台的快速发展，粉丝规模庞大的 Vlog 博主及旅行相关博主逐渐成为旅游产品分销的新势力，部分博主可绕过中间商直接为上游商家带货，或者为主流在线旅游平台引流，从而形成了一个全新的 KOC 模式。但是，由于旅游产品的非标准化属性，博主们直接通过大型平台售卖还存在一些阻碍，提供广告及品牌引流是目前比较主流的业务模式。为应对流量新势力的挑战，以携程为代表的主流 OTA 平台开启了内容生态体系的建设，尝试打造一个涵盖内容生产者（博主）、品牌商家（品牌专区等）等参与者的全新体系，以视频、图文等为载体的内容是链接整个体系的重要纽带。中国在线旅游行业产业链结构如图 28.4 所示。

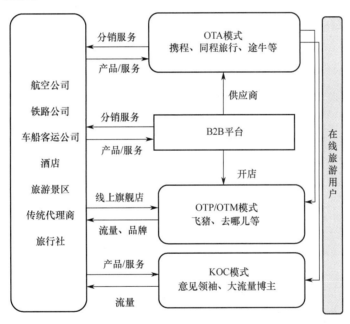

图28.4　中国在线旅游行业产业链结构

经历了 2015 年以来的行业格局调整后，从 2018 年开始，无论是 OTA 模式还是 OTP 模式都发生了一些变化。主流 OTA 平台纷纷引入了 OTP 模式以进一步提高 SKU（产品库存）规模，而飞猪等 OTP 平台也加大了对上游资源的拓展力度，引入了在线旅游生态（Online Travel Marketplace，OTM），邀请一些有影响力的品牌供应商开通"品牌号"，以弥补 OTP 模式下用户体验方面的不足。

总体来看，OTA 平台的渗透率依然领先于在线旅游的其他业态，其中，在线住宿市场的 OTA 渗透率维持在 85% 左右，在线交通市场的 OTA 渗透率达到了 63% 左右。根据极数发布的《2020 年中国在线旅游行业报告》，2020 年 OTA 在中国在线旅游行业的市场份额为 67.1%，在直销平台的交易额占比为 32.9%，OTA 依然是整个在线旅游行业的主导者。

28.1.4 典型案例

我国在线旅游行业以携程、同程旅行、飞猪、美团点评、途牛 5 家平台占据市场主导地位，依靠不同的商业模式与业务布局，提供了各具特色的在线旅游服务。2020 年中国在线旅游行业典型企业分析如表 28.1 所示。

表 28.1　2020 年中国在线旅游行业典型企业分析

企业	商业模式	独特性	2020 年经营业绩概要	战略及未来趋势
携程	OTA+门店	全球布局的 OTA 平台，国内 OTA 行业龙头企业	全年净营业收入 183.16 亿元，同比下降 51.6%；交易额（GMV）3950 亿元，同比下降 54.3%；全年净亏损 32.5 亿元	基于资本布局的国际化保持国内领先优势
同程旅行	OTA	以小程序为主阵地，多平台发展的 OTA 新锐力量	全年营收 59.27 亿元，同比下降 19.8%；完成交易额 1164 亿元，同比下降 29.9%；经调整净利润为 9.54 亿元，同比下降 38.2%	提出品牌化战略、下沉市场战略、产业链赋能战略、酒店高增长战略和目的地战略五大战略
美团点评	OTP+OTA	领先的生活服务 O2O 平台	到店及酒旅业务收入 213 亿元，同比下降 4.6%；国内酒店间夜量 3.545 亿间，同比下降 9.7%	基于"到店、到家、路上"三大消费场景的用户积累向生活服务的更多领域延伸（旅游非核心业务）
飞猪	OTP+OTM	OTP 平台及 OTM 平台	非上市公司	与阿里巴巴电商生态深度融合，是阿里巴巴全球游战略的重要支柱
途牛	OTA+门店	聚焦度假业务的 OTA 平台	净收入 4.51 亿元，同比下降 80.4%；全年净亏损 13.08 亿元	线上+线下的旅行社，专注于旅游度假市场

资料来源：根据上市公司财报、媒体公开报道整理。

携程是国内领先的在线旅游企业，也是最早成立的 OTA 平台之一，其商业模式以 OTA 模式为主体，同时，近年来还通过并购、加盟等策略大力发展线下旅行社门店。相较于国内其他 OTA 平台，国际化经营是携程最大的特点。携程 2020 年的净营业收入为 183.16 亿元，同比下降 51.6%；交易额（GMV）为 3950 亿元，同比下降 54.3%；全年净亏损达 32.5 亿元（归属于股东的亏损）。受全球疫情影响，携程的国际业务下滑严重，拖累了整体业绩的恢复进度。在疫情期间，携程发起的"BOSS 直播"活动在业内掀起了直播浪潮。2021 年，面对"后疫情时代"的新变化，携程发布了"旅游营销枢纽"战略，希望以"星球号"（携程平台为商家提供的聚合展示专区）为载体，聚合流量、内容、商品三大核心板块，叠加丰富的旅行场景，打造强大、开放的营销生态循环系统。

2020 年，同程旅行的营收为 59.27 亿元，同比下降 19.8%；完成交易额 1164 亿元，同比下降 29.9%；经调整净利润为 9.54 亿元，同比下降 38.2%。凭借灵活高效的运营策略和在下沉市场取得的领先优势，同程旅行是 2020 年全球已上市 OTA 中唯一保持连续 4 个季度盈利的公司，并且全年付费用户规模达到了 1.55 亿人次，同比增长 1.8%，创历史新高。同程旅行的业绩恢复情况良好，2020 年第四季度其住宿间夜量同比增长了 21%，其中来自低线城市的间夜量同比增幅超过 30%；国内机票销售量同比增长约 5%，汽车票销量同比增长近 180%。2021 年，同程旅行进一步提出了五大战略：品牌化战略、下沉市场战略、产业链赋能战略、酒店高增长战略和目的地战略。

美团点评是国内领先的生活服务 O2O 平台，酒店及旅游业务是其"到店、到家、路上"三大场景的自然延伸，但并非其核心业务。2020 年，美团点评到店及酒旅业务（包含各类到店消费和酒旅业务）的收入为 213 亿元，同比下降 4.6%，国内酒店间夜量 3.545 亿间，同比下降 9.7%。美团点评的战略重心是基于"到店、到家、路上"三大消费场景的用户积累向生活服务的更多领域延伸。

飞猪是国内在线旅游行业领先的 OTP，也是阿里巴巴电商生态的重要一环，近年来通过发展 OTM 模式与 OTA 平台的关系呈现出竞争逐渐大于合作的趋势。

途牛是国内在线旅游行业唯一聚焦旅游度假板块的企业，其在 OTA 平台的基础上大力发展直营门店，形成了"线上+线下"的布局。旅游度假业务受疫情影响最为严重，专注于该细分市场的途牛 2020 年业绩下滑幅度较大。财报数据显示，2020 年途牛的净收入仅为 4.51 亿元，同比下降 80.4%；全年净亏损高达 13.08 亿元。在境外疫情形势依然严峻的情况下，"后疫情时代"摆在途牛面前的首要任务是全力提升国内业务占比，最大限度地恢复业绩增长。

28.1.5　用户分析

综合极数、同程研究院相关研究及国内主流搜索引擎年度数据，2020 年中国在线旅游用户仍然主要以"80 后"和"90 后"占比最大，两个年龄群合并占比高达 71.1%，这两个年龄群的用户同时也是消费频次最高的用户（见图 28.5）。同时，也应看到 95 后年轻群体正在快速崛起，"Z 世代"的消费潜力正在快速释放中。极数研究表明，2020 年"Z 世代"人群单次出游平均花费达到了 1359.7 元，即便在疫情影响下同比依然增长了大约 5.5%。

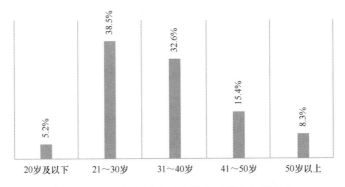

图28.5　2020年中国在线旅游行业用户年龄结构

资料来源：综合多个研究机构数据。

学历分布方面，2020 年中国在线旅游用户拥有本科学历的占比为 42.5%，拥有大专学历的占比为 22.9%，研究生学历占比为 6.1%，大专及以上高学历人群比例高达 71.5%（见图 28.6），显著高于网民整体 19.8%的水平。

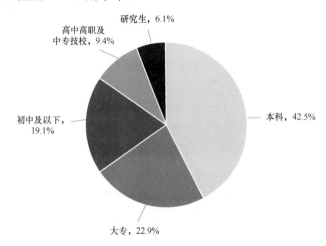

图28.6　2020年中国在线旅游用户学历结构

资料来源：多个研究机构最新数据。

　　收入水平方面，2020 年受新冠肺炎疫情影响，出境游、跨省游比例大幅下降，高收入群体和低收入群体的出游比例显著下降。数据显示，月收入 5001～10000 元的中等收入人群占比扩大至 43.4%，月收入 1 万元以上的高收入人群占比下滑至 20.1%，月收入 3000 元以下的人群占比下滑至 14.1%（见图 28.7）。

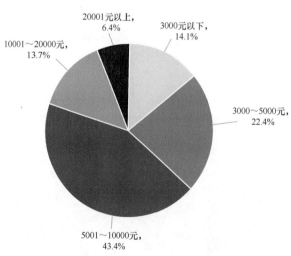

图28.7　2020年中国在线旅游用户收入水平分布情况

资料来源：综合多个机构研究数据。

　　2020 年，非一线城市疫情形势总体稳定，同时旅游业数字化进程大幅提速，旅游消费线上化率也有显著提升。综合第三方研究机构的数据，2020 年中国在线旅游用户分布于一线城市的比例降至 17.2%，非一线城市的用户占比提升至 82.8%，其中，三线及以下城市的用户比例提升近 3 个百分点至 33.5%（见图 28.8）。

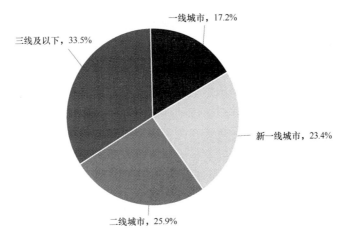

图28.8　2020年中国在线旅游用户城市线级分布情况

资料来源：综合多个研究机构数。

28.1.6　趋势展望

在构建新发展格局的大背景之下，"后疫情时代"的国内旅游业也将形成以国内市场为主的新格局，从而对在线旅游行业产生重大影响，未来两年内将呈现以下 4 个方面的趋势：

一是行业复苏将呈现非线性特征，存在细分市场和地区方面的不均衡，交通出行、住宿等将继续保持更快的恢复速度，"下沉市场"将继续成为新流量与新增量的贡献者。

二是在线旅游行业将先于线下旅游企业实现完全复苏。在线旅游行业结构特征（相对刚性的交通业务占比最大）决定了其将先于线下旅游企业恢复至疫情前水平。

三是疫情将使中国旅游业的数字化进程实现一次大提速，在线旅游渗透率有望在未来 2～3 年站上一个新台阶。

四是流量新势力将在未来两年内加快向在线旅游渗透，一方面将为私域流量主带来更多流量变现机会，另一方面也将为 OTA 提供新的流量源及业态创新的机会。

28.2　网络居住

28.2.1　发展现状

1. 居住服务行业方兴未艾

居住服务行业是指满足城镇居民使用、处置、维护住房的相关服务活动，涵盖住房交易、租赁、装修、住房金融、家政服务等居住服务。当前，在房住不炒的政策及住房改善需求持续释放的趋势下，房地产从购买时代进入居住时代，住房模式进入"多主体供给、多渠道保障、租购并举"的新模式，消费者从单一买房需求向以居住为中心的多元化生活服务需求转变，居住服务类消费逐步上升，居住服务行业发展方兴未艾。

2. 居住服务线上化全面加速

互联网浪潮席卷至居住服务行业，互联网助力消费者逐步实现足不出户地进行居住服务交易，2020年新冠肺炎疫情更是催化了这一进程，居住服务线上化全面加速。

一是消费者、服务者和流程的全面线上化。消费者从线下走到线上，指消费者越来越偏好从互联网上检索、筛选、购买居住服务，消费者的行为数据被广泛记录，反哺业务使洞察更为精准；服务者从线下走到线上，指服务者借助数字化工具增强专业技能、提升作业效率；流程从线下走到线上，指流程经数字化工具打通多方参与者，逐步实现线上闭环。

二是技术进步驱动居住服务线上化加速。近年来，底层数字化技术的快速迭代极大地降低了数字化的成本，如云服务的发展、大数据技术的迭代成为互联网企业快速扩张的底层基础设施。此外，互联网居住服务拓宽消费场景半径，如VR看房、直播看房等激发了潜在的消费需求。

28.2.2　商业模式

1. 信息平台模式

2003年非典时期，搜房推出搜房帮，成为居住服务互联网化的标志性里程碑。其基本业务模式为：服务者通过购买端口在平台上进行展示，用户通过登录平台查询搜索，用户经平台与服务者建立联系，并展开交互、协商等一系列业务动作，最终在线下达成交易。居住服务信息平台以收取上市挂牌费（端口费）与营销费用作为主要的盈利模式。近年来，随着移动互联网的发展和交易平台的冲击，此类平台正经历从信息平台向信息+SaaS服务平台的转型。网络居住服务信息平台运转流程如图28.9所示。

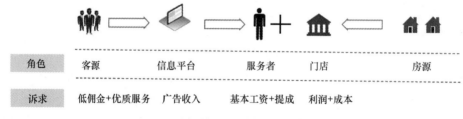

角色	客源	信息平台	服务者	门店	房源
诉求	低佣金+优质服务	广告收入	基本工资+提成	利润+成本	

图28.9　网络居住服务信息平台运转流程

资料来源：贝壳研究院。

2. 交易平台模式

互联网交易平台是指为各类网络交易提供网络空间及技术和交易服务的系统[1]，本质上是网络环境下的商品交易市场[2]。传统的信息平台以提供信息为主，而居住服务交易平台除提供信息外，还切入了线下服务，通过数字化工具、职业化培训赋能线下服务者，优化和改造供给端；同时，居住服务交易平台向用户提供居住服务支付结算的一站式服务。盈利模式以向服务者收取平台费、培训费为主，平台费为软件服务与广告营销等一揽子收费。网络居住服务交易平台服务架构如图28.10所示。

---

[1] 阿拉木斯. 网络交易法律实务（上册）[M]. 北京：法律出版社，2006。

[2] 白昌前. 网络交易平台经营者民事责任研究[J]. 重庆邮电大学学报（社会科学版），2015，27(1): 36-42。

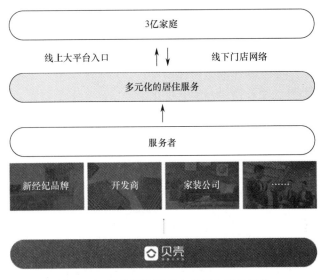

图28.10　网络居住服务交易平台服务架构

资料来源：贝壳研究院。

　　居住服务交易平台核心竞争力在于线上线下双优势。居住服务交易复杂、环节繁多、重线下的特征要求平台具备线上线下双重能力，线上技术能力和线下业务能力能够保持线上线下、签前签后一致体验，一方面提升 B 端作业效率，另一方面提升 C 端的消费体验。我国的交易平台正不断拓展服务边界，通过数字化基础设施加速产业链整合，重构居住服务和行业的价值链条。网络居住服务交易平台服务模式如图 28.11 所示。

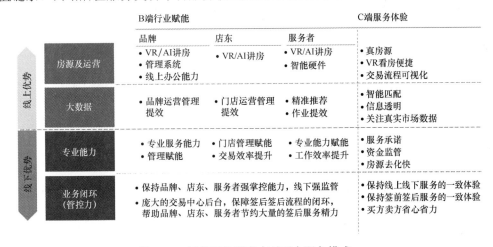

图28.11　网络居住服务交易平台服务模式

资料来源：贝壳研究院。

3. SaaS 服务模式

　　居住服务 SaaS 服务[1]通常包括房源管理系统、客源管理系统、交流工具、签后管理系统、

---

　　[1] SaaS：Software as a Service，通过互联网提供软件服务。

数据分析系统等；居住服务 SaaS 企业以向经纪公司和服务者收取服务费用作为主要的盈利模式，服务费用通常包括软件服务和培训服务，以平台模式开展 SaaS 服务的企业还会收取一定的佣金抽成。

28.2.3 典型案例

1. 中国互联网居住服务图谱

我国的互联网居住服务商业模式主要包括信息平台、交易平台和 SaaS 服务 3 类模式。其中，居住服务信息平台企业和 SaaS 服务企业主要聚焦产业链的垂直领域，在各个细分领域均诞生出具有一定规模的代表性企业。由于交易平台对数字技术能力和线下管控能力的高要求，目前以居住服务交易平台为商业模式的企业数量有限，贝壳找房为其中的主要代表。中国互联网居住服务图谱如图 28.12 所示。

图28.12　中国互联网居住服务图谱

资料来源：贝壳研究院。

2. 信息平台——安居客

安居客是目前国内最大的房地产信息平台，业务领域涵盖新房、二手房、租赁、商业地产等，面向消费者提供房源信息，面向房产经纪品牌、经纪人及开发商提供在线营销服务。其盈利模式以面向服务者收取服务佣金为主，普通用户可以享受免费服务。安居客在房产平台领域维持绝对领先的优势地位，安居客招股书显示，2020 年第四季度平均移动月活跃用户量达 6700 万人，截至 2020 年年底，付费经纪人数达 72.6 万人，来自投资经纪品牌的经纪人数达 8 万人。

3. 交易平台——贝壳找房

贝壳找房 2018 年脱胎于链家，是国内领先的科技驱动的新居住服务平台。2020 年，贝壳找房平台全年交易规模达 3.5 万亿元，同比增长 64.5%；全年总收入 705 亿元，同比增长 53.2%。截至 2020 年年末，贝壳找房平台上的总连接门店数量超过 4 万家，其中超过 30% 的门店跨越了总交易额每年 5000 万元的温饱线。同时，贝壳找房平台帮助平台上的不同品牌和门店招募经纪人，截至 2020 年年末，经纪人数量达到 49.3 万人，其中高学历经纪人[1]占比超过 30%。

　　贝壳找房将经纪人合作网络（Agent Cooperation Network，ACN）作为平台底层操作系统，即通过房源联卖机制和合作网络规则，将交易流程中的服务者分为多边角色，根据贡献分配业绩，帮助服务者提高协作效率，使其能为客户提供更优质的服务。截至 2020 年年末，贝壳找房平台二手跨店合作率稳定提升至 75%。基于经纪人合作网络，贝壳找房平台构建了"数据与技术驱动的线上运营网络"和"以社区为中心的线下门店网络"两张网，通过数字化改造搭建行业基础设施，促进交易效率和服务体验的提升。贝壳找房服务网络如图 28.13 所示。

图28.13　贝壳找房服务网络

资料来源：贝壳研究院。

---

　　[1] 高学历经纪人指统招大专以上学历的经纪人。

贝壳找房持续发展的数字化产品体系支撑了规模的增长。一是房源端，截至 2020 年年底，贝壳找房的真房源信息数据库"楼盘字典"累计收集了国内 2.33 亿套房屋的动态数据、超过 900 万套房屋的 VR 房屋模型，2020 年全年 VR 带看发起量超过 6600 万次，为 2019 年的 17 倍；二是服务者端，贝壳找房为平台服务者建立"贝壳分"评分体系作为具象化服务品质的重要指标，2020 年贝壳分的曝光次数超过 11 亿次，实现了超过 150 倍的增长；三是消费者端，为解决资金安全这一房产交易中消费者最为担忧的问题，贝壳找房平台推进交易资金存管覆盖率，2020 年实现累计 3800 亿元二手房款的交易资金安全存管。

28.2.4 主要挑战

一是面临流程繁杂的挑战。居住服务交易链条复杂，参与方众多，通常需经过服务委托、发布信息、撮合谈判、交易签约等环节，数字化技术对居住服务作业流程的改造过程面临诸多现实挑战，物理世界和数字世界的紧密融合需要时间。

二是面临防范金融风险的挑战。近年来，我国多个城市出现长租公寓暴雷事件，经营者通过"长收短付""高收低租"的方式快速扩张，极易引发资金链断裂、企业无法履约的金融风险。监管部门需要整顿规范长租房市场，约束住房与金融的螺旋循环，防范金融风险，加固民生保障。

三是面临重构行业生态的挑战。行业恶性竞争由来已久，共同进化及建设互联网优质生态需要时间。居住服务平台需要时间来重构行业内各方服务者和消费者之间的关系，改变行业缺乏合作和恶性竞争的现状，推动居住服务的健康发展。

28.3 网络招聘

28.3.1 发展现状

随着人工智能、大数据等技术在人力资源领域和企业管理层面的加速应用，在推动网络招聘行业数字化转型的同时，也带动行业实现了快速增长。艾瑞咨询数据显示，2020 年中国网络招聘行业市场规模达 108 亿元，随着网络招聘平台差异化竞争与平台对企业雇主的争夺，未来网络招聘市场将进入 10%以上的高速增长阶段。

疫情对我国就业总体趋势产生了一定的影响，但随着国家就业政策的出台及疫情防控的积极进展，就业整体情况稳中向好。人力资源和社会保障部发布的 2020 年就业数据显示，全年城镇新增就业人数1186 万人，超额完成年度目标任务。全年平均城镇调查失业率为 5.6%，低于预期调控目标。2020 年，高校毕业生规模达 874 万人，就业形势基本平稳，年底高校毕业生总体就业率达到 90%以上。农民工外出规模基本恢复至上年同期水平，年底农民工总量恢复至上年的 98.2%。贫困劳动力务工规模达到 3242 万人，比上年增加 10%。随着经济稳步向好，2020 年就业形势逐季好转，第四季度达全年峰值，总体稳定，好于预期。

1. Z 时代求职行为与观念，推动网络招聘行业移动化发展

在求职群体年轻化与移动互联网发展的趋势下，网络招聘平台及时调整自我发展方向，发力布局移动端新赛道。一方面，移动互联网为招聘行业注入活力，招聘 App 的便捷性吸引了更多求职者涌入。另一方面，良好的用户体验与便捷服务有效增加了用户黏性。Mob 研究院的报告显示，25～34 岁的年轻求职者成为求职招聘 App 的主要使用人群，占比过半；2020年月活跃用户数突破 7000 万人的大关。

2. 技术推动行业升级，进一步解决人岗错配痛点

"千人千面"的特征更为明显，雇佣双方都对信息精准匹配提出了更高的要求，网络招聘平台需要利用大数据算法的精准匹配与推荐，提升招聘效率。人工智能技术的应用也将推动整个行业升级发展，为网络招聘平台提供弯道超车的机会。

3. 视频化产品在网络招聘平台大放异彩

疫情促使招聘平台进一步布局并推出以"空中宣讲会""空中双选会""视频面试"等为代表的可视化产品，通过更生动、更高效的方式让雇佣双方在云端相见，解决疫情中的就业燃眉之急。直播技术的成熟应用也给招聘平台拓展了新思路，"直播招聘"成为视频面试产品的新产物，让雇佣双方在直播间遇见彼此，提升招聘求职体验。视频面试特别是直播招聘等无接触面试产品逐步被市场接受与认可。

4. 加快数字化转型步伐

网络招聘平台紧跟人工智能技术和云计算的发展步伐，以 AI 赋能 HR，HR SaaS 一体化降本增效趋势日益显著。以 AI 技术为例，网络招聘平台纷纷推出 AI 面试等智能产品，将肩负大规模批量招聘的 HR 从重复性的工作中解放出来，交给电子化手段进行人才筛选，提高企业招聘效率，成为企业数字化转型的重要应用之一。

5. 提供多元化求职服务

将网络招聘服务与在线培训服务融合，解决雇佣双方人才错配问题。特别是在人才培养和社会需求人才脱节的现状下，网络招聘企业将人才培训前置，让人才在入职环节接受有针对性的在线培训课程，提升专业技能，并建立培训效果评价体系，为人才培养提供专业指导服务。

6. 雇主品牌形象打造与柔性化组织建设

受疫情影响，企业虽在招聘端需求萎缩，却更加注重自身内生力量，建设雇主品牌文化。受到这一因素影响，网络招聘平台及时调整方向，依托数字化手段帮助企业聚焦内生力，构建柔性组织架构，树立柔性化管理理念，形成自组织特征，打破组织内外边界，形成跨部门、跨组织的协同方式，注重人才培养，给予员工技能提升与安全感，建立新型雇佣关系下的雇主品牌形象。

28.3.2　市场规模

2020 年，中国网络招聘市场规模为 108.0 亿元，预计未来 3 年内网络招聘行业市场规模将保持 10% 以上的增速，达到 147.8 亿元（见图 28.14）。为应对疫情对就业的影响，2020 年参与招聘行动的市场化人力资源机构共 1626 家，庞大的人力资源从业机构数量激发了网络招聘赛道的企业竞争，促使行业持续向好发展。

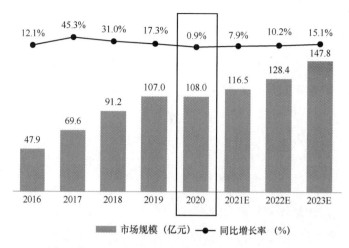

图28.14　2016—2023年中国网络招聘行业市场规模

资料来源：艾瑞咨询研究院根据企业访谈、桌面研究、企业财报，结合艾瑞数据模型估算。

经济的复苏让经历触底后的就业市场在第三季度呈回暖态势，企业的招聘需求逐季增长，网络招聘平台配合相关部门与企业雇主开展招聘活动，拉动就业的恢复与增长。与此同时，2020年企业雇主对人才的招聘需求发生了转变，企业整体招聘需求减少，拥有更多对人才选择的余地，招聘压力降低，企业招聘整体性支出减少，造成费效系数回落。但随着疫情的常态化防控，企业在2021年会逐渐增大岗位人才需求，扩大招聘范围。

28.3.3　用户分析

一是PC端流量主要集中在存量用户，无明显波峰，呈现全年平稳的态势。2020年，PC端平均月覆盖用户数达到7400万人，3月总覆盖人数达到峰值。PC端整体时长仍保留季节性和周期性特征，在"金三银四"及"金九银十"热门求职季的使用时间最长。2020年网络招聘网站用户浏览时长相比2019年同期下降明显，全年同比降幅平均达到-9.7%。随着移动互联网流量的不断转移，招聘App便捷化的操作也吸引了更多求职者转移使用战场，网站的功能主要还是以简历修改和投递工具功能为主，整体用户量减少，人均使用时长减少，导致PC端整体有效浏览时长还在持续下降，这也意味着移动端用户使用黏性的增加。

二是招聘App持续吸纳更多用户流量，月总有效时间没有受到疫情的严重影响。2020年，招聘App的月总独立设备数同比2019年保持正向增长，另外，除2月、3月同比增长率略微走低之外，用户全年在移动端上的使用时间对比2019年同期都在走高。与2019年同期相比，2020年的招聘App日均总有效时间整体呈明显上升趋势。其中，2月和3月受疫情影响较大，同比增长率跌幅均超过5%，但之后随着招聘市场稳步恢复活力，从4月开始，同比增长率以10%为阶梯逐步上升。

28.3.4　商业模式

网络招聘平台的本质是连接雇佣双方，通过平台的构建让招聘方与求职者看到彼此的价值，并在求职招聘过程中提供双向服务。在5G与移动互联网发展的加持下，招聘平台伴随用户习惯的变化在探索新的服务模式，为雇佣双方提供专业的顾问式服务。

　　同时，网络招聘企业也在不断打破服务边界，加速向专业化、精细化运营转型，为企业端客户提供雇主品牌建设、付费订阅、猎头、人力资源外包等多样化服务。推出覆盖多终端产品，覆盖 PC、App、微信公众号/服务号、小程序等渠道的使用。深耕细分用户，推出企业版、猎头版、用户版等细分产品，以及垂直领域产品，扩大对细分市场在内容和服务上的影响力。例如，脉脉通过社交来求职招聘，斗米招聘则专注于兼职工作，未来在线招聘平台将更加多元。中国网络招聘行业生态图谱如图 28.15 所示。

图28.15　中国网络招聘行业生态图谱

资料来源：《2020 在线求职行业洞察》。

　　投融资方面，作为"慢赛道"的网络招聘行业近年来受到资本的青睐，行业头部客户吸引了资本的注入，网络招聘行业平台迎来了新一轮的竞争和变革。2020 年，网络招聘行业融资事件相对较少，行业整体融资金额超过 30 亿元，单笔融资金额较高。其中，值得关注的是由春华资本牵头的联合投资方战略投资智联招聘，从长期主义角度来看，春华资本以往的优质投资组合资源将为智联招聘带来无限的发展前景。而网络招聘平台自身也在不断加速投资并购、产品迭代，在巩固优势领域的同时，拓宽人力资源多业态价值链条。

28.3.5　典型案例

1. 综合招聘平台

　　以智联招聘为例，作为综合招聘平台，智联招聘提出"3 的 3 次方"概念，也就是 3 个服务对象：学生、白领、高端（专业人士或管理人士），3 个产品：测评、网络招聘、教育培训，3 个渠道：线上、线下、手机端，覆盖职场人的全面发展需求。

　　针对职场个体，Z 世代群体涌入就业市场，他们的求职观念与求职行为发生转变，要求更直接、有效的沟通场景，智联招聘推出直播招聘、求职帮、职 Q 社区等产品，适应求职转变趋势，帮助职场用户答疑解惑。

针对企业端，智联招聘在招聘环节布局网络招聘、校园招聘和高端招聘，为企业匹配合适的人才。智联招聘推出的"AI易面"产品，将大批量、重复性的面试工作交给机器解决，提高HR的工作效率。在人才测评环节，智联招聘推出"4D看人"的人才评估理念，聚焦"能力、性格、动机、胜任力"四大模块，对人才进行扫描。在人才培养与技能提升上，智联招聘结合人才发展的能力素质模型和要求，为企业提供专业、实用的培训课程。

2. 分类招聘平台

以58同城为例，作为生活服务类平台，58同城为用户提供房产、招聘、黄页、团购、宠物、交友等海量分类信息，为用户提供免费查询、发布信息的功能。依托本地化生活服务，58同城为用户提供招聘、求职功能，聚焦同城优势发布职位信息。

在招聘服务上，58同城在用户运营、产品创新、下沉市场等方面持续开拓，优化招聘求职功能。58同城为求职用户提供覆盖整个职业周期的服务，构建了包括招聘信息查询、简历投递服务、雇主有效沟通、面试服务、58同城大学等招聘服务体系。58同城为招聘企业提供会员成长体系，包含五大类共计16项成长权益，覆盖招聘核心环节。

28.3.6 发展趋势

1. 灵活就业与新职业成为发展重点

顺应新经济发展趋势与新型就业形态，青年一代越发崇尚"灵活用工"，独立设计师、游戏主播、视频剪辑师等新职业全面涌现。人力资源和社会保障部数据显示，我国灵活就业从业人员规模达2亿人，2020年灵活就业招聘人数同比上升76.4%，近60%的白领在规划第二职业，其中90后占比最大。中国劳动和社会保障科学研究院统计数据显示，我国目前有7800万人依托互联网的新就业形态实现了就业。

"互联网+"与数字化技术的发展也引导了全新的经济发展形态，孵化出网络零售、互联网医疗、在线教育等新产业、新业态快速成长，成为吸纳就业的重要窗口。2021年，人力资源和社会保障部会同国家市场监督管理总局、国家统计局发布18个新职业信息，涵盖制造业、餐饮、建筑、金融、环保、新型服务等多个行业。

2. 高质量人才需求促进职业技能培训需求旺盛

目前，我国就业的主要矛盾点是结构性失衡，即劳动力供给与岗位需求不匹配的问题，求职者学历不够、技能缺失与经验匮乏是主要短板。在旺盛市场需求的推动下，我国职业技能教育市场规模2021年有望达到1919亿元。未来需要在价格和效果之间找到平衡，探索"招测培一体化"模式，将职场人的发展诉求和企业的人才培养进行有效整合，因岗施教，根据岗位需求提供定制化技能培训，缓解企业招人难的困境，弥合人岗匹配之间的差距。

3. 可视化产品未来将成为网络招聘行业的重要利器

视频、直播等可视化手段构成的产品矩阵将成为人力资源服务的助推器，形成以云端高清视频化招聘业务为主力的新风向。未来不仅是视频面试，更是视频求职、视频培训，通过平台观看高清视频课程，接受系统的在职培训，进而提高招聘效率。

4. HR SaaS 一体化趋势日益显著

HR SaaS 正处于高位增长期，预计到 2023 年 HR SaaS 的市场规模将达到 70.7 亿元，增速达 40%以上。HR SaaS 可以帮助数字化决策者和主要推动者搭建模块化技术中台，助力实现招聘智能化、盘活组织内部人才库、积累人才数据资产，帮助企业整合内外部资源，打通各系统之间的数据联系，实现真正的一体化管理，有效提高企业管理的能力。

28.4　网络文学

28.4.1　发展现状

2020 年，我国网络文学在稳步发展的情况下取得了一些新的突破，内容生态不断丰富，且呈现多元化、专业化、年轻化及呼应主流价值的趋势。

1. 受疫情影响，兼职网络文学作者不断涌现

2020 年是一个特殊的年份，疫情严峻，许多人被迫长时间留在家中，在这样的情况下，兼职写作成为很多人的选择。以第四届全国现实题材网络文学征文大赛为例，参赛者中有超过 89%的作者是兼职写作，他们的本职工作涵盖了教师、军人、科研人员等。越来越多各行各业兼职作者的加入，拓宽了网络文学的题材风格，也让网络文学越来越贴近现实，从各种不同的角度展现这个精彩的世界。

2. 全球文化交流越发频繁，网络文学出海渐成大势所趋

我国网络文学除了在国内百花齐放外，在海外的影响力也越来越大。从整体规模来看，我国已向海外输出网络文学 10000 余部，覆盖 40 多个"一带一路"沿线国家和地区，而我国网络文学走向海外主要有 3 种形式，分别是翻译出海、直接出海及改编出海，其中翻译出海占比最多，约为 72%。

3. 网络文学 IP 改编形式越发多元化

根据过去几年的经验，网络文学改编的主要形式为动漫、影视及游戏，而在 2020 年，漫画改编也越来越频繁，哔哩哔哩漫画及快看漫画、腾讯动漫都拥有大量根据网络文学改编的漫画作品。除此之外，音频、短视频等形式也成为许多网络小说平台的首选，网络文学 IP 的开发有了更多渠道，也拥有了更多的可能性。

4. 网络文学版权保护取得了新进展

2019 年，我国网络文学因为盗版问题造成的损失达到了 56.4 亿元[1]。2020 年 11 月，十三届全国人大常委会第二十三次会议通过了关于修改著作权法的决定。新《著作权法》于 2021 年 6 月开始施行，该法律大幅提高了侵权赔偿额上限，对许多侵权问题做出了明确的规范，对进一步维护创作者权益起到了很好的推动作用。

---

[1] 资料来源：《2020 中国网络文学发展报告》。

5. 青少年成为网络文学新增主体

以阅文集团为例，2020 年"Z 世代"年轻作家在所有新增作者中的占比达到近 80%，这群年轻的作者有着更加敏锐的嗅觉及更贴近年轻读者的心理，让网络文学越发"年轻化"的同时，也让作者和读者这两个群体的价值观更加接近。

28.4.2　市场规模

第 47 次《中国互联网络发展状况统计报告》显示，截至 2020 年 12 月，我国网民规模达到 9.89 亿人，其中网络文学用户已稳步增长至 4.67 亿人，占全部网民数量的 47.2%。2020 年，随着数字文化产业的发展及各个平台的大力投入，我国网络文学发展势头迅猛，网络文学市场吸引力不断提升，除了阅文、掌阅及书旗等传统数字阅读平台外，番茄、七猫等众多免费阅读平台也迅速发展起来，这些免费平台和传统数字阅读平台相比，采取的是"流量+广告"的模式进行变现。我国网络文学除了在国内市场发展迅猛，在海外市场的发展也同样喜人。艾瑞咨询发布的《2020 年中国网络文学出海研究报告》显示，中国网络文学的海外市场规模达到 4.6 亿元，海外中国网络文学用户数量达到 3193.5 万人，而根据网络文学改编而成的影视作品更是成为中国文化开辟海外市场的重要手段。例如，《全职高手》登陆海外知名媒体平台 Netflix，《庆余年》的英文版 *Joy of Life* 在海外的发行更是涵盖了五大洲。在 YouTube 社区里，范闲、庆帝等角色，获得数十万点赞和数千条评论，成功走红海外。

海外市场的探索为我国网络文学的发展开辟了一条新的通路，能够极有效地扩大网络文学市场的规模。艾媒咨询发布的报告显示，预计 2022 年我国数字阅读市场的规模将超过 400 亿元。

28.4.3　细分领域

随着互联网及新媒体的发展，越来越多的用户通过短视频、漫画等形式接触到网络文学，甚至加入网络文学创作者的行列中，在为网络文学注入新鲜血液的同时，也为网络文学开辟出许多新的题材。在 2020 年这个特殊的年份，新题材文学不断涌现，迅速在网络文学市场中占据了一席之地，网络文学领域形成了以玄幻仙侠为主流题材，其他新型题材百花齐放的局面。

1. 玄幻仙侠小说

艾媒咨询数据显示，2020 年中国网络文学男频作家排行榜 50 强中，玄幻题材的作家占比依旧居首位，达到了 30%，仙侠题材位列第二，达到 20%，其中猫腻的《大道朝天》位居榜首。玄幻仙侠小说作为传统题材，一方面发展历史最久，作家群体最广；另一方面这一题材的优秀作品被改编成了热门的影视作品，所以玄幻仙侠题材一直备受欢迎，尽管出现了一些同质化的问题，但是依旧拥有广泛的受众基础，这些忠实的受众为也为玄幻仙侠小说的市场提供了保证。

2. 言情小说

艾媒咨询数据显示，2020 年中国网络文学女频作家排行榜 50 强中，言情小说占比极高，古代言情和现代言情分别达到了 42% 和 34%。和男频小说相比，女性读者对网络文学的偏好性较为单一，言情类的题材一直具有较高的吸引力，而和过往相比，许多大女主作品越来越多地涌现出来，如 Priest 的《有匪》，已经因为被改编成了影视剧获得了较高的热度。

3．都市小说

近年来，在国家政策及平台的引导下，网络文学和现实的联系越发紧密，由此促使都市文热度不断走高，尤其是都市文下面的职业流小说，已经成为起点最火的流派之一。由于疫情的缘故，在众多职业中，医生成为许多职业流小说作者的首选，如被称为"2020 都市职业文最强王者"的作者手握寸关尺撰写的小说《当医生开了挂》成为起点职业流的爆款小说。

28.4.4　发展挑战

1．新的商业模式不断涌现，但网络文学质量有待提高

长期以来，网络文学都是以"付费模式"为主流，但是随着互联网和自媒体的发展，字节跳动、掌阅、百度等企业加入这个市场，免费阅读这一靠"流量"来变现的新商业模式吸引了许多人的注意，QuestMobile 发布的《2020 中国移动互联网年度大报告（下篇）》显示，2020 年 12 月，免费网文 App 行业用户规模为 1.44 亿人，较上年同期的 1.18 亿人增长了 22%，免费阅读仍处在高速增长期。和传统的收费小说相比，免费小说主攻的是下沉市场，更加追求点击量，作品风格更偏向爽文，同质化问题较为严重。以 2020 年大火的"赘婿"题材为例，在此类题材流行度较高的时期，1 个月内上升速度最快的 10 本小说中，赘婿题材能够占据 30%，其主要剧情有很多相似之处，能够让读者获得短暂的快感，但是长久来看，并不利于这一题材的发展，许多作者为了追求更新速度，忽略了作品本身的质量，也造成免费小说的质量参差不齐。如何保证持续且高质量的免费内容将是未来一段时间内许多平台要思考的问题。

2．平台、作者及读者三方关系会更加紧密

随着 95 后成为网络文学读者的主流群体，网络文学的读者呈现更加强烈的互动性，他们更加渴望和作者进行交流。与此同时，作者在网络文学领域的地位不断提升，但是网络文学平台和作者的关系在网络文学发展的过程中却几乎没有什么太大的改变。一方面，读者渴望直接和作者对话，但是 VIP 付费制度限制了他们的积极性；另一方面，作者和平台也缺乏交流，这种情况导致平台、作者及读者三方的关系若即若离，已经不适应网络文学的新环境及新发展，也成为很多作者与平台矛盾的导火索。为了应对这种情况，阅文在 2020 年 6 月推出了全新的合同，作者可以自行选择合同类型——付费或免费，赋予了作者更多的自主权，也为读者与作者的直接交流提供了更多可能性。这种改变只是一个开始，未来很长一段时间内，平台如何以更加积极的姿态将作者与读者联系在一起，将成为一个值得探索的问题。

3．网络文学出海带来了新机遇，海外盗版问题却如影随形

随着中国文化在世界范围内影响力的不断提升，网络文学也成为宣传中国文化的重要方式，除了网络文学实体书在海外发行外，许多成熟的 IP 改编作品也成功走红海外，IP 改编权及电子版权也越来越受欢迎。只是随着网络文学出海的迅速发展，盗版问题也屡见不鲜，由于盗版成本低、获利高，许多境外的文学翻译网站以提供外文版网络文学为名义，在未经

许可的情况下大量翻译中国网络文学作品进行侵权谋利。以起点国际排名前 100 部热门翻译作品为例，在海外用户流量排名前 10 位的盗版文学网站中，对这些作品的侵权盗版率高达83.3%。这种行为严重损害了我国网络文学企业及权利方的利益，不利于中国网络文学在海外的发展。如何打击海外的侵权行为，已经成为整个网络文学领域要共同面对的重要问题。

28.5　远程办公

28.5.1　发展现状

当今世界，新一轮科技革命和产业变革方兴未艾，带动数字技术快速发展。2020 年，全球新冠肺炎疫情肆虐，给国家政府、社会组织、企业机构等的正常运转带来冲击。传统的办公方式难以满足新形势、新变化带来的新挑战。疫情一方面给经济社会发展造成负面压力，另一方面也反向催生了远程办公等新型办公模式，有力地促进了办公方式向"数字化"转型，推动了办公模式的变革。依托 5G、人工智能、物联网等新技术的广泛应用，线上线下加速融合，进一步助推远程办公行业的快速发展。

远程办公由"远程"和"办公"两个要素构成，通常指通过互联网、物联网、云计算等技术，以第三方远程控制软件、网站等为载体，实现非本地办公，即在家办公、异地办公、移动办公等服务模式。基于对应用场景、模式及价值的分析，远程办公大致有以下特点：一是适用领域的广泛性。随着家庭网络、个人电脑的普及，从北美大陆的硅谷到亚欧大陆的高新科技产业园，电子化的应用特点适应了教育、医疗、行政等多个行业及工作领域的需求，远程办公、在线教育、互联网医疗等新模式应运而生并逐渐发展壮大。二是社会资源使用的可持续性。当办公形式从线下转为线上，社会资源也以另一种形式消耗，传统办公对电、纸、办公场地等的依赖降低，相关运营成本大幅缩减，为保障办公而产生的通勤用车等对石油资源的消耗和空气环境的污染减少，远程办公以低碳优势促进生态节约，实现了资源的可持续。三是主体应用的便捷性。无论是企业等主体主动要求个体成员进行远程办公，还是鉴于疫情等不可抗力因素影响，为了保持组织的基本运转而进行的被动远程办公，都增加了办公者对于工作的控制感和主动性，减少因通勤等因素产生的非工作成本消耗，一种线上的工作互动关系也得以产生。同时，这种便捷性体现在诸如新冠肺炎疫情等全球性疾病暴发时，远程协同办公平台在医疗、教育等领域得到广泛应用，对促进全球各国经济复苏、保障社会运行、推动国际合作发挥了重要作用。

28.5.2　市场规模

随着"隔离""居家办公"等成为常态，基于远程办公的特点，在线下经济受阻、经济运行疲软的环境下，相关传统行业受到重创的背景下，互联网远程操作、产品应用更新供给优势彰显。从 2020 年全年情况看，受新冠肺炎疫情影响，上半年远程办公市场规模呈现爆发式增长，下半年远程办公应用市场规模仍保持高速增长。远程办公的用户规模由 2020 年 6 月的 19908 万人上升到 12 月的 34560 万人，网民使用率从 21.2%上升到 34.9%。数据的背后是新技术、新应用在办公场景由线下转移到线上的发展趋势，也是做好"六稳六保"、践行新发展理念的重要实践。

此外，供给侧向线上转移的过程也是对远程办公平台越来越依赖的过程，通过疫情期间的实践，诸多企业结合实际建立了科学完善的远程办公机制。CNNIC 统计数据显示，企业微信服务的用户数从 2019 年年底的 6000 万人增长到 2020 年 5 月的 2.5 亿人，并在 12 月进一步增至 4 亿人；截至 2020 年 12 月，钉钉企业组织数量超过 1700 万户，2020 年 9—12 月，远程会议日均使用时长达 108 分钟，与上半年基本持平，成为企业常态化应用。

28.5.3　细分领域

作为一种具有重要使用价值的平台，从具体的媒介应用上，远程办公大致可细分为以下两类：一类是具备文字传输功能的即时通信服务平台，另一类是具备音视频传输功能的电视电话会议服务平台。从功能应用角度来看，远程办公可细分为电视电话、在线文档、OA（Office Automation）任务流转、云存储等。据 CNNIC 数据，截至 2020 年年底，视频或电话的使用率为 22.8%，在线文档编辑的使用率为 21.2%，在线任务管理或流程审批的使用率为 11.6%，企业云盘的使用率为 9.4%。

1. 具备文字传输功能的即时通信服务

具备文字传输功能的即时通信服务平台涉及"点对点"特点的即时通信、文档协作、协同管理等方面。在即时通信方面，近年来，远程办公应用和平台的新入局者持续增加，除了传统的微信、QQ、钉钉等熟知的通信工具具备远程办公的平台条件外，华为的"WeLink"智能平台、字节跳动的"飞书"、拼多多的"Knock"等新兴即时通信工具逐渐出现在公众面前。在文档协作方面（通过平台完成对文档、表格、PPT 等的多人在线编辑及云共享、云存储，实现云办公的需求），国外的微软 Office 办公软件、AdobeAcrobat 等，以及国内的金山办公 WPS Office、腾讯文档、石墨文档、一起写、印象笔记、有道云笔记等均有一定的日常活跃用户。在协同管理方面，Teambition、钉钉、企业微信、致远互联、蓝凌等都有此项功能的开发和应用。

2. 具备音视频传输功能的电视电话会议服务

专业的音视频会议服务类平台可以分为两类：一类是国内的华为"WeLink"、腾讯会议、天翼云会议、好视通、小鱼易连、会畅通讯等，另一类是国外的 Zoom、思科 webex 等。主流的视频会议软件包括 Zoom、腾讯会议、钉钉、Webex 及 Microsoft Teams，其中腾讯会议成为当前中国最多人使用的视频会议专用应用，可以提供实时共享屏幕，支持在线文档协作，联席主持人设置，锁定会议，添加屏幕水印，不限观看人数上限，全终端均可收看，实时定位发言人等。

28.5.4　发展挑战

远程办公日益成为工作模式新常态，也越来越受到企业和个人的青睐。虽然疫情是突发、偶发事件，但是其中释放的现实需求也为社会发展、制度机制创新、平台应用本身更新迭代提供了可能性。

1. 对信息基础设施支撑能力和相关智能硬件和软件产业发展的挑战

从远程办公应用的未来发展角度看，更大容量的云计算服务、更高性能的服务器配置、更畅通的无线高速网络建设等都是必要的支撑保障。市场经济和数字化的叠加效应，使远程办公与数字化运营管理的黏合性更加凸显，对智能硬件和软件及对应技术水平的支撑能力是极大的挑战。

2. 对办公的负面影响

一方面，个人生活与工作的界限划分不清晰，且造成非办公时间和办公时间的交叉，远程办公对于工时界定、工伤界定等劳动者自身权益保障产生新的挑战，相关配套法律法规亟须健全完善；另一方面，充分的沟通是开展好工作的前提，由于需要交互的人不在同一物理环境，借助平台进行的沟通比面对面沟通效率低，且具有不及时性、不稳定性。

3. 对信息数据安全的挑战

由于用户数量的迅猛增长，海量高清、流畅的数据在云端游走，个人信息更加立体、真实地暴露出来，如果这些信息被不法分子获取，并进行大数据提取、分析和应用，则后果不堪设想，对国家、社会、家庭、个人等都会造成潜在威胁。

28.6 婚恋交友

28.6.1 发展现状

网络婚恋交友主要指用户以恋爱、结婚为目的，借助互联网或移动互联网婚恋交友平台查看个人资料、进行有效接触、开展线上线下沟通约会，以达成恋爱或婚姻关系的社交活动。自1998年"中国交友中心"网站建立以来，中国网络婚恋交友行业已经走过了22年的发展历程。

随着90后、00后逐渐步入适龄婚恋阶段，多元化恋爱交友方式的社会接受度大大提高。2020年8月，中国社会科学院联合探探发布《95后社交观念与社交关系调查报告》，数据显示，超过80%的调查对象将社交软件作为拓展人脉圈子的重要途径，其中58%的调查对象选择通过社交软件来寻找伴侣，且高学历人群相对更钟爱线上社交，女性用户较之以往在社交软件上更为活跃；对于线上聊得来的网友，48.6%的调查对象表示愿意线下见面。移动互联网的快速发展使得早期集中在PC端的用户服务逐渐向移动端转移。自2018年起，网络婚恋交友企业推动人工智能、大数据、VR/AR等技术在婚恋交友领域落地，短视频直播等新模式带动视频婚恋产品兴起。2020年，新冠肺炎疫情进一步强化了婚恋交友线上化趋势，以视频相亲为主的"云相亲"模式成为新的行业风口。

从产品模式看，婚恋交友服务平台主要分为4类：一是综合服务类产品，通过严格的真实性认证、精准匹配、红娘牵线服务、恋爱技巧课程等帮助用户高效寻找契合对象，提供自助式约会、一对一婚恋指导、多人相亲活动、生活化场景的约会体验场所等专业婚恋服务，并进一步发展情感咨询、婚庆服务等完整生态链，代表平台如世纪佳缘、珍爱网等；二是视频相亲类产品，以泛娱乐化为主要特点，将直播平台的娱乐特性融入用户相亲过程，以线上一对一视频聊天或多人自由连麦互动的形式进行，红娘作为直播间主持人引导话题、调动气氛，帮助用户快速破冰，用户也可自由选择公开或专属相亲模式，吸收更多围观者加入互动或保证私密性，代表平台如伊对、趣约会等；三是陌生人社交类产品，基于产品调性为用户提供不同的个人信息展示形式，并根据地理位置或大数据算法进行匹配，满足用户释放情绪压力、获取情感支持的同性或异性交友需求，代表平台如探探、Soul、Blued 等；四是恋爱体验类产品，包括情侣互动记录和虚拟恋人养成等类型，为用户提供促进情侣互动、增进感情的私密平台，或基于用户个人资料、恋爱交友倾向匹配用户，通过设置活动任务帮助虚拟恋人间增进了解，满足娱乐交友和体验类需求，代表平台如小恩爱、红蓝 CP 等。

28.6.2　市场规模

2020 年，受疫情影响，婚恋服务线下门店的运营与服务履约受到明显阻滞，行业企业加速线上服务调整升级，如发力视频相亲，将线下红娘牵线和嘉宾互动转移至线上，并进行更多线上相亲形式或渠道的拓展。2020 年春节期间主要婚恋交友 App 人均使用时长均大幅增加，百合佳缘集团旗下的世纪佳缘人均使用时长增长 114.5%、百合婚恋使用时长增长 88.7%。2020 年下半年，得益于线上婚恋市场的持续发展和线下市场的稳定复苏，婚恋市场规模有所恢复，但从数据来看，市场规模尚未恢复至 2019 年同期水平[1]。

目前，中国网络婚恋交友市场基本成熟，行业格局总体趋于稳定。2019 年婚恋行业新研发上线的 52 款产品，在 2020 年 6 月，仅有 9 款产品能够进入 iOS 日畅销榜前 200 名，而发布时间更早的产品，能够进入前 200 名的更是屈指可数，新产品在国内婚恋社交市场成功突围的难度越来越大[2]。

在综合服务类产品和视频相亲类产品方面，从应用装机量和活跃用户数量来看，百合佳缘作为中国最大的网络婚恋交友品牌，2020 年以 30.3% 的平台应用装机量市场份额居首位，月均活跃用户数达 671.1 万人，处于行业领先地位；珍爱网排名第二位，平台应用装机量市场份额为 19%，月均活跃用户数为 441.2 万人；新兴视频相亲平台伊对在新冠肺炎疫情特殊时期平台应用装机量剧增，以 14.2% 的份额排名第三位，月均活跃用户数为 288.6 万人[3]。

在陌生人社交类产品和恋爱体验类产品方面，头部应用表现同样亮眼。从各企业公布数据来看，截至 2020 年 12 月，探探累计注册用户突破 4 亿人，实现互相匹配逾 200 亿次，月均活跃用户数约 3000 万人；Soul 累计注册用户突破 1 亿人，月均活跃用户数超过 3000 万人，2020 年国庆长假期间，Soul 攀升至苹果 App Store 社交类免费 App 排行榜第一名，并在随后数月一直保持在前 5 名以内；Blued 作为中国最大的同性交友软件，其母公司蓝城兄弟于 2020 年 7 月在美国上市，注册用户超过 4900 万人，覆盖 210 多个国家和地区，月均活跃用户数超过 600 万人，其中海外用户占比超过 49%；小恩爱作为较早涉水情侣互动应用的产品，2020

---

[1] 易观分析：《2020 年第 4 季度中国互联网婚恋交友市场规模为 12.15 亿元 释放平台赋能能力拉升品牌影响力》。

[2] 易观分析：《在线婚恋交友行业年度综合分析 2020》。

[3] 比达咨询：《2020 年度中国互联网婚恋交友市场研究报告》。

年 8 月活跃设备数超过 500 万台[1]。

2019 年第四季度—2020 年第四季度中国网络婚恋交友市场规模如图 28.16 所示。

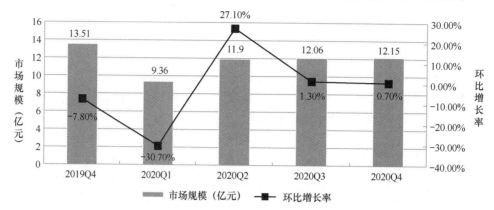

图28.16 2019年第四季度—2020年第四季度中国网络婚恋交友市场规模

28.6.3 商业模式

从婚恋交友行业用户的细分服务需求来看，我国婚恋交友平台最主要的功能仍是相亲中介，75.2%的用户在服务需求上选择了相亲服务。同时，我国婚恋交友平台以婚恋为切入点，重点推介"婚恋+社交"，满足用户社交互动需求，64.8%的用户选择恋爱社交服务；部分平台延伸婚恋产业链，布局婚礼阶段，帮助用户增长婚礼策划方面的知识或提供婚礼策划方面的服务，37.4%的用户选择婚礼策划服务；部分企业为用户提供情感方面的咨询服务，26.5%的用户选择情感咨询服务[2]。

基于以上需求的商业盈利主要分为 3 个部分：一是依靠用户流量红利，一方面基于流量规模，收取会员费用和广告费用；另一方面基于流量质量，进行核心行为收费或开展商业合作推广。由于婚恋服务红利期已过，在获客难度提升的背景下，除了加大基于流量的会员付费和商业合作投入以外，探索更多服务变现方式日趋重要。二是增值服务变现，包括服务付费、内容付费和虚拟物品销售。服务付费的主要形式包括一对一红娘服务收费、线下沉浸式约会体验场馆收费、相亲活动报名费、专属特权付费（排名提前、守护特权等）和直播收益抽成（红娘打赏分成等）；内容付费和虚拟物品销售则包括婚恋课程辅导、虚拟礼物等形式。三是挖掘产业生态价值。在技术、资本和需求的多重驱动下，婚恋行业也在由主业运营模式向跨界融合，通过"婚恋+"的发展路径，开拓更多新场景、新人群，延伸并深挖生态价值。

值得注意的是，媒介技术的进步推动婚恋平台持续探索新的信息传播方式，以帮助用户更有效地建立关系和互动，继信件、群组聊天、语音后，视频正逐渐迎合用户习惯发展为婚恋平台新兴交互模式，以直播打赏或虚拟礼物为主的增值服务变现成为行业新的收入增长方式，泛娱乐、泛社交领域比传统婚恋社交形式具有更强的商业变现能力，或将成为婚恋交友行业在当前环境下进一步发展的重要助力。传统网络婚恋企业百合佳缘、珍爱网分别推出独

---

[1] 艾瑞咨询：《数说七夕 2020 年中国移动互联网流量月度分析报告》。

[2] 比达咨询：《2020 年度中国互联网婚恋交友市场研究报告》。

立的视频相亲应用"花丛""趣约会"，以直播实时视频互动的产品形式拓展更具娱乐性、沉浸感的场景化社交，探索更符合年轻人恋爱交友需求的社交方式。映客、虎牙等直播平台推出视频相亲产品"对缘""伊起"，依托成熟的视频直播流和互动技术优势，增加相亲交友玩法，促进平台内容形式的多元化，开拓秀场、游戏直播外的新市场。陌陌依托陌生人社交和直播积淀，推出视频相亲交友产品"对对"，通过布局更加细分的视频社交场景完善产品矩阵，加深行业"护城河"，探探也通过上线产品"牵手恋爱"进一步深入婚恋社交领域。总体来看，婚恋交友、泛娱乐和泛社交领域交叉渗透的情况进一步加剧了网络婚恋交友行业的市场竞争。

28.6.4　发展挑战

网络婚恋交友平台利用信息时代的便利性为用户提供服务，在市场规模扩大的同时，种种乱象和发展困境也随之而来。网络诈骗、恶意营销、用户隐私泄露等问题造成用户精神和财产伤害，行业交叉渗透带来的复杂竞争使得提高用户黏性、扩大收入规模的难度越发提高。

1. "云相亲"诈骗频发，诚信和安全成为婚恋交友服务核心问题

在人工智能、大数据等多重新兴技术加持下，婚恋交友平台的产品与服务模式正在加速优化，通过精准推荐、智能匹配等增强用户体验，并以智能筛查系统、反欺诈模型保障用户安全，但是长期以来网络婚恋行业中存在的诸如网络诈骗和信息安全问题仍未彻底解决。比如，真实用户资料本该是婚恋网站的核心资产与发展基石，但在利益驱使下，一些平台把"实名认证""真实交友"作为招揽用户、吸引流量的手段，却未对虚假注册信息及账户交易进行有效防范，让实名认证沦为诈骗工具。平台信用因此消耗殆尽，用户留存率低，陷入恶性循环。同时，婚恋平台服务具有一定的特殊性，不仅要对服务对象进行监督，还需对发布信息进行审查。《网络安全法》规定，用户不提供真实身份信息的，网络运营者不得为其提供相关服务。只顾收费而不严格履行审核和风险提示义务，导致用户付费购买会员服务后遭受损失，婚恋平台需承担相应的责任[1]。过去网络交友诈骗大多通过老牌婚恋网站进行，但近年来探探、陌陌等交友软件成为犯罪分子的主阵地，还出现了利用 Soul、伊对、积木等交友软件诈骗的案件，其中 Soul、伊对等 App 的投诉量呈上升趋势[2]。作为移动应用普遍存在的问题之一，用户对个人信息安全问题的重视程度和相对不满意程度均有提升[3]。网络婚恋交友安全问题应当引起全社会持续关注，通过用户、企业、政府监管部门多方携手，促进婚恋交友平台健康有序、良性发展。

2. 网络婚恋交友产品创收增长乏力，盈利模式有待完善

一些平台为实现盈利，往往推出高收费服务，用户相关投诉中反映"婚恋平台套路太多"，极大地影响了用户对婚恋平台的信任和使用意愿。也有投诉称，相亲直播中客服不断怂恿用户"送礼物"，但钱花出去了，用户却一无所获。直播中诱导消费和恶意营销的不良模式亦

---

[1] 韩小乔：《婚恋平台当坚守实名制底线》，《安徽日报》，2020 年 7 月 8 日第 9 版。

[2] 伍洲奇：《监管失位 漏洞待补 灰色的网络婚恋平台》，《法人》，2021 年第 2 期。

[3] 艾瑞咨询：《通信行业：2020 年中国移动应用趋势洞察白皮书》。

亟须转变。而且，在婚恋交友模式不断创新，行业间跨界渗透的趋势下，仅依靠单一产品线生存的企业，如果产品后续增长乏力，将可能面临业绩大幅下滑的风险。从移动端用户的行为偏好来看，越来越多适婚年龄段用户的时间正在被短视频、漫画、游戏和各种新型文化娱乐产品分割，尤其是 95 后、00 后，对于游戏、直播、音乐等泛娱乐内容偏好更加明显，年轻一代的社交需求和恋爱玩法正变得更加多样[1]，提高婚恋交友平台用户黏性和扩展变现渠道的战况也将更加激烈。行业企业在面对线上交友的泛娱乐化趋势时，如何开拓下沉用户市场，布局能够满足多元婚恋交友需求的业务和产品线，进一步整合婚恋产业链上下游经营效益，仍需持续探索创新。

（程超功、李文杰、喻平、许闻苑、李强、申涛林、杨泠旋、孟祥成、任鹤坤）

---

[1] 易观分析：《在线婚恋交友行业年度综合分析 2020》。

第四篇

治理与发展
环境篇

 2020 年中国互联网政策法规建设情况

 2020 年中国网络知识产权保护状况

 2020 年中国互联网治理状况

 2020 年中国网络安全状况

 2020 年中国网络资本发展状况

 2020 年中国网络人才建设情况

第 29 章　2020 年中国互联网政策法规建设情况

2020 年，在网络强国战略的指引下，随着基础通信技术的更新换代，我国互联网行业迎来了重要的战略机遇期，电子商务、网络游戏、在线教育、互联网金融等互联网行业均实现了显著增长，创造了一项项新的历史成绩。面对新冠肺炎疫情的重大冲击，互联网行业充分运用云计算、大数据、人工智能等新一代信息技术与平台服务优势，开发非接触式经济模式，助力我国经济社会线上化进程提速，培育经济发展新动能，推动高质量发展。

29.1　疫情防控与复工复产

2020 年 1 月 24 日，国务院办公厅发布《国务院办公厅关于征集新型冠状病毒感染的肺炎疫情防控工作问题线索及意见建议的公告》，强调国务院办公厅将从即日起在国务院"互联网+督查"平台面向社会征集有关地方和部门在疫情防控工作中责任落实不到位、防控不力、推诿扯皮、敷衍塞责等问题线索，以及改进和加强防控工作的意见建议。该公告是电子政务运用的极佳典例。

2020 年 2 月 3 日，国家卫生健康委办公厅印发《国家卫生健康委办公厅关于加强信息化支撑新型冠状病毒感染的肺炎疫情防控工作的通知》，指出依托各省级卫生健康委网站等公开规范渠道，集中汇聚已经注册审批的互联网医院、互联网诊疗平台及相关医院网站的服务链接并及时发布，便于群众及时获取相关疫情防控和诊疗服务信息。同时，积极组织各级医疗机构借助"互联网+"开展针对新型冠状病毒感染的肺炎的网上义务咨询、居家医学观察指导等服务，拓展线上医疗服务空间，引导患者有序就医，缓解线下门诊压力。最后，充分发挥互联网医院、互联网诊疗的独特优势，鼓励在线开展部分常见病、慢性病复诊及药品配送服务，降低其他患者线下就诊交叉感染风险。

2020 年 2 月 26 日，国家卫生健康委印发《国家卫生健康委办公厅关于进一步落实科学防治精准施策分区分级要求做好疫情期间医疗服务管理工作的通知》，强调加强互联网诊疗咨询服务工作，要求各地区要充分利用"互联网+医疗"的优势作用，在疫情防控中积极做好互联网诊疗咨询服务。大力开展预约挂号、预约检查，合理分布预约时段，减少人群聚集，降低交叉感染风险。积极提供线上健康评估、健康指导、健康宣教、就诊指导、慢病复诊、心理疏导等服务，精准指导患者有序地去实体医院就诊。卫生健康行政部门要加强对互联网诊疗服务的监管，确保诊疗服务规范、科学、合理开展。

2020 年 2 月 28 日，国家医保局、国家卫生健康委印发《关于推进新冠肺炎疫情防控期间开展"互联网+"医保服务的指导意见》，指出要按照《国务院办公厅关于促进"互联网+医疗健康"发展的意见》（国办发〔2018〕26 号）等文件精神，就疫情期间开展"互联网+"医保服务。具体措施包括：将符合条件的"互联网+"医疗服务费用纳入医保支付范围；使用医保电子凭证实现互联网医保服务无卡办理；根据"互联网+"医疗服务特点，落实线上实名制就医，配套建立在线处方审核制度、医疗服务行为监管机制，保障诊疗、用药合理性，防止虚构医疗服务，确保医保基金安全。

2020 年 3 月 1 日，交通运输部发布《交通运输部应对新型冠状病毒感染的肺炎疫情联防联控机制关于严格落实网约车、顺风车疫情防控管理有关要求的通知》，以贯彻国务院应对新冠肺炎疫情联防联控机制和首都严格进京管理联防联控协调机制的有关要求，进一步规范网约车、顺风车离汉离鄂和进出京等疫情防控工作。通知强调严肃追责问责。造成疫情输入输出的，将按照网约车行业事中事后联合监管有关要求，依法依规组织对相关平台实施暂停发布、下架移动互联网应用程序（App），以及停止互联网服务、停止联网或停机整顿等措施。

2020 年 3 月 3 日，国务院办公厅发布《国务院办公厅关于进一步精简审批优化服务精准稳妥推进企业复工复产的通知》，强调建立健全企业复工复产诉求响应机制。各地区要依托互联网、电话热线等，及时掌握和解决企业复工复产中遇到的实际困难。完善企业信用修复机制，协助受疫情影响出现订单交付不及时、合同逾期等失信行为的企业开展信用修复工作。鼓励开设中小企业法律援助绿色通道，就不可抗力免责等法律问题为企业提供服务指导。鼓励保险机构开展企业疫情防控综合保险业务，对复工复产后因发生疫情造成损失的企业提供保险保障，提高理赔服务便利度，消除企业后顾之忧。

29.2　综合性公共政策

2020 年 3 月 2 日，国务院办公厅、人力资源和社会保障部发布《关于依托全国一体化在线政务服务平台做好社会保障卡应用推广工作的通知》，强调加快推进"互联网+政务服务"工作的决策部署，按照《国务院关于加快推进全国一体化在线政务服务平台建设的指导意见》（国发〔2018〕27 号）要求，加快推进社会保障卡依托全国一体化在线政务服务平台跨地区、跨部门应用。

2020 年 7 月 28 日，国务院办公厅发布《国务院办公厅关于支持多渠道灵活就业的意见》，指出为拓宽灵活就业发展渠道，应支持发展新就业形态。实施包容审慎监管，促进数字经济、平台经济健康发展，加快推动网络零售、移动出行、线上教育培训、互联网医疗、在线娱乐等行业发展，为劳动者居家就业、远程办公、兼职就业创造条件。合理设定互联网平台经济及其他新业态、新模式监管规则，鼓励互联网平台企业、中介服务机构等降低服务费、加盟管理费等费用，创造更多灵活就业岗位，吸纳更多劳动者就业。此外，为加大对灵活就业保障支持，还应密切跟踪经济社会发展、互联网技术应用和职业活动新变化，广泛征求社会各方面对新职业的意见建议，动态发布社会需要的新职业、更新职业分类，引导直播销售、网约配送、社群健康等更多新就业形态发展；开展针对性培训，支持各类院校、培训机构、互联网平台企业，更多组织开展养老、托幼、家政、餐饮、维修、美容美发等技能培训和新兴产业、先进制造业、现代服务业等领域新职业技能培训，推进线上线下结合，灵活安排培训时间和培训方式，按规定落实职业培训补贴和培训期间生活费补贴，增强劳动者就业能力；维护劳动保障权益，研究制定平台就业劳动保障政策，明确互联网平台企业在劳动者权益保护方面的责任，引导互联网平台企业、关联企业与劳动者协商确定劳动报酬、休息休假、职业安全保障等事项。

2020 年 8 月 25 日，中共中央办公厅、国务院办公厅发布《关于改革完善社会救助制度的意见》，强调加强对慈善组织和互联网公开募捐信息平台的监管，对互联网慈善进行有效引导和规范，推进信息公开，防止诈捐、骗捐。

2020 年 11 月 15 日，国务院办公厅印发《关于切实解决老年人运用智能技术困难实施方案的通知》，强调推进互联网应用适老化改造。组织开展互联网网站、移动互联网应用改造专项行动，重点推动与老年人日常生活密切相关的政务服务、社区服务、新闻媒体、社交通讯、生活购物、金融服务等互联网网站、移动互联网应用适老化改造，使其更便于老年人获取信息和服务。优化界面交互、内容朗读、操作提示、语音辅助等功能，鼓励企业提供相关应用的"关怀模式""长辈模式"，将无障碍改造纳入日常更新维护。

29.3　工业互联网

2020 年 3 月 6 日，工业和信息化部办公厅印发《关于推动工业互联网加快发展的通知》，以落实党中央关于推动工业互联网加快发展的决策部署，统筹发展与安全，推动工业互联网在更广范围、更深程度、更高水平上融合创新，培植壮大经济发展新动能，支撑实现高质量发展。通知强调要加快新型基础设施建设，改造升级工业互联网内外网络，增强完善工业互联网标识体系，提升工业互联网平台核心能力，建设工业互联网大数据中心；要加快拓展融合创新应用，积极利用工业互联网促进复工复产，深化工业互联网行业应用，加快工业互联网试点示范推广普及；要加快健全安全保障体系，建立企业分级安全管理制度，完善安全技术检测体系；加快壮大创新发展动能，加快工业互联网创新发展工程建设，深入实施"5G+工业互联网"512 工程。

2020 年 3 月 18 日，工业和信息化部办公厅印发《中小企业数字化赋能专项行动方案》，强调提升智能制造水平。针对中小企业典型应用场景，鼓励创新工业互联网、5G、人工智能和工业 App 融合应用模式与技术；强化供应链对接平台支撑。基于工业互联网平台，促进中小企业深度融入大企业的供应链、创新链。强化网络、计算和安全等数字资源服务支撑；支持电信运营商开展"提速惠企""云光惠企""企业上云"等专项行动，提升高速宽带网络能力，强化基础网络安全，进一步提速降费。加快推广 5G 和工业互联网应用，拓展工业互联网标识应用，加强中小企业网络、计算和安全等数字基础设施建设。

2020 年 3 月 26 日，国务院发布《国务院关于支持中国（浙江）自由贸易试验区油气全产业链开放发展若干措施的批复》，同意《关于支持中国（浙江）自由贸易试验区油气全产业链开放发展的若干措施》，并强调加强信息互联互通，构建国际海事服务网络电子商务平台，推动北斗系统应用，建设跨境电子商务线上综合服务平台，打造海事服务互联网生态圈。

2020 年 4 月 28 日，工业和信息化部印发《关于工业大数据发展的指导意见》，强调加快数据汇聚，加快工业设备互联互通。持续推进工业互联网建设，实现工业设备的全连接。加快推动工业通信协议兼容统一，打破技术壁垒，形成完整贯通的数据链。同时，强调统筹建设国家工业大数据平台。建设国家工业互联网大数据中心，汇聚工业数据，支撑产业监测分析，赋能企业创新发展，提升行业安全运行水平。

2020 年 4 月 30 日，工业和信息化部办公厅印发《关于深入推进移动物联网全面发展的通知》，强调加快移动物联网网络建设，加强移动物联网标准和技术研究，提升移动物联网应用广度和深度，构建高质量产业发展体系，建立健全移动物联网安全保障体系。

2020 年 6 月 6 日，国务院发布《国务院关于落实〈政府工作报告〉重点工作部门分工的意见（2020）》，强调支持制造业高质量发展。（工业和信息化部、国家发展改革委等按职责分工负责，年内持续推进）大幅增加制造业中长期贷款。（人民银行、银保监会、国家发展改革委牵头，年内持续推进）发展工业互联网，推进智能制造，培育新兴产业集群。发展研发设计、现代物流、检验检测认证等生产性服务业。电商网购、在线服务等新业态在抗疫中发挥了重要作用，要继续出台支持政策，全面推进"互联网+"，打造数字经济新优势。

2020 年 6 月 17 日，国务院办公厅发布《国务院办公厅关于支持出口产品转内销的实施意见》，强调为多渠道支持转内销，需精准对接消费需求。引导外贸企业精准对接国内市场消费升级需求，发挥质量、研发等优势，应用大数据、工业互联网等技术，通过个性化定制、柔性化生产，研发适销对路的内销产品，创建自有品牌，培育和发展新的消费热点，推动消费回升。

2020 年 7 月 13 日，国务院发布《国务院关于促进国家高新技术产业开发区高质量发展的若干意见》，强调需要大力培育发展新兴产业。加强战略前沿领域部署，实施一批引领型重大项目和新技术应用示范工程，构建多元化应用场景，发展新技术、新产品、新业态、新模式。推动数字经济、平台经济、智能经济和分享经济持续壮大发展，引领新旧动能转换。引导企业广泛应用新技术、新工艺、新材料、新设备，推进互联网、大数据、人工智能同实体经济深度融合，促进产业向智能化、高端化、绿色化发展。探索实行包容审慎的新兴产业市场准入和行业监管模式。

2020 年 7 月 14 日，国家发展改革委、中央网信办、工业和信息化部等印发《关于支持新业态新模式健康发展 激活消费市场带动扩大就业的意见》，要求从问题出发深化改革、加强制度供给，更有效发挥数字化创新对实体经济提质增效的带动作用，推动"互联网+"和大数据、平台经济等迈向新阶段。意见指出需积极探索线上服务新模式，激活消费新市场，如大力发展融合化在线教育，积极发展互联网医疗等。

2020 年 7 月 23 日，国务院办公厅发布《国务院办公厅关于提升大众创业万众创新示范基地带动作用 进一步促改革稳就业强动能的实施意见》，强调为发挥多元主体带动作用，打造创业就业重要载体，加强返乡入乡创业政策保障。优先支持区域示范基地实施返乡创业示范项目。发挥互联网平台企业带动作用，引导社会资本和大学生创客、返乡能人等入乡开展"互联网+乡村旅游"、农村电商等创业项目。同时，应当发挥大企业创业就业带动作用，由工业和信息化部、国家发展改革委牵头负责，发展"互联网平台+创业单元""大企业+创业单元"等模式，依托企业和平台加强创新创业要素保障。

2020 年 10 月 10 日，工业和信息化部、应急管理部印发《"工业互联网+安全生产"行动计划（2021—2023 年）》，以深入贯彻党的十九大和党的十九届二中、三中、四中全会精神，贯彻新发展理念，坚持工业互联网与安全生产同规划、同部署、同发展，构建基于工业互联网的安全感知、监测、预警、处置及评估体系，提升工业企业安全生产数字化、网络化、智能化水平，培育"工业互联网+安全生产"协同创新模式，扩大工业互联网应用，提升安全生产水平。

2020 年 12 月 22 日，工业互联网专项工作组印发《工业互联网创新发展行动计划（2021—2023 年）》，提出坚持以深化供给侧结构性改革为主线，以支撑制造强国和网络强国建设为目标，顺应新一轮科技革命和产业变革大势，统筹工业互联网发展和安全，提升新型基础设施支撑服务能力，拓展融合创新应用，深化商用密码应用，增强安全保障能力，壮大技术产业创新生态，实现工业互联网整体发展阶段性跃升，推动经济社会数字化转型和高质量发展。

2020 年 12 月 25 日，工业和信息化部印发《工业互联网标识管理办法》，以促进工业互联网标识解析体系健康有序发展，规范工业互联网标识服务，保护用户合法权益，保障标识解析体系安全可靠运行。

29.4　电子商务

2020 年 4 月 27 日，国务院发布《关于同意在雄安新区等 46 个城市和地区设立跨境电子商务综合试验区的批复》，同意在雄安新区、大同市等 46 个城市和地区设立跨境电子商务综合试验区，名称分别为中国（城市或地区名）跨境电子商务综合试验区，具体实施方案由所在地省级人民政府分别负责印发。跨境电子商务综合试验区的设立旨在推动产业转型升级，开展品牌建设，引导跨境电子商务全面发展，全力以赴稳住外贸外资基本盘，推进贸易高质量发展。

2020 年 6 月 16 日，国务院颁布《化妆品监督管理条例》。其中，第四十一条规定："电子商务平台经营者应当对平台内化妆品经营者进行实名登记，承担平台内化妆品经营者管理责任，发现平台内化妆品经营者有违反本条例规定行为的，应当及时制止并报告电子商务平台经营者所在地省、自治区、直辖市人民政府药品监督管理部门；发现严重违法行为的，应当立即停止向违法的化妆品经营者提供电子商务平台服务。"第六十七条规定："电子商务平台经营者未依照本条例规定履行实名登记、制止、报告、停止提供电子商务平台服务等管理义务的，由省、自治区、直辖市人民政府药品监督管理部门依照《中华人民共和国电子商务法》的规定给予处罚。"

2020 年 10 月 25 日，国务院办公厅发布《关于推进对外贸易创新发展的实施意见》，指出要想创新开拓方式，优化国际市场布局，就应当推进贸易畅通工作机制建设。落实好已签署的共建"一带一路"合作文件，大力推动与重点市场国家特别是共建"一带一路"国家商建贸易畅通工作组、电子商务合作机制、贸易救济合作机制，推动解决双边贸易领域突出问题。在"创新发展模式，优化贸易方式"一节中，意见表示支持边境地区发展电子商务。探索发展新型贸易方式。支持在自由贸易港、自由贸易试验区探索促进新型国际贸易发展。

29.5 互联网医疗健康

2020年2月6日，国家卫生健康委办公厅发布《关于在疫情防控中做好互联网诊疗咨询服务工作的通知》，强调充分发挥互联网诊疗咨询服务在疫情防控中的作用，同时以建立互联网诊疗服务平台、加强对各医疗机构开展互联网诊疗咨询服务的组织工作等方式科学组织互联网诊疗咨询服务工作。最后，通知强调切实做好互联网诊疗咨询服务的实时监管工作。各省级卫生健康行政部门要按照《互联网诊疗管理办法（试行）》《互联网医院管理办法（试行）》《远程医疗服务管理规范（试行）》等有关规定，规范开展互联网诊疗服务工作。要充分利用省级互联网诊疗服务监管平台，加强对互联网诊疗服务的事前、事中和事后的动态监管，加强医务人员资质、诊疗行为、处方流转、数据安全的监管，保障互联网医疗健康服务规范有序，确保医疗安全和质量，对不合规范的诊疗咨询行为进行预警和跟踪处理，对不良事件和患者投诉进行受理，确保群众健康权益。

2020年5月8日，国家卫生健康委、国家中医药管理局印发《关于做好公立医疗机构"互联网+医疗服务"项目技术规范及财务管理工作的通知》，强调规范"互联网+医疗服务"项目相关管理工作，明确"互联网+医疗服务"会计核算及财务管理，统一医疗服务工作量统计口径，并提供"互联网+医疗服务"项目技术规范。

2020年5月21日，国家卫生健康委办公厅印发《关于进一步完善预约诊疗制度加强智慧医院建设的通知》，强调大力推动互联网诊疗与互联网医院发展，要求地方各级卫生健康行政部门、各医院总结新冠肺炎疫情期间开展互联网诊疗、建设互联网医院、运用远程医疗服务的有益经验，进一步推动互联网技术与医疗服务融合发展。各医院要进一步建设完善医院互联网平台，发挥互联网诊疗和互联网医院高效、便捷、个性化等优势。

2020年6月6日，国务院发布《国务院关于落实〈政府工作报告〉重点工作部门分工的意见（2020）》，强调提高基本医疗服务水平。由国家发展改革委、国家卫生健康委、国家中医药局牵头，年内持续推进发展"互联网+医疗健康"。提高城乡社区医疗服务能力。推进分级诊疗。构建和谐医患关系。

2020年7月16日，国务院办公厅发布《国务院办公厅关于印发深化医药卫生体制改革2020年下半年重点工作任务的通知》，强调为深化医疗保障制度改革，应当加强医保基金管理，健全监管机制。开展基于大数据的医保智能监控，推广视频监控、人脸识别等技术应用，探索实行省级集中监控。推进"互联网+医疗保障"，加快建设全国统一的医疗保障信息平台，并做好与全国一体化政务服务平台的对接。

2020年10月24日，国家医疗保障局印发《积极推进"互联网+"医疗服务医保支付工作的指导意见》，以贯彻落实《中共中央国务院关于深化医疗保障制度改革的意见》和《国务院办公厅关于促进"互联网+医疗健康"发展的意见》（国办发〔2018〕26号）精神，大力支持"互联网+"医疗服务模式创新，进一步满足人民群众对便捷医疗服务的需求，提高医保管理服务水平，提升医保基金使用效率。

29.6　互联网+交通物流

2020 年 8 月 22 日，国家发展改革委、工业和信息化部、公安部等印发《推动物流业制造业深度融合创新发展实施方案》，强调紧扣关键环节，促进物流业制造业融合创新，促进信息资源融合共享。促进工业互联网在物流领域融合应用，发挥制造、物流龙头企业示范引领作用，推广应用工业互联网标识解析技术和基于物联网、云计算等智慧物流技术装备，建设物流工业互联网平台，实现采购、生产、流通等上下游环节信息实时采集、互联共享，推动提高生产制造和物流一体化运作水平。

2020 年 10 月 20 日，国务院办公厅发布《国务院办公厅关于印发新能源汽车产业发展规划（2021—2035 年）的通知》，强调推动新能源汽车与交通融合发展，构建智能绿色物流运输体系。推动新能源汽车在城市配送、港口作业等领域应用，为新能源货车通行提供便利。发展"互联网+"高效物流，创新智慧物流营运模式，推广网络货运、挂车共享等新模式应用，打造安全高效的物流运输服务新业态。

29.7　互联网金融

2020 年 2 月 5 日，中国人民银行发布《中国人民银行关于发布〈网上银行系统信息安全通用规范〉行业标准的通知》，对网上银行这一概念做出定义，即商业银行等银行业金融机构通过互联网、移动通信网络、其他开放性公众网络或专用网络基础设施向其客户提供的网上金融服务。通知指出，网上银行系统将传统的银行业务同互联网等资源和技术进行融合，将传统的柜台通过互联网、移动通信网络、其他开放性公众网络或专用网络向客户进行延伸，是商业银行等银行业金融机构在网络经济的环境下，开拓新业务、方便客户操作、改善服务质量、推动生产关系等变革的重要举措，提高了商业银行等银行业金融机构的社会效益和经济效益。

2020 年 5 月 8 日，中国银行保险监督管理委员会办公厅印发《信用保险和保证保险业务监管办法》，规定保险公司通过互联网开展融资性信保业务的，应当按照互联网保险业务监管规定，在官网显著位置对保险产品、保单查询链接、客户投诉渠道、信息安全保障、合作的互联网机构等内容进行披露；同时要求合作的互联网机构在业务网页显著位置对上述内容进行信息披露。

2020 年 6 月 22 日，中国银行保险监督管理委员会印发《关于规范互联网保险销售行为可回溯管理的通知》，以规范和加强互联网保险销售行为可回溯管理，保障消费者知情权、自主选择权和公平交易权等基本权利，促进互联网保险业务健康发展。

2020 年 7 月 12 日，中国银行保险监督管理委员会发布《商业银行互联网贷款管理暂行办法》，以规范商业银行互联网贷款业务经营行为，促进互联网贷款业务健康发展。办法分为总则、风险管理体系、风险数据和风险模型管理、信息科技风险管理、贷款合作管理、监督管理、附则共 7 章。

2020 年 9 月 22 日，国家外汇管理局印发《通过银行进行国际收支统计申报业务实施细则》，对通过"数字外管"平台互联网版进行涉外收入网上申报的流程做出详细规定。

2020 年 12 月 7 日，中国银行保险监督管理委员会发布《互联网保险业务监管办法》，以规范互联网保险业务，有效防范风险，保护消费者合法权益，提升保险业服务实体经济和社会民生的水平。

29.8 网络广告

2020 年 3 月 17 日，国家市场监管总局发布《关于印发 2020 年立法工作计划的通知》，提出拟制修订部门规章 48 部，其中之一为《互联网广告管理暂行办法》。该暂行办法的出台对于乱象丛生的互联网广告行业将起到规范作用。

2020 年 3 月 9 日，国家市场监管总局、中央宣传部、中央网信办、工业和信息化部、公安部、国家卫生健康委、中国人民银行、国家广播电视总局、中国银行保险监督管理委员会、国家中医药局、国家药品监督管理局等 11 个部门印发《整治虚假违法广告部际联席会议 2020 年工作要点》和《整治虚假违法广告部际联席会议工作制度》。《整治虚假违法广告部际联席会议 2020 年工作要点》指出要加强重点领域广告监管。加强重点媒体、媒介广告监管，夯实互联网平台责任，依法加强对广播电视播出机构、金融机构、医疗机构的管理，严肃查处平台和机构违规广告行为。同时，该文件也强调治理规范移动端互联网广告。研究加强广告新兴业态监管，突出重点平台、重点媒介，加大监测监管力度，坚决遏制移动 App、自媒体账号等虚假违法广告多发、易发态势。督促互联网平台自觉履行法定义务和责任，核查有关证明文件和广告内容，及时制止发布虚假违法广告行为。为此，各部门应当相互协作，形成合力。

2020 年 10 月 19 日，国家市场监管总局、中央宣传部、工业和信息化部等印发《关于印发 2020 网络市场监管专项行动（网剑行动）方案的通知》，要求强化互联网广告监管，维护互联网广告市场秩序。集中整治社会影响大、覆盖面广的门户网站、搜索引擎、电子商务平台、移动客户端和新媒体账户等互联网媒介上发布违法广告行为。重点查处医疗、药品、保健食品、房地产、金融投资理财等关系人民群众身体健康和财产安全的虚假违法广告，尤其是疫情期间涉及防疫用品、生活物资等的虚假违法广告，加大执法办案力度，查办、曝光一批大案要案。

29.9 数字内容产业

2020 年 1 月 17 日，国家民委、全国总工会、共青团中央、全国妇联印发《关于进一步做好新形势下民族团结进步创建工作的指导意见》，指出要积极推进"互联网+民族团结"行动，充分利用新闻网站、政务新媒体等，打造网上文化交流共享平台，促进各民族文化交流互鉴，把互联网空间建成促进民族团结进步、铸牢中华民族共同体意识的新平台。要抓好"互联网+民族团结"，围绕民族团结开发兼有少数民族语言文字的专门的网站和微信公众号，用好互联网这个民族团结进步宣传教育新载体。

2020 年 9 月 26 日，中共中央办公厅、国务院办公厅印发《关于加快推进媒体深度融合发展的意见》，指出要推动主力军全面挺进主战场，以互联网思维优化资源配置，把更多优质内容、先进技术、专业人才、项目资金向互联网主阵地汇集、向移动端倾斜，让分散在网下的力量尽快进军网上、深入网上，做大做强网络平台，占领新兴传播阵地。同时，意见还指出要以先进技术引领驱动融合发展，用好 5G、大数据、云计算、物联网、区块链、人工智能等信息技术革命成果，加强新技术在新闻传播领域的前瞻性研究和应用，推动关键核心技术自主创新。要推进内容生产供给侧结构性改革，更加注重网络内容建设，始终保持内容定力，专注内容质量，扩大优质内容产能，创新内容表现形式，提升内容传播效果。

2020 年 11 月 18 日，文化和旅游部印发《关于推动数字文化产业高质量发展的意见》，强调发展平台经济。深入推进"互联网+"，促进文化产业上线上云，加快传统线下业态数字化改造和转型升级，培育文化领域垂直电商供应链平台，形成数字经济新实体。鼓励各类电子商务平台开发文化服务功能和产品、举办文化消费活动，支持互联网企业打造数字精品内容创作和新兴数字文化资源传播平台，支持具备条件的文化企业平台化拓展，培育一批具有引领示范效应的平台企业。

29.10　网络安全

2020 年 2 月 14 日，工业和信息化部办公厅发布《关于做好疫情防控期间信息通信行业网络安全保障工作的通知》，强调加强涉疫情电信网络诈骗防范。充分发挥电信网、互联网诈骗技术防范系统等技术平台作用，切实强化对涉疫情诈骗电话、短信的精准分析和依法快速处置。

2020 年 4 月 13 日，国家互联网信息办公室、国家发展改革委、工业和信息化部、公安部、国家安全部、财政部、商务部、中国人民银行、国家市场监管总局、国家广播电视总局、国家保密局、国家密码管理局公布了联合制定的《网络安全审查办法》，规定网络安全审查办公室设在国家互联网信息办公室，负责制定网络安全审查相关制度规范，组织网络安全审查。

2020 年 12 月 17 日，工业和信息化部办公厅印发《电信和互联网行业数据安全标准体系建设指南》，以发挥标准对电信和互联网行业数据安全的规范和保障作用，加快制造强国和网络强国建设步伐。

29.11　互联网市场监督

2020 年 7 月 15 日，国务院办公厅发布《国务院办公厅关于进一步优化营商环境更好服务市场主体的实施意见》，指出需降低小微企业等经营成本。鼓励引导平台企业适当降低向小微商户收取的平台佣金等服务费用和条码支付、互联网支付等手续费，严禁平台企业滥用市场支配地位收取不公平的高价服务费。这是中央加强对互联网平台监管的先兆。

2020 年 7 月 22 日，工业和信息化部印发《关于开展纵深推进 App 侵害用户权益专项整治行动的通知》，依据《网络安全法》《电信条例》《规范互联网信息服务市场秩序若干规定》（工业和信息化部令第 20 号）、《电信和互联网用户个人信息保护规定》（工业和信息化部令第 24 号）和《移动智能终端应用软件预置和分发管理暂行规定》（工信部信管〔2016〕407 号）等规定，深入推进技管结合，加强监督检查，督促相关企业强化 App 个人信息保护，及时整改消除违规收集、使用用户个人信息和骚扰用户、欺骗误导用户、应用分发平台管理责任落实不到位等突出问题，净化 App 应用空间。2020 年 8 月底前上线运行全国 App 技术检测平台管理系统，12 月 10 日前完成覆盖 40 万款主流 App 检测工作。

2020 年 10 月 19 日，国家市场监管总局、中央宣传部、工业和信息化部等印发《关于印发 2020 网络市场监管专项行动（网剑行动）方案的通知》，以充分发挥网络市场监管部际联席会议各成员单位职能优势，持续推进《电子商务法》贯彻落实，严厉打击网络市场违法行为，落实电子商务经营者责任义务，着力规范网络市场经营秩序。

2020 年 11 月 10 日，国家市场监管总局公布《关于平台经济领域的反垄断指南（征求意见稿）》，以预防和制止互联网平台经济领域垄断行为，降低行政执法和经营者合规成本，加强和改进平台经济领域反垄断监管，保护市场公平竞争，维护消费者利益和社会公共利益，促进平台经济持续健康发展。

（董宏伟、王琪）

第30章 2020年中国网络知识产权保护状况

30.1 发展现状

1. 知识产权多元共享共治格局深入发展

2020 年，政府、平台、权利人、消费者等多元主体参与的知识产权社会治理体系达成更大范围的共识，知识产权社会协同共治进入新阶段：一是政企合作加强，平台企业与政府构建常态化交流机制，除了与中央监管部门线上线下对侵权假冒的联合打击以外，与地方政府进行具有本地特色的知识产权合作也逐步开展，如在浙江成立的全国首家电商专利执法调度中心——中国电子商务领域专利执法维权协作调度（浙江）中心，通过建立全国各省知识产权执法主体与浙江省内电子商务平台之间的协作机制，有效解决电商专利侵权跨省执法痛点。二是平台知识产权治理能力不断提升，由阿里巴巴发起的打假联盟 AACA 成员数量已经发展到 185 个，覆盖 18 个国家和地区，品牌数量已超过 600 个，同比增长了 33%。数据还显示，通过主动防控合作，AACA 权利人 2020 年 1—9 月投诉量同比下降 35%。自 2019 年 9 月以来，AACA 协助 88 个成员与执法机关一道破获 251 起刑事案件，协助警方抓获 1260 名犯罪嫌疑人，线上线下案件涉案总值达 15 亿元。三是技术手段成为互联网知识产权源头治理的重要支撑。新技术支持下的云服务、区块链广泛应用于知识产权保护领域，并提供有效的保护实践。基于区块链技术和 ISLI 标准体系的智能云平台——版权业，为数字音乐的正版化交易和传播提供一站式服务；百度文库率先在文档版权保护行业引入区块链技术，为百度文库和"知识店铺"的内容创作者提供区块链存证服务、著作权认证服务和全网实时监测等功能，实现从创作源头到售卖的完整版权服务链，保护内容创作者的正当权益。

2. 良好营商环境和创新环境助力知识产权高质量发展

知识产权创造是推动创新经济和高质量发展的关键所在，加强知识产权保护是提高我国国际核心竞争力的重要举措。随着知识产权严保护的不断实施，2020 年，我国知识产权高质量发展取得新成效，知识产权塑造良好营商环境和创新环境取得新进展：我国版权产业的行业增加值 7.32 万亿元，占 GDP 的比重为 7.39%；专利、商标质押融资项目达 12039 项，同比增长 43.8%；质押融资总额达 2180 亿元，同比增长 43.9%。WIPO 发布的《2020 年全球创新指数》显示，中国保持在全球创新指数榜单第 14 名，也是跻身 GII 综合排名前 30 位经济体中唯一的中等收入经济体。中国在单位 GDP 本国人专利申请量、本国人实用新型申请量、本国人商标申请量、本国人外观设计申请量、创意产品出口在贸易总额中的占比等重要创新指标上均位居第一。世界顶尖的科技集群中，有 17 个位于中国，其中深圳—香港—广州科技集群位居全球第二。在创新国际化方面，同族专利得分在中国创新质量得分中的比重达10%，远高于中等收入经济体平均 4%的水平。欧洲专利局发布的 2020 年专利指数显示，来自中国的专利申请量为 13432 件，同比增长 9.9%，创历史新高，仅次于美国、德国和日本。2020 年，我国企业海外知识产权布局能力进一步增强，2020 年受理国内申请人提交的 PCT 国际专利申请量同比增长 17.9%；收到国内申请人提交的马德里商标国际注册申请量同比增长 16.1%。2020 年前 11 个月知识产权使用费出口额为 74.7 亿美元，同比增长 24.2%。

3. 国际经贸磋商推动我国知识产权治理与国际规则的衔接，助力高水平对外开放

2020 年，伴随着中美第一阶段经贸协议的签署、《视听表演北京条约》的正式生效及 RCEP协议的正式签署，我国与其他国家地区在经贸往来中的知识产权问题达成诸多共识，推动我国知识产权治理与国际规则衔接。新修改的专利法、商标法、反不正当竞争法及修改中的著作权法明确建立知识产权侵权惩罚性赔偿制度，对故意侵权规定了最高 5 倍的惩罚性赔偿，将法定赔偿额上限调高到 500 万元。新颁布的《民法典》作为一般法，在侵权编突破了填平原则，增设了侵犯知识产权惩罚性赔偿的兜底条款；《刑法修正案（十一）》降低了侵害商业秘密罪的入罪门槛，与 CPTPP 和中美经贸协议要求一致，取消了"造成实际损失"的构成要件，只要侵权行为"情节严重"即可入刑。同时，将侵害商业秘密罪的最高刑期提高到了 10年，为打造公平公正的市场竞争环境提供了有力抓手。2020 年，"一带一路"沿线国家加大在华专利布局力度，其中在华发明专利申请量为 2.3 万件，同比增长 3.9%，高于其他国家在华申请专利数量的同比增速。其中，新加坡同比增长 21.0%、韩国同比增长 4.4%。在大数据、人工智能等新兴领域，我国重视通过国内司法解释和适用知识产权国际保护规则，掌握知识产权国际规则制定和解释的话语权。我国互联网法院在跨国知识产权保护、跨境电子商务、国际域名争端等领域，审理了一批在国际互联网领域具有首案示范效应的案件，有效提升了我国在依法治网方面的话语权和影响力。

30.2 细分领域

30.2.1 专利

2020 年，我国发明专利授权 53.0 万件，授权量同比增长 17.1%。截至 2020 年年底，我国国内（未包含中国港、澳、台地区数据）发明专利拥有量共计 221.3 万件，每万人口发明专利拥有量达到 15.8 件，同比增长 18.9%，市场主体平均有效商标拥有量稳步提升，超额完成国家"十三五"规划纲要预期的 12 件的目标。国内发明专利结构不断优化、质量进一步提升，我国国内有效发明专利中，维持年限超过 10 年的达到 28.1 万件，占总量的 12.3%，较上年提升 1 个百分点。企业创新主体地位进一步巩固，国内拥有有效发明专利的企业共 24.6万家，较上年增加 3.3 万家。其中，高新技术企业 10.5 万家，拥有有效发明专利 92.2 万件，占国内企业有效发明专利拥有量的近 60%。2020 年，中国的 PCT 申请量高达 68720[1]件，同比增长 17.9%，排名世界第一。这些数据充分表明，"十三五"期间，我国国内发明专利结构不断优化、质量进一步提升，释放了创新创业的内生动力，企业成为创新主体的重要组成，并引领创新水平的提高。我国正向知识产权强国加速迈进。

30.2.2　版权

党的十九大以来，国家版权局和地方版权行政管理部门全面贯彻落实中央各项决策部署，综合运用法律、政策、行政等手段，推动中国版权产业实现较快增长。截至 2019 年年底，中国版权产业的行业增加值为 7.32 万亿元[2]，同比增长 10.4%，占 GDP 的比重为 7.39%，比上年提高 0.02 个百分点。从对国民经济的贡献来看，中国版权产业占 GDP 的比重由 2016 年的 7.33%增长至 2019 年的 7.39%，提高了 0.06 个百分点，占比呈稳步提升的态势；从年均增速来看，2016—2019 年，中国版权产业行业增加值的年均增长率为 10.3%。版权产业在国民经济中的比重稳步提升，为我国经济高质量发展提供了有力支撑。网络版权产业用户规模不断扩大，网络版权产业增长较快。截至 2020 年 12 月，网络视频、网络音乐、网络游戏和网络文学的用户规模分别为 9.27 亿人、6.58 亿人、5.18 亿人和 4.6 亿人，其中网络视频网民使用比例高达 93.7%[3]。网络版权产业已成为推动版权经济高质量发展的重要引擎，为网络版权保护工作带来新气象。2020 年，我国共登记计算机软件著作权 1722904 件[4]，同比增长 16%，登记总量连续 4 年年均增长超过 20 万件（见图 30.1），软件更迭速度快速提升，创新基础体系不断成熟。

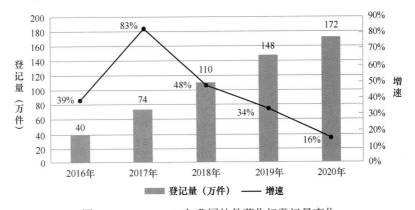

图30.1　2016—2020年我国软件著作权登记量变化

注：图中数据为四舍五入后数据。

30.2.3　商标

2020 年，我国商标注册申请量为 911.6 万件，同比增长近 16.3%；商标注册量为 557.6

---

[1] 数据源自 WIPO。

[2] 数据源自中国新闻出版研究院。

[3] 数据源自 CNNIC 第 47 次《中国互联网络发展状况统计报告》。

[4] 数据源自中国版权保护中心《2020 年度中国软件著作权登记情况分析报告》。

万件。截至 2020 年年底，有效商标注册量达 2839.3 万件，同比增长 12.6%。2020 年，我国申请人提交的马德里商标国际注册申请量 6839 件。截至 2020 年 6 月，我国申请人马德里商标国际注册有效量为 4.1 万件[1]。

30.3 保护成果

30.3.1 政策保障

党的十九大以来，自主建构与经济社会发展水平相适应的知识产权战略、制度、政策驱动创新发展成为核心议题。面对新科技、新业态、新产业和新的国内外形势，党中央、国务院高度重视知识产权工作，出台一系列重大政策，从国家战略高度全面加强知识产权保护力度，充分体现了党中央对于我国知识产权事业改革发展趋势和全球知识产权治理形势的深刻把握与准确洞察，为加强我国知识产权保护工作指明了方向、提供了根本遵循。

在深入实施国家知识产权战略方面，2020 年 11 月，《中共中央关于制定国民经济和社会发展第十四个五年规划和二〇三五年远景目标的建议》（以下简称《建议》）公布，对创新与知识产权保护做出工作部署。《建议》指出，加强知识产权保护，大幅提高科技成果转移转化成效。11 月 30 日，中共中央政治局就加强我国知识产权保护工作举行第二十五次集体学习，习近平总书记用"两个转变"科学界定我国知识产权保护所处的历史方位，即"我国正在从知识产权引进大国向知识产权创造大国转变，知识产权工作正在从追求数量向提高质量转变"，强调"创新是引领发展的第一动力，保护知识产权就是保护创新"。12 月，中共中央印发了《法治社会建设实施纲要（2020－2025 年）》，提出要健全互联网技术、商业模式、大数据等创新成果的知识产权保护方面的法律法规。

在完善市场经济体制、优化营商环境方面，1 月国家知识产权局印发《关于深化知识产权领域"放管服"改革 营造良好营商环境的实施意见》，进一步明确了知识产权领域职能转变和"放管服"改革的总体要求、工作思路、任务目标和具体举措，全面提高行政效能，促进知识产权治理能力现代化。5 月，中共中央发布《关于新时代加快完善社会主义市场经济体制的意见》，完善和细化知识产权创造、运用、交易、保护制度规则，加快建立知识产权侵权惩罚性赔偿制度，完善新领域、新业态知识产权保护制度。

30.3.2 立法完善

1. 知识产权立法体系进一步完善

2020 年，多部知识产权基础性法律连续修改通过，为新时期新业态的知识产权保护提供了更为清晰可行的法律依据。5 月，正式通过的《民法典》对知识产权保护的客体进行了规定。10 月，《专利法》第四次修改通过，对保护客体、相关期限、实施运营和损害赔偿做出较大调整，是专利制度发展史上的新里程碑。11 月，新修改的《著作权法》进一步明确了涉

---

[1] 以上数据源自国家知识产权局。

及数字技术应用的相关法律规则，扩大了著作权的保护客体和控制范围，为新技术的发展预留空间，引入惩罚性赔偿和最低赔偿额制度，增加集体管理组织的调解职能，并加强了与《视听表演北京条约》等国际条约的衔接。《著作权法》此次修改回应了新技术的高速发展和应用给版权制度带来的挑战，着力解决产业实践中长期存在的问题，将对网络版权产业起到激励创作、净化生态、遏制侵权等一系列积极作用。

2. 严厉打击知识产权犯罪

除了民事保护以外，12 月通过的《刑法修正案（十一）》在第 3 章第 7 节对从严打击侵犯知识产权进行全节修改，值得关注。一是落实中美经贸谈判第一阶段协议，特别列出对电子侵入、贿赂的新规定，并将侵犯商业秘密罪的范围延及为境外组织或机构非法提供商业秘密，扩大了侵犯商业秘密犯罪行为类型。二是注重与新修订的《著作权法》的衔接，扩大对侵犯著作权行为的打击力度，强化对著作权或与著作权有关的权利的保护。三是严厉打击侵犯知识产权的行为，将量刑可能在 3 至 7 年的法定刑提高到 3 至 10 年。四是增加对"服务商标"的保护，将服务商标放到与商品商标同等刑法保护的地位。

3. 直播及电商领域规范标准出台

新冠肺炎疫情期间，线上办公、网络直播带货、在线教育等应用快速发展，为规范网络直播及电商领域的健康发展，多部规范性文件及标准密集出台。11 月，国家市场监管总局发布《关于加强网络直播营销活动监管的指导意见》，加强网络直播营销活动监管，保护消费者合法权益，促进直播营销新业态健康发展。国家广播电视总局发布《关于加强网络秀场直播和电商直播管理的通知》，指出网络电商直播平台须严格按照网络视听节目服务管理的相关规定开展视听内容服务，不得超出电子商务范围违规制作、播出与商品售卖无关的评述类等视听节目，打赏必须实名制，未成年用户不得打赏。由国家知识产权局牵头、多部门共同参与制定的，在《电子商务法》框架下研究形成的《电子商务平台知识产权保护管理》国家标准颁布，该标准结合我国电子商务领域发展实际，对范围、规范性文件、术语和定义、电子商务平台管理、电子商务网络信息平台要求、组织知识产权管理、一致性测试等 7 方面内容提出明确要求。该标准的制定，有利于引导电子商务平台相关各方加强知识产权保护管理，增强知识产权保护意识，优化电子商务领域营商环境，展现我国加强知识产权保护的决心和能力。

30.3.3　司法保护

1. 在线诉讼引领网络空间治理法治化

2020 年，互联网法院依托线上审理和管辖特定类型互联网案件的制度优势，审理了一大批具有示范意义的互联网案件，推动新技术在司法领域的创新应用与深度融合。截至 2020 年 8 月 31 日，互联网法院共受理案件 22 万件，审结 19 万件，在线立案申请率为 99.7%，在线庭审率为 98.9%，平均庭审时长 29 分钟，比普通线下诉讼节约时间约四分之三。杭州互联网法院设立了全国首个跨境数字贸易法庭，北京互联网法院与北京市版权局联手打造版权链-天平链协同治理平台，广州互联网法院上线数字金融协同共治平台、著作权纠纷全要素审判系统，并运用区块链、云计算等技术，对被执行人日常消费、转移财产等行为精准画像。

2. 司法解释密集出台

2020年，司法机关出台了一系列知识产权的司法解释和文件，涉及专利、著作权、商业秘密、网络知识产权纠纷、电子商务平台等方面。2020年4月，最高人民法院印发《关于全面加强知识产权司法保护的意见》，就当前知识产权司法保护中的重点、难点问题，提出一系列举措。9月，最高人民法院印发《关于依法加大知识产权侵权行为惩治力度的意见》，规定和完善知识产权司法救济措施，以有效阻遏侵权行为，营造良好的法治化营商环境。2020年9—11月，最高人民法院密集发布专利授权确权、网络知识产权侵权、电商平台知识产权保护、加强著作权和与著作权有关的权利保护等司法解释和指导意见，明确提出各级法院应当依据新《著作权法》准确界定作品类型，依法妥善审理体育赛事直播、网络游戏直播等新类型案件，促进新兴业态规范发展。4月，广东省高级人民法院发布《网络游戏领域知识产权案件审判指引》，对网络游戏纠纷案件的权益保护、侵权认定和赔偿原则做出明确规定，明确了网络著作权纠纷、依法保护和鼓励创新的界限。

3. 热点案件确立新业态知识产权审判规则，首案示范效应明显

2020年，各级法院在审理涉网新类型知识产权案件中确立了同类案件裁判规则，注重保护创新与各方利益的平衡。杭州互联网法院审理了首例公共数据使用不正当竞争案——蚂蚁金服诉企查查不正当竞争案，该案首次确立了公共数据使用的基本原则，对确定公共数据商业化服务的相关原则和划定合理边界具有重要参考价值。广东省深圳市南山区人民法院审理的人工智能生成作品著作权侵权案明确了人工智能生成物的独创性判断步骤，并在如何看待人工智能生成物的创作过程及相关人工智能使用人员的行为能否被认定为法律意义上的创作行为的问题上做出了探索，是全国首例认定人工智能生成的文章构成作品的生效案件。备受瞩目的体育赛事直播第一案——"新浪"中超赛事直播案尘埃落定，北京高院在再审判决中认定涉案中超赛事节目构成类电作品，体育赛事节目作品性的判定有利于规制日益猖獗的盗播行为，促进视听产业和体育赛事产业的健康发展。广州互联网法院审理国内首例MOBA类游戏短视频侵权案，法院判定《王者荣耀》连续画面构成类电作品。该判决创新性地将MOBA类游戏《王者荣耀》认定类电作品维护了游戏厂商的合法权益，同时也确认了MOBA类游戏玩家互动并不影响游戏厂商对游戏画面的著作权权利的观点，也借此厘清了游戏类短视频运营中合理使用的边界，有利于塑造游戏行业的良性竞争秩序。法院将体育赛事作品和游戏连续画面认定为"类电作品"，与《著作权法》第三次修改后引入的"视听作品"概念达成司法实践与立法层面的共识，为网络游戏、赛事节目等新业态提供了更为明确的规则保护。

30.3.4 执法严格

在专利和商标执法方面，为加强知识产权执法工作，严厉打击侵犯商标、专利、地理标志知识产权等违法行为，国家市场监管总局会同知识产权局联合制定《2020年知识产权执法"铁拳"行动方案》，要求加强电子商务执法，完善线上排查、源头追溯、协同查处机制，利用信息技术加强对网络销售行为的监测和排查，提高案件线索的发现、识别能力，推进线上

线下结合、产供销一体化执法，全链条查处侵权假冒违法行为。调动电子商务平台经营者保护知识产权的积极性，督促其落实"通知—删除—公示"责任，并在执法办案中发挥好沟通联络、信息共享等协助作用。2020 年，全国办理专利侵权纠纷行政裁决案件 4.2 万件，同比增长 9.9%。2020 年，全国知识产权系统共处理专利侵权纠纷行政裁决案件超过 4.2 万件。知识产权保护社会满意度得分首次超过 80 分（达到 80.05 分）。

在版权执法方面，2020 年 6 月，国家版权局、国家互联网信息办公室、工业和信息化部、公安部联合启动打击网络侵权盗版"剑网 2020"专项行动，严厉打击视听作品、电商平台、社交平台、在线教育等领域侵权盗版行为，着力规范网络文学、游戏、音乐、知识分享等平台版权传播秩序。专项行动期间，共删除侵权盗版链接 323.94 万条，关闭侵权盗版网站（App）2884 个，查办网络侵权盗版案件 724 件，其中查办刑事案件 177 件、涉案金额 3.01 亿元，调解网络版权纠纷案件 925 件，网络版权秩序进一步规范，网络版权环境进一步净化。该专项行动推动了网络侵权盗版大案要案的查办进度，江苏扬州"幽灵机"盗录传播院线电影案在专项行动期间一审判决，主犯马某予被判处有期徒刑 6 年，并处罚金 550 万元，另有 27 名被告人被刑事处罚，有效惩戒了困扰业界的"幽灵机"盗录传播院线电影违法行为。

在市场竞争执法方面，10 月，国家市场监管总局等 14 家网络市场监管部际联席会议制度成员单位联合发布《关于印发 2020 网络市场监管专项行动（网剑行动）方案的通知》，明确了 2020 网剑行动重点任务包括落实电商平台责任，重拳打击不正当竞争行为，集中治理网上销售侵权假冒伪劣商品，强化互联网广告监管，整治社会热点问题。

30.3.5　社会共治

1. 行业协会与司法部门合作

2020 年 7 月 29 日，首都版权协会与北京互联网法院联合发布诉讼与非诉调解线上线下衔接联动工作机制——"e 版权"诉非"云联"机制。这是全国首个行政与司法部门协作构建的诉讼与非诉调解线上线下衔接联动工作机制。双方立足各自在知识产权领域纠纷化解的优势和职能，依托信息化、智能化建设，实现线上互联互通、深度联动，推动解决涉版权纠纷案件频发所带来的司法与社会问题，共同打造版权保护社会共治的创新模式。

2. 平台提升知识产权治理效能

2020 年，互联网平台知识产权保护成效显著。各平台企业切实履行平台义务，细化平台内知识产权保护管理，各大电商平台知识产权权利人入驻数量不断提升。阿里巴巴集团知识产权保护平台设置更严格的商家入驻审核机制，从身份、资质两方面入手对商家进行审核，对依法需要取得相关许可的店铺和商品，采取"人工必审"制度，96% 的知识产权投诉在 24 小时内被处理。在防控体系上，技术防控持续投入、不断升级。京东的"红网"可以对知名品牌、特殊商号进行针对性保护，目前已保护知名品牌 2100 余个；字节跳动的"灵石系统"致力于原创作者权益的保护，可通过技术手段自动对比平台内视频版权，快速发现侵权内容。

3. 权利人群体发挥合力

2020 年 4 月，网传阅文集团更改了与网络文学作者之间的"创作合同"，其中不少条款颇具争议性，涉及版权买断、推行免费阅读模式、限定非雇佣关系等内容，遭到大量网文作者的抵制，不少网文作者于同年 5 月 5 日在微博、知乎等社交平台联合发起"55 断更节"抗议活动，引发社会舆论对于网络文学产业权益分配问题的广泛关注。中国作家协会、中国文字著作权协会等机构牵头推进网络文学作者组织的建立工作，组织专家拟定版权制式合同条款，以帮助网文作者改变孤立弱势的状况，形成统一、有序的管理格局；同时为网文作者提供法治培训和维权指导，协助网络文学平台出台相关条款，努力推动作者与平台之间的平等对话。2020 年 12 月，156 位作家、编剧、制片人等发表联名公开信对抄袭剽窃行为进行抵制。随后，郭敬明和于正先后就《梦里花落知多少》和《宫锁连城》的侵权行为在微博上公开道歉。行业自省、主动抵制抄袭、为保护原创发声，让版权保护意识深入人心，彰显内容行业保护原创的合力与决心，对净化版权环境具有重要意义。

（李文宇、冯哲、毕春丽）

第31章　2020年中国互联网治理状况

31.1　网络治理概况

2020年，在疫情背景下，网络治理成为党和国家推进国家治理体系和治理能力现代化的突破口。习近平总书记强调要"鼓励运用大数据、人工智能、云计算等数字技术，在疫情监测分析、病毒溯源、防控救治、资源调配等方面更好发挥支撑作用"，这给网络治理提出了新的要求，需要在新业态助力防疫抗疫工作的基础上，通过更有效的举措提升治理水平和效能。2020年2月，习近平总书记在中央政治局常委会研究应对新冠肺炎疫情工作时，指出要加强舆情跟踪研判、开展有针对性的精神文明教育、把控好整体舆论、加强网络媒体管控等，为疫情特殊时期的互联网内容治理工作提出了具体的要求。2020年4月，习近平总书记在中央财经委员会第七次会议上讲话，强调我们要"乘势而上，加快数字经济、数字社会、数字政府建设，推动各领域数字化优化升级"，进一步拓宽了网络治理的领域和范围。2020年9月，习近平总书记在对"十四五"规划编制工作网上意见征求活动的指示中，肯定了网络意见征求活动的实效，认为"这次活动效果很好，社会参与度很高，提出了许多建设性的意见和建议"，这也是我国网络治理以来，互联网主体积极参与国家政治生活的新进步。2020年10月，党的十九届五中全会通过了《中共中央关于制定国民经济和社会发展第十四个五年规划和二〇三五年远景目标的建议》，明确提出要"加强网络文明建设，发展积极健康的网络文化"，在加强国家安全体系和能力建设中也提出要"坚定维护国家政权安全、制度安全、意识形态安全，全面加强网络安全保障体系和能力建设""坚决打击新型网络犯罪和跨国犯罪"等，明确了今后网络治理的对象、目标和任务，为我国网络治理工作指明了方向。2020年12月，中共中央印发《法治社会建设实施纲要（2020—2025年）》，提出要进一步完善网络信息服务方面的法律法规，如修订互联网信息服务管理办法、完善网络安全法配套规定和标准体系等。从网络治理角度提出了新的任务，尤其是加强对大数据、云计算和人工智能等新技术研发应用的规范引导。

在疫情背景下，信息化对经济社会发展的引领作用更加凸显，网络治理也围绕特殊时期的工作任务展开。从党和国家层面来看，2020年的中国网络治理，在助力防疫抗疫工作的基础上，以促进互联网发展为目标，加快数字化发展为方向，以重点领域为突破，除了进一步加强顶层擘画，使用传统的行政、司法手段，还进一步调动了其他治理主体的积极性，充分运用专项行动、行业自律、社会舆论监督等其他手段，高效地完成了治理任务。

31.2 网络治理主体

31.2.1 政府管理措施

1. 疫情防控中的互联网治理举措

2020 年，在防疫抗疫工作中，互联网成为政府部门传达信息、高效组织防疫工作，人民群众获取信息、缓解焦虑情绪的重要窗口。一方面，互联网在报道宣传疫情防控、先进典型、凝心聚力方面发挥了不可替代的作用；另一方面，一些不良分子利用网络散布虚假消息、进行欺诈活动等，严重扰乱了网络与社会秩序。为此，2020 年 2 月 18 日，工业和信息化部发布《关于做好疫情防控期间信息通信行业网络安全保障工作的通知》，从全力保障重点地区重点用户网络系统安全、加强信息安全和网络数据保护、进一步强化责任落实和工作协同 3 个方面出发，确保疫情防控期间网络基础设施安全，有效防止重大网络安全事件的发生；2020 年 4 月 9 日，公安部发布《关于新冠肺炎疫情期间依法严厉打击跨境赌博和电信网络诈骗犯罪的通告》，为切实保障人民群众合法权益、维护网民切身利益和正常网络秩序发挥了重要作用；2020 年 4 月 13 日，国家互联网信息办公室、国家发展改革委、工业和信息化部等 12 个部门联合制定《网络安全审查办法》，为确保关键信息基础设施供应链安全，明确了网络安全审查的申报方式、工作机制、责任落实等方面的内容，从治理层面切实维护了国家安全。

2. 从政策层面推动新业态发展

新冠肺炎疫情期间催生了大量的线上消费需求，培育了人们新的生活、学习、工作等习惯。互联网各种新业态竞相迸发、加速发展，展现了线上经济的强大活力。2020 年，政府部门从政策层面，进一步促进互联网与各产业深度融合，推动新业态健康良性发展，助力数字中国建设。2020 年 3 月 20 日，工业和信息化部发布《关于推动工业互联网加快发展的通知》，提出加快新型基础设施建设、加快拓展融合创新应用、加快健全安全保障体系、加快壮大创新发展动能、加快完善产业生态布局、加大政策支持力度 6 个方面的举措；同月，工业和信息化部发布《关于推动 5G 加快发展的通知》，全力推进 5G 网络建设、应用推广、技术发展和安全保障，充分发挥 5G 新型基础设施的规模效应和带动作用；2020 年 7 月 15 日，国家发展改革委等 13 个部门联合发布《关于支持新业态新模式健康发展激活消费市场带动扩大就业的意见》，从线上公共服务和消费模式、生产领域数字化转型、新型就业形态、共享经济新业态 4 个方面，针对 15 种数字经济新业态、新模式重点方向，发布了一系列支持政策；2020 年 11 月 9 日，由国家知识产权局牵头，多部门共同参与制定并发布《电子商务平台知识产权保护管理》国家标准，标准的制定有利于提升各方知识产权保护意识，优化电子商务领域营商环境，展现了我国加强知识产权保护的决心和能力；2020 年 11 月 10 日，国家市场监管总局网站公布《关于平台经济领域的反垄断指南（征求意见稿）》，旨在预防和制止平台经济领域垄断行为，促进线上经济持续健康发展；2020 年 11 月 12 日，国家广播电视总局发布《关于加强网络秀场直播和电商直播管理的通知》，加强对网络秀场直播和电商直播的引导规范，营造行业健康生态，坚决防范遏制"三俗"等不良风气滋生蔓延。

3. 重视数据安全与数字治理

数据已成为国家基础战略性资源和社会生产的创新要素。我国政府高度重视数据安全与数字治理，积极应对新的数据安全风险与挑战，加速布局数字治理新举措。2020 年 9 月，公安部出台《贯彻落实网络安全等级保护制度和关键信息基础设施安全保护制度的指导意见》，进一步健全完善国家网络安全综合防控体系，有效防范网络安全威胁，有力处置重大网络安全事件，切实保障关键信息基础设施、重要网络和数据安全。2020 年 9 月 8 日，中国在"抓住数字机遇，共谋合作发展"国际研讨会上，提出《全球数据安全倡议》，倡议政府、国际组织和公民个人等各主体秉持共商共建共享理念，齐心协力保障数据安全，共同构建和平、安全、开放、合作、有序的网络空间命运共同体。2020 年 12 月 25 日，工业和信息化部组织制定《电信和互联网行业数据安全标准体系建设指南》，明确了未来电信和互联网行业数据安全标准体系框架、重点领域标准制定、具体组织实施 3 个方面的内容，进一步发挥标准对电信和互联网行业数据安全的规范和保障作用。

4. 互联网治理内容日益深化

2020 年，互联网治理内容日益深化，政府部门坚持党管互联网原则，采取互联网政策与专项整治相结合的方式，为营造清朗的网络空间护航。2020 年 3 月 1 日，国家互联网信息办公室发布的《网络信息内容生态治理规定》（以下简称《规定》）正式施行，该项规定以网络信息内容为主要治理对象，重点规范网络信息内容生产者、网络信息内容服务平台、网络信息内容服务使用者及网络行业组织在网络生态治理中的权利与义务。《规定》正式实施后，按照中央网信办的统一部署，各网站平台对照《规定》要求深入开展自查自纠，结合各自特点，有针对性地加强网络生态治理工作，取得了治理实效。2020 年 6 月 5 日，教育部同国家新闻出版署、工业和信息化部研究起草了《信息技术产品语言文字使用管理规定（征求意见稿）》，规范了信息技术产品中的语言文字使用，从语言文字使用层面加强了互联网内容治理。2020 年 11 月 5 日，中央网信办召开全国网信系统电视电话会议，围绕互联网内容治理中的"有偿删帖"问题和"软色情"信息进行专项整治，紧紧围绕群众反映强烈的网络生态突出问题，果断采取整治措施，收效甚好，受到社会普遍欢迎。

31.2.2　行业协会自律

2020 年，行业协会充分发挥协调、沟通的长处，引领各行业建立自律公约。中国互联网协会、中国网络社会组织联合会、中国互联网金融协会、中国网络视听节目服务协会等积极倡导行业自律，规范企业行为，助力政府监管。

1. 中国互联网协会

2020 年，中国互联网协会着眼于社会热点问题，积极发挥行业组织的平台纽带作用。2020 年 1 月 27 日，中国互联网协会向互联网行业、企业和广大网民发出《中国互联网协会倡议书》，倡导各方疫情期间遵纪守法、加强自律，以实际行动抗击疫情。2020 年 6 月 1 日，中国互联网协会主办"防范未成年人沉迷网络公益公开课"活动，并发布了《防范未成年人沉迷网络倡议书》，获得全国各省、自治区、直辖市互联网协会，以及基础运营企业、新闻媒体等 157 家单位的积极响应和全力支持，为未成年人营造清朗的网络环境；2020 年 11 月，中国互联网协会已累计组织 133 家基础电信企业和重点互联网企业签署了《电信和互联网行业网络数据安全自律公约》，倡导企业在网络数据安全责任上的 5 类要求，对做好电信和互联网行业网络数据安全保护，提升行业数据安全治理水平具有积极作用。此外，中国互联网协会还成立了中国互联网协会 App 数据安全测评服务工作组、中国互联网协会网络数据安全合规性评估服务工作组、中国互联网协会互联网新技术新业务安全评估第三方服务工作组等，维护网络信息安全，促进互联网行业健康发展。

2. 中国网络社会组织联合会

2020 年 2 月 28 日，在中国网络社会组织联合会的指导下，中国经济网联合中国平安推出"金融消费者素养提升计划"系列活动，以金融消费者权益保护视频公开课的形式，引导更多社会公众参与活动。5 月 13 日，中国网络社会组织联合会与国家发展改革委等部门联合发起"数字化转型伙伴行动"倡议，号召政府和社会各界联合起来，共同构建"政府引导—平台赋能—龙头引领—机构支撑—多元服务"的联合推进机制，构建数字化产业链，培育数字化新生态。7 月 30 日，中国网络社会组织联合会、中央电化教育馆、共青团中央权益部联合发出《共建未成年人"清朗"网络空间倡议书》，阿里巴巴、腾讯、新浪等国内 32 家互联网信息服务平台共同签署，并在"净化网络环境、增强主体意识、提高法律意识、抵制低俗信息、建立长效机制、接受社会监督"6 个方面做出承诺。12 月 7 日，2020 中国网络诚信大会在山东曲阜举行，会上首次发布由中国网络社会组织联合会、中国经济信息社、中国人民大学国家发展与战略研究院联合研究编写的《中国网络诚信发展报告》，呈现了我国网络社会中的诚信建设现状，提出推动多方共同参与建设、多种力量协同治理，为今后网络诚信建设提供有益借鉴。

3. 中国互联网金融协会

中国互联网金融协会于 2020 年 10 月 25 日发布《网络小额贷款从业机构反洗钱和反恐怖融资工作指引》，落实互联网金融风险专项整治工作要求，通过行业自律机制，督促引导从业机构按照中国人民银行等监管部门要求，建立健全反洗钱和反恐怖融资工作机制。

4. 中国网络视听节目服务协会

2020 年 2 月 21 日，中国网络视听节目服务协会发布实施《网络综艺节目内容审核标准细则》（以下简称《细则》），该细则是在主管部门与互联网企业多方参与下形成的。《细则》从网络综艺节目的主创人员选用、出镜人员言行举止，到造型舞美布设、文字语言使用、节目制作包装等不同维度，提出了 94 条具有较强实操性的标准，对抵制个别综艺节目泛娱乐化、低俗媚俗等问题，提升网络综艺节目内容质量具有积极意义。

31.2.3 互联网企业履责

2020 年，互联网企业积极探索行业和企业自律，形成了包括互联网平台企业健康发展、打击电信网络诈骗犯罪、个人信息保护等多个领域的自律公约和标准。

1. 互联网平台企业健康发展

2020 年 7 月，阿里巴巴等 20 家国内主要互联网平台企业，签署了《互联网平台企业关于维护良好市场秩序　促进行业健康发展的承诺》，向社会郑重承诺将依法合规经营、坚持互利共赢、公平参与市场竞争、强化平台治理、加强企业自治、加强沟通协调等，发挥了互联网企业在平台经济健康发展中的主体作用。2020 年 8 月 18 日，在民政部的引导下，爱心筹、轻松筹、水滴筹、360 大病筹在京联合发布《个人大病求助互联网服务平台自律公约》2.0，表示将进一步加强平台自律管理、健全社会监督机制及促进大病救助行业健康有序发展，营造良好的社会诚信氛围。2020 年 10 月，抖音公布《抖音网络社区自律公约》，内容包括坚持和弘扬正确的价值观、遵守共同的行为准则、承担保护未成年人的社会责任 3 个部分，是互联网企业带动用户共同参与互联网内容治理的有益尝试。2020 年 10 月 27 日，携程、去哪儿等 5 家互联网旅游服务企业共同发起制定《互联网旅游服务行业自律公约》，该公约包括互联网旅游服务行业的依法经营、服务管理、风险提示等多方面内容，对维护和保障消费者权益、促进互联网旅游服务行业健康发展有积极推动作用。

2. 打击电信网络诈骗犯罪

2020 年新冠肺炎疫情期间，百度先后向公安部和各地公安机关报告涉疫情诈骗案件线索 2000 余条，涉及各类嫌疑人员 160 余人，协助公安机关累计破获涉疫情诈骗案件 20 余起，待破案件数量超过 200 余起；2020 年，抖音封禁相关诈骗类账号 664158 个，其中杀猪盘类型诈骗占比近 50%。同时，抖音配合多地警方，抓获犯罪嫌疑人 200 多名；2020 年 1—10 月，腾讯守护者计划协助公安机关开展各类网络黑灰产打击行动，形成事前警示教育、事中提醒拦截、事后惩罚与处置的全链条诈骗防范打击机制，共计协助各地公安机关破获（含待破）案件达 16110 起，抓获犯罪嫌疑人超过 7600 人，涉案总金额超过 345 亿元，守护了用户的资金安全。

3. 规范网络直播

2020 年 9 月，抖音、快手、京东 3 家企业共同发布《网络直播和短视频营销平台自律公约》，提出共享严重违法主播及其他经营者信息、建立健全消费维权和违法处置工作衔接、加深直播和短视频平台与政府部门的信息共享和执法协作等举措，对加强行业企业之间的横向协作、完善直播平台内部管理规则有积极意义。2020 年 11 月 9 日，四川省网商协会组织快手、淘宝等多家互联网平台，共同签订并遵守《2020 年"双十一"互联网平台网络直播和诚信经营自律公约》，包括依法经营、诚信为本、货真质优、明码标价、严格保密、接受监督 6 个方面，呼吁互联网平台共同抵制虚构原价、虚假降价、误导消费等错误行为。

4. 加强个人信息保护

2020 年 11 月 27 日，苏宁、小米等 11 家互联网企业做出"加强 App 个人信息保护"公开承诺，向社会公开郑重承诺将严格落实 App 侵犯用户权益各项整治工作，保障用户合法权益。

31.2.4　社会监督

社会监督鼓励社会力量参与网络治理，通过社会监督，可以有效发现问题、规范责任主体，是维护清朗网络空间的有效手段。

1. 12321 有效处理垃圾信息、诈骗电话，保护个人信息

2020 年，12321 网络不良与垃圾信息举报受理中心（以下简称 12321 举报中心）共接到网络不良与垃圾信息举报 186.6 万件次，比 2019 年下降 17.51%。其中，举报手机应用安全问题（App）19.8 万件次，骚扰电话 56 万件次，不良与垃圾短信息 16.6 万件次，比 2019 年下降 63.44%；诈骗电话 10.7 万件次，比 2019 年上升 84.48%；淫秽色情网站 52 万件次，钓鱼网站 7.7 万件次，其他举报 23.8 万件次。受理举报诈骗电话有效举报 107474 件次，比 2019 年上升 84.48%，诈骗短信 4256 件次，比 2019 年下降 60.63%。此外，每周对 6 家搜索引擎企业屏蔽 843 个关于"改号软件""短信轰炸机"和"呼死你"的关键词巡查；联合新浪、腾讯、百度等企业，对网站上出售"短信轰炸机""呼死你"和"改号软件"的信息进行清理，关闭涉嫌出售和介绍"短信轰炸机""呼死你"和"改号软件"相关信息的账号 106 个，删除出售已实名的或不用实名的手机卡信息微博账号 57 个，让此类软件"看不见、搜不到、下载不了"。为了全力做好防范打击电信网络诈骗支撑工作，除了建立定期巡查机制以外，与其他部门通力合作取得了良好效果。通过与腾讯及部分省运营商建立的数据共享机制，共受理诈骗短信预留号码 7 万余件次，目前已处理 5 万余件次。

随着互联网在生产生活中的广泛应用，诈骗手段也花样繁多。当前诈骗形式已不再是单一的通信方式，而是通信与互联网方式相结合。12321 举报中心根据诈骗态势，除了将诈骗电话号码交由基础电信运营商和移动转售企业核查之外，还定期将互联网账号提取出来进行核查处置。2020 年，12321 举报中心还向中国信息通信研究院电信网络诈骗治理支撑与服务中心，提供垃圾短信中含微信号码、QQ 号码或微信公众号的举报数据共 16753 件次，关停处置率约为 47.25%。经过各部门通力合作，全方位打击各类诈骗行为，个人信息保护工作取得了显著成效。

2. 社会舆论监督和民众维权

社会舆论监督和民众维权正成为监督不良网络行为的有效手段。2020 年，因社会舆论和民众维权而引发的社会热点事件有：2020 年 5 月 6 日，脱口秀演员池子起诉中信银行未经授权泄露个人隐私。随后，中信银行按照规定对涉事员工和支行行长进行了处理。同月，郴州大头娃娃事件引发社会舆论高度关注，暴露了食品安全与监管问题，当地已对涉事商铺及相关领导进行了处置。2020 年 5 月 22 日，针对艺人仝卓自曝高考舞弊一事，教育部介入调查，因其伪造身份参加高考，成绩无效，中央戏剧学院已撤销其毕业证书，相关责任人已被撤职、处分。此外，瑞幸财务造假事件、招聘平台泄露个人简历数据等事件都在网上引起热议。除了网络舆情助推民众维权，志愿者监督机制继续发挥作用。2020 年 10 月，张家口市委网信办组建了一支覆盖重点行业、多个领域，由 120 人组成的网络举报志愿者队伍，调动社会力量参与互联网违法和不良信息举报工作。

31.2.5　司法审判引导业态秩序

2020 年，通过依法公正裁判为数字经济发展和技术创新明晰规则，引导新技术、新业态、新模式在法治轨道上健康有序发展。合理确定平台责任和行为边界，促进平台经济、共享经济依法规范发展。联合开展网络直播行业专项整治，净化网络生态。审理视频网站付费超前点播案，规范商业模式创新，保护用户合法权益。加强对外卖骑手、快递小哥、网约车司机等新业态从业者合法权益的保护。审理手机软件侵害用户个人信息、人脸识别纠纷等案件，加强个人信息保护，维护数据安全。

加强人格权保护。人格权与每个人息息相关，是民事主体最基本的权利。贯彻民法典，在司法政策中增加申请人格权侵害禁令等规定，畅通人格权救济渠道。审理侵害"两弹一星"功勋于敏名誉权等案件，决不让人民英雄受到玷污，树立崇尚英雄的良好风尚。审理微信群侮辱人格案，坚决制止网络暴力。审理职场性骚扰损害责任案，让性骚扰者受到法律制裁。审理进口冻虾万名消费者信息案，禁止泄露公民个人信息。审理可视门铃侵犯邻居隐私权案，明确安装监控不得侵扰他人生活安宁。通过一系列人格权保护案件的依法公正审理，让人身自由得到充分保障、人格尊严受到切实尊重，充分彰显我国民法典的人民立场和共和国人民的主体地位。

31.3　网络治理手段

31.3.1　数字法治建设

2020 年新冠肺炎疫情背景下，对互联网内容治理、个人信息保护、数据安全和知识产权保护提出了更高的要求，迫切需要新的法律规范的引领和规范。2020 年 3 月 1 日，《网络信息内容生态治理规定》正式实施，切实维护网络生态良好。2020 年 6 月 1 日，《网络安全审查办法》正式实施，确保关键信息基础设施供应链安全，维护国家安全。2020 年 9 月，公安部发布《贯彻落实网络安全等级保护制度和关键信息基础设施安全保护制度的指导意见》，首次系统、明确地对关键性基础设施的保护提出了要求，是落实等级保护 2.0 制度的重要标志。2020 年 9 月 10 日，最高人民法院发布《关于审理涉电子商务平台知识产权民事案件的指导意见》，该意见对《中华人民共和国电子商务法》做了更细化的规定，对依法妥善处理涉网络知识产权侵权民事案件，形成了更具可操作性的规范。2020 年 9 月 14 日，《关于涉网络知识产权侵权纠纷几个法律适用问题的批复》公布，对进一步审理涉网络知识产权侵权纠纷案件提供了指导。2020 年 10 月 1 日，新版国家标准《信息安全技术　个人信息安全规范》实施，并替代 GB/T 35273—2017 版本国标，修订后的标准，将帮助提升行业和社会的个人信息保护水平，为我国信息化产业健康发展提供坚实保障。

此外，2020 年，司法部门加大打击网络诈骗的力度，处理了一大批相关案件。2020 年，全国共破获电信网络诈骗案件 32.2 万起，抓获犯罪嫌疑人 36.1 万名，打掉涉"两卡"违法犯罪团伙 1.1 万个，封堵涉诈域名网址 160 万个，劝阻 870 万名群众免于被骗，累计挽回损失 1876 亿元。典型案件及事例如西安市涉案金额超过 3900 万元的特大电信网络诈骗案、湖北荆州跨国特大电信网络诈骗案、哈尔滨警方斩断 3 条电信网络诈骗"黑灰产业链"、北京警方针对疫情期间"冒头"的电信网络诈骗违法犯罪行为开展专项打击整治等。司法部门打击网络诈骗的力度加大，打击防范电信网络诈骗工作取得阶段性显著成效。

2020 年 4 月中共中央、国务院发布的《关于构建更加完善的要素市场化配置体制机制的意见》和 2020 年 9 月 21 日国务院发布的《关于印发北京、湖南、安徽自由贸易试验区总体方案及浙江自由贸易试验区扩展区域方案的通知》，都提到了创新数字经济发展环境。网络空间治理更多体现在数据治理或者数字治理问题上，反映出来的就是算法合规、数据采集、数据交易问题及平台责任边界等。

31.3.2 专项整治行动

1. 针对保护未成年人网络环境的专项整治行动

2020 年 8 月，教育部等 6 个部门联合开展未成年人网络环境专项治理行动，列出 5 项重点举措，专项整治影响未成年人健康成长的不良网络社交行为、低俗有害信息和沉迷网络游戏等问题。2020 年暑期，中央网信办启动为期 2 个月的"清朗"未成年人暑期网络环境专项整治行动，重点关注学习教育类网站平台和其他网站的网课学习版块的内容健康问题，集中整治网络游戏平台实名制和防沉迷措施落实不到位、诱导未成年人充值消费等具体问题，持续大力净化网络环境。2020 年 8 月，中央网信办、教育部联合启动为期 2 个月的涉未成年人网课平台专项整治行动，此次专项整治聚焦网民反映强烈的突出问题，在不同环节开展治理，如开设未成年人网课的各类网站平台，必须切实承担信息内容管理主体责任；要对课程严格审核把关，确保导向正确；不得利用公益性质网课谋取商业利益等，为维护未成年人合法权益，促进网课平台规范有序发展起到重要作用。

2. 针对规范网络秩序的专项整治行动

2020 年 7 月 22 日，中央网信办、工业和信息化部、公安部、国家市场监管总局 4 个部门召开会议，启动 2020 年 App 违法违规收集使用个人信息治理工作，该项工作在 2019 年工作的基础上进一步加大整治工作力度，突出问题导向、强化标准规范支撑、加强责任追究。2020 年 7 月 24 日，针对社会反映强烈的商业网站平台和"自媒体"扰乱网络传播秩序突出问题，网信办在全国范围内集中整治整肃行业乱象，通过对 6 个方面的集中整治，重点解决一些商业网站平台和自媒体片面追逐商业利益，为吸引"眼球"炒作热点话题、违规采编发布互联网新闻信息、散播虚假信息、"标题党"等网络传播乱象。2020 年 10 月 26 日，中央网信办对手机浏览器扰乱网络传播秩序突出问题开展专项集中整治，推动手机浏览器传播秩序短期内实现实质性好转。同月，国家市场监管总局等 14 个部门发起 2020 网络市场监管专项行动（网剑行动），围绕 7 项重点任务，集中治理不正当竞争、网上销售侵权、互联网广告监管、网络交易违法行为等突出问题，不断净化网络市场环境，促进互联网经济健康发展。

3. 针对互联网内容治理的专项行动

2020 年 4 月，中央网信办开展为期 2 个月的专项整治行动，严厉打击网络恶意营销账号，维护了正常网络传播秩序和广大网民利益。2020 年 6 月起，中央网信办、全国"扫黄打非"

办等 8 个部门集中开展网络直播行业专项整治行动，该专项活动持续开展 6 个月，针对网民反映强烈的网络直播"打赏"乱象等行业突出问题，开展专项整治和规范管理。2020 年 6 月至 10 月，国家版权局等 4 个部门联合开展第 16 次打击网络侵权盗版"剑网"专项行动，重点开展视听作品、电商平台、社交平台、在线教育专项整治，巩固重点领域版权治理成果，营造良好的网络版权环境。2020 年 11 月 5 日，中央网信办部署网络"有偿删帖"问题和"软色情"信息专项整治行动，并就进一步提升依法管网工作能力、深入推进网络生态治理做出安排。

4. 针对打击网络犯罪的专项行动

2020 年 4 月 13 日，公安部部署"云剑-2020"行动。1—8 月，公安机关共侦破电信网络诈骗案件 15.5 万起，抓获犯罪嫌疑人 14.5 万名，为群众直接避免经济损失约 800 亿元，96110 反诈预警累计防止 870 万名群众被骗。该项行动有效打击和震慑了电信网络诈骗等网络失信犯罪行为，有力维护了广大人民群众的利益。此外，全国"扫黄打非"办开展"净网2020"专项行动。2020 年上半年，全国共查处网络"扫黄打非"案件 1800 余起，取缔非法不良网站 1.2 万余个，处置淫秽色情等有害信息 840 余万条。"净网 2020"专项行动在整治"软色情"问题、查办典型案件、处置突发传播事件 3 个方面取得了良好成果。

5. 针对诚信缺失的专项治理行动

2020 年 8 月 13 日，中央文明委印发《关于开展诚信缺失突出问题专项治理行动的工作方案》，集中开展 10 项诚信缺失突出问题专项治理行动，积极构建诚实守信的网络环境。

31.3.3　网络宣教活动

网络宣教是网络治理的重要手段，通过宣传和教育提升公众安全认知，借助论坛、会议等形式吸引更多企业、个人参与到网络治理当中。2020 年，最引人注目的活动包括"第七届'4·29 首都网络安全日'""第六届中国互联网法治大会""第七届国家网络安全宣传周""第六届中国互联网法治大会""第七届世界互联网大会""第二届中国互联网基础资源大会"等。

2020 年 4 月，第七届"4·29 首都网络安全日"以"网络安全同担，网络生活共享"为活动口号，以"齐心抗疫、净网护网"为年度主题，以"青少年网络安全教育"为年度特色，以"线上宣传"为活动亮点，帮助人们学习网络安全知识，共同守护清朗网络空间。2020 年 9 月，第七届国家网络安全宣传周举办，活动主题为"网络安全为人民，网络安全靠人民"，通过多种形式、多个传播渠道，发动企业、媒体、社会组织、群众广泛参与。在此期间，网络空间安全学科建设与人才培养主题论坛发布《2020 网络安全人才发展白皮书》，从多个维度对网络安全人才培养和职业发展的整体形势进行全面分析，为院校、企事业单位的人才培养提供借鉴。2020 年 9 月 27 日，2020 中国网络媒体论坛于上海举行，该论坛以"变局中开新局：中国网络媒体的责任和使命"为主题，由中央网信办主办，是我国网络媒体界层次最高、最具权威性和影响力的年度盛会，被誉为"观察中国网络媒体发展走向的重要窗口"。2020 年 11 月 15 日，第二届中国互联网基础资源大会召开，大会主题为"夯实'根'基，数'聚'未来"，并设置 8 个分论坛，分别从域名行业、IP 地址资源、前沿技术、数字经济、网络治理、网络安全、未来网络等领域深入探讨互联网基础资源现状、发展趋势，展示前沿创新技术，搭建行业交流平台。2020 年 11 月 19 日，第六届中国互联网法治大会在北京开幕，大会围绕"数字化转型与依法治网"主题，聚焦新问题、解决新矛盾、落实新要求，促进了互联网产业界与法律界的深入交流。2020 年 11 月 23—24 日，第七届世界互联网大会•互联网发展论坛在浙江乌镇进行，本次论坛以"数字赋能 共创未来——携手构建网络空间命运共同体"为主题，并在论坛上发布了世界互联网大会蓝皮书《中国互联网发展报告 2020》《世界互联网发展报告 2020》。此外，第四届网络新"枫桥经验"高峰研讨会等会议聚焦数字经济治理、互联网行业治理等议题，吸引了业界、学界人士积极参与，共论趋势热点、共商机制创新、共绘发展蓝图。

31.4 网络治理实效回顾

1. 疫情背景下信息化引领作用凸显，网络治理突出发展互联网的导向

新冠肺炎疫情背景下，我国线上经济全球领先，线上办公、线上购物、线上教育、线上医疗蓬勃发展，与线下经济深度交融。同时，大数据、人工智能、云计算等数字技术在疫情期间广泛应用，并且有效助力防疫抗疫工作，凸显了信息化在助力国家治理体系和治理能力现代化方面的重要引领作用。网络治理对象也随着新业态的蓬勃发展，进一步拓展了治理对象的范围，并且呈现由"治"到"助"的变化，在助力互联网发展的基础上更好地进行网络治理。2020 年，我国政府高度关注互联网新业态的发展，同时，也充分重视引导、规范新业态发展，以促进互联网发展为导向，切实做好围绕互联网新发展的各项治理工作。

2. 网络治理主体积极参与，主体间互动频繁，网络综合治理体系成效显现

在"十四五"规划中，通过互联网就规划编制向全社会征求意见和建议，在我国五年规划编制史上还是第一次。这既是我国网络政治发展的新表现，也是互联网治理主体间互动的新领域。网络治理的多个主体积极参与互联网治理，政府部门在疫情特殊时期，及时在互联网内容治理、保障网络安全、打击跨境赌博和电信网络诈骗犯罪等方面重拳出击，充分调动其他主体参与专项治理行动；行业协会围绕最新业态，协助政府部门，组织互联网企业，制定各类行为规范、技术标准，成为各互联网治理主体间的纽带，联结各主体参与治理工作；互联网企业积极履责，从各自经营领域出发，主动接受政府部门的号召和行业协会的指导，并且积极带动网民一起履行社会责任；社会监督途径层面，进一步发挥各类监督举报平台的作用，充分调动网民的积极性，使其成为网络治理中最具活力的主体。网络治理主体间频繁互动，显现了网络综合治理体系的系统性运作成效。

3. 网络治理日趋专业化，网络综合治理向纵深发展

2020 年，网络治理日趋专业化，除了延续以往围绕网络生态、互联网经济等领域的治理，还增加了关于网络直播、网络教育等新业态的举措，呈现出随着业态不断演进、治理日益向纵深发展的特点。全年的专项行动更突出了这一特点，专项行动聚焦未成年人网络环境、规范网络秩序、互联网内容治理和打击网络犯罪等多个领域。在未成年人网络环境整治方面，有"护苗 2020"专项行动、未成年人网络环境专项治理行动、"清朗"未成年人暑期网络环

境专项整治、涉未成年人网课平台专项整治行动等；在规范网络秩序方面，有针对 App 违法违规收集使用个人信息、商业网站平台和"自媒体"扰乱网络传播秩序、手机浏览器扰乱网络传播秩序等专项行动；在互联网内容治理方面，有"剑网 2020"专项行动、网络直播行业专项整治行动、网络"有偿删帖"问题和"软色情"信息专项整治行动等；在打击网络犯罪方面，有"云剑-2020"行动、"净网 2020"专项行动等。治理内容日益细化，网络综合治理不断向纵深发展。

4. 网络生态治理成效显著，网络空间日渐清朗

在疫情背景下，互联网内容治理以网络舆情研判、网络言论引导、网络文化建设、网络媒体管控等具体举措为主，取得了良好的治理效果，网络环境日益清朗。《网络信息内容生态治理规定》正式实施后，我国的互联网内容治理更加深入。按照中央网信办统一部署，各网站平台对照《网络信息内容生态治理规定》要求，深入开展自查自纠，结合本网站、本平台特点，有针对性地加强网络生态治理工作，取得积极成效。面对互联网内容频发问题，网站平台集中开展专项整治工作，尤其对广大网民反映强烈的网络生态问题持续开展专项整治，坚持治标与治本并行、规范与长效并重，让人民群众切实感受到治理效果，让网络空间天朗气清、生态良好。

（安静、张晓鹤、王磊、张宏宾）

第 32 章　2020 年中国网络安全状况

32.1　网络安全形势

1. 以疫情为诱饵的攻击事件明显增多，网络安全形势依然严峻

2020 年以来，公共互联网网络安全威胁居高不下。工业和信息化部网络安全威胁和漏洞信息共享平台、国家工业互联网安全态势感知与风险预警平台累计收录网络安全隐患约 3.9 万个，恶意网络资源 951.5 万个，恶意程序 1.5 万个，网络安全事件 26 万起，DDoS 攻击 45 万余次，工业互联网恶意网络行为 2453.6 万次，工业企业主机受控事件 302 起。

随着新冠肺炎疫情席卷全球，蔓灵花、摩诃草、海莲花、透明部落等多个境外 APT 组织以"新型肺炎"为诱饵对我国境内目标和机构实施攻击，攻击者将计算机病毒、木马、移动恶意程序等伪装成包含"新型冠状病毒""疫情动态""口罩""肺炎病例""防护通知"等热门字样信息，通过钓鱼邮件、恶意链接等方式诱导用户下载，此类恶意程序超过 300 个。

2. 勒索病毒技术不断升级，大型高价值企业成为重点狩猎目标

从 2020 年国内外主要勒索病毒攻击事件及相关统计来看，勒索病毒带来的攻击事件平均损失居高不下，勒索病毒主要针对企业高价值服务器发起攻击，大型工业制造企业成为重点狩猎目标。针对工业企业的网络攻击往往造成生产运行中断、敏感数据泄露和业务大范围停顿等严重损失，针对大型制造企业的勒索赎金规模也不断刷新历史新高。据统计，针对工业控制系统的勒索病毒攻击在过去两年暴增了 500%以上，勒索病毒成为工业制造业的主要网络安全威胁。

伴随信息技术发展，勒索病毒攻击能力不断提升。结合近年来主要的勒索病毒事件来看，勒索病毒攻击能力演进呈现以下特点：一是信息网络技术的飞跃发展为勒索病毒提供了土壤，勒索病毒采用的开发语言和适用的操作系统不断丰富，既窃取数据又加密文件的"双重勒索"攻击方式愈加普遍，对企业带来严重损失。二是勒索病毒的攻击手段和传播方式多样化且交叉融合，主要通过 RDP 弱口令爆破、系统和软件漏洞、钓鱼邮件、软件供应链、移动介质等多种方式传播；与此同时，勒索病毒也开始广泛与僵尸网络、APT 攻击结合，Emotet、TrickBot、Dridex 等僵尸木马成为勒索病毒的传播前站。三是勒索病毒攻击技术和运营日益融合，攻击成功率不断提高，加密技术不断升级，国产化勒

索病毒也开始活跃。

3. 境外黑客势力活动猖獗，关键信息基础设施成为重点攻击目标

2020 年正值新冠肺炎疫情全球暴发的特殊时期，我国网络空间安全也面临巨大风险。严重安全漏洞公开、APT 攻击、数据泄露等网络安全事件频发，全国多个政府单位、医疗机构、科技企业等成为攻击重点目标，攻击者企图通过发起针对关键信息基础设施的网络攻击而达到牵一发而动全身的破坏性效果。

随着远程办公方式兴起，政府单位的 VPN 服务器漏洞成为 APT 攻击的重要跳板。4 月，APT 组织 DarkHotel 利用 VPN 零日漏洞入侵我国多家政府单位及驻外机构，200 余台 VPN 服务器被入侵。此外，DarkHotel 和 Wellmess 组织利用 VPN 漏洞进行攻击，前者主要针对我国基层单位，后者主要针对我国多家科研机构。同时，医疗行业高危漏洞数量与 Web 攻击事件占比最高，攻击危害不容忽视。2020 年，我国多家医疗机构网站遭受漏洞利用等攻击，其中暴力破解高峰达到单日 80 万次。漏洞、僵木蠕攻击危害严重，可造成系统不可用、数据丢失等严重后果。此外，一些视频监控系统的脆弱性也为境外的黑客攻击提供了可乘之机。2020 年 2 月，境外黑客组织声称将对我国实施网络攻击，此次攻击的主要目的是对视频监控系统实施破坏，攻击目标包括科大讯飞、中集集团、网智天元、浩瀚深度等国内企业及若干政府网站。

32.2　网络安全监测情况

1. 网络安全事件总体持续增长

2020 年共监测发现网页篡改、主机受控等公共互联网网络安全事件超过 20 万起，总体数量持续增长，如图 32.1 所示。

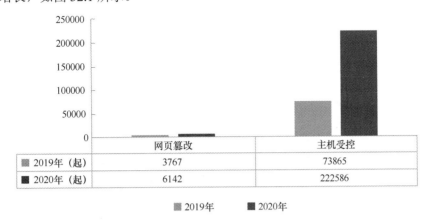

	网页篡改	主机受控
■ 2019年（起）	3767	73865
■ 2020年（起）	6142	222586

■ 2019年　　■ 2020年

图32.1　全年网络安全事件监测情况

一是年中、年末主机受控事件加剧。2020 年共监测发现主机受控事件 22 万余起，全年主机受控事件增长趋势明显，2020 年 5 月、7 月和 12 月主机受控事件数量突出，如图 32.2 所示。

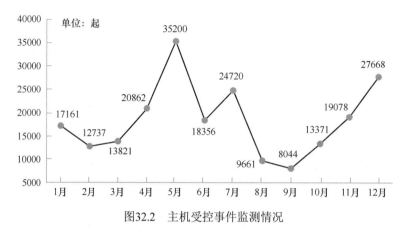

图32.2　主机受控事件监测情况

其中，根据主机受控事件地域分布，广东、江苏、四川等地区为主机受控事件高发地区，如图 32.3 所示。

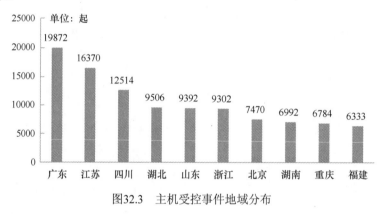

图32.3　主机受控事件地域分布

二是网页篡改事件 2020 年增幅明显。全年共监测发现网页篡改事件 6000 余起，同比增长约 60%。特别是在 2020 年上半年新冠肺炎疫情期间，网页篡改事件数量增长迅速，如图 32.4 所示。

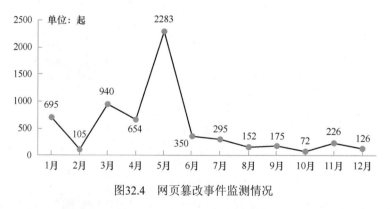

图32.4　网页篡改事件监测情况

其中，根据网页篡改事件地域分布，北京、广东等地区为网页篡改事件高发地区，如图 32.5 所示。

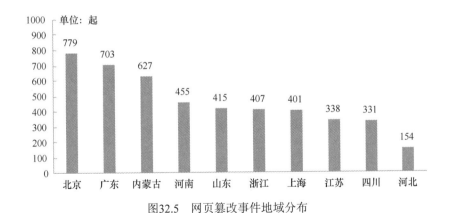

图32.5　网页篡改事件地域分布

2. 网络安全漏洞数量保持高位徘徊

2020 年共监测发现网络安全漏洞 3.5 万个，网络安全漏洞数量保持高位徘徊，其中，信息技术产品漏洞 2 万个、在线运营系统漏洞 1.5 万个，占比分别为 57.3%和 42.7%，如图 32.6 所示。

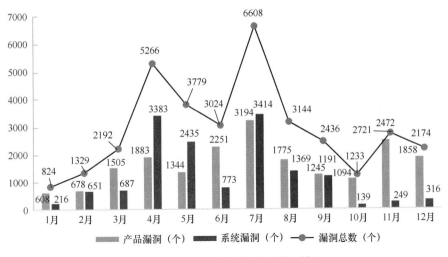

图32.6　2020年网络安全漏洞监测情况

监测结果显示，信息技术产品漏洞以应用软件漏洞为主。监测发现的 2 万个信息技术产品漏洞，主要为应用软件漏洞，占比为 61.1%，其次为 Web 组件漏洞（占比为 17.5%）、操作系统漏洞（占比为 7.7%），如图 32.7 所示。

其中，从漏洞所在产品所属厂商看，部分厂商产品漏洞较多，西门子、谷歌、微软相关产品漏洞占比分别为 6.1%、5.2%和 3.3%，如图 32.8 所示；境内厂商中华为、联想和中兴漏洞数量较多，占比分别为 1.1%、0.3%和 0.3%；开源软件中 GitLab、Linux 和 WordPress 漏洞数量较多，占比分别为 2.1%、1.9%和 1.7%。

信息传输、软件和信息技术服务业在线运行系统的漏洞数量突出。监测发现的 1.5 万个在线运营系统漏洞主要分布在信息传输、软件和信息技术服务业，占比为 24.1%，如图 32.9 所示。

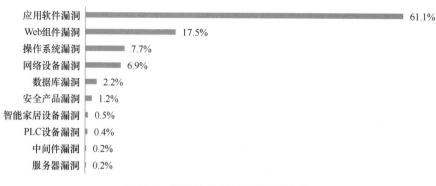

图32.7 信息技术产品漏洞类型分布

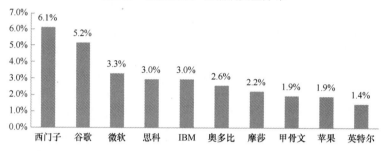

图32.8 信息技术产品漏洞数量占比厂商分布TOP10

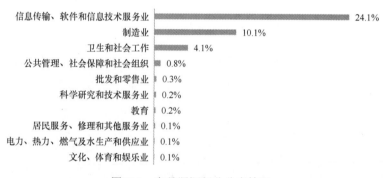

图32.9 产品漏洞行业分布情况

其中,从归属地区看,北京、广东和上海等经济发达地区网络运营者系统漏洞较多,TOP10省份的漏洞数量占比达到76.3%(见图32.10)。系统漏洞类型主要为Web组件漏洞和数据库漏洞,共占83.8%。

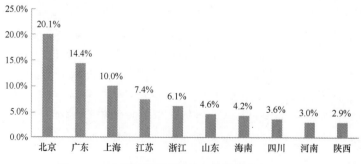

图32.10 系统漏洞所属运营主体地区分布TOP 10

3. 恶意网络资源增幅变化明显

2020 年共监测发现恶意网络资源 851 万余个。其中，恶意 IP 地址 378 万余个，占比为 44.5%；恶意域名/URL 472 万余个，占比为 55.5%，如图 32.11 所示。

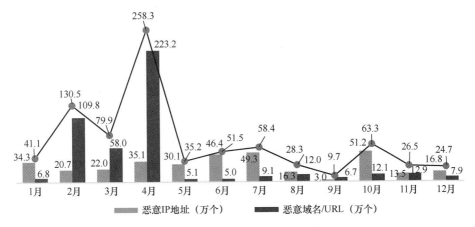

图32.11 全年恶意网络资源监测情况

监测结果显示，恶意 IP 地址主要分布在境外。恶意 IP 地址境外占比为 87.4%，境内占比为 12.6%，境外主要分布在美国、俄罗斯和墨西哥等国家，境内主要分布在广东、山东和江苏等地，如图 32.12 和图 32.13 所示。

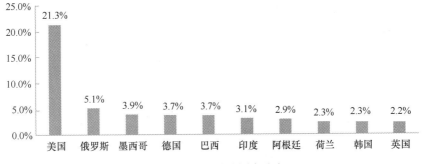

图32.12 境外恶意IP地址国家分布TOP10

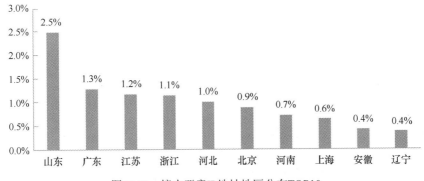

图32.13 境内恶意IP地址地区分布TOP10

其中，监测发现的恶意 IP 地址类型中，安全探测 IP 地址和恶意程序传播 IP 地址占比较高，分别为 40.9%和 35.6%，如图 32.14 所示。

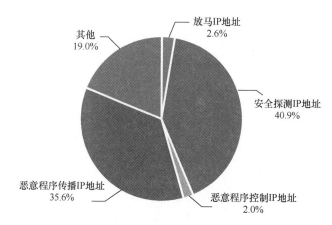

图32.14　恶意IP地址主要类型分布

二是恶意域名/URL 以恶意程序传播域名/URL 和放马域名/URL（恶意种植木马程序的网站域名/URL）为主，占比分别为 93.7%和 4.3%，如图 32.15 所示。

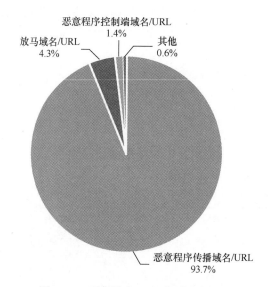

图32.15　恶意域名/URL类型分布情况

32.3　网络安全产业

1．网络安全产业规模稳定增长

近年来，围绕网络空间的国家级攻防对抗日趋激烈，网络安全威胁快速发展演变，网络安全形势复杂严峻。网络安全产业作为国家网络安全能力的重要组成，成为政府乃至国家安全的重中之重。习近平总书记在全国网络安全和信息化工作会议上强调要"积极发展网络安全产业，做到关口前移，防患于未然"，明确了我国产业发展的理念、目标、路径，为网络安全产业发展指明了方向。

随着我国网络安全政策法规的逐步推进、产业生态日益完善和安全需求的深化演进，我国网络安全产业发展总体态势良好。产业规模方面，根据中国信息通信研究院的统计测算，2020 年产业规模约为 1702 亿元，增速约为 8.85%，近 5 年的复合年均增长率达到 14.5%（见图 32.16）。企业经营方面，尽管 2020 年上半年受到新冠肺炎疫情冲击，部分网络安全项目实施和收款进度延缓，但随着行业加快复工复产，网络安全主要上市企业全年仍取得了较好的增长业绩。

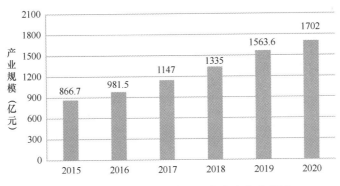

图32.16　2015—2020年中国网络安全产业规模

2．网络安全产业促进政策不断加码

我国网络安全相关政策布局不断提速。一是网络安全政策规范稳步推进。2020 年以来，《中华人民共和国密码法》正式施行，《个人信息保护法》和《数据安全法》纳入立法计划，为促进产业发展提供了良好的政策保障。二是新兴领域相关政策聚焦安全保障。2020 年以来，《关于推动工业互联网加快发展的通知》《国家新一代人工智能标准体系建设指南》等政策文件陆续发布，要求加快完善新兴技术的网络安全产品和服务支撑体系。三是地方政府加速在网络安全领域布局。多省相继公布了 5G 安全发展推进政策，要求强化网络信息安全保障，推动 5G 与网络安全产业融合。此外，多地陆续出台网络安全产业促进政策，从产业创新、应用示范、园区发展等方面落实整体部署和激励措施，大力促进地区网络安全产业高质量发展。

3．网络安全产业技术布局日益完善

随着网络安全产业的迅猛发展，现有网络安全产品和服务基本从传统网络安全领域延伸到了云计算、大数据、物联网、工业控制系统、5G 和移动互联网等不同的应用场景。基于安全产品和服务的应用场景、保护对象和安全能力，我国网络安全产品和服务已覆盖基础安全、基础技术、安全系统、安全服务等多个维度（见图 32.17），网络安全产品体系日益完备，产业活力日益增强。

4．网络安全市场主体优化业务布局

近年来，数据泄露、云平台安全风险等问题日益严峻，与 5G、区块链、车联网等新兴技术相关的网络安全挑战也在不断增大。持续升级的网络安全威胁和不断增强的合规要求，

都对市场形成了有力的牵引。传统网安企业聚焦新兴科技领域，一方面探索以大数据、人工智能等为代表的新一代信息技术在网络安全领域的应用，提升网络安全防御的全局化和智能化；另一方面大力研发针对 5G、云计算、工业互联网、车联网、区块链等关键信息基础设施的安全防护技术。

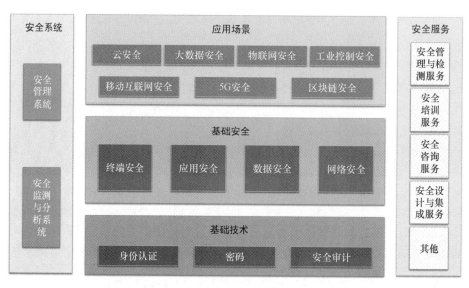

图32.17　网络安全产品/服务图谱

在新基建的推动下，网络安全建设与信息化建设逐渐同步，网络安全变成网络基础设施的一部分，互联网企业、电信运营商、设备厂商等网络基础设施建设主体都开始更多地参与网络安全建设，为我国网络安全发展注入新活力。以阿里巴巴、腾讯、百度为代表的国内多家顶级互联网企业纷纷布局网络安全，用互联网思维构建网络安全纵深防御体系。电信运营商重点布局 5G 安全，通过投资入股网络安全企业、与先进网络安全企业展开战略合作等方式拓展安全版图。面对网络安全领域的巨大发展潜力，设备厂商、汽车厂商等主体针对 5G 安全、数据安全、安全合规等前沿热点领域和方向，持续优化产业布局。

32.4　网络安全挑战

1. 新型攻击不断衍生，加剧基础设施保护难度

随着人工智能、大数据、量子计算等新技术的深度应用，推动计算、存储、传输等方面能力大幅跃升，攻击技术也随之不断升级。一方面，新型计算技术动摇网络安全加密根基。具有严谨数学模型和严密逻辑推导的密码技术是网络安全技术体系中重要的底层基础技术，在保障网络空间安全的机密性、真实性、完整性和抗抵赖性方面发挥了不可替代的作用。然而，在量子计算等新型计算技术超强算力的冲击下，过去需要数天甚至数年才能破解的密码算法可能只需数秒便可攻破，原本固若金汤的密码算法变得岌岌可危。另一方面，智能技术导致网络规则形同虚设。人工智能等技术的出现，使得攻击者以高准确度猜测、模仿、学习甚至是欺骗检测规则成为可能，"特征"及"检测规则"的不可信导致基于特征检测的网络

安全防御模式形同虚设。此外，新技术的融合应用触发网络攻击新范式。攻击手段从传统的漏洞后门、远程控制到利用智能技术对抗沙箱，利用区块链防篡改、分布式等技术特性为有害信息提供天然庇护。新技术的发展诱发更高效、更具针对性、更难发现追溯的网络安全威胁，对既有网络安全防御能力形成挑战。

2. 新网络模糊既有安全边界，安全防护思路有待进一步优化转变

随着虚拟化、边缘计算等新技术的深化应用，云边协同、云网融合、算网融合等网络架构不断创新升级，基于边界的"外挂式"安全防御思路也面临新挑战。

在新基建背景下，新的网络架构逐渐形成。公共互联网中涉及的网站、信息系统及终端操作系统，在与工业设备、工业基础软件及机器终端等工业互联设备紧密联系的基础上，也将与云端平台中的云服务器、云端数据、管理系统进一步结合。一是虚拟化技术推动云网融合。云网融合架构使网络安全边界模糊泛化，安全防护模式将在基于物理实体隔离的基础上得到进一步扩展。二是边缘计算促进云边协同部署。随着边缘计算技术的推广，云边协同部署加速，推动边缘资源的管控和防护技术的创新升级。三是泛在接入加速构建全连接网络物理世界。泛在接入促进了网络与物理世界的全面沟通连接，加速网络威胁防御体系从单点向全局的转变。新网络演进使安全防御思路向"内外并重"转变，内生安全架构的规划、构建及运行将得到进一步强化。

3. 网络空间与物理世界融合，催生多样化安全保障需求

目前，新基建已推动垂直行业由隔离孤立走向深度网联。5G+垂直行业将引入场景化特点，下层网络资源按需动态供给，亟须构建场景化的按需安全能力供给模式。

在新基建背景下，一是垂直行业安全需求差异化。在智慧城市、智慧能源、智慧制造的场景下，组网架构更新迭代周期各异、终端设备能力高低不一、数据流量的类型千差万别。由此可见，网络安全的保障需求存在"千人千面"的特点。二是生产侧和网络侧安全能力不同。"5G+工业互联网"的全面互联生产要素促进工业现场侧与互联网侧安全基准按需对接并平滑过渡。三是安全对象存在分散和集聚两种形式。随着海量业务数据带来爆发式增量，中心式部署方面，存在海量资源集聚、攻击容忍度更低、安全威胁突出等问题；云边协同部署方面，存在边缘控制减弱、保障能力分散、监测对象分散等问题。新场景的出现将促使安全保障的需求不断提高。

（孟楠、焦贝贝、周杨、崔泉飞、葛悦涛）

第 33 章　2020 年中国网络资本发展状况

33.1　创业投资及私募股权投资

2020 年的中国互联网创投行业仍处于寒冬期。从近 10 年的投融资数据来看，以互联网为代表的中国新经济创投整体经历了萌芽、爆发、高潮、低谷的过程，2013—2017 年发展步伐明显加快，2017 年达到顶峰，2018 年以来市场开始降温，2019 年进入资本寒冬。2020 年新冠肺炎疫情的发生更是严重影响了实体经济的发展，资金募集和项目尽职调查等进程进一步放缓，当前仍处于低谷阶段，初创企业将持续面临市场竞争、现金流紧张等多重挑战。创投数据平台预测，整个低谷期仍需 3～5 年的过渡期。

从投融资项目和金额来看，互联网等新经济行业的创投市场已进入下半场的整合发展阶段，优质资源越来越向优质机构和项目集中。2020 年，我国投融资案例数 4367 起[1]，相较 2019 年的 5336 起同比下降 18%，处于最近 10 年的低点，但投融资交易总额为 8145.1 亿元，相较 2019 年的 7292.1 亿元同比增长了 12%。投融资案例数有所减少但投融资总额仍增多的情况，体现了资金集中在少数头部公司的趋势。从投融资事件的行业分布情况来看，2020 年最热门的投资行业有医疗健康、新工业和企业服务领域，这三大领域占据了新经济领域投融资事件的半壁江山。从投融资阶段分布情况来看，资本市场逐渐从早期投资转向中后期投资。IT 桔子数据显示，自 2015 年之后，早期投资（包括种子轮、天使轮和 A 轮）占比持续下降，2020 年，种子轮、天使轮和 A 轮融资事件占比分别同比下降 1%、6% 和 5%。相应地，B 轮及之后轮次的投资及战略投资占比均有所增加，其中占比增加最为显著的是战略投资。2020 年共有 1186 起战略投资事件，占比高达 27%，同比前一年增加了 180 起事件。2020 年，在新经济的风险投资中，各大互联网巨头的投资活跃度较高。腾讯的投资活动十分活跃，进行了全行业、全阶段、全球覆盖的投资，2020 年其战略投资占比接近 45%，其战略投资的公司多在 toB 方向、游戏、文娱传媒领域，如乐游科技、Platinum Games、虎牙和 bilibili 等。同时，其他互联网巨头企业除了在自己原有的生态系统中进行投资布局外，也在企业服务、医疗健康等相关热门赛道发力，阿里巴巴以 8 亿元战略投资企业服务行业的"客如云"，字节跳动以 6 亿元战略投资医疗健康行业"百科名医"等。

---

[1] 资料来源：IT 桔子《2020—2021 中国新经济创业投资分析报告》。

2020 年，创投政策总体呈现相对宽松状态，监管机构对投融资管理更加规范化。政府引导基金方面，2020 年 2 月 12 日，财政部发布《关于加强政府投资基金管理提高财政出资效益的通知》，规范政府引导基金出资，要求把引导基金的设立或注资纳入预算管理，以及减少资金闲置。该政策有利于规范政府投资基金的使用，对创投市场整体发展有利好作用。创投基金方面，2020 年 3 月 6 日，证监会发布《上市公司创业投资基金股东减持股份的特别规定（2020 年修订）》，完善了创投基金投资企业上市解禁期与上市前投资期限长短反向挂钩的制度安排，明确投资期限超过 5 年的项目减持节奏不受限制，取消大宗交易减持受让方锁定期限制等。该政策旨在化解困扰创投基金已久的退出难题，鼓励广大创投机构发展早期投资、长期投资，对创投行业而言是重大利好消息。财税政策方面，2007 年以来，国家为鼓励资金投向科技创业企业，颁布了多项财税政策，包括给予创投机构所得税投资抵扣等扶持政策，通过试点再推广的方式辅助政策落地。2021 年年初，财政部、税务总局、国家发展改革委、科技部、证监会、知识产权局等国家部委联合印发文件，在中关村国家自主创新示范区开展公司型创投企业所得税优惠政策试点和技术转让所得税优惠政策试点，该政策设计了投资期限越长，缴纳企业所得税越少的反向挂钩制度，有利于增强创投机构长期投资初创型科技企业的意愿，优化了创新创业环境和社会营商环境。

33.2　互联网行业投融资情况

1. 全球互联网行业投融资平稳发展

2020 年，全球互联网投融资案例数共 20804 起，同比增长 0.9%，披露的总投融资金额为 1875 亿美元，与 2019 年基本持平，总体处于投资低谷期（见图 33.1）。主要原因是受世界经济运行风险和不确定性显著上升及新冠肺炎疫情的影响，投资市场信心明显不足。就 2020 年各个季度的投融资金额来看，投融资金额由第一季度的 367 亿美元提高到第四季度的 587 亿美元，呈明显上升趋势。2020 年，全球经济都受到了新冠肺炎疫情的影响，但随着世界各国政府通过财政刺激等政策减少疫情对经济造成的破坏，以及疫情倒逼各国的互联网服务快速发展，互联网行业的投融资规模也显著增大。从细分领域来看，互联网金融、电子商务和企业服务 3 个领域的投融资活跃度最高，占比分别为 19.2%、18.4% 和 13.9%。美国、中国为投融资最活跃的市场，总投融资金额分别为 776.3 亿美元、349.5 亿美元；英国和印度位于第二梯队，总投融资金额分别为 90.7 亿美元、89 亿美元；加拿大、德国和法国位于第三梯队，总投融资金额均为 30 亿美元左右。

2. 我国投融资市场较 2019 年活跃度下降，总投融资金额稳步上升

2020 年，我国投融资案例数共 1576 起，相比 2019 年的 1862 起下降约 15.4%（见图 33.2），活跃度下降主要受两方面因素影响：一是受疫情影响经济加速下行，投资活动更加谨慎；二是中美关系紧张，美方持续施压我国核心科技企业，从华为到中芯国际，我国高新技术企业发展遭遇阻碍。2020 年我国互联网行业披露的总投融资金额为 356.1 亿美元，相比 2019 年的 326.4 亿美元上升 9%。其中，超过 1 亿美元的投融资案例数共 67 起，同比上升 4.7%，投

融资金额达 275.1 亿美元, 同比下降 1.1%, 相较 2019 年 64 起案例、278 亿美元投融资金额基本持平。大额投融资案例中, 在线教育、医疗领域迎来融资热潮, 以在线教育为例, 2020年在线教育领域巨头猿辅导共融资 35 亿元、作业帮共融资 23.5 亿元, 占据融资排行前两名。

图33.1　2016—2020年全球互联网行业投融资总体情况

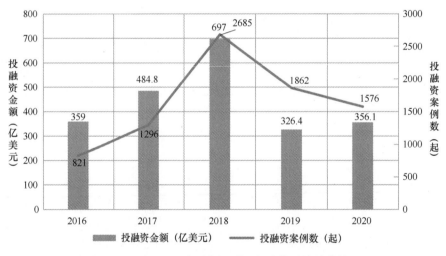

图33.2　2016—2020年我国互联网行业投融资总体情况

3. 初创企业投融资热度较 2019 年有所回落

从 2019 年第四季度开始, 天使轮投资百分比下降 10.4 个百分点, 由 2019 年第三季度的47%下降到 36.6%, 后续维持在 38%左右, 投融资热度逐步从早期投资移向中晚期投资。初创企业的投融资趋势近几年呈先升后降趋势, 2015 年、2016 年种子轮、天使轮占比均为 16%左右, 从 2017 年下半年开始, 种子轮投融资比例迅猛增长, 2018 年下半年到 2019 年第三季度, 天使轮投融资比例将近 50%, 达到峰值, 随后又回落到 30%~40%的区间。结合投融资案例数下降, 投融资金额上升来看, 投资人更倾向于集中投资稳定、优质的机构和项目。2019年第四季度—2020 年第四季度互联网投融资轮次分布如图 33.3 所示。

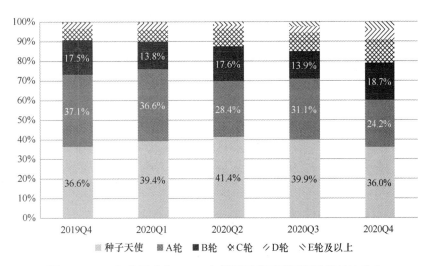

图33.3　2019年第四季度—2020年第四季度互联网投融资轮次分布

4. 重点细分领域保持活跃

2020 年，企业服务、电子商务、互联网金融和在线教育等领域投融资案例较活跃，投融资案例数分别为 316 起、187 起、180 起和 147 起，占整个投融资案例数的 53.1%（见图 33.4）。总交易金额集中在在线教育、电子商务、互联网金融、本地生活等领域，投融资金额分别为 80.39 亿元、75.08 亿元、29.47 亿元、28.82 亿元，占总投融资金额的 61.6%。

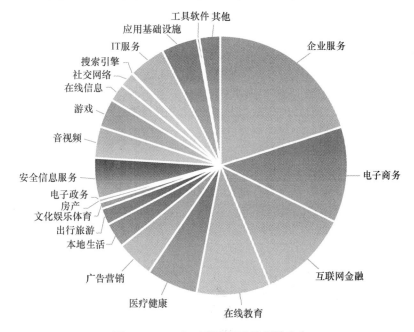

图33.4　2020年互联网投融资领域分布

受新冠肺炎疫情影响，在线教育、医疗健康领域增长迅猛。在线教育领域，2020 年投融资金额占比为 23.2%，较 2019 年提升 16.5%，处于高速增长期。2020 年，在线教育领域共发生投融资案例 147 起，投融资金额为 80.39 亿美元。在线教育领域巨头猿辅导于 2020 年进行了 4 次融资，共融资 35 亿美元，成为年度融资最多的互联网企业。艾瑞咨询数据显示，2020年在线教育行业市场规模同比增长 35.5%至 2573 亿元，整体线上化率为 23%~25%。其中，低幼及素质教育赛道、K12 学科培训赛道在线化进程加快是在线教育市场快速增长的最主要贡献因素。各大巨头、投资机构纷纷入局在线教育领域。一方面，互联网巨头通过投资并购初创教育企业扩展战略版图。例如，腾讯投资了美国在线教育初创公司 Udemy、印度拍照搜平台 Doubtnut，字节跳动收购了数理思维教育产品"你拍一"，网易有道投资了儿童中文在线教育服务商"锦灵中文"等。另一方面，互联网巨头也通过自身资源优势拓展自有教育品牌。例如，阿里巴巴推出了中小学课业付费问答产品"帮帮答"，字节跳动推出了"瓜瓜龙启蒙"和独立教育品牌"大力教育"等。受全球疫情等影响，资本源源不断地涌入医疗健康领域，使其成为第二热的投融资赛道。医疗健康领域的企业在 2020 年的投融资金额占比达7.1%，较 2019 年提升 5.2%，增长仅次于在线教育领域。2020 年，医疗健康领域共有投融资案例数 102 起，投融资金额为 24.6 亿美元（见表 33.1）。丁香园作为医疗电商、零售领域的头部企业，获得融资 5 亿美元。

表 33.1　2020 年各领域投融资案例数和金额

	投融资案例数（起）	案例数占比	投融资金额（亿美元）	金额占比
企业服务	316	20.2%	26.18	7.5%
电子商务	187	12.0%	75.08	21.6%
互联网金融	180	11.5%	29.47	8.5%
在线教育	147	9.4%	80.39	23.2%
医疗健康	102	6.5%	24.6	7.1%
安全信息服务	79	5.1%	6.92	2.0%
广告营销	74	4.7%	4.11	1.2%
IT 服务	73	4.7%	12.44	3.6%
应用基础设施	72	4.6%	4.09	1.2%
音视频	61	3.9%	2.68	0.8%
游戏	56	3.6%	2.6	0.7%
本地生活	49	3.1%	28.82	8.3%
其他	42	2.7%	2.9	0.8%
在线信息	35	2.2%	6.37	1.8%
出行旅游	32	2.0%	12.63	3.6%
社交网络	30	1.9%	1.2	0.3%
文化娱乐体育	13	0.8%	1	0.3%
房地产	7	0.4%	25.71	7.4%
工具软件	5	0.3%	0.01	0.0%
电子政务	1	0.1%	0	0.0%
搜索引擎	1	0.1%	0	0.0%

与 2019 年相比，在线教育、医疗健康、电子商务、企业服务等领域的投融资金额呈现明显增长，房地产、互联网金融等领域保持较高热度，在线信息、本地生活、音视频等领域

投融资金额有所下降（见图 33.5）。

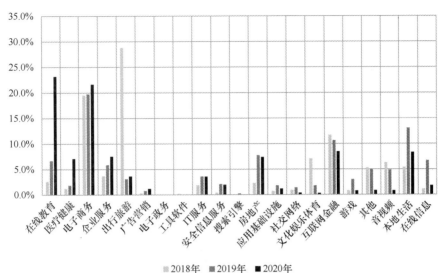

图33.5   2018—2020年我国互联网各领域投融资金额占比

5. 地域投融资梯队保持合理

2020 年，北京地区的创业投资活动最为活跃。从投融资案例数来看，北京遥遥领先，位居第一梯队，投融资案例数达 629 起，较第二名上海高出 93.5%。从投融资金额来看，北京投融资金额达 209 亿美元，较第二名上海高出 273.2%。第二梯队包括上海、广东和浙江，这 3 个地区地理位置、金融环境综合优势显著，互联网投融资持续活跃，2020 年投融资案例数分别为 325 起、276 起、192 起；江苏、华中地区、成渝地区构成第三阵营，具有较大发展潜力（见图 33.6）。

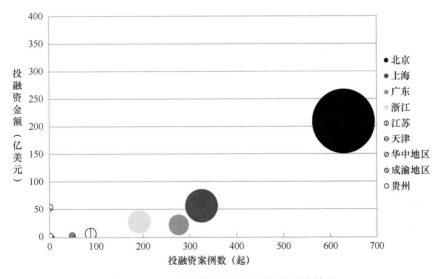

图33.6   2020年我国各地区互联网投融资情况

6. 大额投融资案例高度活跃

2020年，我国单笔投融资金额1亿元及以上的案例共67起，总投融资金额达到275.1亿美元，其中在线教育、电子商务、本地生活、房产、医疗健康、企业服务、文化娱乐领域大额融资较集中。其中，超过10亿美元的投融资案例共7起，猿辅导、作业帮、满帮集团、兴盛优选、贝壳找房、青桔单车、自如分别获得35亿美元、23.5亿美元、16.9亿美元、15亿美元、15亿美元、10亿美元、10亿美元融资（见表33.2）。投融资金额排名前两位的企业均处于在线教育领域，主要由于疫情助推了教育线上化，加速了在线教育领域的发展进程。

表33.2 2020年超过1亿美元的投融资案例

序号	融资企业	领域	投资方	金额（亿美元）	轮次	季度
1	猿辅导	在线教育	中信产业基金、云峰资本、博裕资本等	35	G-IV轮	3、4
2	作业帮	在线教育	阿里巴巴集团、方源资本等	23.5	E-II轮	2、4
3	满帮集团	电子商务	全明星投资等	16.9	A轮	4
4	兴盛优选	本地生活	KKR、京东等	15	C-II轮、公司少数股权	3、4
5	贝壳找房	房地产	软银集团、高瓴资本	15	D-II轮	1
7	青桔单车	出行旅游	君联资本等	10	A轮	2
8	自如	房地产	软银集团	10	C轮	1
9	芒果超媒股份有限公司-启信宝	文化娱乐体育	阿里巴巴集团等	9.46	少数股权融资	4
10	云网万店	电子商务	深圳创投集团等	9.12	A轮	4
11	京东健康	电子商务	高领资本	8.3	B轮	3
12	每日优鲜	本地生活	国信集团等	8.01	F-II轮	3、4
13	丁香园	医疗健康	上海挚信资本等	5	E轮	4
14	发发奇	电子商务	阿里巴巴集团等	5	公司少数股权	4
15	多点	电子商务	IDG资本	4.19	C轮	4
16	bilibili	音视频	阿里巴巴集团等	4	少数股权融资	2
17	水滴互助	互联网金融	腾讯控股、点亮资本等	3.8	D-II轮	3、4
18	谊品生鲜	本地生活	今日资本等	3.6	C轮	3
19	微医	医疗健康	未披露投资方	3.5	F轮	4
20	一点资讯	在线信息	润良泰基金	3.5	股权私募	3
21	震坤行	电子商务	建发新兴投资等	3.15	E轮	4
22	思派	医疗健康	五源资本等	3.05	E轮	4
23	浩云网络股份	IT服务	中信产业基金和德弘资本	3	B轮	4
24	叮咚买菜	本地生活	泛太平洋投资	3	成长权益	2
25	Unicloud	IT服务	清华紫光集团	2.9	公司少数股权	4
26	PingCAP	企业服务	五源资本等	2.7	D轮	4

（续表）

序号	融资企业	领域	投资方	金额（亿美元）	轮次	季度
27	翼鸥教室	在线教育	腾讯控股等	2.65	C 轮	4
28	虎牙	音视频	五源资本等	2.62	少数股权融资	2
29	京东数科	互联网金融	创世伙伴资本	2.51	少数股权融资	2
30	火花思维	在线教育	腾讯控股、纪源资本等	2.5	E-Ⅱ轮	3、4
31	京东工业品	电子商务	CPE 资本等	2.3	A 轮	2
32	赢彻科技	企业服务	宁德时代等	2.2	A-Ⅱ轮	4
33	美术宝	在线教育	蓝驰创投等	2.1	D 轮	4
34	同程生活	本地生活	贝斯曼亚洲投资基金等	2	C 轮	2
35	行云货仓	电子商务	建发投资等	2	C 轮	3
36	爱学习	在线教育	新加坡政府投资公司和华平投资集团	2	D-Ⅲ轮	4
37	瓜子二手车	本地生活	红杉资本	2	D-Ⅱ轮	2
38	编程猫	在线教育	广东科技金融集团等	1.98	D 轮	4
39	十荟团	本地生活	阿里巴巴集团等	1.96	C-Ⅲ轮	4
40	豌百思维	在线教育	DCM 资本等	1.8	C 轮	3
41	太美医疗科技	医疗健康	凯风创投等	1.76	F 轮	3
42	天天拍车	电子商务	汽车之家	1.68	D-Ⅱ轮	4
43	叮当快药	电子商务	软银中国风险投资等	1.5	B-Ⅱ轮	4
44	地平线机器人	企业服务	五源资本等	1.5	C 轮	4
45	e 签宝	企业服务	恒大集团等	1.5	D 轮	4
46	掌上糖医	医疗健康	博将投资等	1.44	D 轮	1
47	壹米滴答	电子商务	未披露	1.42	D-Ⅲ轮	1
48	买好车	电子商务	中国建设银行	1.42	债务	2
49	KK 集团	电子商务	黑蚁资本等	1.41	E 轮	3
50	七牛云	企业服务	交银国际控股	1.41	F 轮	2
51	卡奥斯	IT 服务	招商证券等	1.34	A 轮	2
52	能链集团	电子商务	中金资本等	1.28	D 轮	3
53	容联云通信	IT 服务	中国国有资本风险投资基金等	1.25	E 轮	4
54	树根互联	IT 服务	海通证券等	1.22	C 轮	4
55	伴鱼少儿英语	在线教育	天际资本等	1.2	C 轮	3
56	雪球	在线信息	兰馨亚洲投资集团	1.2	E 轮	4
57	共赢天下	在线信息	Fundamental Labs 等	1.2	风险投资	3
58	零氪科技	医疗健康	宽带资本等	1.02	D-Ⅱ轮	3
59	聚盟共建	电子商务	IDG 资本等	1	B-Ⅱ轮	4
60	尚线照妖镜	广告营销	贝恩资本	1	B 轮	3

（续表）

序号	融资企业	领域	投资方	金额（亿美元）	轮次	季度
61	英雄体育	文化娱乐	快手等	1	B 轮	4
62	微脉	医疗健康	百度资本	1	C-II 轮	4
63	慧策	企业服务	新加坡政府投资公司等	1	C 轮	4
64	聚水潭	企业服务	蓝水资本	1	C 轮	2
65	快点阅读	电子商务	纪源资本等	1	C 轮	3
66	云学堂	在线教育	大钲资本	1	D 轮	1
67	爱回收	电子商务	清新资本等	1	E-II 轮	3

7. 资本市场逐渐回暖

分季度来看，第一季度，我国互联网投融资金额及案例数均延续下探走势（见图33.7）。受新冠肺炎疫情冲击，国内1、2月投融资整体呈断崖式下跌，3月，随着疫情得到有效控制和大额融资案例的支撑，投融资整体表现有所回暖。第二季度，国内与全球互联网投融资均呈现触底反弹走势，活跃度和总金额环比均出现明显回升，但同比仍有较大跌幅。第三季度，我国与全球互联网投融资均呈现较平稳走势，投融资领域以融合类消费为主，包括电子商务、本地生活、医疗健康等。第四季度，我国投融资总金额大幅上涨，同比增长超过110%，超过1亿美元的投融资案例迎来爆发期，规模几乎等于前3个季度之和。总体来看，受疫情影响，第一季度互联网投融资持续低温，延续了 2019 年资本市场寒冬，但随着国内疫情得到控制，资本市场逐步回暖，第四季度迎来大额融资爆发式增长。

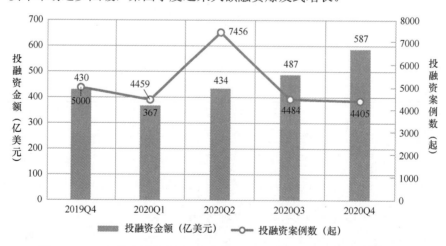

图33.7　2019年第四季度—2020年第四季度我国互联网投融资分季度情况

2020 年，投融资市场受多重因素影响呈现先冷后暖态势。一是受宏观环境影响，一方面，2020 年新冠肺炎疫情突如其来，导致中国经济受到相应影响，资本市场热度有所减缓，随着我国对疫情的有效防控，经济逐渐复苏，投融资市场逐渐回暖，投融资规模也得到大幅增长。另一方面，2020 年全球面临地缘政治局势动荡，全球经济进一步放缓，全球经济风险挑战明显增多，经济下行带来的不确定性导致投资机构避险情绪明显。例如，红杉资本在 2020 年之前一直将中国定位为重要投资市场，但鉴于美国制裁及中国经济增速放缓等原因导致投资风险增加，故将转战日本市场。但与此同时，我国科创板于 2019 年 6 月 13 日正式开板，科创板上市条件中对上市企业有一定行业限制，支持新一代信息技术等高新技术和战略性新兴产业，为科技型企业上市提供动力；科创板不以持续盈利为唯一指标，以市值为基础，采用多样化标准，降低了科技型企业的上市门槛；采用注册制而非审核制则优化了科技型企业的上市流程。科创板明显增强了对创新企业的包容性和适应性，为那些未盈利、存在未弥补亏损的互联网企业拓展了融资道路。二是企业自身发展降速，行业乱象频发。一方面，互联网加速了各行各业的发展，但背后本质是在透支企业发展进程。从流量角度来看，流量为王是互联网行业的共识，在高增长、高爆发之后，互联网总体流量增长降速。从用户角度来看，互联网已基本普及，拓展新用户自然变难，再加上目前应用已满足用户的大部分需求，新的 App 差异化较小，抢占市场难度较大。另一方面，制度与监管跟不上互联网企业的发展，必会导致行业乱象。2020 年大数据杀熟事件层出不穷，电商、网约车、在线旅游等平台是大数据杀熟的重灾区，掀起了一场场舆论风波，大数据时代带来的数据垄断是数字经济时代最大的争议和挑战之一。2020 年，我国各部门陆续出台相关政策保护消费者权益。文化和旅游部宣布自 2020 年 10 月 1 日起明令禁止在线旅游行业滥用大数据分析侵害消费者权益。11 月 10 日，国家市场监管总局发布了《关于平台经济领域的反垄断指南（征求意见稿）》，明确规定不允许企业滥用市场支配地位，利用大数据和算法实行差异性定价。12 月，国家市场监管总局联合商务部召开规范社区团购秩序行政指导会，严格规范互联网平台的社区团购经营行为，不得低价倾销、不得大数据杀熟。虽然国家多次出台相关法律法规，但由于"杀熟"条件难以判定，互联网企业内部算法无法获取等原因，监管部门取证存在很大难度。与此同时，互联网与传统行业融合不断加深，融合领域持续受到资本热捧，为投融资市场回暖带来信心。受疫情影响，数字化产品迅速升温，传统行业逐渐转向线上化，在线办公、在线教育、医疗健康等领域热度持续高涨，生活娱乐模式也不断转变，疫情催化下在线办公和视频会议需求激增，引来众多互联网企业及资本入局，主流平台包括阿里巴巴的钉钉、腾讯的企业微信及腾讯视频、字节跳动的飞书等。以钉钉为例，2021 年 1 月 14 日，钉钉宣布用户突破 4 亿人，其"云钉一体"战略部署计划，与阿里云全面融合，将云的能力"上移"，使得企业中每个业务角色皆可成为开发者，将企业的应用开发逐渐变成基础能力，大大推动了 toB 产业的发展，或将催生出企业服务的新生态、新模式。

33.3　互联网企业上市情况

1. 我国上市互联网企业营收增速持续下降

2020 年，我国 178 家上市互联网企业营收总计 3 万多亿元（见图 33.8），同比增长 19.7%。从 2016 年起，增速从 45% 持续下降 20% 左右，主要原因有两点：一方面，国内经济下行压力加大，加之近几年互联网发展过于迅猛，导致后续上升空间有限，平台获取新用户、提升日活跃用户数难度提升。另一方面，受新冠肺炎疫情持续蔓延影响，行业增速放缓持续加剧，部分资金链存在问题的互联网企业倒闭。就连 2020 年最受资本青睐的在线教育领域，自

2020 年 2 月开始，注销企业数量直线攀升，6 月最高注销企业数量达 2116 家[1]，企业破产跑路的新闻层出不穷。

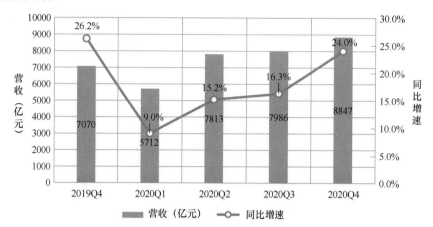

图33.8 2019年第四季度—2020年第四季度我国上市互联网企业营收增长情况

2. 电子商务是行业营收增长的第一动力

从交易规模看，据国家统计局数据，2020 年全国网上零售总额为 11.76 万亿元，同比增长 10.9%，其中实物商品网上零售额为 9.8 万亿元，占社会消费品零售总额的比重为 24.9%。

从上市企业营收看，2020 年电子商务业务营收为 1.92 万亿元，同比增长 18.4%，对行业贡献最大。排名第二的社交/在线社区业务营收有所回落，全年营收总计 3797.1 亿元，同比下降 6.7%，相较 2019 年同期增速由正转负，较前几年高速增长之后大幅下降。主要原因是过去几年，市面上已有的社区社交类产品已基本饱和，新推出的多数产品只有形态变化，并无更大差异化创新，而用户习惯已基本养成，部分巨头社交平台留存率依然较高，社交/在线社区领域创新难度大。各领域中，增长最迅猛的为房地产业务，2020 年被视为房地产互联网营销元年，全年房地产领域营收达 683.6 亿元，同比增长 190.5%（见表 33.3）。受新冠肺炎疫情影响，各房企纷纷启动线上售楼处，将线下的营销、销售业务向线上迁移，且 5G、VR 技术的不断成熟，也助推了互联网+房地产行业的迅猛发展。

表 33.3 2020 年互联网行业细分领域营收及增速

细分领域	营收（亿元）	细分业务营收占比	同比增速
电子商务	19214.8	64.0%	18.4%
社交/在线社区	3797.1	12.7%	-6.7%
游戏	1856.1	6.2%	110.6%
搜索引擎	1202.5	4.0%	-6.7%
音视频	1193.0	4.0%	11.2%
房地产	683.6	2.3%	190.5%
门户/邮箱/分类网站等	404.3	1.3%	-29.8%

---

[1] 资料来源：天眼查。

（续表）

细分领域	营收（亿元）	细分业务营收占比	同比增速
IT 服务	360.8	1.2%	5.0%
IDC/CDN 等	253.1	0.8%	−0.6%
出行旅游	187.0	0.6%	−66.3%
在线教育	174.0	0.6%	63.3%
安全信息服务	159.4	0.5%	−16.5%
文体娱乐	131.7	0.4%	−34.1%
广告营销	120.9	0.4%	−18.7%
企业服务	99.9	0.3%	−22.9%
工具软件	98.1	0.3%	−17.2%
医疗健康	51.0	0.2%	70.9%
互联网金融	18.0	0.1%	−95.0%

3. 上市互联网企业净利润波动上行，处于高速增长阶段

2020 年，我国上市互联网企业净利润总计 4587 亿美元（见图 33.9），同比上涨 51.5%，连续两年净利润维持较高速度增长，净利润率为 15.1%，较 2019 年提升 2.7 个百分点。其中，阿里巴巴 2020 年净利润 1404 亿元，同比增长 74.93%，本年度电商零售业务增长迅猛，阿里巴巴实现 1 万亿美元 GMV 的目标，年度活跃消费者超过 7 亿人，阿里云业务也高速增长，为集团创收。腾讯 2020 年净利润 1598.5 亿元，同比增长 67%。百度 2020 年净利润 220 亿元，同比增长 21%。百度收入及利润增长的主要动力来源于百度核心业务，经调税息折旧及摊销前利润率达 46%，一方面得益于搜索需求增加及搜索体验的改善；另一方面，百度移动生态打造超级 App，实现搜索到社交再到交易一站式闭环生态成果。

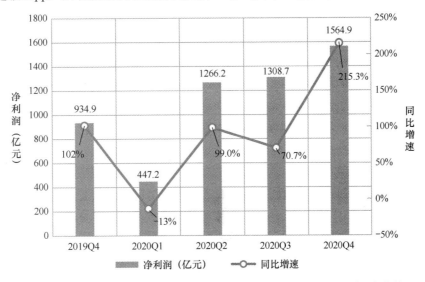

图33.9　2019年第四季度—2020年第四季度中国上市互联网企业净利润变化情况

4. 上市互联网企业市值大幅上涨

截至 2020 年 12 月 31 日，我国 187 家上市互联网企业总市值为 17.9 万亿元，同比上升 54.3%，共 10 家企业跻身全球互联网企业市值前 30 强。分季度来看，2020 年除了第一季度市值有所回落外，第二、第三、第四季度高速增长，市值波动上行，创历史新高（见图 33.10）。

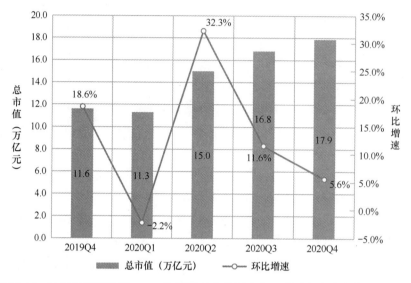

图33.10 2019年第四季度—2020年第四季度我国上市互联网企业总市值变化情况

5. 美国上市企业市值保持大幅增长

我国 178 家上市互联网企业中，在美国上市企业共 69 家，总市值达 9.3 万亿元，较 2019 年年底的 6.4 万亿元上涨 45.3%，占比达 51.9%。其中，有 11 家公司市值上涨率超过 100%，拼多多、bilibili、京东市值较 2019 年年底分别上涨 363.5%、330.6%、149.8%。在中国内地上市的互联网企业共 60 家，市值合计 1.6 万亿元，较 2019 年年底上涨 56.7%，占全行业的比重为 8.7%，占比与 2019 年年底基本持平。在中国香港交易所上市企业共 49 家，市值合计 7 万亿元，较 2019 年年底上涨 70.7%，占比达 39.4%（见图 33.11），较 2019 年年底提升 3.4 个百分点。

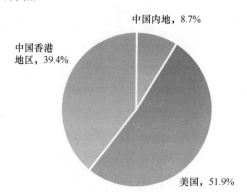

图33.11 国内上市互联网企业市值分布（按上市地）

6. 龙头企业市值占比与 2019 年持平，头部效应明显

2020 年年底，我国市值排名前 10 位的互联网企业市值合计为 14.5 万亿元，较 2019 年年底上涨 54.3%，占 178 家企业总市值的 81.2%，占比较 2019 年年底提升 0.2 个百分点。由于线下经济受到较大影响，2020 年互联网经济发展较好，其中，拼多多市值增长迅猛，环比增长 135.1%，百度环比上涨 63.7%（见表 33.4）。

表 33.4　2020 年国内互联网企业市值前 10 强

排名	公司名称	市值（亿元）	环比增长
1	腾讯控股	45530	5.7%
2	阿里巴巴	40738	−21.6%
3	美团-W	14589	16.8%
4	拼多多	14217	135.1%
5	京东	8975	11.1%
6	百度	4812	63.7%
7	贝壳（KE）	4733	−0.8%
8	网易	4318	3.1%
9	京东健康	4020	—
10	东方财富	2670	29.2%

7. 互联网企业 IPO 集中在 2020 年下半年

受新冠肺炎疫情影响，很多互联网公司的上市进度出现一定延后，上半年仅有 7 家企业上市，后半年互联网企业 IPO 进程加速。2020 年，上市新股 IPO 募资总额达 4700 亿元，创下 10 年新高，较 2019 年增长超过 85.6%。受资本市场大环境影响，以及注册制下首发审核速度上升，我国互联网产业发展态势良好，2020 年，我国互联网行业 IPO 企业共 22 家，数量与 2019 年基本持平（见表 33.5）。IPO 企业涉及领域主要包括电子商务、生活服务、网络营销、网络服务等。值得注意的是，自注册制在 A 股市场落地实施以来，审核效率明显提升，资本市场改革成效逐步体现，从一定程度上激发了企业申报上市的热情。由于发行人、中介机构等"对于注册制的内涵与外延理解不全面、对注册制与提高上市公司质量的关系把握不到位、对注册制与交易所正常审核存在模糊认识"，出现 IPO"排队现象"。为了提高首发企业信息披露质量，避免"带病闯关"的情况，证监会于 2021 年 1 月 29 日颁布《首发企业现场检查规定》（证监会公告〔2021〕4 号）。

表 33.5　2020 年我国互联网企业 IPO 情况

序号	企业名称	上市地	上市日期	行业
1	快手	香港	2021/2/5	短视频
2	云想科技	香港	2020/12/17	网络营销
3	京东健康	香港	2020/12/8	医疗健康
4	辉煌明天	美国	2020/11/11	广告营销
5	一起教育科技	美国	2020/12/4	网络教育

（续表）

序号	企业名称	上市地	上市日期	行业
6	波奇宠物	美国	2020/9/30	网络服务
7	宝尊电商	香港	2020/9/29	电子商务
8	丽人丽妆	上海	2020/9/29	电子商务
9	若羽臣	美国	2020/9/25	电子商务
10	乐享互动	香港	2020/9/23	广告营销
11	福禄控股	香港	2020/9/18	网络服务
12	贝壳	美国	2020/8/13	生活服务
13	天地在线	香港	2020/8/5	网络营销
14	新娱科控股	香港	2020/7/15	网络游戏
15	趣活	美国	2020/7/10	电子商务
16	京东集团	香港	2020/6/18	零售电商
17	网易	美国	2020/6/11	资讯门户
18	哒哒	香港	2020/6/5	即时零售
19	金山云	美国	2020/5/8	信息服务
20	良品铺子	美国	2020/2/24	休闲零食
21	蛋壳公寓	美国	2020/1/17	生活服务
22	荔枝	美国	2020/1/17	休闲娱乐

33.4 互联网企业并购情况

1. 我国互联网企业并购活跃度持续降低

根据私募通数据库数据统计，从2010年到2020年，我国互联网企业并购事件总体呈先增后降的趋势，并购金额在2018年达到峰值，之后开始回落。2020年以来共发生81起并购事件，与2019年基本持平，并购金额降至223亿元，相比2019年下降明显（见图33.12）。移动互联网市场的红利消退，加之新冠肺炎疫情突如其来，使得互联网并购市场持续低迷。

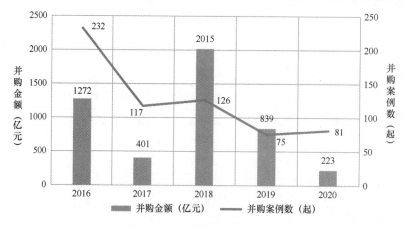

图33.12 我国互联网领域并购市场总体情况

2. 消费及 toB 领域企业并购集中度较高

2020 年完成的并购交易主要集中在电子商务、企业服务和游戏领域，并购案例数分别为 20 起、19 起、10 起，累计占互联网领域并购案例数的 60.5%。此外，广告营销、在线教育、IT 服务、文化娱乐体育领域的并购交易也较为活跃。并购金额集中在音视频、电子商务和社交网络领域，分别为 72.6 亿元、54.7 亿元、44.0 亿元，累计占据互联网领域并购金额的 76.7%（见表 33.6）。

表 33.6　国内互联网细分领域并购交易情况

细分领域	并购案例数（起）	数量占比	并购金额（亿元）	金额占比
电子商务	20	24.7%	54.7	24.5%
企业服务	19	23.5%	11.0	4.9%
游戏	10	12.3%	17.3	7.7%
广告营销	6	7.4%	7.1	3.2%
在线教育	6	7.4%	5.1	2.3%
IT 服务	5	6.2%	3.8	1.7%
文化娱乐体育	5	6.2%	0.2	0.1%
社交网络	2	2.5%	44.0	19.7%
音视频	2	2.5%	72.6	32.5%
在线信息	2	2.5%	5.0	2.2%
房地产	2	2.5%	未披露	未披露
互联网金融	1	1.2%	2.0	0.9%
医疗健康	1	1.2%	0.4	0.2%

3. 并购案主要集中在北京、广东等少数省市

2020 年，北京完成互联网领域并购交易 19 起，总并购金额达到 31.6 亿元。广东完成互联网领域并购交易 14 起，总并购金额达到 77 亿元，得益于林芝腾讯科技并购虎牙科技，单笔并购金额达 54.8 亿元。北京、广东处于第一梯队，为并购交易最活跃的两大省市。上海、浙江、福建并购数量分别为 10 起、8 起和 4 起，并购金额分别为 9.2 亿元、10.5 亿元和 8.9 亿元，处于第二梯队（见图 33.13）。

4. 互联网领域并购回报率较高

2020 年，受政策导向影响，机械制造、生物医药、信息技术 3 个行业并购活跃度较高。清科研究中心数据显示，以 2020 年并购方式退出企业为例，机械制造领域平均回报倍数为 1.84，平均 IRR（内部收益率）为 28.1；互联网领域平均回报倍数为 2.72，平均 IRR 为 38.2。

互联网大额并购交易案例数量骤减。2020 年，我国互联网领域完成单笔并购金额超过 50 亿元的案例共 1 起——林芝腾讯科技并购虎牙科技，并购金额为 54.8 亿元。相比于 2019 年完成单笔并购金额超过 10 亿元的案例共 10 起来看，大额并购交易案例数及并购金额下降十分明显。

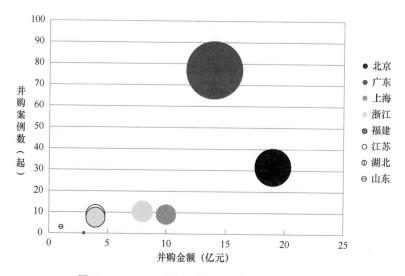

图33.13　2020年我国各地区互联网并购交易情况

（张雅琪、柳文龙）

第 34 章　2020 年中国网络人才建设情况

34.1　网络人才建设概况

"十三五"以来，伴随着互联网和移动通信基础设施建设的不断完善，互联网行业高速发展，"互联网+"概念在各行业深度渗透，为发展数字经济奠定了良好的技术基础。过去 5 年以来，互联网行业的人才吸引力稳步提升，创造了若干新职业，容纳了大量新增就业人口，对青年就业群体的吸引力尤为突出。2020 年，全国普通高等学校毕业生达到 874 万人，根据中国人民大学就业研究所发布的《2020 年大学生就业力报告》，约有 25% 的高校毕业生期望在互联网相关行业就业，居各大行业之首。

2020 年，尽管各行业都在一定程度上受到新冠肺炎疫情的影响，但新经济、新动能逆势成长。在我国新产业、新业态、新模式持续兴起的基础上，疫情倒逼消费数字化转型和产业数字化升级，以互联网经济为代表的新动能展现出强劲生命力。2020 年 4 月，国家发展改革委、中央网信办印发《关于推进"上云用数赋智"行动培育新经济发展实施方案》，支持新零售、在线消费、无接触配送、互联网医疗、线上教育、一站式出行、远程办公、"宅经济"等新业态；支持云计算、大数据、人工智能等新一代数字技术在全行业的应用和创新，积极推进传统产业数字化转型，拓展数字化转型多层次人才和专业型技能培训服务。政策支持、技术变革和商业模式的不断更新，为互联网行业的人才建设带来了持续动力。

34.2　互联网行业招聘与求职趋势

1. 人才需求稳步增长，从业群体高学历、年轻化

2020 年，互联网行业整体人才需求量较 2019 年同比增长 30.4%，新冠肺炎疫情反而催生了更多对互联网相关岗位的新需求。全年来看，由于疫情的影响，1 月和 2 月的人才需求规模处于最低值，自 3 月起，招聘市场逐步复苏，人才需求量回升并呈现稳定增长的态势。

"平台模式"是互联网企业快速扩大规模、降低成本、提供标准化服务的核心商业模式之一。2020 年，互联网平台领域企业的人才需求规模在所有子行业中居首位（见图 34.1），月均占比为 37%。

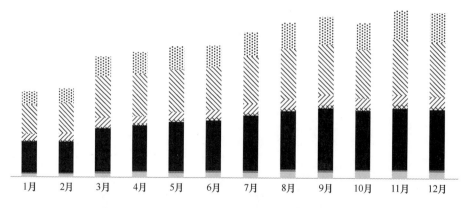

图34.1　2020年互联网子行业人才需求规模分布

资料来源：BOSS 直聘研究院。

整体来看，互联网行业对候选人的学历要求较高，2020 年，要求候选人具有大专及以上学历的互联网职位比例超过 66%（见图 34.2）。同时，互联网行业从业者群体高度年轻化，主要招聘需求集中于工作经验小于 5 年的人群，占比超过 50%。

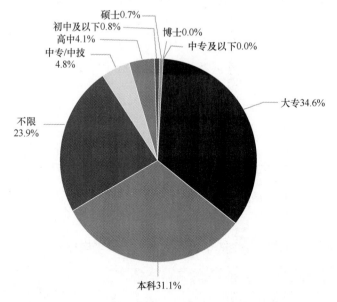

图34.2　2020年互联网企业对候选人学历的要求

资料来源：BOSS 直聘研究院。

2. 中小企业蓬勃发展，互联网人才地域分布集中

作为"双创"的核心践行领域之一，中小企业始终是互联网行业的中坚力量，近年来涌现的多家"小巨头"互联网企业，都是在 5～8 年周期内，从创业公司快速成长而来的。2020年，互联网行业的中小企业迅速从新冠肺炎疫情冲击中得到恢复，继续保持蓬勃发展，人才

需求规模持续扩大。2020 年，在不同规模的互联网企业中，20～99 人规模的企业人才需求量最大，占整体比例约为 32%；人才需求比例排在第二位的是 100～499 人规模的互联网企业，占比约为 25%（见图 34.3）。尽管万人以上的大型互联网平台企业拥有海量用户，但主体就业岗位仍然由中小企业所创造。

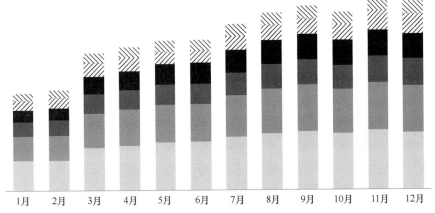

图34.3　2020年互联网行业不同规模企业招聘需求分布

资料来源：BOSS 直聘研究院。

2020 年，互联网行业人才分布呈现地域高度集中的特点。人才需求量排名前 10 位的省级行政区分别为广东、北京、浙江、江苏、上海、山东、四川、福建、河南和安徽，其互联网人才招聘需求之和已接近全国总量的 70%。

在全国互联网人才需求量排名前 20 位的城市中，来自一线城市的需求占比为 33%，北京作为互联网行业发展的标杆地区，人才需求量居首位。新一线城市[1]互联网行业快速发展，人才需求量占比也已经达到 32%，互联网企业密集的杭州居新一线城市之首。其他城市中，济南、福州、石家庄的互联网人才需求量均进入前 20 位。一线城市中，北京、上海互联网企业对候选人学历的要求较高，超过 50%的岗位至少要求本科学历；而广州和深圳由于小型企业更为集中，入行门槛相对更低，约 40%的岗位需要专科学历即可。

3. 行业整体薪酬竞争力强，一线及新一线城市优势突出

2020 年，互联网行业平均招聘薪资约为 9804 元/月。第一季度，就业市场受到新冠肺炎疫情冲击，中低收入区间的岗位比例显著下降，招聘结构失衡，短期拉高了平均薪资水平，互联网行业的平均薪资也在 2 月达到了峰值 10600 元/月。第二、第三季度，随着疫情得到控制，就业市场回暖，岗位结构逐渐回归平衡，互联网行业平均招聘薪资小幅回落，回归到正常水平（见图 34.4）。

---

[1] 本章中，新一线城市名单采用第一财经"2020 年新一线城市"排名，包括成都、重庆、杭州、武汉、西安、天津、苏州、南京、郑州、长沙、东莞、沈阳、青岛、合肥、佛山共 15 个城市。

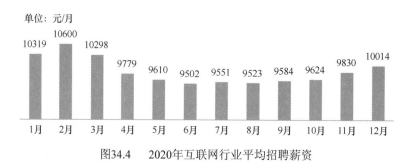

单位: 元/月

图34.4　2020年互联网行业平均招聘薪资

资料来源: BOSS 直聘研究院。

互联网行业的前沿技术岗位始终处于人才紧缺状态，人工智能、云计算、大数据等领域的高级研发人才薪资水平具有极强竞争力。2020 年，招聘博士学历候选人的互联网行业岗位平均招聘薪资为 34588 元/月，是行业平均招聘薪资的 3.5 倍；招聘硕士学历候选人的岗位平均招聘薪资为 21931 元/月，是行业平均招聘薪资的 2.2 倍。

互联网行业七大子行业中，互联网安全服务领域的平均招聘薪资居首位（见表 34.1），但该子行业始终处于人才紧缺状态。

表 34.1　2020 年互联网各子行业平均招聘薪资

互联网子行业	平均招聘薪资（元/月）
互联网安全服务	11689
互联网平台	11492
互联网数据服务	11489
互联网信息服务	10461
其他互联网服务	10408
电信/广播电视/卫星传输服务	8156
软件和信息技术服务业	7810

资料来源: BOSS 直聘研究院。

2020 年，互联网行业平均招聘薪资排名前 10 位的省级行政区分别是北京、上海、浙江、广东、四川、湖北、陕西、江苏、天津、福建[1]。北京、上海、广州、深圳 4 个一线城市互联网行业平均招聘薪资为 12961 元/月，北京以 16802 元/月居首位；新一线城市成都、重庆、杭州、武汉、西安、天津、苏州、南京、郑州、长沙、东莞、沈阳、青岛、合肥、佛山的互联网行业平均招聘薪资为 8106 元/月，杭州以 12266 元/月居首位。

结合人才分布来看，互联网行业仍具有较高的地域集中度，优质企业和大型企业集中分布在一线和新一线城市，特别是在新一线城市发展迅猛，但一线城市的互联网行业发展仍然具有较大的领先优势。

---

[1] 西藏由于招聘规模显著低于其他省级行政区，平均薪资存在一定偏差，未计入前 10 位排名。

34.3　互联网行业人才需求

1. 疫情影响下，人工智能、5G、直播带货、生鲜电商等领域迎来新机遇

随着互联网技术渗透到各行各业，生产生活的各个环节不断被改造。2020 年，以 5G、人工智能、直播带货、生鲜电商等为代表的互联网技术和生活服务领域在疫情的"助推"下成为大热风口。中国互联网络信息中心发布的第 47 次《中国互联网络发展状况统计报告》显示，截至 2020 年 12 月，我国网络直播用户规模达 6.17 亿人，占网民整体的 62.4%，网络直播相关的人才需求规模也在 2020 年迎来高峰，同比增幅达到 56%。

2. 各热门领域对候选人的学历、经验和技能要求有明显差异

在 2020 年的互联网热门领域中，人工智能和 5G 领域均以技术/产品研发人才需求为主，平均学历要求较高，需要至少具有本科学历的岗位都达到 60% 左右，要求具有 3～5 年工作经验的岗位占比约为 30%，高于行业平均水平。

从技能要求角度观察，人工智能领域更关注 Python、自然语言处理、机器学习、深度学习等核心编程和算法技能，5G 领域则更多关注无线射频、网络设备、嵌入式协议、极化码、新型网络架构等前沿通信技术技能。相较于这些"硬核"技能要求，生鲜电商和直播带货领域的进入门槛相对更低，生鲜电商领域面向大专学历候选人的岗位占比为 41%，直播带货领域面向大专学历候选人的岗位占比为 26%；而在这两个热门领域，最集中的职业技能要求分布在销售、运营、客服、短视频制作等适应面更广的方向。2020 年一线和新一线城市互联网热门领域平均招聘薪资如图 34.5 所示。

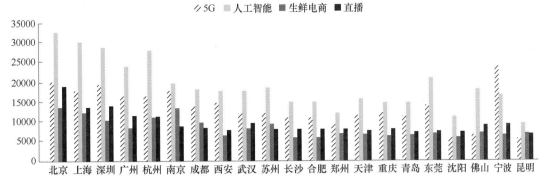

图34.5　2020年一线和新一线城市互联网热门领域平均招聘薪资（元/月）

资料来源：BOSS 直聘研究院。

3. 互联网相关岗位的扩展与渗透

传统行业正越来越多地借助互联网技术进行数字化转型。2020 年，随着数字经济不断深化发展，互联网技术成为各行业进行数字化升级的关键，相关人才需求也显著增长。2020 年，在全部国民经济大类中，互联网产研相关岗位的需求规模均呈现大幅增长。其中，交通运输、仓储和邮政业，农林牧渔，租赁和商务服务业，采矿业，制造业，公共管理、社会保障和社会组织等行业，对数字技术人才的需求同比增幅均超过 75%（见表 34.2），突出表现在人工智能和大数据服务两大专业技术领域中。从智慧农业到智能制造，再到智慧城市，数字技术正在全方位地提升社会生产效率。

表 34.2　2020 年互联网相关岗位在其他行业中的同比增长情况

行业大类	互联网相关岗位需求同比增幅
交通运输、仓储和邮政业	149%
农林牧渔	121%
采矿业	100%
制造业	95%
公共管理、社会保障和社会组织	86%
居民服务、修理和其他服务业	85%
水利、环境和公共设施管理业	83%
电力、热力、燃气及水生产和供应业	79%
住宿和餐饮业	78%
科学研究和技术服务业	77%
租赁和商务服务业	75%
批发和零售业	74%
房地产	71%
教育	65%
文化、体育和娱乐业	62%
建筑	60%
卫生、社会工作	45%
金融	19%

资料来源：BOSS 直聘研究院。

34.4　互联网细分领域人才吸引力情况

1. 网络安全领域人才吸引力升高，求职者偏好大型企业，求稳心态凸显

2020 年，互联网行业的人才吸引力指数[1]在所有行业中居首位，互联网七大子行业中，互联网安全服务行业的人才吸引力指数最高（见图 34.6）。2020 年，全社会的数字化进程加速，催生了大量网络安全人才新需求，大数据技术的广泛应用、公共服务的在线化与智慧化、信息传播与接收的算法化，以及与之相伴的个人与企业信息隐私保护等问题，共同构成了新时代下复杂的网络生态。2020 年，网络安全人才需求量较 2019 年同比增长 47.5%，进入网络安全领域的人才规模同比增长 42%，平均薪资水平普遍有 10%~15% 的提升。

---

[1] 本章中的人才吸引力指数采用 BOSS 直聘研究院开发的模型，指数由环境要素、求职行为、环境异动、人才质量 4 个一级指标，17 个二级指标构成，体现的是劳动者的主动就业偏好。

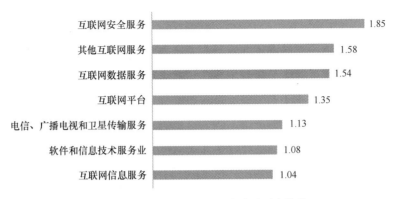

图34.6 2020互联网子行业人才吸引力指数

资料来源：BOSS 直聘研究院。

2020 年，互联网行业不同规模的企业中，万人以上规模大型企业的人才吸引力指数最高，表现出薪资待遇好、求职者活跃度高的特点。中小企业招聘活跃度高，但普遍面临人才招聘难的挑战。特别是在新冠肺炎疫情的影响下，小型企业抗风险能力较弱，薪资水平竞争力不足。另外，在就业市场出现动荡的情况下，求职者求稳心态凸显，在 2020 年呈现出人才偏好向大型企业倾斜的趋势。

2. 城市人才吸引力变化大，海口成为年度黑马

2020 年，在全国人才吸引力指数排名前 15 位的城市中，北京和上海的人才吸引力存在较大优势，位于第一梯队。南京呈现出对高学历人群良好的吸引力，在"人才质量"指标中分数较高，排名进入前 5 位。此外，在几乎全部是一线和新一线城市的人才吸引力榜单中，海口的人才吸引力指数排名进入前 10 位，成为年度黑马（见图 34.7）。海南自由贸易港的正式落地拉动了人才流入，自 2020 年第二季度起，海口的人才流入规模较 2019 年同期翻倍，主要人才来源地除了海南省内的三亚与儋州之外，均为一线和新一线城市。

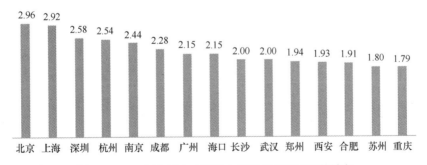

图34.7 2020年全国人才吸引力指数排名前15位的城市

资料来源：BOSS 直聘研究院。

34.5 互联网人才流动情况

自 2020 年下半年起，随着国内疫情得到控制，人才在地区间的流动逐步恢复。2020 年，

互联网人才的流动呈现更明显的下沉趋势，一线城市及京津冀城市群的互联网人才处于流出状态，离开的人群中，除了在城市群内部流动和流向新一线城市，更多互联网从业者开始去往三四线城市。相应地，三四线城市相对一线城市的人才流动率为1.29，较2019年有较大幅度提高（2019年为1.14）。2020年互联网行业从业者在不同城市群之间的流动情况如表34.3所示。

表34.3 2020年互联网行业从业者在不同城市群之间的流动情况

城市群	人才流动率[1]	城市等级	相对一线城市人才流动率[2]
成渝城市群	1.11	四线城市	1.31
长江中游城市群	1.04	三线城市	1.27
长三角城市群	1.03	新一线城市	1.07
粤港澳大湾区	0.96	二线城市	0.99
京津冀城市群	0.67	一线城市	0.84

资料来源：BOSS直聘研究院。

34.6 互联网行业人才建设的展望与挑战

互联网产业正值发展高峰期，新一代信息技术不断突破创新、加速应用，深刻改变着企业生产、市场供给、商业服务模式和公众的生活方式。5G和光纤宽带"双千兆"高速网络时代的到来，将进一步促进更多场景的线上化。人工智能技术的不断发展和商业化水平提升，也将带来多个产业的深度数字化和智能化。数字经济时代，大数据、云计算、人工智能、5G等先进信息技术与各产业领域深度融合，推动生产制造模式、营销模式、用户关系管理模式的全面赋能。与此同时，在疫情倒逼之下，智慧城市建设步伐加速，公共管理的智能化和精细化水平提升，进一步扩大了对高质量互联网人才的需求。

在互联网人才需求不断扩大的同时，人才竞争也越发激烈。作为典型的技术驱动型行业，互联网行业自身的快速迭代要求从业者具有快速学习能力、复杂问题解决能力和抗压能力，能够通过不断的自我提升，紧跟行业发展节奏，这也造成了互联网行业整体工作压力较大的现实情况。

互联网就业市场中，供需两端都处于激烈的竞争态势之下。行业的高薪资水平和良好的发展空间，吸引年轻劳动者群体大量涌入，企业对求职者的技能要求不断提高，复合型人才广受青睐，加剧了求职竞争。同时，尽管互联网行业整体的人才供给相对平衡，核心技术和产品研发岗位始终处于人才高度紧缺状态，同时还面临着人才培养难度大、成长周期长、转行门槛高等诸多挑战，企业对于高质量人才的争夺同样十分激烈。

近年来，大数据科学与技术、人工智能科学与技术等本科专业相继设立，自然科学和工

---

[1] 人才流动率=流入人才规模/流出人才规模。

[2] 相对一线城市人才流动率=从一线城市流入人才规模/流向一线城市人才规模。

程类专业的就业竞争力显著提升，人才培养进入新阶段，互联网人才池得到了一定补充。然而，随着"互联网+"新业态的不断涌现和技术的快速迭代，高校现有的培养体系与企业实践要求产生脱节，高校毕业生掌握的技能难以满足企业用人需求，亟须探索更加平衡的课程体系和实践培养模式，从人才出口层面，进一步提升互联网人才发展质量。

（张燕青、田媛媛、郭孟媛、常濛）

第五篇

附录篇

 2020 年影响中国互联网行业发展的十件大事

 2020 年中国互联网企业综合实力研究报告

 2020 年互联网和相关服务业运行情况

 2020 年通信业统计公报

 2020 年软件和信息技术服务业统计公报

附录 A　2020 年影响中国互联网行业发展的十件大事

一、中国发起《全球数据安全倡议》，倡导全球数字经济健康发展

习近平总书记在上海合作组织成员国元首理事会、金砖国家领导人会晤、二十国集团领导人峰会、中国—东盟商务与投资峰会等多个场合倡导各国共同制定全球数字治理规则，促进全球数字经济健康发展。国务委员兼外长王毅在"抓住数字机遇，共谋合作发展"国际研讨会高级别会议上代表我国提出了《全球数据安全倡议》，倡导各方共同构建和平、安全、开放、合作、有序的网络空间，加强数据安全有序流动。这一倡议获得了国际社会的广泛重视，各国主流媒体对中国希望同各方携手努力、共同构建网络空间命运共同体给予积极评价，东盟表示愿同中方加强全球数字治理、网络安全合作。

二、《"十四五"规划纲要建议》出台，统筹推进新型基础设施建设

10 月 29 日，中共中央第五次全体会议审议通过了《中共中央关于制定国民经济和社会发展第十四个五年规划和二〇三五年远景目标的建议》，提出系统布局新型基础设施，加快第五代移动通信、工业互联网、大数据中心等建设。截至 12 月 15 日，中国已建成全球最大的 5G 网络，累计建成 5G 基站 71.8 万个，推动共建共享 5G 基站 33 万个，5G 终端连接数超过 1.8 亿个，我国新型基础设施建设量质并进，构筑起经济社会转型升级的坚实底座。

三、疫情防控推动非接触式经济高速发展，经济社会数字化进程明显提速

在疫情来临之际，互联网企业结合自身业务特性与技术优势多措并举，大力推广非接触式经济发展新模式。健康码作为数字防疫新手段，在疫情防控方面发挥了重要作用，同时也提升了互联网应用访问黏性，非接触业务也随之快速渗透。具体来看，远程办公、在线视频会议、多人协作平台等服务模式在特殊时期保障了各单位业务的正常运转；在线教育成为解

决学生持续学习的有效补充手段；生鲜电商及非接触式配送有力解决了居民生活的基本需要。这一系列新服务、新业态不仅改变了传统的生产模式和消费方式，更进一步推进了产业的技术创新、模式创新、业态创新，我国经济社会数字化进程明显提速。

四、经济全球化遭遇逆流，企业出海迎来持续挑战

2020 年 5 月，美国进一步加大对华为的打压力度，限制全球所有使用美国软件和设备的半导体厂商对华为的芯片供应。8 月，美国公布"清洁网络计划"，在网络领域实行基于国别的市场准入限制，为数字技术设立非关税贸易壁垒。随后特朗普签发行政令，TikTok 在美国业务面临重大调整。10 月，《欧盟外资审查条例》正式实施，欧盟国家外资审查政策愈加收紧。在经济全球化遭遇逆流的形势下，单边主义、贸易保护主义愈演愈烈，国际环境日趋复杂严峻，互联网企业出海迎来持续挑战。

五、工业互联网深度赋能制造业，产业规模及影响将持续扩大

3 月 20 日，工业和信息化部发布《关于推动工业互联网加快发展的通知》，推动建设覆盖全国所有地市的高质量外网，利用 5G 改造工业互联网内网，增强完善工业互联网标识体系，提升工业互联网平台核心能力，深化工业互联网行业应用，加快健全安全保障体系。12 月 22 日，工业和信息化部公布了《2020 年跨行业跨领域工业互联网平台清单》，旨在鼓励跨行业跨领域工业互联网平台持续调整与迭代优化。在相关政策的推动下，工业互联网与传统产业融合创新将不断加强，产业规模及影响力将持续扩大。

六、反垄断、小额贷等政策新规公开征求意见，以良法善治保障新业态新模式健康发展

11 月 2 日，中国人民银行和银保监会共同发布《网络小额贷款业务管理暂行办法（征求意见稿）》，引导网络小额贷款行业合规发展。11 月 10 日，国家市场监督管理总局发布《关于平台经济领域的反垄断指南（征求意见稿）》，从"垄断协议""滥用市场支配地位行为"等多个方面对平台经济领域进行规范，防止资本无序扩张。在上述文件的引导下，企业将加强合规运营，树立底线思维，以实现新业态新模式的良性发展为原则，推动互联网行业高质量发展。

七、数据安全与个人信息保护立法、执法进程同步推进，网络空间环境将获得持续净化

7 月 3 日，《中华人民共和国数据安全法（草案）》面向社会公开征求意见；10 月 21 日，《中华人民共和国个人信息保护法（草案）》公开征求意见。与此同时，数据安全和个人信息

保护执法工作不断深入,有关主管部门对 App 违法违规收集使用个人信息等问题进行专项整治,清理处置了上百款违法违规移动应用程序。互联网企业代表也向社会做出公开承诺,将严格落实 App 侵犯用户权益各项整治工作,保障用户合法权益。在数据安全与个人信息保护立法、执法进程同步推进下,我国网络空间环境将在多方协同共治下获得持续净化。

八、帮扶举措陆续出台,弱势群体网络权益得到保障

2020 年,我国陆续出台弱势群体帮扶举措。3 月 18 日,中央网信办等 4 个部门联合印发《2020 年网络扶贫工作要点》;10 月 17 日,《未成年人保护法》审议通过;11 月 24 日,国务院办公厅印发《关于切实解决老年人运用智能技术困难的实施方案》。在历年帮扶举措的持续推进下,我国有效缩小数字鸿沟,贫困人群、未成年人和老年人等弱势群体的网络权益得到有效保障。

九、全国一体化政务服务平台建设成果丰硕,信息便民惠民向纵深发展

9 月 10 日,国务院办公厅印发《关于深化商事制度改革进一步为企业松绑减负激发企业活力的通知》,全面推进"一网通办"政策。截至 12 月中旬,全国 32 个省级政府均建成全省统一的互联网政务服务平台和政务服务 App,各省互联网政务服务平台均与国家政务平台实现互联互通,信息便民惠民向纵深发展。

十、北斗全球组网成功,为基于精准定位的互联网新应用提供更广阔的发展空间

6 月 23 日,北斗三号全球卫星导航系统全面建成并开通服务,标志着我国卫星定位导航系统可面向全世界提供定位导航授时、全球短报文通信、区域短报文通信、国际搜救、星基增强、地基增强、精密单点定位共 7 类服务。北斗全球组网成功将为用户提供更加优质的精准导航体验,为基于精准定位的互联网新服务、新业态提供更广阔的发展空间。

附录B 2020年中国互联网企业综合实力研究报告

一、2020年中国互联网综合实力前百家企业总体评述

（一）前百家企业营收规模创历史新高，总体盈利规模迈上新的台阶

中国互联网综合实力前百家企业（以下简称中国互联网前百家企业）的2019年互联网业务收入高达3.5万亿元，整体规模较2018年前百家企业的互联网业务收入增长28.2%，总体营收增速虽然有所下降但保持高位。在中国互联网前百家企业中，营收增速保持在20%以上的企业达51家，占比过半；增速在100%以上的企业达11家，较2018年增加2家，显示出互联网行业蓬勃发展的良好局面（见图B.1）。

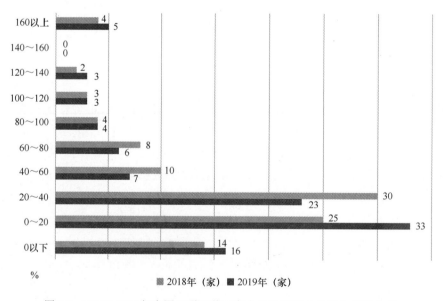

图B.1　2018—2019年中国互联网前百家企业互联网业务收入增速分布

头部互联网企业创造经济价值成果显著。 从收入分布方面来看，互联网业务收入规模在100亿元以上的企业达35家，较2018年增加9家（见图B.2），头部互联网企业在创造经济

价值与带动产业链发展等方面发挥着重要作用。

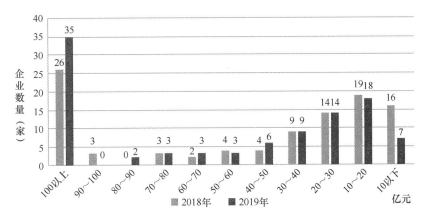

图 B.2 2018—2019 年中国互联网前百家企业互联网业务收入分布

收入规模分布向头部企业集中，前五名占比近 50%。从收入占比方面来看，中国互联网前百家企业中排前两名的企业收入之和占前百家企业营收总额的 25%，前五名企业的收入之和占前百家企业营收总额的 49%，前二十名企业的收入之和占前百家企业营收总额的 80%（见图 B.3）。

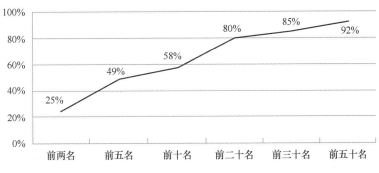

图 B.3 2019 年中国互联网前百家企业收入占比分布

企业盈利扭转下降趋势，总体盈利规模迈上新的台阶。中国互联网前百家企业 2019 年的营业利润总额达 3174.9 亿元，较 2018 年的前百家企业增长 34.1%，营业利润增速扭转了 2018 年的下降趋势。从营业利润分布来看，盈利在 8 亿元以上的企业有 40 家，较 2018 年增加 6 家，总体盈利规模迈上新的台阶（见图 B.4）。

从营业利润率方面看，两极分化现象加剧。营业利润率达 50% 以上的企业有 9 家，较 2018 年增加 4 家。营业利润率为 10% 以下的企业有 54 家，较 2018 年增加 8 家（见图 B.5）。其中，中国互联网前百家企业中排前两名的企业营业利润之和占前百家企业营业利润总额的 66.7%；前五名企业营业利润之和占前百家企业营业利润总额的 70.4%。前百家企业中有 20 家企业出现经营亏损，亏损企业数量较 2018 年增加 1 家。

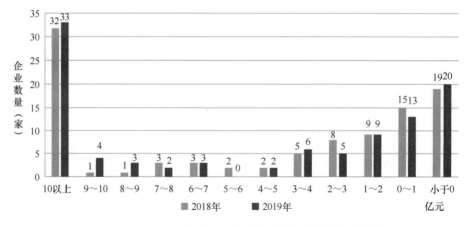

图B.4　2018—2019年中国互联网前百家企业营业利润分布

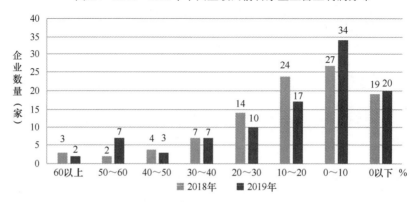

图B.5　2018—2019年中国互联网前百家企业营业利润率分布

（二）原始创新能力持续增强，核心技术不断取得突破

中国互联网前百家企业 2019 年的研发投入达 1772 亿元，较 2018 年的前百家企业增长 15.2%，高于我国 R&D 经费投入 12.5%的整体增速，平均研发投入占比达 9.8%，与 2018 年基本持平。其中，企业专利数量有了明显增长，前百家企业专利总数达到 11 万件，同比增长 39%，其中发明专利总数 8 万件，同比增长 33%，发明专利占比达到 72.4%。中国互联网前百家企业 2019 年专利数量分布如图 B.6 所示。

中国互联网前百家企业不断提升原始创新能力，加快推进 5G、人工智能、云计算、大数据等关键核心技术突破，部分技术处于国际领先水平。2019 年 9 月，阿里发布含光 800 芯片，推理性能达 78563 IPS，能效比达 500 IPS/W，1 颗含光 800 芯片的算力相当于 10 颗 GPU，相比传统 GPU 算力，性价比提升 100%。字节跳动依托海量数据，专注于人工智能领域的前沿技术研究，利用人工智能帮助内容的创作、分发、互动、管理。字节跳动人工智能实验室在机器学习、自然语言理解、计算机视觉、人机交互与机器人、广告推荐、文本理解、图像视频识别等方面建立了独特技术优势。

从中国互联网前百家企业的研发投入占比分布情况看，占比超过 10%的企业数量有 39 家（见图 B.7）。从研发人员占比情况看，研发人员占员工总数比例在 20%以上的企业有 72

家，较 2018 年增加 3 家（见图 B.8）。中国互联网前百家企业研发人员总数达到 31.9 万人，较 2018 年的前百家企业研发人员数量增长 11%，研发人员数量占员工总量的比重达到 21.2%。

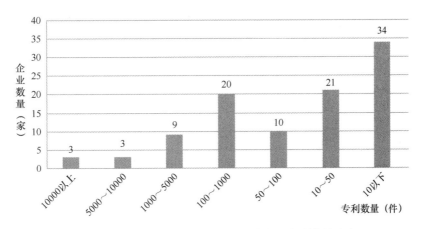

图B.6　2019年中国互联网前百家企业专利数量分布

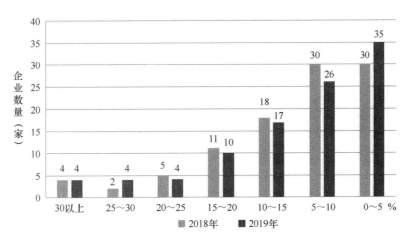

图B.7　2018—2019年中国互联网前百家企业研发投入占比分布

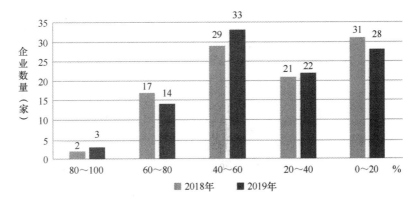

图B.8　2018—2019年中国互联网前百家企业研发人员占比分布

（三）经济拉动作用显著，新模式新业态助力稳就业

中国互联网前百家企业 2019 年的纳税总额达 951.2 亿元，较 2018 年的前百家企业增长 20.6%，员工数量达 146.8 万人，同比增长 18.3%（见图 B.9）。两项增速均远远高于同期全国税收收入 1.3%的增速和全国就业人员数量–0.15%的增速，显示出中国互联网前百家企业在经济和就业方面的强大拉动作用。

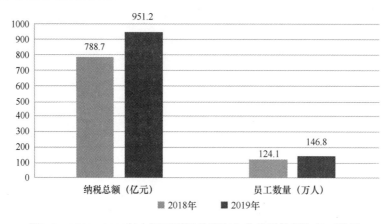

图B.9　2018—2019年中国互联网前百家企业纳税总额和员工数量

大数据、人工智能和互联网等新兴产业的蓬勃发展带动了大量就业需求，同时孕育了新岗位，未来有望进一步激发新就业、新职业、新创业活力，成为就业的蓄水池和稳定器。一方面，新职业、新岗位应运而生。新媒体、电子商务、工业互联网、人工智能、共享经济、本地生活等行业蓬勃发展，带动新媒体运营、社群运营、小游戏开发工程师等用工需求增加，催生出人工智能训练师、生鲜供应链管理师等新职业，持续带来新的就业增长机会。另一方面，灵活用工模式走向台前。互联网带来的灵活就业模式快速发展壮大，在就业中的比重快速增加。就业共享平台为需求方与劳动者提供了对接平台，通过灵活就业方式临时上岗、随时返岗，为商户解决了短期内的劳动力闲置问题，降低了供需双方的沟通成本和交易成本，丰富了劳动者的就业渠道。

（四）互联网应用场景实现全方位覆盖，互联网企业地理聚集特征显著

互联网应用场景实现全方位覆盖。中国互联网前百家企业作为我国互联网行业的领军企业，紧跟网络强国战略，顺应数字化发展潮流，依托规模经济与网络效应，借助互联网的数字化、网络化、智能化能力，不断提升自身发展质量和效益，创造出新业态、新模式，引领行业发展新浪潮，打造数字经济新优势，满足人民对美好生活的向往。2019 年，中国互联网前百家企业业态丰富多元，覆盖领域持续变广，全面覆盖互联网行业主要业务领域，其中开展网络游戏业务的企业 21 家、开展电子商务业务的企业 20 家、开展互联网公共服务[1]业务的企业 18 家、开展网络音视频业务的企业 18 家、开展网络媒体业务的企业 17 家、开展生活服务业务的企业 16 家、开展云服务业务的企业 16 家、开展互联网金融业务的企业 15 家、

---

[1] 互联网公共服务包含：电子政务、互联网医疗健康、在线教育、网络出行、物流交通等。

开展数据服务业务的企业 15 家、开展生产制造服务业务的企业 13 家、开展社交网络服务业务的企业 11 家、开展实用工具业务的企业 10 家、开展搜索服务业务的企业 2 家、开展接入服务业务的企业 1 家、开展网络安全服务业务的企业 1 家（见图 B.10）。从互联网业务分布层面来看，互联网公共服务和生活服务类企业数量增幅较为明显，互联网企业凭借已经较为成熟的商业模式，深耕消费互联网领域，促进人民群众传统消费升级与新兴消费培育，助力扩大内需，开创经济高质量发展新局面。

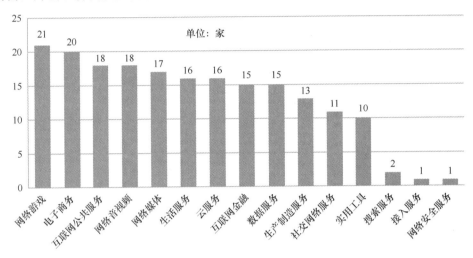

图B.10　2019年中国互联网前百家企业开展互联网业务情况

京津冀、长三角、珠三角地区集中了超过 80% 的中国互联网前百家企业。以北京为中心的京津冀地区是互联网企业主要的聚集地，中国互联网前百家企业中有 39 家在京津冀地区，其次是以上海为中心的长三角地区，有 30 家，珠三角地区有 13 家（见图 B.11）。

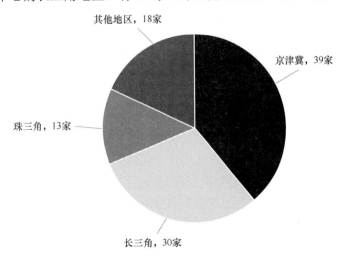

图B.11　2019年中国互联网前百家企业区域分布

一线城市集中了近 70% 的中国互联网前百家企业。北京、上海、广州、深圳 4 个一线城市集中了 69 家中国互联网前百家企业，其中北京以 38 家企业遥遥领先于其他城市。以成都、杭州、重庆、武汉为代表的新一线城市分布了 14 家中国互联网前百家企业，以福州、厦门、合肥、贵阳为代表的二线城市分布了 16 家前百家企业，以芜湖为代表的三线城市分布了 1 家前百家企业（见图 B.12）。

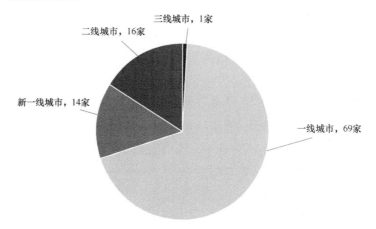

图B.12　2019年中国互联网前百家企业城市线级分布

（五）消费互联网持续深耕细作，产业互联网布局不断深化

消费互联网持续深耕细作。 在中国互联网前百家企业中，消费互联网仍然是互联网企业发展的主阵地，有 67 家企业以消费互联网业务为主，其产生的收入占前百家企业互联网业务收入总额的 93%，不断推动消费升级与业态创新。

作为消费互联网领域的代表，电子商务已稳居互联网垂直产业首要地位。 在中国互联网前百家企业中，2019 年开展电子商务业务的企业共 20 家，互联网业务收入达 2.3 万亿元，占企业营收总额的 66.1%。在新技术驱动下，电子商务企业创新营销模式，在深耕存量市场的同时，加速向低线市场渗透，助力传统产业线上线下有序贯通，电子商务企业营收同比增速达 53.1%，高出前百家企业 25 个百分点，对互联网行业整体发展的带动作用进一步增强。

产业互联网布局不断深化。 在深耕消费互联网领域的同时，互联网企业在产业互联网领域的布局不断深化，加强与实体经济的深度融合，持续扩大生产制造等领域的应用广度和深度。现如今，产业互联网已逐渐覆盖机械、钢铁、电子、石化、汽车、机械等制造业各主要门类，与能源、交通、医疗等行业的融合程度不断加深，为企业提供云化工业软件、供应链金融、网络化组织生产等服务。领先企业以解决方案模式向垂直行业加速渗透。进入工业互联网领域的互联网企业与专业合作伙伴共同开发具体行业的解决方案。例如，腾讯车联与长安、广汽、东风柳汽等车企合作，贡献腾讯车联从云端到车端全链智能解决方案。百度与中飞艾维合作，将无人机技术引入电力巡检，引入百度大脑能力的无人机系统为电网系统提供保障。

作为产业互联网领域的代表，云服务持续助力传统产业转型升级。 在中国互联网前百家企业中，开展云服务的企业共 16 家，企业研发投入规模同比增速达 21.9%，平均研发投入占比达 10.1%，研发人员占比达 36.6%，高出前百家企业 20 个百分点。云服务企业以技术创新引领产业革新，助力我国传统产业转型升级，企业上云进程明显提速。"云+智能"开启了企业数字化转型的新时代，国内厂商纷纷布局智能云市场，积极开放自身智能化技术能力，将云端开发转为商用化，帮助开发方缩短研究和创新周期；以云管理服务助力企业管云，提升运营效率；以云边协同打造分布式云，助力物联网应用实施落地。

（六）领军企业格局持续变更，迭代率年度最高达到 45%

自 2013 年以来，有 21 家企业连续 8 年入围中国互联网前百家企业，其中阿里巴巴已连续 3 年居前百家企业首位，腾讯、美团、百度、京东等头部互联网企业优势显著；网易、拼多多、字节跳动、三六零、五八、苏宁、小米等老牌企业在各细分领域均占据重要地位；腾讯音乐和滴滴于 2020 年首次上榜即位居前十位置；农信互联、多点生活、物易云通、识装等 2019 年成长型互联网企业于 2020 年成功晋升为中国互联网前百家企业。

垂直领域领军企业积极上市。 2019 年，互联网创业迎来收获期，全年上市互联网企业达 24 家，经营范围涵盖了电子商务、在线教育、游戏、企业服务等细分领域，包括斗鱼、微盟集团、如涵、跟谁学、网易有道等众多垂直领域龙头。科创板、新三板等市场的出现和发展大大优化了国内投融资环境，金山办公等企业尝试通过国内科创板上市。已赴美国上市企业回归国内的现象不断增多，2019 年 11 月，阿里巴巴在中国港交所正式挂牌上市，成为首个同时在美股和港股两地上市的中国互联网企业。

中国互联网前百家企业中共有 61 家企业上市，从上市地分布看，中国大陆地区和美国最多，各有 25 家，在中国香港地区上市的企业有 11 家（见图 B.13）。

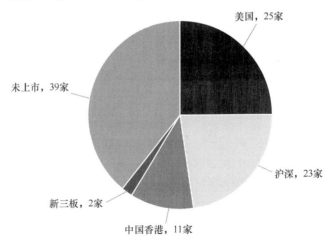

图B.13　2019年中国互联网前百家企业上市地分布

历年中国互联网前百家企业中上市企业数量比重始终保持在 50%以上，其中 2014 年上市企业比例最高，达 71 家（见图 B.14）。在国内投资环境日趋完善的形势下，互联网企业纷纷于境内上市，境内上市企业占比从 2012 年的 40.7%增长至 56.1%，上市企业市值呈现稳步提升态势，市值规模于 2019 年创历史新高，其中市值前十的企业约占整体上市企业市值的 81%，头部企业集中度持续提升。

从企业成立时间分布来看，成立 20 年以上的互联网企业占比总体呈现逐年提升态势（见图 B.15），在经过多年的市场竞争，优质互联网企业于大浪淘沙之后越发闪耀，商业模式与经营能力越发成熟，互联网企业开始逐步走向品牌老店的历史征程。

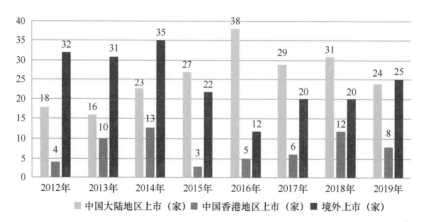

图B.14　2012—2019年中国互联网前百家企业上市情况

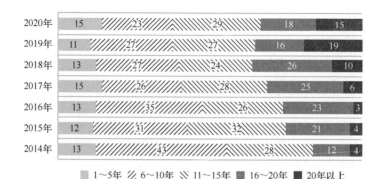

图B.15　2014—2020年中国互联网前百家企业成立时间分布

从新晋企业情况来看，历年中国互联网前百家企业中最少有20%的企业属于新晋企业，前百家企业年度迭代率于2016年攀至高峰，达到45%，之后迭代率逐渐放缓，企业格局趋于稳定（见图B.16）。前百家企业格局的变化一方面说明新业态、新模式层出不穷，经济发展新动能发展迅速；另一方面也说明互联网行业存在部分"明星企业"昙花一现，被市场过度追捧的企业兴起快、衰亡也快的客观现象。

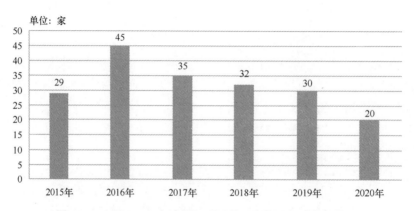

图B.16　2015—2020年中国互联网前百家企业新晋企业情况

二、2020 年中国互联网成长型前 20 家企业总体评述

（一）成长型企业增速迅猛，且规模与盈利协同增长

中国互联网成长型前 20 家企业发展势头迅猛，2019 年营业收入同比增速达 88.3%，是中国互联网前百家企业的 3.1 倍，进一步展现了互联网行业的发展潜力。其中，有 30% 的企业营收同比增速超过了 100%，为互联网行业整体发展注入了新的活力。

成长型企业在规模不断发展壮大的同时，也取得了良好的经济效益，在前 20 家企业中有 80% 的企业实现了盈利，平均利润率达 13.3%，高出前百家企业 4.3 个百分点；平均盈利同比增速达 38.7%，高出前百家企业 4.6 个百分点，总体盈利水平稳步提升；其中有 45% 的企业盈利同比增速超过了 100%，展现了成长型企业商业模式趋于成熟且具有可持续性的发展特性。

（二）研发投入占比处于业界高位，互联网成为科创人才聚集地

中国互联网成长型前 20 家企业持续加大研发创新力度，研发投入维持在较高水平，2019 年平均研发投入占比达 12.6%，高出前百家企业 2.8 个百分点；研发规模同比增速达 90.5%，是互联网前百家企业的 9.2 倍，成长型互联网企业对于技术创新的重视程度远高于前百家企业。

人才储备及培养工作为企业高速、高质量发展提供了有力保障，成长型前 20 家企业平均研发人员占比达 38.3%，高出前百家企业 21.7 个百分点，30% 的企业研发人员占比超过了 50%，研发人员同比增速也达到了 23.8%，以技术引领产业发展，以专业人员培育带动企业创新成为成长型互联网企业的标签。

（三）聚焦传统互联网领域，精雕细琢商业模式，拓宽服务边界

中国互联网成长型前 20 家企业聚焦电子商务与网络游戏等传统互联网领域，凭借较为成熟的商业模式进一步拓展服务边界，深度挖掘长尾市场空间，以云计算、大数据、人工智能等新一代信息技术不断提升运营效率与服务质量，致力于改善用户体验，从而满足人民群众在新形势下更加细分的工作与生活服务需要。企叮咚中小企业服务平台通过强大的供应链体系，建立一站式低价礼品采购平台，为中小企业提供从产品采购、仓储配送、营销策划到落地执行的一站式业绩提升解决方案；值得买通过搭建综合性信息化平台，优化电商、品牌及值得买自身业务流程和资源配置，降低运营成本，从而维系更密切的用户关系，全面提高电商企业和品牌商协调力度、整体营销能力和获利能力；渝网科技创办的 91 创客平台以基于"众包+众创"运营模式，深耕传统行业业务引流和共享经济人力众包，创新线下推广行业模式，将平台众包人力引流到众创基地，进而助力大众创业。

（四）社交电商助推企业营收爆发式增长，电子商务迎来投融资热潮

社交电商实现爆发式增长。 在电子商务细分领域中，社交电商依托社交裂变实现高效低

成本引流，行业规模同比增速达110%，在网络购物中的市场规模占比从2015年的0.1%增长到2019年的12.4%，交易模式从"搜索式"向"发现式"转变，持续渗透推动消费裂变，拼购类、会员制、社区团购、内容电商等创新模式不断涌现。拼多多以社交拼团为核心模式，通过C2M模式对传统供应链成本进行极致压缩，为消费者提供公平且最具性价比的选择；小红书依托独有的社区口碑营销和品牌内容推广，开创了"种草经济"经营模式，帮助品牌更有效地与优质用户互动，获得快速增长。得物App首创"先鉴别、再发货"的购物流程，为消费者带来了全新的购物体验，解决了消费者在购买潮流商品、自带文化背景的限量版商品时面临的真假难辨的情况。

在业务快速发展的助推下，2019年互联网资本市场活跃度虽然有所下降，但电子商务产业迎来投融资热潮，投融资交易金额达64.4亿元，融资金额居各互联网细分领域首位，总体占比达19.7%。随着资本市场对互联网产业发展的驱动力不断增强，电子商务迎来新一轮发展浪潮。

三、中国互联网行业未来发展趋势展望

（一）新基建将成为经济高质量发展内生动力，持续激发消费潜力

新基建加快部署。随着网络"双G双提"工作的深入开展，高速、移动、安全、泛在的信息基础设施加快形成，网络供给能力加速提升。5G网络建设稳步推进，2020年年底实现全国所有地级市覆盖5G网络，5G套餐用户规模超过2亿户，占移动电话用户的比重超过10%。千兆光纤宽带入户示范和千兆城市建设全面开展，2020年年底千兆光纤宽带用户突破300万户，占固定宽带接入用户的比重达7%。电信普遍服务持续深化，偏远地区、农村20户以上人口聚居区及交通干道沿线4G覆盖水平将进一步提升。IPv6规模部署纵深推进，网络质量和服务能力显著提升。移动物联网实现全面发展，2020年年底，NB-IoT网络实现县级以上城市主城区普遍覆盖，重点区域深度覆盖，移动物联网连接数达到12亿个，加快构筑万物互联网新基础。

新动能加速形成。从短期来看，新基建可以显著促进投资，以投资带动生产资料需求的显著增长，并通过生产建设带动就业和消费需求的有效提升，从而实现经济效益。从长远来看，新基建将明显提升信息消费整体水平，持续激发消费潜力，增加经济发展的内生动力，从而助力我国走向具有可持续性的高质量发展道路。

（二）加速产业互联网布局，跨界融合程度将进一步加深

近年来，互联网企业全面发力产业互联网发展布局，致力于推动跨行业和全领域的供给侧结构性改革，将企业在自身发展过程中积累的用户研究、产品研发设计、资金资源、供应链资源、销售渠道和品牌资源等各方面能力，赋能中小型创新企业，建立协同创新的合作关系，解决合作企业发展遇到的瓶颈，提供人工智能、大数据、云计算的通用能力，提升合作伙伴的智能化效率，增加产品附加值和竞争力。

互联网领先企业正在以解决方案模式向传统产业加速渗透，助力全流程环节的数字化改

造，构建开放创新、协同发展的智能生态圈。百度依托包括百度大脑、飞桨、智能云、芯片、数据中心等在内的新型 AI 技术基础设施，推动智能交通、智慧城市、智慧金融、智慧能源、智慧医疗、工业互联网和智能制造等领域实现升级，为千行万业的产业智能化升级贡献力量；浪潮培育了 68 个双创基地，云市场汇聚 5000 余种应用产品和 1000 余家生态伙伴，实现对设备、产品、业务系统及开发者、供应商、客户、员工的 7 类链接，为包括装备制造、机械制造、制药、化工等在内的十大行业赋能；满帮围绕货运行业的"人·车·货"进行产业布局，以庞大的沉淀数据为基础，致力于打通 3 个不同维度的应用场景，满帮平台货物日周转量达 136 亿吨公里，通过移动互联网和技术连接碎片化的运输需求，全面提高物流效率；天鹅到家通过建立全国标准化培训体系、全国家政行业考试培训认证中心，多维度赋能蓝领劳动者，改善家政人员的专业能力，提升家政行业整体服务水平，为消费者提供更加优质可靠的消费体验。

（三）平台化产业新生态迅速崛起，信息技术有效提升互联网服务质量

随着互联网对传统产业的数字化改造进程不断演进，各行各业对新一代信息技术的综合运用能力不断提升，有效提升了互联网服务质量，平台化产业新生态迅速崛起，产业数字化发展潜能逐步释放。在此过程中，在线教育平台充分利用信息技术创新业务模式，教学场景越发丰富多元化，线上教学质量得到显著提升，促进优质教育资源共享共用，新型教育模式不断涌现。学而思网校将自主研发的 AI 技术引入课堂，开发了 3D 动画课件、动画+互动游戏在线互动实验系统等学习工具，充分激发孩子的兴趣；创新了语音弹幕、连麦互动、战队PK 等功能设计，有效提升课堂参与度；实现了学习效果和满意度的双重提升。学霸君通过AI 教学系统赋能老师，实现师生间更加精准、高效地教学；采用具有智能硬件技术的智能手写板，实现了师生可视化同步书写、批改，让教学突破时空限制，进行精细化学情管理，帮助学生规划好各个阶段的学习方案，给予学生高效的学习体验。

（四）互联网为疫情防控提供强有力的支撑，助力经济社会快速复苏

我国互联网基础网络建设、互联网技术和应用的蓬勃发展，对我国精准、有效应对新冠肺炎疫情，保障人民生产生活，加速经济社会"重启"起到了关键作用。

新冠肺炎疫情期间，互联网管理机构快速反应、积极应对，全力保障互联网基础系统平稳运行。国家政务服务平台建设"防疫健康信息码"，支撑全国绝大部分地区"健康码"实现"一码通行"，助力疫情精准防控。中国信息通信研究院联合 3 家基础电信运营商提供通信大数据行程卡服务，为全国手机用户免费提供查询前 14 天到过的地市信息。大数据技术和应用在疫情监测分析、病毒溯源、防控救治、资源调配等一系列疫情防控环节发挥了巨大的支撑作用。网络新闻与社交平台、搜索引擎等互联网应用形成有效联动，帮助人民群众及时获取抗疫动态，做好个人防护，避免疫情进一步扩散。远程办公、在线教育、网络游戏等互联网应用有效满足网民工作、学习、娱乐等切实需要。互联网医疗有效降低了就医人群交叉感染风险。网上零售有力促进疫情期间和疫情后的消费回暖。阿里巴巴、京东等电商平台与政府联合发放各种形式的电子消费券，通过补贴用户激活线上线下消费，疫情下被抑制的消费需求得到有效释放。

在互联网行业的有力支撑和配合下，我国迅速遏制疫情蔓延势头，夺取了全国抗疫斗争和经济社会快速复苏的重大胜利，体现了我国互联网的巨大发展成就和无限发展潜力。

2020 年中国互联网综合实力前百家企业如表 B.1 所示，2020 年中国互联网成长型前 20 家企业如表 B.2 所示。

表 B.1　2020 年中国互联网综合实力前百家企业

排名	企业名称	主要业务与品牌	所属地
1	阿里巴巴（中国）有限公司	淘宝、天猫、阿里云、钉钉	浙江省
2	深圳市腾讯计算机系统有限公司	微信、腾讯云、腾讯视频、腾讯会议	广东省
3	美团公司	美团、大众点评、美团外卖	北京市
4	百度公司	百度	北京市
5	京东集团	京东商城、京东物流	北京市
6	网易集团	网易游戏、网易邮箱、网易有道、网易新闻	广东省
7	上海寻梦信息技术有限公司	拼多多	上海市
8	北京小桔科技有限公司	滴滴快车、青桔单车、礼橙专车、滴滴企业版	北京市
9	北京字节跳动科技有限公司	抖音、今日头条、西瓜视频	北京市
10	腾讯音乐娱乐集团	qq 音乐、酷狗音乐、酷我音乐、全民 k 歌	北京市
11	三六零安全科技股份有限公司	360 安全卫士、360 浏览器、360 手机卫士、360 手机助手	北京市
12	新浪公司	新浪网、微博	北京市
13	北京五八信息技术有限公司	58 同城、安居客、驾校一点通、58 同镇	北京市
14	苏宁控股集团有限公司	苏宁易购、苏宁金融、PP 体育、PP 视频	江苏省
15	小米集团	小米、MIUI 米柚、米家、Redmi	北京市
16	用友网络科技股份有限公司	YonBIP 用友商业创新平台	北京市
17	北京爱奇艺科技有限公司	爱奇艺、随刻、奇巴布、叭嗒	北京市
18	搜狐公司	搜狐媒体、搜狐视频、搜狗搜索、畅游游戏	北京市
19	携程集团	携程旅行网、去哪儿、Trip.com、天巡	上海市
20	湖南快乐阳光互动娱乐传媒有限公司	芒果 TV	湖南省
21	武汉斗鱼鱼乐网络科技有限公司	斗鱼直播	湖北省
22	北京车之家信息技术有限公司	汽车之家、二手车之家	北京市
23	上海基分文化传播有限公司	趣头条	上海市
24	唯品会（中国）有限公司	唯品会	广东省
25	央视国际网络有限公司	央视网、央视影音、中国互联网电视、CCTV 手机电视	北京市
26	北京猎豹移动科技有限公司	猎豹清理大师、钢琴块 2、我爱品模型、AI 智能服务机器人	北京市
27	网宿科技股份有限公司	网宿科技	上海市
28	芜湖三七互娱网络科技集团股份有限公司	三七游戏、37 网游、37 手游	安徽省
29	同程旅游集团	同程旅行、同程航旅、同程生活	江苏省
30	广州华多网络科技有限公司	YY 直播	广东省
31	浙江世纪华通集团股份有限公司	盛趣游戏、点点互动、天游、七酷	浙江省
32	四三九九网络股份有限公司	4399 小游戏、4399 休闲娱乐平台	福建省

（续表）

排名	企业名称	主要业务与品牌	所属地
33	人民网股份有限公司	中国共产党新闻网、人民网评、领导留言板、人民视频	北京市
34	咪咕文化科技有限公司	咪咕音乐、咪咕视频、咪咕阅读、咪咕快游	北京市
35	行吟信息科技（上海）有限公司	小红书	上海市
36	浪潮集团有限公司	浪潮云、爱城市网、云洲工业互联网平台	山东省
37	科大讯飞股份有限公司	讯飞学习机、讯飞输入法、讯飞听见、讯飞翻译机	安徽省
38	龙采科技集团有限责任公司	龙采，龙采体育，资海云，海健身	黑龙江省
39	上海连尚网络科技有限公司	WiFi 万能钥匙	上海市
40	东方财富信息股份有限公司	东方财富、东方财富证券、天天基金、Choice 数据	上海市
41	拉卡拉支付股份有限公司	拉卡拉支付、积分购	北京市
42	新华网股份有限公司	溯源中国、新华睿思数据云图分析平台、媒体创意工场、思客	北京市
43	巨人网络集团股份有限公司	征途系列游戏、征途 2 系列游戏、球球大作战、帕斯卡契约	重庆市
44	广州多益网络股份有限公司	多益网络、神武、梦想世界、传送门骑士	广东省
45	北京六间房科技有限公司	花椒直播、六间房直播	北京市
46	美图公司	美图秀秀、美颜相机、美拍、美图魔镜	福建省
47	贝壳找房（北京）科技有限公司	贝壳找房、被窝家装	北京市
48	鹏博士电信传媒集团股份有限公司	鹏博士云网、鹏博士数据中心、鹏云视讯、小朋管家	四川省
49	上海东方网股份有限公司	东方新闻、东方头条、翱翔、纵相	上海市
50	上海钢银电子商务股份有限公司	钢银电商、钢银云贸易	上海市
51	深圳市梦网科技发展有限公司	5G 消息、富信、梦网云会议	广东省
52	北京网聘咨询有限公司	智联招聘	北京市
53	上海米哈游网络科技股份有限公司	米哈游	上海市
54	好未来教育科技集团	学而思网校、学而思培优、励步英语、小猴 AI 课	北京市
55	汇通达网络股份有限公司	超级老板、汇通达汇享购+微商城、超级经理人、超级供应商	江苏省
56	深圳乐信控股有限公司	乐信、乐卡、乐花、分期乐	广东省
57	北京昆仑万维科技股份有限公司	GameArk、闲徕互娱、Opera	北京市
58	满帮集团	货车帮、运满满	贵州省
59	华云数据控股集团有限公司	国产通用型云操作系统安超 OS、安超云一体机、安超云套件 Archer Cloudsuite、安超桌面云 ArcherDT	江苏省
60	北京趣拿信息技术有限公司	去哪儿网、去哪儿旅行	北京市
61	前锦网络信息技术（上海）有限公司	前程无忧 51Job、应届生求职网、无忧精英网、51 米多多	上海市
62	竞技世界（北京）网络技术有限公司	JJ 比赛	北京市
63	无锡市不锈钢电子交易中心有限公司	无锡不锈钢	江苏省
64	北京蜜莱坞网络科技有限公司	映客直播、积目、对缘、不就	北京市
65	上海二三四五网络控股集团股份有限公司	2345 网址导航、2345 加速浏览器、2345 安全卫士	上海市
66	波克科技股份有限公司	波克城市、捕鱼达人、猫咪公寓	上海市
67	杭州边锋网络技术有限公司	边锋游戏、Dragon War、权倾三国、侠客风云传 online	浙江省

（续表）

排名	企业名称	主要业务与品牌	所属地
68	福建网龙计算机网络信息技术有限公司	魔域、征服、英魂之刃、网教通	福建省
69	二六三网络通信股份有限公司	263 云通信、263 云视频、263 云直播、263 云邮箱	北京市
70	北京光环新网科技股份有限公司	光环新网、光环云	北京市
71	深圳市迅雷网络技术有限公司	迅雷 X、迅雷直播、手机迅雷、迅雷快鸟	广东省
72	北京世纪互联宽带数据中心有限公司	世纪互联、蓝云	北京市
73	厦门点触科技股份有限公司	点触科技	福建省
74	新中冠智能科技股份有限公司	新中冠、喜购宝、渠易宝	福建省
75	北京农信互联科技集团有限公司	猪联网、企联网、农信商城、农信金服	北京市
76	成都积微物联集团股份有限公司	积微物联、达海	四川省
77	联动优势科技有限公司	联动数科、联动支付、联动信息、联动营销	北京市
78	汇付天下有限公司	聚合支付、智汇管家、企账通、海外购	上海市
79	深圳市房多多网络科技有限公司	房多多	广东省
80	上海创蓝文化传播有限公司	创蓝 253、创蓝万数、闪验	上海市
81	深圳市创梦天地科技有限公司	乐逗游戏	广东省
82	探探科技（北京）有限公司	探探	北京市
83	多点生活（中国）网络科技有限公司	多点	北京市
84	广州荔支网络技术有限公司	荔枝	广东省
85	汇量科技集团	Mintegral、GameAnalytics、Nativex	广东省
86	武汉物易云通网络科技有限公司	司机宝、煤链社、筑链社、绿资源	湖北省
87	江苏零浩网络科技有限公司	智通三千	江苏省
88	东方明珠新媒体股份有限公司	东方明珠、百视通、东方购物、东方有线	上海市
89	瓜子汽车服务（天津）有限公司	瓜子二手车、毛豆新车、瓜子养车	天津市
90	北京搜房科技发展有限公司	房天下网、开发云、家居云、经纪云	北京市
91	上海识装信息科技有限公司	得物 App	上海市
92	北京五八到家信息技术集团有限公司	天鹅到家、快狗打车	北京市
93	贵州白山云科技股份有限公司	ATD、YUNDUN、数聚蜂巢	贵州省
94	广州趣丸网络科技有限公司	TT 语音、TT 电竞	广东省
95	驴妈妈旅游网	驴妈妈、驴悦亲子、先游后付、驴客严选	上海市
96	厦门吉比特网络技术股份有限公司	问道、问道手游、不思议迷宫、地下城堡 2：黑暗觉醒	福建省
97	海看网络科技（山东）股份有限公司	海看 IPTV、海看智慧广电、海看精品	山东省
98	山东世纪开元电子商务集团有限公司	世纪开元、益好、东讯、时间轴	山东省
99	浙江华坤道威数据科技有限公司	政法融媒云、数聚房、数懒	浙江省
100	易车公司	易车、汽车报价大全、易车伙伴、汽车产经网	北京市

表 B.2　2020 年中国互联网成长型前 20 家企业

排名	企业名称	主要业务与品牌	所属地
1	企查查科技有限公司	企查查，企风控	江苏省
2	成都安易迅科技有限公司	鲁大师	四川省
3	广州百田信息科技有限公司	食物语、奥拉星、奥奇传说、奥比岛	广东省
4	武汉微派网络有限公司	贪吃蛇大作战、会玩	湖北省

（续表）

排名	企业名称	主要业务与品牌	所属地
5	济南易搜信息科技有限公司	易搜营销云平台、易搜直播+内容创意中心、品装网	山东省
6	山东企叮咚电子技术集团有限公司	企叮咚、道珉优品、社区叮咚	山东省
7	北京北森云计算股份有限公司	北森	北京市
8	南京大众书网图书文化有限公司	连尚文学	江苏省
9	北京国双科技有限公司	国双、Gridsum	北京市
10	浙江格家网络技术有限公司	斑马会员、燕格格、中国田	浙江省
11	江苏徐工信息技术股份有限公司	汉云工业互联网平台、云 MES App、设备画像 App	江苏省
12	焦点科技股份有限公司	中国制造网、开锣网、新一站保险网	江苏省
13	奥买家集团	奥买家	广东省
14	天聚地合（苏州）数据股份有限公司	聚合科技、聚合数字中台、天渠、聚合数据平台	江苏省
15	上海谦问万答吧云计算科技有限公司	学霸君 1 对 1	上海市
16	江苏瑞祥科技集团有限公司	瑞祥全球购	江苏省
17	湖南微算互联信息技术有限公司	红手指云手机、手指云试玩广告、微算云、ARM 服务器	湖南省
18	火烈鸟网络（广州）股份有限公司	果盘游戏	广东省
19	北京值得买科技股份有限公司	什么值得买	北京市
20	广东唯一网络科技有限公司	唯一网络、唯一、唯云	广东省

附录C　2020年互联网和相关服务业运行情况

2020年，互联网和相关服务业发展态势平稳，业务收入稳中有落，利润保持两位数增长，研发费用增速回落。细分领域呈现不同增长态势，音视频服务企业、在线教育平台等保持较快增长，生活服务平台等受疫情影响较大。

一、总体运行情况

（一）互联网业务收入增长稳中有落

2020年，我国规模以上互联网和相关服务企业（以下简称互联网企业）完成业务收入12838亿元，同比增长12.5%。全年增速整体低于上年水平，月度呈现前4个月低速增长、5—7月增速达到高点、再逐月小幅回落态势（见图C.1）。

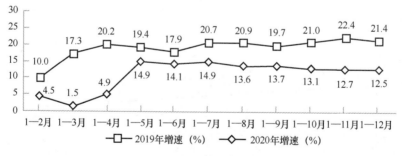

图C.1　2019—2020年分月互联网业务收入增长情况

（二）行业利润增速高于收入

2020年，规模以上互联网企业实现营业利润1187亿元，同比增长13.2%，增速低于上年同期3.7个百分点；得益于成本控制较好，营业成本仅增长2.4%，行业营业利润高出同期收入增速0.7个百分点。

（三）研发费用增速回落

2020年，规模以上互联网企业投入研发费用788亿元，同比增长6%，增速低于上年同期 17.1 个百分点。

二、分业务运行情况

（一）信息服务收入增速稳中有落，音视频服务增长较快

2020 年，互联网企业共完成信息服务收入 7068 亿元，同比增长 11.5%，增速低于上年同期 11.2 个百分点，在互联网业务收入中占比为 55.1%。其中，音视频服务领域高速增长态势逐步降温，业务收入增速回落，研发费用领先行业；网络游戏领域增长呈前高后低态势；新闻和内容服务类企业的业务收入实现正增长；以提供搜索服务为主的企业业务仍低迷。

（二）互联网平台服务收入增长平稳，其中在线教育及生产服务类平台增速较快

2020 年，互联网平台服务企业实现业务收入 4289 亿元，同比增长 14.8%，增速低于上年同期 10.1 个百分点，占互联网业务收入比重为 33.4%。其中，以在线教育服务为主的企业受疫情反复等因素影响增长提速，业务收入高速增长；网络销售平台企业的业务收入增速较 1—11 月有所回落，直播带货、社交团购等线上销售方式持续活跃；以提供生活服务为主的企业受近期疫情影响，业务收入再次下滑；以提供生产制造和生产物流平台服务为主的企业收入持续较快增长。

（三）互联网接入服务收入增速回落，互联网数据服务收入增势突出

2020 年，互联网企业完成互联网接入及相关服务收入 447.5 亿元，同比增长 11.5%，增速低于上年同期 20.8 个百分点；互联网数据服务（包括云服务、大数据服务等）收入 199.8 亿元，同比增长 29.5%，增速较上年同期提高 3.9 个百分点。

三、分地区运行情况

（一）中部地区互联网业务收入增幅回落明显，西部地区增速回升

2020 年，东部地区完成互联网业务收入 11227 亿元，同比增长 14.8%，增速较上年同期回落 9 个百分点，占全国（扣除跨地区企业）互联网业务收入的比重为 91.9%，比上年同期提高 0.7 个百分点。中部地区完成互联网业务收入 448.1 亿元，同比增长 3.4%，增速较上年同期回落 53.1 个百分点。西部地区完成互联网业务收入 497.2 亿元，同比增长 6.9%，增速较上年同期回落 15.2 个百分点。东北地区完成互联网业务收入 47.1 亿元，同比增长 9.1%，扭转前 11 个月持续负增长局面。

（二）主要省份实现平稳较快增长，其他省份发展态势分化

2020 年，互联网业务累计收入居前 5 名的广东（同比增长 5.2%）、北京（同比增长 21.5%）、上海（同比增长 20.9%）、浙江（同比增长 24.4%）和江苏（同比增长 8.0%）共完成互联网

业务收入 10706 亿元，同比增长 15.1%，增速超过全国平均水平 2.6 个百分点，占全国（扣除跨地区企业）比重达 87.6%，占比较上年同期提高 0.8 个百分点。全国互联网业务收入增速实现正增长的省份有 21 个，其中宁夏增速超过 30%，安徽、内蒙古、黑龙江 3 个省份降幅超过 10%。

四、我国移动应用程序（App）数量增长情况

（一）移动应用程序（App）数量持续小幅减少

截至 2020 年年底，我国国内市场上监测到的 App 数量为 345 万款，比 11 月减少 1 万款，环比下降 0.3%。其中，本土第三方应用商店 App 数量为 205 万款，苹果商店（中国区）App 数量为 140 万款。12 月，新增上架 App 数量 8 万款，下架 App 9 万款。

（二）游戏类应用规模保持领先

截至 2020 年年底，移动应用规模排在前 4 位的 App 数量占比达 59.2%，其他生活服务、教育等 10 类 App 数量占比为 40.8%。其中，游戏类 App 数量继续领先，达 88.7 万款，占全部 App 的比重为 25.7%，比 11 月增加 2 万款。日常工具类和电子商务类 App 数量分别达 50.3 万款和 34 万款，分列第二、第三位，生活服务类 App 数量超过社交通信类，达到 31 万款，上升为第四位。

（三）游戏类应用分发总量居首位

截至 2020 年年底，我国第三方应用商店在架应用分发总量达到 16040 亿次。其中，游戏类下载量达 2584 亿次，排第一位，环比增长 6%；音乐视频类下载量达 1993 亿次，排第二位；日常工具类、社交通信类、系统工具类、生活服务类、新闻阅读类分别以 1798 亿次、1790 亿次、1493 亿次、1434 亿次、1245 亿次分列第三至第七位，电子商务类下载量首次超过千亿次，达 1007 亿次。在其余各类应用中，下载总量超过 500 亿次的应用还有金融类（806 亿次）、教育类（690 亿次）和拍照摄影类（586 亿次）。

附录 D　2020 年通信业统计公报

2020 年，面对新冠肺炎疫情的严重冲击，我国通信业坚决贯彻落实党中央、国务院决策部署，全力支撑疫情防控工作，积极推进网络强国建设，实现全国所有地级城市的 5G 网络覆盖，新型信息基础设施能力不断提升，为加快数字经济发展、构建新发展格局提供了有力支撑。

一、行业保持平稳运行

（一）电信业务收入增速回升，电信业务总量较快增长

经初步核算，2020 年电信业务收入累计完成 1.36 万亿元，比上年增长 3.6%，增速同比提高 2.9 个百分点（见图 D.1）。按照上年价格计算的电信业务总量为 1.5 万亿元，同比增长 20.6%。

图D.1　2015—2020年电信业务收入增长情况

（二）固定通信业务较快增长，新兴业务驱动作用明显

2020 年，固定通信业务实现收入 4673 亿元，比上年增长 12%，在电信业务收入中占比达 34.5%，占比较上年提高 2.8 个百分点，占比连续 3 年提高（见图 D.2）。

图D.2 2015—2020年移动通信业务和固定通信业务收入占比情况

应用云计算、大数据、物联网、人工智能等新技术，大力拓展新兴业务，使固定增值及其他业务的收入成为增长第一引擎。2020 年，固定数据及互联网业务实现收入 2376 亿元，比上年增长 9.2%（见图 D.3），在电信业务收入中的占比由上年的 16.6%提升至 17.5%，拉动电信业务收入增长 1.53 个百分点，对全行业电信业务收入增长的贡献率达 42.9%；固定增值业务实现收入 1743 亿元，比上年增长 26.9%，在电信业务收入中的占比由上年的 10.5%提升至 12.9%，拉动电信业务收入增长 2.82 个百分点，对收入增长的贡献率达 79.1%。其中，数据中心业务、云计算、大数据及物联网业务收入比上年分别增长 22.2%、85.8%、35.2%和17.7%；IPTV（网络电视）业务收入 335 亿元，比上年增长 13.6%。

图D.3 2015—2020年固定数据及互联网业务收入发展情况

（三）移动通信业务占比下降，数据及互联网业务仍是重要收入来源

2020 年，移动通信业务实现收入 8891 亿元，比上年下降 0.4%，在电信业务收入中的占比降至 65.5%，比 2017 年峰值时回落 6.4 个百分点。其中，移动数据及互联网业务实现收入 6204 亿元，比上年增长 1.7%（见图 D.4），在电信业务收入中的占比由上年的 46.6%下滑到 45.7%，拉动电信业务收入增长 0.79 个百分点，对收入增长的贡献率为 22.3%。

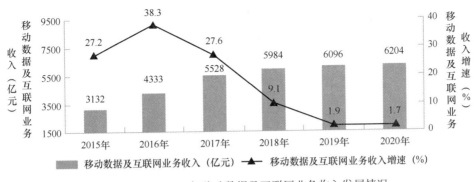

图D.4 2015—2020年移动数据及互联网业务收入发展情况

二、网络提速和普遍服务向纵深发展

（一）移动电话用户规模小幅下降，4G 用户渗透率超过 80%

2020 年，全国电话用户净减 1640 万户，总数回落至 17.76 亿户。其中，移动电话用户总数 15.94 亿户，全年净减 728 万户，普及率为 113.9 部/百人，比上年年末回落 0.5 部/百人。4G 用户总数达到 12.89 亿户，全年净增 679 万户，占移动电话用户数的 80.8%。固定电话用户总数 1.82 亿户，全年净减 913 万户，普及率降至 13.0 部/百人（见图 D.5）。2020 年各省份移动电话普及率情况如图 D.6 所示。

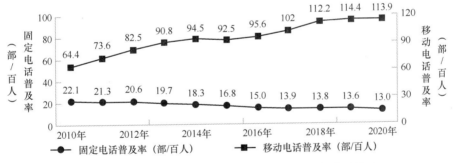

图D.5 2010—2020年固定电话及移动电话普及率发展情况

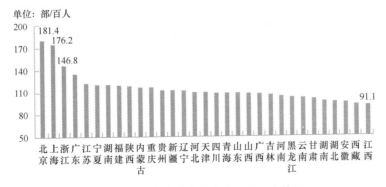

图D.6 2020年各省份移动电话普及率情况

（二）百兆宽带用户占比近九成，加快向千兆宽带接入升级

网络提速步伐加快，千兆宽带服务推广不断推进。截至 2020 年年底，3 家基础电信企业的固定互联网宽带接入用户总数达 4.84 亿户，全年净增 3427 万户。其中，100Mbps 及以上接入速率的固定互联网宽带接入用户总数达 4.35 亿户，全年净增 5074 万户，占固定宽带用户总数的 89.9%，占比较上年年末提高 4.5 个百分点；1000Mbps 及以上接入速率的用户数达640 万户，比上年年末净增 553 万户。2019 年和 2020 年固定互联网宽带各接入速率用户占比情况如图 D.7 所示。

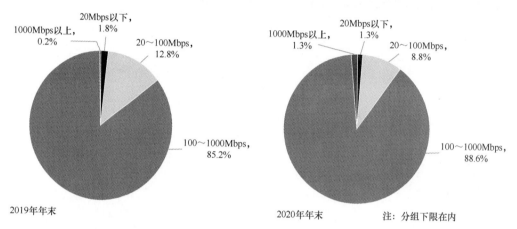

图D.7　2019年和2020年固定互联网宽带各接入速率用户占比情况

（三）电信普遍服务持续推进，农村宽带用户较快增长

截至 2020 年年底，全国农村宽带用户总数达约 1.42 亿户，全年净增 713 万户，比上年年末增长 5.3%（见图 D.8）。全国行政村通光纤和 4G 比例均超过 98%，电信普遍服务试点地区平均下载速率超过 70Mbps，农村和城市实现"同网同速"。

图D.8　2015—2020年农村宽带接入用户及占比情况

（四）新业态加快发展，蜂窝物联网用户数较快增长

促进转型升级，加快 5G 网络、物联网、大数据、工业互联网等新型基础设施建设，推

动新一代信息技术与制造业深度融合，成效进一步显现。截至 2020 年年底，3 家基础电信企业发展蜂窝物联网用户达 11.36 亿户，全年净增 1.08 亿户，其中应用于智能制造、智慧交通、智慧公共事业的终端用户占比分别达 18.5%、18.3%、22.1%。发展 IPTV（网络电视）用户总数达 3.15 亿户，全年净增 2120 万户。

三、移动数据流量消费规模继续扩大

（一）移动互联网流量较快增长，月户均流量（DOU）跨上 10GB 区间

受新冠肺炎疫情冲击和"宅家"新生活模式等影响，移动互联网应用需求激增，线上消费异常活跃，短视频、直播等大流量应用场景拉动移动互联网流量迅猛增长。2020 年，移动互联网接入流量消费达 1656 亿 GB，比上年增长 35.7%。全年移动互联网月户均流量（DOU）达 10.35GB/户·月，比上年增长 32%（见图 D.9）；12 月当月 DOU 高达 11.92GB/户·月（见图 D.10）。其中，手机上网流量达 1568 亿 GB，比上年增长 29.6%，在总流量中占 94.7%。

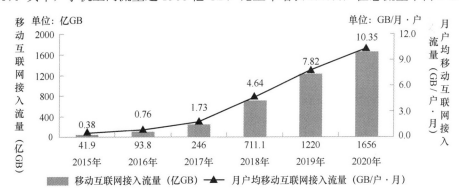

图D.9　2015—2020年移动互联网流量及月DOU增长情况

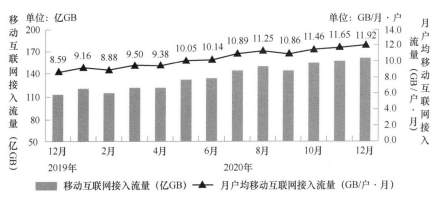

图D.10　2020年移动互联网接入当月流量及当月DOU情况

（二）移动短信业务量收仍不同步，话音业务量继续下滑

2020 年，全国移动短信业务量比上年增长 18.1%，增速较上年下降 14.1 个百分点；移动

短信业务收入比上年增长 2.4%（见图 D.11），移动短信业务量收增速差从上年的 33% 下降至 15.7%。互联网应用对话音业务替代影响继续加深，2020 年全国移动电话去话通话时长 2.24 万亿分钟，比上年下降 6.2%（见图 D.12）。

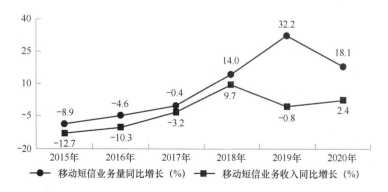

图D.11　2015—2020年移动短信业务量和收入增长情况

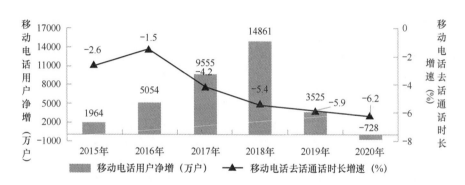

图D.12　2015—2020年移动电话用户和通话量增长情况

四、网络基础设施能力持续升级

（一）固定资产投资较快增长，移动投资比重持续上升

2020 年，3 家基础电信企业和中国铁塔股份有限公司共完成固定资产投资 4072 亿元，比上年增长 11%，增速同比提高 6.3 个百分点。其中，移动通信的固定资产投资稳居首位，投资额达 2154 亿元，占全部投资的 52.9%，占比较上年提高 5.1 个百分点。

（二）网络基础设施优化升级，5G 网络建设稳步推进

加快 5G 网络建设，不断消除网络覆盖盲点，提升网络质量，增强网络供给和服务能力，新一代信息通信网络建设不断取得新进展。2020 年，新建光缆线路长度 428 万公里，全国光缆线路总长度已达 5169 万公里。截至 2020 年年底，互联网宽带接入端口数量达到 9.46 亿个，

比上年年末净增 3027 万个。其中，光纤接入（FTTH/0）端口达到 8.8 亿个，比上年年末净增 4361 万个，占互联网接入端口的比重由上年年末的 91.3%提升至 93.0%。xDSL 端口数降至 649 万个，占比降至 0.7%（见图 D.13）。

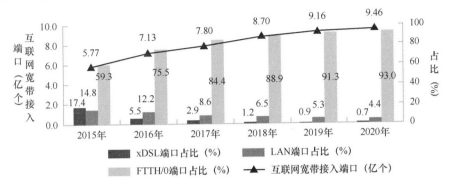

图D.13 2015—2020年互联网宽带接入端口发展情况

2020 年，全国移动通信基站总数达 931 万个，全年净增 90 万个。其中 4G 基站总数达 575 万个，城镇地区实现深度覆盖（见图 D.14）。5G 网络建设稳步推进，按照适度超前原则，新建 5G 基站超过 60 万个，全部已开通 5G 基站超过 71.8 万个，其中中国电信和中国联通共建共享 5G 基站超过 33 万个，5G 网络已覆盖全国地级以上城市及重点县市。

图D.14 2015—2020年移动电话基站发展情况

五、东中西部地区协调发展

（一）分地区电信业务收入份额较为稳定

2020 年，东部、西部地区电信业务收入占比分别为 51.0%、23.7%，均比上年提升 0.1 个百分点；中部地区电信业务收入占比为 19.6%，与上年持平；东北地区电信业务收入占比为 5.6%，比上年下滑 0.2 个百分点（见图 D.15）。

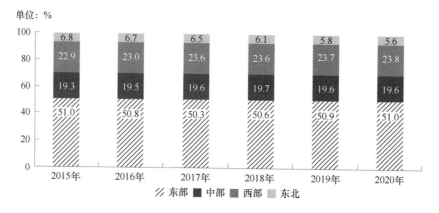

图D.15　2015—2020年东部、中部、西部、东北地区电信业务收入比重

（二）东北地区百兆及以上固定互联网宽带接入用户占比领先

截至 2020 年年底，东部、中部、西部、东北地区 100Mbps 及以上固定互联网宽带接入用户分别达到 18618 万户、10838 万户、11386 万户和 2620 万户，在本地区宽带接入用户中占比分别达到 88.9%、90.8%、90.3%和 91.2%，占比较上年分别提高 2.8 个、4.9 个、7 个和 3.7 个百分点（见图 D.16）。

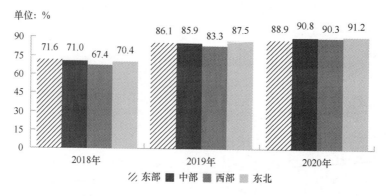

图D.16　2018—2020年东部、中部、西部、东北地区100Mbps及以上固定宽带接入用户渗透率情况

（三）西部地区移动互联网流量增速全国领先

2020 年，东部、中部、西部、东北地区移动互联网接入流量分别达到 700 亿 GB、357 亿 GB、505 亿 GB 和 93.4 亿 GB，比上年分别增长 31.9%、36.5%、42.3%和 29%，西部地区增速比东部、中部和东北地区增速分别高出 10.4 个、5.8 个和 13.3 个百分点（见图 D.17）。12 月当月，西部地区当月户均流量达到 13.81/户·月，比东部、中部和东北地区分别高出 2.02GB、3.25GB 和 3.78GB。

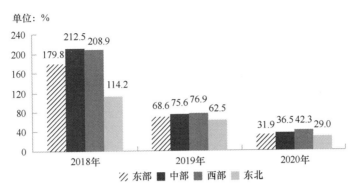

图D.17　2018—2020年东部、中部、西部、东北地区移动互联网接入流量增速情况

附录 E　2020 年软件和信息技术服务业统计公报

2020 年，我国软件和信息技术服务业持续恢复，逐步摆脱新冠肺炎疫情负面影响，呈现平稳发展态势。收入和利润均保持较快增长，从业人数稳步增加；信息技术服务加快云化发展，软件应用服务化、平台化趋势明显；西部地区软件业增速较快，东部地区保持集聚和领先发展态势。

一、综合

软件业务收入保持较快增长。2020 年，全国软件和信息技术服务业规模以上企业超过 4 万家，累计完成软件业务收入 81616 亿元，同比增长 13.3%（见图 E.1）。

图E.1　2013—2020年软件业务收入增长情况

利润增速稳步增长。2020 年软件和信息技术服务业实现利润总额 10676 亿元，同比增长 7.8%；人均实现业务收入 115.8 万元，同比增长 8.6%（见图 E.2）。

软件出口形势低迷。2020 年，全国软件和信息技术服务业实现出口 478.7 亿美元，同比下降 2.4%（见图 E.3）。

从业人数稳步增加，工资总额逐步恢复。2020 年年末，全国软件和信息技术服务业从业人数 704.7 万人，比上年年末增加 22.7 万人，同比增长 3.1%（见图 E.4）。从业人员工资总额 9941 亿元，同比增长 6.7%，低于上年平均增速（见图 E.5）。

图E.2　2013—2020年软件业人均创收情况

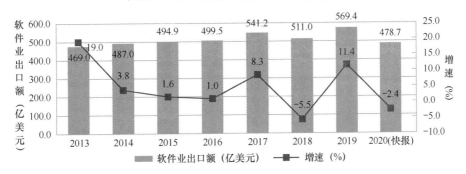

图E.3　2013—2020年软件业务出口增长情况

图E.4　2013—2020年软件业从业人员数变化情况

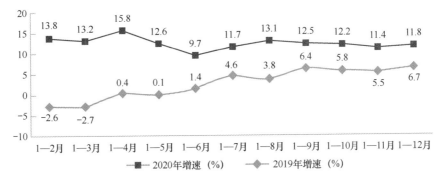

图E.5　2019—2020年软件业从业人员工资总额增长情况

二、分领域情况

软件产品收入实现较快增长。2020年，软件产品实现收入22758亿元，同比增长10.1%，占全行业的比重为27.9%。其中，工业软件产品实现收入1974亿元，同比增长11.2%，为支撑工业领域的自主可控发展发挥了重要作用。

信息技术服务加快云化发展。2020年，信息技术服务实现收入49868亿元，同比增长15.2%，增速高出全行业平均水平1.9个百分点，占全行业收入比重为61.1%。其中，电子商务平台技术服务实现收入9095亿元，同比增长10.5%；云服务、大数据服务共实现收入4116亿元，同比增长11.1%。

信息安全产品和服务收入增速略有回落。2020年，信息安全产品和服务实现收入1498亿元，同比增长10.0%，增速较上年回落2.4个百分点。

嵌入式系统软件收入增长加快。2020年嵌入式系统软件实现收入7492亿元，同比增长12.0%，增速较上年提高4.2个百分点，占全行业收入比重为9.2%。嵌入式系统软件已成为产品和装备数字化改造、各领域智能化增值的关键性带动技术。

2020年软件产业分类收入占比如图E.6所示。

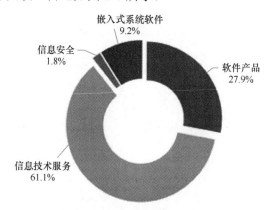

图E.6 2020年软件产业分类收入占比

三、分地区情况

东、西部地区软件业增长较快。2020年，东部地区完成软件业务收入65561亿元，同比增长14.2%，占全国软件业的比重为80.0%。中部和西部地区完成软件业务收入分别为3726亿元和9999亿元，同比分别增长3.9%和14.6%；占全国软件业的比重分别为5.0%和12.0%。东北地区完成软件业务收入2330亿元，同比增长1.9%，占全国软件业的比重为3.0%（见图E.7）。

主要软件大省保持稳中向好态势，部分中西部省份快速增长。软件业务收入居前5名的北京、广东、江苏、浙江、上海共完成收入53516亿元，占全国软件业的比重为65.6%，占比较上年提高2.0个百分点。软件业务收入增速高于全国平均水平的省份有15个，其中增速高于 20% 的省份集中在中西部地区，包括青海、海南、贵州、宁夏、广西等省份。2020 年排名前十位省份软件业务收入增长情况如图 E.8 所示。

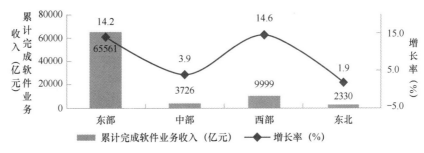

图E.7 2020年软件业分区域增长情况

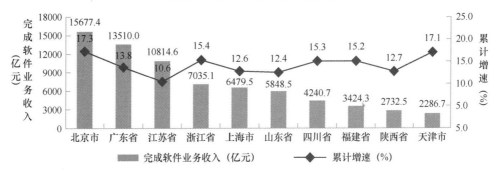

图E.8 2020年排名前十位省份软件业务收入增长情况

重点城市软件业集聚发展态势更加明显。2020 年，全国 4 个直辖市和 15 个副省级中心城市实现软件业务收入 59636 亿元，同比增长 16.4%，占全国软件业的比重为 85.9%，占比较上年提高 2.8 个百分点。其中，副省级城市实现软件业务收入 43682 亿元，同比增长 13.0%，占全国软件业的比重为 53.5%。2020 年前十位中心城市软件业务收入增长情况如图 E.9 所示。

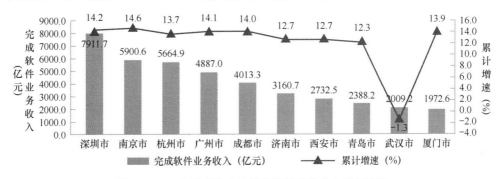

图E.9 2020年前十位中心城市软件业务收入增长情况

鸣　谢

《中国互联网发展报告 2021》的组织编撰工作得到了政府、科研机构、互联网企业等社会各界的支持与关心，有 118 位业界专家参与了本《报告》的编写工作，这些专家文章中的分析和观点，增强了本《报告》的准确性和权威性，也使得本《报告》更具参考价值，对我国社会各界更具指导意义。

在此，谨向那些为本《报告》的编写付出辛勤劳动的各位撰稿人，向支持本《报告》编写出版工作的各有关单位和社会各界表示衷心的感谢。

中国信息通信研究院
国家互联网应急中心
北京科技大学
北京理工大学
北京市社会科学院管理研究所
北京教育科学研究院
北京易观智库网络科技有限公司
艾瑞咨询集团
北京小桔科技有限公司
北京网聘咨询有限公司
北京华品博睿网络技术有限公司
北京农信互联科技集团有限公司
广州虎牙信息科技有限公司
贝壳找房（北京）科技有限公司
同程网络科技股份有限公司
广州趣丸网络科技有限公司
江苏瑞祥科技集团有限公司